中国海洋大学"985 工程""海洋发展研究"哲学社会科学创新基地资助
中国海洋大学教育部人文社会科学重点研究基地资助
山东省人文社会科学重点研究基地"海洋经济研究中心"资助

海洋产业经济研究系列丛书　　　丛书主编　姜旭朝

海洋灾害及海洋收入的经济学研究

Economics Study on Marine Disaster and Marine Income

赵领娣　王小华　等编著

经济科学出版社

图书在版编目（CIP）数据

海洋灾害及海洋收入的经济学研究／赵领娣，王小华
等编著. —北京：经济科学出版社，2007.8
　（海洋产业经济研究系列丛书）
ISBN 978 – 7 – 5058 – 6440 – 5

Ⅰ. 海…　　Ⅱ.①赵…②王…　　Ⅲ.①海洋气象 – 气象
灾害 – 研究②海洋经济学 – 研究　　Ⅳ. P732　P74

中国版本图书馆 CIP 数据核字（2007）第 104304 号

　　随着我国新发展观指导下的国家社会经济发展战略整体转型，尤其是国家"十一五"规划的出台和国家中长期科技发展规划的颁布实施，参与国家的自主创新体系建设，已经成为我国各个学科进行原创性基础研究和应用开发研究，以及相应学科革新与建设的重要指导使命，在国家"十一五"规划和科技中长期规划中，多次提及海洋科学研究和海洋开发的至关重要性和迫切性。

　　中国海洋大学是我国惟一一所以海洋综合研究为特色的教育部"211 工程"和"985 工程"重点大学，在海洋自然科学领域，已经成为国家海洋科技人才和科研成果的核心基地，随着国家、地方和学校对海洋学科综合方向发展的关注和投入，中国海洋大学海洋人文社会学科得到迅速发展，不仅批准建立海洋领域的教育部人文社科重点研究基地和国家哲学社会科学基地，而且在海洋人文社科研究领域连续得到教育部重大攻关项目及重点社科基地项目、国家自然基金、国家社科基金、国家软科学等项目的资助和支持，作为海洋人文社会学科领域重要组成部分的海洋经济学科建设，也已经纳入"211 工程"国家重点学科建设行列。

　　但是，无论与国家海洋领域经济发展需要相比，还是与经济学研

究领域的其他学科相比，海洋经济学领域的理论体系、方法体系和高水平应用研究还刚刚开始，尚有一系列学科建设空白需要填补。通过学校的通力协调和全面部署，以海洋发展研究院海洋经济研究力量和经济学院海洋经济本科专业、应用经济一级学科硕士点为基础，通过学校内部学科整合和外部学术交流，力争实现中国海洋大学海洋经济及海洋产业在基础研究和应用研究方面的全面提升。

为了及时交流和展示海洋经济学科理论体系建设和应用开发研究的学术成果，积累海洋经济学科发展所必需的基础文献和经典案例，我们计划出版海洋产业经济研究系列丛书，重点展示海洋经济领域学者在一般性基础理论和方法论研究、专项应用课题研究、国家层面战略对策研究、国际学术合作交流研究等方面的高水平研究成果，包括理论与方法专著、课题研究报告、学术会议论文集、重点课题阶段性研究进展等。

我们的海洋经济学科建设系列出版计划得到了经济科学出版社的大力支持和积极响应，经过友好协商，由经济科学出版社与中国海洋大学共同实施这一宏大学科建设工程。根据学科建设的需要和社会对海洋经济学术出版的反馈意见，从2006年开始，陆续出版系列海洋经济、海洋产业学术成果。

整个海洋经济学科建设出版计划，得到中国海洋大学"985工程""海洋发展研究"哲学社会科学创新基地资助，得到中国海洋大学领导和学者的全力支持。在学科建设酝酿过程中，得到中国工业经济研究与开发促进会（中国工业经济学会）、《产业经济评论》编辑委员会，以及北京大学、复旦大学、山东大学、东北财经大学、中国人民大学、南开大学、中山大学、厦门大学、中南财经大学、北京交通大学、国家会计学院等学校经济学专家的大力支持和指导，同时，也得到美国、英国、荷兰、挪威、韩国等海洋经济领域学者的大力支持。上述大学和出版机构的领导及专家学者的鼓励和帮助，使我们更加感觉到任务的光荣与艰巨。同时，有大家的支持和监督，我们也会加倍努力，争取为我国海洋经济学科建设尽一份微薄之力。

海洋产业经济研究系列丛书编委会

2006 年 6 月 25 日

前言

　　本书从构想、编撰到初成，再修改、再增补、再构想、再编撰，历时一年多，终成《海洋灾害及海洋收入的经济学研究》一书。

　　我国是一个海洋大国，沿海地区一直是我国的经济发达地区。自从改革开放以来，我国政府采取了沿海经济发展战略，全国经济形成了以东南沿海为龙头，由东向西推进，由南向北辐射的经济发展格局，我国的海洋经济产值和收入稳定地不断增长。但呈现在我们面前的是，在我们享受沿海经济给我们带来众多好处的同时，也必须忍受多种海洋灾害侵袭带来的苦难。海洋灾害的发生严重制约着沿海经济的发展，阻碍着海洋劳动者收入的提高。我们必须加强海洋灾害的防灾减灾工作，这是实现海洋劳动者收入稳定增长的重要保证，是实现经济更好更快发展的重要支撑。

　　在保障海洋三个产业结构合理地协调发展的同时，我们应努力发展那些受海洋灾害影响较小的海洋第二、三产业，保证就业量的稳定增长。人们只有有了工作，才会有稳定的生活来源，才能享受较高的生活水平。海洋产业的发展会增加国家整个产业的收入，从而增加国家的国民总收入，并最终惠及该产业的从业劳动者，带动劳动者收入的增长。因此，避免海洋灾害对我国海洋经济和海洋劳动者收入的负面影响，充分利用海洋资源，发展海洋各个产业，就成为目前我们国家所面临的重要课题。

　　近些年来，海洋灾害的频频发生，对我国海洋经济和海洋劳动者收入造成了极大影响。特别需要引起人们高度重视的是，由人类活动诱发的赤

潮、渔业资源枯竭等海洋灾害。工业废水、生活污水、农业污水、养殖污水的大量排放入海，严重破坏了海洋自身的生态平衡，诱发赤潮频繁暴发；过度捕捞加剧了海洋生物物种的不断减少和海洋资源的日益衰竭，这反过来又严重影响着海洋劳动者收入的稳定和增长。海洋公园作为保护海洋资源与海洋环境的一种有效形式，对于我国预防和治理海洋人为灾害，有着一定的借鉴意义。

海洋灾害的预测和预防、海洋灾害损失的补偿和减少，都有赖于政府科学而有效的作为。合理的政府作为，有利于实现海洋资源的有序、有度、有偿开发和利用。

广览前贤，收集信息资料，结合所学，进行编辑写作。几经修改订正，终于完成书稿。虽然劳苦备至，但书中不妥及疏漏之处，依然难免，恳请各位读者、专家、学者，多多赐教。

编著者

2007 年 4 月 20 日

目录

第一章　导论 …………………………………………………………………（ 1 ）

第一节　海洋灾害与收入问题的基本理念 ……………………………（ 2 ）

第二节　我国海洋灾害与收入问题的政策取向 ………………………（12）

第一编　海洋灾害·海洋经济收入·政府作为

第二章　海洋灾害概述 ……………………………………………………（31）

第一节　海洋灾害的概念及经济损失 …………………………………（31）

第二节　海洋灾害的研究方法及成因 …………………………………（49）

第三节　海洋灾害防灾减灾的战略意义及对策措施 …………………（60）

第三章　海洋灾害、海洋产业与收入 ……………………………………（73）

第一节　海洋经济、海洋产业与收入 …………………………………（73）

第二节　中外海洋产业的发展及比较 …………………………………（78）

第三节　海洋灾害对海洋产业的影响 …………………………………（96）

第四章　海洋灾害及海洋劳动者就业与收入 ……………………………（105）

第一节　海洋灾害影响下海洋产业吸纳劳动力就业的潜力 …………（106）

第二节　海洋灾害制约下海洋劳动者就业的扩大 ……………………（119）

第五章　海洋灾害、政府作为和海洋经济收入 …………………………（135）

第一节　海洋灾害与政府作为 …………………………………………（135）

第二节　海洋经济收入与政府作为 ……………………………………（154）

第二编　海洋环境灾害·保障海洋劳动者收入

第六章　赤潮灾害与海洋劳动收入关系探析 ……………………………………（181）
　　第一节　赤潮灾害概述 ………………………………………………………（181）
　　第二节　赤潮灾害对劳动收入的影响 ……………………………………（205）
　　第三节　赤潮灾害影响劳动收入的经济学分析 ………………………（223）
第七章　海洋环境灾害与海洋经济收入 …………………………………………（235）
　　第一节　海洋环境灾害概述 …………………………………………………（235）
　　第二节　海洋环境灾害导致的海洋资源和渔民收入的变化 …………（244）
　　第三节　海洋环境灾害、转产转业和渔民收入增加 …………………（252）
　　第四节　控制海洋环境灾害，实现海洋经济可持续发展 ……………（265）
第八章　澳大利亚海洋公园分区计划对我国海洋灾害与海洋收入
　　　　　问题的启示 ……………………………………………………………（276）
　　第一节　海洋公园分区计划概述 …………………………………………（277）
　　第二节　海洋公园分区计划与我国海洋自然保护区模式的
　　　　　　特点比较 …………………………………………………………（279）
　　第三节　海洋公园分区计划对防治海洋灾害、增加海洋收
　　　　　　入的作用及启示 …………………………………………………（287）

第三编　海洋灾害预测·预防·评估·补偿

第九章　海洋灾害预测与评估 ……………………………………………………（307）
　　第一节　海洋灾害的预测 ……………………………………………………（307）
　　第二节　海洋灾害经济损失评估的理论和方法 ………………………（325）
　　第三节　海洋灾害损失评估模型 …………………………………………（333）
第十章　海洋灾害预防供求分析 …………………………………………………（347）
　　第一节　渔民收入来源 ………………………………………………………（347）

第二节 国家与海洋灾害 ………………………………………… (358)

第三节 预防海洋灾害的需求和供给综合分析 ………………… (371)

第十一章 海洋灾害损失补偿 …………………………………… (388)

第一节 海洋灾害损失补偿概述 ………………………………… (388)

第二节 海洋灾害损失补偿机制的完善 ………………………… (410)

第三节 海洋灾害损失经济补偿标准的计量 …………………… (424)

后记 ……………………………………………………………… (433)

Table of Contents

Chapter 1 Preface ··· (1)

   1. 1 Basic Ideas of Marine Disaster and Income ······················· (2)

   1. 2 China's Policy Tropism on Marine Disaster and Income ············· (12)

Part 1

Marine Disaster & Marine Economy Income
& Government Action

Chapter 2 The Concept of Marine Disaster ······················· (31)

   2. 1 The Definition and Economic Loss of Marine Disaster ············· (31)

   2. 2 The Contributing Factor and Present Situation of Marine Disaster ······ (49)

   2. 3 The Strategic Sense and Measures in Disaster Prevention and
Disaster Reduction of Marine Disaster ····························· (60)

Chapter 3 Marine Disasters Marine Industry and Income ··············· (73)

   3. 1 Marine Economy and Marine Industry and Income ················· (73)

   3. 2 The Development and Compare of Marine Industry between
Domestic and Overseas ·· (78)

   3. 3 The Influence of Marine Disasters to Marine Industry ············· (96)

**Chapter 4 Marine Disaster and Marine Labor Employment and
Income** ··· (105)

   4. 1 The Potential of Absorbing Labor Force in Marine Industry
under the Influence of Marine Disaster ···························· (106)

   4. 2 The Expandsion of Employment for Marine Labor Force under
the Restriction of Marine Disaster ································· (119)

Chapter 5   Government Action and Income on Marine Economy under the Influence of Marine Disaster ················ (135)

5. 1   Marine Disaster and Government Action ················ (135)

5. 2   Income on Marine Economy and Government Action ··········· (154)

Part 2

Marine Environment Disaster
& Guarantee Marine Income

Chapter 6   The Discussion and Analysis on the Relationship of Red Tide Disaster and Marine Labor Income ················ (181)

6. 1   The General Situation of the Redtide Catastrophic ··········· (181)

6. 2   The Influence of the Redtide on Marine Labour Income ········· (205)

6. 3   The Economic Analysis of the Influence of the Redtide on Marine Labour Income ················ (223)

Chapter 7   Marine Environment Disaster and Marine Income ··········· (235)

7. 1   Summary of Marine Environment Disaster ················ (235)

7. 2   The Impact of Marine Environment Disaster on Marine Resource and Fisherman's Income ················ (244)

7. 3   The Marine Environment Disaster, Dual-transform and the Increase of the Marine Fisherman's Income ················ (252)

7. 4   Control Marine Environment Disaster to Develop Marine Economy ······ (265)

Chapter 8   The Enlightenment on Our Marine Disaster and Income from Australian Marine Parks Zone Plan ················ (276)

8. 1   The Summarization of Australian Marine Parks Zone Plan ··········· (277)

8. 2   Comparison Between the Marine Parks Zone Plan and Chinese Marine Natural Protective Zone ················ (279)

8. 3   The Effect and Inspire From the Marine Parks Zone Plan on the Marine Disaster-prevention and Income-improvement ················ (287)

Part 3
Marine Disaster Prediction & Prevention
& Assessment & Compensation

Chapter 9   The Prediction And Assessment of Marine Disaster ·············· (**307**)

9. 1   The Prediction of Marine Disaster ······································· (**307**)

9. 2   The Theory and Method of Marine Disaster Economic Losses
Assessment ·· (**325**)

9. 3   The Assessment Model of Marine Disaster ························· (**333**)

Chapter 10   Fisherman's Income Source ······························· (**347**)

10. 1   States and the Marine Disasters ································· (**347**)

10. 2   The Comprehensive Analysis of Demand and Supply for the
Prevention of Marine Disasters ······························· (**358**)

10. 3   The Demand and Supply Analysis of the Ocean Disaster
Prevention ··· (**371**)

Chapter 11   Compensation of Marine Disaster ····················· (**388**)

11. 1   Summary of Marine Disaster Compensation ···················· (**388**)

11. 2   Improvement of Marine Disaster Compensation Mechanism ··········· (**410**)

11. 3   Standard Measure of Marine Disaster Compensation ·················· (**424**)

Postscript   ·· (**433**)

第一章 导 论

应该说从人类诞生以来，时有发生的海洋灾害便不断困扰着我们。海洋灾害的频频发生所带来的灾难性的后果是多方面的，造成的损失不可估量。概括地讲，以往对海洋灾害的研究或者停留在自然科学的领域中，或者局限在直接的经济损失本身，很少涉及海洋灾害与劳动者收入之间的联系。本书所讨论的问题将始终围绕着海洋灾害与收入问题展开，希望对海洋灾害问题的研究提供新的视角和启发。然而，在对海洋灾害与收入问题的研究过程中，必须注意到以下两个方面的问题：

首先，从海洋灾害的角度看，存在着三个变化：（1）随着人类行为的加剧，人为因素在海洋灾害中所占据的比重越来越大；（2）随着经济的发展，资源、环境问题越来越引起人们的重视，海洋领域同样存在着这一问题；（3）随着时代进步，科技在海洋灾害的预防和处理工作中发挥着越来越重要的作用。必须注意的是，这三个方面的变化已经不能仅仅局限在海洋灾害问题本身，事实上，这三个方面的变化反映了我们在研究海洋灾害问题时所必须坚持的指导理念：必须建立对人为因素的全方位的关注；必须形成对可持续发展理念的全面的理解；必须深化对海洋科技理念的进一步思考！

其次，从劳动者收入的角度看，存在三个值得深思的问题：（1）海洋灾害的发生的确对一部分海洋领域的劳动者收入构成了直接的侵害（本章把这部分劳动者定义为"海洋特殊收入主体"），那么，这是否包含在我们所关注的"人为因素"之中呢？如果是这样，这对我们的政策取向又提出了哪些新的要求呢？（2）除了给予基本的补偿以外，如何能从根本上提高这部分海洋特殊收入主体的收入能力呢？这与我们所倡导的可持续发展理念又存在什么联系呢？（3）海洋科技领域的劳动者是海洋收入群体的重要组成部分，却一直没有引起足够的重视，那么，改善这部分劳动者的收入会带来哪些影响呢？如何改善？这对我们全面理解海洋科技理念又会带来哪些新的启示呢？事实上，对这些问题的深度思考和理解绝非仅仅解决了劳动者收入的问题，在一定程度上也有助于海洋灾害问题的应对。

综上所述，海洋灾害问题与海洋收入群体的收入问题已日益成为相互融合相互作用的整体，在对海洋灾害与收入问题的研究中，已经不能简单地将海洋灾害和劳动者收入分离开，必须综合地考虑多方面因素的共同作用，用理性的、全面的、发展的眼光看待问题。本章的目的在于对海洋灾害与收入问题的基本理念进行全面地思考和总结，并在此基础上提出应有的政策取向，从而为以后各种细化问题的研究提供总体的框架。

第一节 海洋灾害与收入问题的基本理念

一、对人为因素的传统关注及进一步思考

（一）对人为因素的传统关注

综观海洋灾害的研究史可以看出，对人为因素的传统关注主要集中在两个方面：一是对人为海洋灾害的关注；二是对人类行为的研究和控制。

可以认为，对人为因素和海洋灾害关系的最早关注起源于前者，即人为因素导致的海洋灾害。进入近代社会以来，随着经济的不断发展，人类在这一过程中所表现出来的非理智行为使得灾害的自然属性的比重相对下降，而人为因素的社会属性的比重不断上升，灾害日益呈现出人为化的趋势。这也就使得自然灾害日益呈现出与人为因素相结合的趋势，也就产生了所谓的"人为自然灾害"，即由人为影响导致自然条件改变而表现为自然态的灾害。从灾害学的角度讲，人为因素导致的海洋灾害是人为自然灾害的一种。所谓"人为海洋灾害"主要指由人类活动导致海洋自然条件改变所发生的灾害，包括海水侵蚀、海上溢油、赤潮及其他污染事件导致的海洋灾害。随着人类活动的加剧，人的因素对海洋灾害的影响会不断呈现出越来越明显的趋势，而且随着人类工业化程度的提高，人为海洋灾害的频度和范围有不断扩大的可能性。

也正是注意到人的因素对海洋灾害的影响所呈现的这种趋势，才产生了对人为因素的进一步关注，即对人类行为的研究和控制。从海洋灾害的角度来讲，既然人为因素可以导致海洋灾害的发生，那么通过研究和控制人的行为就必然可以预防灾害的发生或者减少和弥补灾害的损失。事实上，这一看似简单的原理一旦融入科学

的分析和研究并配合有力的制度措施来对人的行为进行控制，所产生的力量是巨大的。现实中，大多数人为因素所导致的海洋灾害并不是人们有意识、有目的、有计划的制造出来的，而是由于短视、无知、忽视，有时是没有按预先已经制定的规章制度办事，而酿成追悔莫及的恶果。而像决策失误、管理失职、认识局限、违章违纪或者其他可以抗拒的人为原因都是可以通过管理而加以控制的。正是鉴于这一点，目前无论是国内还是国外，都越来越注重对人类行为的管理和控制。从措施的角度讲，这方面比较典型的例子是"全民参与"的推广，顾名思义，这种"全民参与"是通过发动所有个体、群体的参与来达到应对海洋灾害的目的，这一目的的实现一方面是通过对可能导致或加剧海洋灾害的行为加以控制而从根本上预防了灾害的发生；另一方面是通过营造一种积极的社会氛围而达到对人为因素的控制。

（二）对人为因素的进一步思考

以上笔者把对人为海洋灾害的关注以及由此产生的对人的行为的研究和控制统称为对人为因素的"传统关注"，从本质上讲，这种传统关注很大程度上只是把人为因素作为海洋灾害的一种原因来分析的，即是从海洋灾害发生的原因方面来关注人为因素并力图控制人为因素的。如果从结果的角度看，海洋灾害的后果中又直接包含对人的侵害，暂且抛开具体的后果不说，单从这种侵害的存在来说就可以认为海洋灾害和人为因素在某种程度上是互为因果的。这也就使得对人为因素的关注有必要拓展到另一个层面，即从结果的角度来关注人的因素。

在这里，笔者把海洋灾害对人的侵害归为直接侵害和间接侵害两种。这里所讲的直接侵害是指灾害的发生对人的生命、财产等各个方面所带来的直接损失，包括直接的经济损失，生理和心理创伤等多个方面。而这里所要讨论的间接侵害则是从劳动经济学的角度来讲的，具体地说，海洋灾害的发生不可避免地会对相关产业带来有害的影响，这些影响所涉及的方面可能是多种多样的，除了产生直接的经济损失以外，对各个相关产业所造成的某些侵害也可能是缓慢而长期的。而对产业的冲击不可避免的就会影响到相关的劳动者，尤其是这种缓慢而长期的过程中的侵害又必然会对各个行业的劳动者构成长期的、不容忽视的影响。事实证明，这种侵害是确实存在的。

以2004年12月的印度洋海啸为例，这次海难的发生对东南亚各国旅游业造成的冲击是巨大的。由于东南亚各国对旅游业保持着较高的依存度，而且每年的11月到次年的2月是旅游的旺季，因此在海啸发生之前东南亚各国都对2004年度的旅游业抱有铁定的胜算，但凶猛的海啸所造成的基础设施的破坏和游客的担心却让

东南亚旅游业付出了沉重的代价。而这次海啸对相关劳动者最大的影响在于直接造成了众多的旅游从业人员的失业，同时由于这次海洋灾害对旅游业的影响不可避免的有长期因素，因而对从业人员的长期影响也是不容忽视的。与此同时，由于大量家庭劳动力在海啸中遇难，渔船和渔业设施严重受损，海啸给沿海渔业团体和渔民这些当地最贫困的人群，带来了毁灭性的打击。例如，在斯里兰卡的沿海地区，小型技能型渔业是当地市场鱼品供应的重要来源，大型渔场则是国家的一项主要经济项目，并提供了约 25 万个就业岗位。近年来，渔业和水产业作为一个充满活力的出口导向型产业迅速崛起，为政府创造了大量外汇收入。据初步估计，约有 66% 的近海渔业船队和渔业基础设施被汹涌的巨浪吞噬，给当地经济和国家经济都带来了严重的负面影响。① 在地区和国家经济承受巨大损失的同时，这次海难对当地渔民和渔业团体造成的影响是难以估量的，这些人群可谓是当地相对贫困的人群，而其收入又直接与海洋息息相关。

可见，海洋灾害的发生对特殊的收入主体的影响尽管是通过相关产业而作用的间接侵害，但对其收入的影响程度却是巨大的。在这里，笔者把"海洋特殊收入主体"定义为收入与海洋灾害联系密切的劳动者，即容易受海洋灾害影响的收入主体，比如渔民、海洋旅游业从业人员，等等。可以认为，这些海洋特殊收入主体的收入状况与海洋的状况是息息相关的，海洋灾害的发生对他们造成的冲击是难以估量的，同时又可能是长期而缓慢的。

这也同时说明了我们对人为因素的关注仅仅停留在"传统关注"上是远远不够的，要注意到海洋灾害对这些"海洋特殊收入主体"所造成的侵害，即从结果的角度来关注人为因素。况且从本质上讲，对"海洋特殊收入主体"的关注也是与中国的"以人为本"的理念相一致的。然而，对于这些海洋特殊收入主体，我们应该如何关注呢？或者说，有没有一种有效的方式可以在长期内从根本上改变这些群体的状况呢？笔者将在以下进行分析。

二、可持续发展理念及其拓展

（一）可持续发展理念概述

可持续发展（Sustainable Development）是 20 世纪 80 年代提出的一个新概念。

---

① 陈君：《海洋灾害知多少》，载《海洋世界》2005 年第 12 期，第 13 页。

1980 年 3 月，联合国大会首次使用了"可持续发展"的概念。1987 年世界环境与发展委员会在《我们共同的未来》报告中第一次阐述了可持续发展的概念，得到了国际社会的广泛共识。它认为可持续发展是指：满足当前需要又不危害子孙后代满足其需要能力的发展。这是联合国关于可持续发展的最初定义。1993 年联合国对此又作了重要补充：一部分人的发展不应损害另一部分人的利益。1992 年 6 月，"联合国环境与发展大会"通过《21 世纪议程》阐述了有关可持续发展的 40 多个领域问题，提出了 120 个实施项目，以促使人类社会走上可持续发展道路，此次大会成功召开标志着可持续发展走向实践。①

我国学术界一般认为，所谓可持续发展可分为生态的可持续性发展、经济的可持续性发展和社会的可持续性发展三个方面。即可持续发展是一个巨大的自然、经济、社会的复合系统，由人口、资源、环境、经济、社会五大要素组成，是经济、生态与社会三位一体的发展。

可持续发展与海洋灾害的联系源于生态的可持续发展。在可持续发展的复合系统中，生态可持续发展是基础，它强调的是发展要与资源和环境的承载力相协调。"可持续发展"理论的提出，很大程度上是人类对资源和环境问题的反思。随着人类社会的不断进步，经济增长所带来的一系列成就可谓数不胜数，尤其是 20 世纪以来，人类社会发展的速度和规模为以往世纪所无法比拟。但是在经济发展取得巨大成就的同时，人类也同时面临着一系列的严重问题，比如资源危机、环境恶化、生态失衡等。人类不得不对过去的世纪发展过程进行总结和反思，试图寻找一条兼顾经济发展和生态平衡的全新的发展道路，生态的可持续发展由此产生。由于生态的可持续发展强调的是人与自然的和谐，而随着人类社会的发展，人类行为对海洋灾害的影响作用与日俱增，与此同时海洋资源的减少和海洋环境的恶化所导致的问题层出不穷，于是，海洋灾害作为一种特殊的生态问题之一，日益融入生态的可持续发展系统之中。"海洋可持续发展"理论的提出正是源于人类对海洋资源、环境问题的关注和研究，该理论强调的是合理开发利用海洋资源，切实保护海洋生态环境，实现海洋资源环境的可持续利用和海洋事业的协调发展。而从海洋灾害的角度讲，这种海洋可持续发展理念正是预防海洋灾害的有力措施。由于该理念强调的是人类的长期行为，并且通常辅之以有力的政策措施的施行，因而从海洋灾害的事前防范这一角度看，可持续发展无疑是有效的、必须长期坚持的指导理念。这也正是可持续发展与海洋灾害的联系所在。

---

① 刘颖：《防灾减灾与可持续发展关系研究》，华东师范大学，2006 年。

而可持续发展与人的联系源于社会的可持续发展。在可持续发展的复合系统中，社会可持续发展是目标，它强调发展要以改善和提高生活质量为目的，与社会进步相适应。社会是政治、经济、文化、资源等多元素的复杂综合系统，可持续发展战略关注的是系统各元素的持续发展，其中最重要的是人的全面、自由发展。况且从可持续发展的本意来说，可持续发展也就是要在不超出生态系统涵容能力的情况下，全面提高人类的生活质量并维护后代人的利益。因而社会的可持续发展实际上就是人的发展和为了人的发展，可持续发展的最终归宿是实现人的平等发展权利，体现了对人本身的关怀。同时随着可持续发展观的不断更新，可持续发展理念对人的关怀已远远超出了传统的界限，体现在生活方面就是已经由过去主要侧重人的温饱问题转向现在更加注重人的生存质量，即发展和享受问题。随着社会的不断进步和发展，可持续发展对人的关怀也将不断得以扩展和延伸，而可持续发展与人的联系也将不断得到加强。

概括地讲，可持续发展系统的运行机理就是协调人—地关系和人—人关系，使地球系统达到结构最佳和功能最优。由于可持续发展与海洋灾害和人的密切联系，又由于海洋灾害本身对人的特殊影响，尤其是前面分析过的对海洋特殊收入主体的影响，因而对可持续发展理念的深入探讨将为海洋灾害与收入问题的研究带来有力的理念引导。

（二）可持续发展理念的拓展

以上分别概述了可持续发展理念与海洋灾害和人的密切联系，而这些联系与我们所要关注的海洋灾害与收入问题的联系又体现在什么方面呢？这正是笔者将要阐明的问题，或者说，一般意义上的可持续发展在这里有必要得到进一步的扩展。

正如之前所阐述的，可持续发展最终体现的是对人本身的关怀。海洋灾害的频频发生所影响到的一个极其特殊的群体就是前面讲到的"海洋特殊收入主体"，由于这些主体的收入与海洋灾害息息相关，因而是否存在一种有效的方式使这些主体的状况得以改善，并且可以在长期内抵御海洋灾害的影响并提高他们的收入水平和收入能力便成为问题的关键。那么这种有效方式是否存在呢？答案就是要提高这部分群体的可持续发展的能力！

有一种观点认为：海洋灾害带给渔业、水产业以及沿岸居民巨大的损失，但以往的研究多停留在物质重建的层次上，却忽视了个体以及群体"谋生之道"（live-lihood）的重建，而这种"谋生之道"的重建才是长期的或者说是可持续的。重塑沿岸居民的"谋生之道"不仅仅是给予人们工作，它强调的是基本的社会、经济

和环境改革，这种改革将会对沿海的群体和个人带来巨大影响。这同时意味着对于海洋灾害的援助应致力于使沿海的这些群体明白他们的未来生活蓝图和实现的方式，以及面对灾害所学的教训。这也同时意味着更广泛的系列因素的作用，即政府、社会和私人部门对改革的理解和具体实施。总而言之，无论用何种措施，都必须同时适用于现在和未来。①

那么，这种观点所提到的"谋生之道"的重建与我们所讨论的可持续发展理念的联系体现在什么方面呢？它对于我们所关注的"海洋特殊收入主体"的特殊意义又何在呢？显而易见的是，通过"谋生之道"的重塑，所建立起来的是一种可持续发展能力，具体地说，可以认为是建立了"海洋特殊收入主体"的可持续发展能力。值得注意的是，这里所说的"海洋特殊收入主体"的可持续发展能力与通常所说的可持续发展能力是有所区别的。具体体现在以下两个方面：

首先，涉及的主体不同。我们通常所提到的可持续发展能力，往往强调的是国家、社会、地区或者产业的可持续发展能力，即强调的是这些宏观的主体实现经济、环境、社会协调发展的能力，体现的是这些宏观主体实现可持续发展目标所具备的综合发展能力。而本章中所说的"海洋特殊收入主体"的可持续发展能力则是以微观主体为前提的，针对的是以海洋状况为依托的这部分特殊的收入群体。

其次，包含的内容不同。这是由主体不同所直接导致的，主体不同必然会导致可持续发展能力的侧重有所不同。对于什么是可持续发展能力，中国科学院可持续发展课题组在《2002年中国可持续发展战略报告》中做了如下定义："一个特定系统在规定目标和预设阶段内可以成功地将其发展度、协调度、持续度稳定地约束在可持续发展阈值内的概率，即一个特定的系统成功地延伸至可持续发展目标的能力。"可见，由于可持续发展主要源于对资源、环境、社会问题的关注，侧重的是人—地关系或者人—人关系的协调，因而通常意义上的可持续发展能力侧重的是为了实现经济、环境、社会的可持续发展目标而具备的能力。而本章所要讨论的针对"海洋特殊收入主体"的可持续发展能力则是指这部分主体在长期内抵御海洋灾害的不利影响，不断改善自身状况的能力，简单地说就是指这部分主体长期内的收入能力。

看到了以上这两方面的区别，我们就可以对本章所涉及的"海洋特殊收入主体"的可持续发展能力给出简单的定义，以便为我们以后的分析提供一个基本的范围界定。即所谓的"海洋特殊收入主体"的可持续发展能力是指，该主体在长

---

① Pomeroy, Robert S.；Ratner, Blake D.；Hall, Stephen J.；Pimoljinda, Jate；Vivekanandan, V. Coping with disaster：Rehabilitating livelihoods and communities. Marine Policy Volume 30, Issue 6, November, 2006, P. 792.

期内可以成功地防范和抵御海洋灾害的不利影响并进而不断改善其自身状况的能力，简单地说就是该主体在长期内的收入能力。

由此可见，所谓"谋生之道"的重建正是指海洋特殊收入主体的可持续发展能力的塑造，或者说是收入能力的提高，它对于海洋特殊收入主体有着特殊的意义。以往的物质重建所带来的补偿仅仅是事后的，它所要解决的问题是，一旦海洋灾害发生，不得不以多大的力度或以何种方式对受灾地区和受灾群体进行救助的问题。而这种停留在物质重建上的补偿反映了人们面对海洋灾害的一种被动的补救行动，并不能从根本上改变海洋特殊收入主体的状况。长期内，只有收入能力或者说可持续发展能力的提高才能从根本上改善这部分海洋特殊收入主体的状况，才能最终实现可持续发展理念的归宿，即从根本上实现了对人本身的关怀。实际上，这种"谋生之道"的重建也反映了可持续发展观新的内涵所在：一是注意到以往发展对未来发展能力和发展机会可能带来的影响；二是看到了发展是一个诸要素相互协同的整体跃进。也正是鉴于这种新的内涵，结合之前的分析可以看出，对于这些海洋特殊收入主体，可持续发展能力的塑造主要靠两个方面：首先是对该主体本身能力的提高，其次是社会、经济、环境的改革。这也就解决了这样一个问题，即对于这部分海洋特殊收入主体，应以何种方式给予关注，从而长期内从根本上改善其收入状况的问题。

首先，对于特殊主体本身能力的提高，长期内行之有效的方法是要依靠教育。教育是培养人的活动，肩负着传道、授业、解惑的重任，因此可持续发展战略对人的素质的要求，有赖于通过教育来实现。为了促进人类全面发展，必须把"终身"的概念引入教育体系，即通过终身教育来使人的自身能力不断迎合社会发展的需要。通过终身教育使人类有能力掌握自身的发展，从而使教育真正为人的可持续发展服务，努力使每个人都能够掌握自己的命运，以便为自己生命包含其中的社会的进步做出贡献。对于这部分"海洋特殊收入主体"来说，面对频发的海洋灾害，只有通过教育提高其自身抵御海洋灾害的能力，才能从根本上改善其收入状况，这是长期内必须坚持的宏观策略之一。除了对终身教育的强调以外，教育的一个立竿见影的方式可以认为是培训。日本政府为了促进渔业的健康发展，把加强培训作为一项发展措施。通过对渔民的培训，提高了渔民的技术水平和管理能力，提高渔民作业安全意识和海上救助能力，确保安全作业和劳动环境的改善。尽管日本政府对渔民的这种培训策略的初衷是为了促进渔业的健康发展，但这种策略却为我们研究海洋灾害问题提出了很有意义的思考和启发。它对我们所要研究的海洋灾害与收入问题的重要启示在于：培训可以提高海洋特殊收入主体的能力，从而使这部分主体

在面对海洋灾害时能更加自如的掌握自身的命运，从而长期内提高其自身的收入能力。

其次，提高海洋特殊收入主体的可持续发展能力，还要依靠国家体制环境的支持。个体的可持续发展能力的提高，很大程度上与国家的政策环境息息相关，由相互联系原理可知，国家基本的社会、经济和环境改革都可能直接或间接地影响到个体的可持续发展。换句话说，个体的可持续发展能力的提高某种程度上还有赖于国家基本的社会、经济和环境改革。任何有利的政策环境因素都会对海洋特殊收入主体的收入能力的提高带来促进作用，而如果缺乏相关体制的支持，仅仅依靠海洋特殊收入主体自身能力的提高所带来的可持续发展能力的提高是有限和缓慢的。

综上所述，在对海洋灾害与收入问题的研究中，必须把传统的一般意义上的可持续发展理念拓展到新的领域，即把提高"海洋特殊收入主体"的收入能力或者说可持续发展能力作为基本的指导理念之一。而在这种可持续发展能力的提高过程中，总的方向是要依靠教育和政策，而这其中又包括系列因素的协同作用。

三、海洋科技理念及深度思考

（一）海洋科技理念的总结

海洋灾害与科学技术最早的联系源于人们对海洋灾害问题的预防动机，即"科技防灾"的动机。在对海洋灾害的研究过程中，随着人们所掌握的科学技术不断的累积和成熟，人们越来越意识到科学技术在预防海洋灾害中的重要作用。从海洋灾害的成因来看，海洋灾害的发生很大程度上是各种因素的共同作用所导致，其中包含自然因素也可能包含人为因素。而在对这些因素的研究、预测、控制和预防中，科学技术的作用就显得尤为重要。科技的作用首先在于引导人们运用正确的方法和途径认识规律，从而进一步利用规律来指导实践。在海洋灾害的研究过程中，科学技术越进步，人们越有可能正确地把握灾害的发生规律，从而有效地达到预防海洋灾害的目的。在"科技防灾"这一问题上，各国普遍采取了有力的措施，通过对科技的强调和战略计划的实施取得了显著的成果。

随着科学技术的不断进步，人们越来越不能满足把科技的作用局限在预防海洋灾害这一问题上。现实中，由于不可抗力、决策失误等诸多因素的作用，海洋灾害的发生具有很大的偶然性和不可避免性，有的时候防不胜防，这样就存在一个问题，一旦灾害发生，应如何采取经济合理的措施使损失降到最低的问题。从某种程

度上说，这种事后补救措施的制定和实施更能体现经济学的基本理念，从而对海洋灾害的研究绝不能仅仅停留在事前预防的层面上。在关于海洋灾害的事后补救措施方面的研究中，典型的例子是日本学者针对海上溢油事件的水箱试验。Masaki Saito 等学者（2003）的研究实验表明，日本雪松树皮具有成为出色的吸油剂的潜力。该研究的基本理念是用有机废物作为吸油剂来减轻海上溢油造成的环境伤害并且降低成本。由于海上溢油的发生会造成巨大的环境伤害，同时这些溢出的油几乎没有任何商业价值，因此用一种低成本的物质作为吸油剂就更加成为必要。而通过考察多种废弃物质中的有机纤维，证实日本雪松树皮可以成为很好的吸油剂，并且通过水箱实验证明特定的雪松树皮吸油剂（Sugi Bark Sorbent，SBS）可以更加高效地完成吸油工作。这可以说是低成本补救措施的案例之一，事实上，在对事后措施的研究和制定中，完善的事后决策机制也是不断被强调的理念之一，通过综合的考虑经济、社会、科技、政策等多种因素的综合作用来制定科学合理的事后决策机制来应对突发事件的发生。因此，无论是低成本吸油剂的研究还是事后综合决策机制的制定，科技的作用都起着不容忽视的作用。科学技术越发达，人们越有可能更加得心应手地应对突发的海洋灾害，从而越有可能使灾害的损失降到最低。

事实上，从实践中来看，把海洋科技计划纳入海洋战略体系已是各国的普遍做法，并且随着科技的不断发展，这种趋势只会更加明显。现根据有关资料对各国的海洋科技计划整理，如表1-1所示。

表1-1 　　　　　　　　　　　各国海洋科技计划概况

国家	海洋科技计划的基本内容
英国	（1）海洋资源可持续利用；（2）海洋环境预报
欧洲	2000年12月，欧洲科学基金会海洋分会公布了欧洲海洋研究战略计划。该战略计划的基本内容：（1）海洋与气候的耦合性；（2）资源的可持续利用；（3）海岸带的健康；（4）海洋生物新领域；（5）大洋边缘系统新领域——海底研究
澳大利亚	1998年公布《澳大利亚海洋科技计划》，基本内容：（1）认识海洋环境；（2）海洋环境的利用和管理；（3）认识和利用海洋环境的基础设施
韩国	（1）做好"海洋世纪"高新技术创新；（2）除提高自动化程度外，减轻设备重量，缩小体积，研制具有世界水平的海洋观测设备；（3）重组海洋科研机构，提高海洋科学技术开发能力，并加强有关实验室、设备和研究船等科研基础设施建设；（4）开拓海洋科学领域培训渠道，与其他国家谈判技术转让项目
日本	（1）积极推进海洋科技开发；（2）加大海洋科技经费投入

资料来源：（1）吴闻：《韩国、日本的海洋科技计划》，载《海洋信息》2006年第1期，第25~26页。
（2）杨书臣：《近年日本海洋经济发展浅析》，载《日本学刊》2006年第2期，第75~84页。
（3）吴闻：《英国、欧洲和澳大利亚的海洋科技计划》，载《海洋信息》，2006年第2期，第14~16页。
（4）杨书臣：《日本海洋经济的新发展及其启示》，载《海洋经济》2006年第4期，第59~60页。

由表 1-1 可以看出，这些国家的海洋科技计划已经不能简单地说是停留在"防灾"阶段还是"补救"阶段。无论是预防海洋灾害，还是有效地应对突发的海洋灾害，科技的作用都是一个综合的影响过程，因而不可能把科技局限在某一个方面。事实上，海洋科技计划的基本理念是致力于用科技的力量去认识和改造海洋，使海洋能够为人类造福。这也是"科技兴海"理念的由来，即把科技的作用融入海洋经济的规划中，用科技的力量去振兴海洋经济。从这一点来看，科技的作用必将越来越得到重视。在我们研究海洋灾害问题的过程中，始终要引起高度重视的问题是，对海洋灾害研究的最终目的是振兴海洋经济，造福人类。因而科技的作用不仅要预防和应对海洋灾害，更重要的是要在把握这个前提的基础上进一步振兴海洋经济。在对海洋灾害与收入问题的研究中，这是自始至终应该把握的一条主线。

（二）海洋科技理念的深度思考

以上对海洋科技的理念和作用进行了简单的总结，但是综合以上内容可以发现，以往对科技的强调往往停留在对科技本身的强调。在海洋科技计划的实施中，或者对计划的方向做了规定，或者强调科技经费的投入等，但并没有注意到劳动者收入问题。这也正是海洋科技理念应当有所拓展的部分，即对从事海洋科技工作的劳动者，应予以关注的问题。

需要指明的是，这里对海洋科技工作者的关注区别于可持续发展理念中所提到的对"海洋特殊收入主体"的关注。前面所提到的"海洋特殊收入主体"是指收入与海洋灾害联系密切的劳动者，他们面对海洋灾害所呈现的是一种脆弱性，即容易受到海洋灾害的侵害，他们收入状况很大程度上依赖于海洋的状况。因而，对这部分"海洋特殊收入主体"的关注很大程度上停留在"扶助"的层面上，从而使他们的脆弱性得到有力的保护，并希望能够通过恰当的理念和措施的实行使他们的脆弱性能在长期内从根本上得以改善。而这里所要分析的海洋科技工作者却区别于以上提到的"海洋特殊收入主体"。主要表现在以下两个方面：

一方面，对海洋灾害的研究、控制和事后补救工作形成了对科技的强烈需求，而这种对科技的强烈需求又造成了对这部分海洋科技人才的强烈需求，从而可以认为这种需求是一种"派生需求"，即可以认为这部分海洋科技劳动者是一种具有强烈需求的生产要素。

另一方面，这部分工作者的收入水平又直接影响到他们的供给，由供给曲线的原理可以知道，较高的收入水平会吸引更多符合要求的劳动者进入海洋科技的研究和工作领域中来。与此同时，根据效率工资理论，生产率的高低还取决于支付的是

什么水平的工资，因而可以认为收入水平会对生产率造成直接影响。所以，较高的收入水平可以激励这部分劳动者群体以更高的效率工作。

因而，与前面提到的"海洋特殊收入主体"有所不同的是，这部分劳动者与海洋灾害的密切联系更多地体现在研究工作所带来的对他们的强烈需求上，而不是面对海洋灾害问题的脆弱性上，从而对这部分海洋科技工作者收入问题的研究更多地应停留在"激励"问题上，而不是"扶助"问题上。在实践中，制定正确的政策来改善和提高这部分劳动者的收入是保证高科技人才充分供给的有效手段，同时也是保证其高效率工作的有效保证。如果这两点得到了保证，那么我们对于海洋科技的研究也就上升到了一个新的层次。归根结底，科技的竞争就是人才的竞争，只有制定合理的策略保证人才涌现，才能保证科技的作用得以真正发挥。在海洋灾害与收入问题的探索中，二者的联系在科技方面更多地应体现为通过收入状况的改善来激励海洋科技工作者，从而保证对海洋灾害的研究力度和研究质量，最终达到振兴海洋经济的目的，这是必须始终坚持的指导理念！至于如何激励人才的问题，将在以后进行探讨。

第二节　我国海洋灾害与收入问题的政策取向

一、由人为因素看我国的策略取向

正如之前分析过的，在海洋灾害与收入这一问题上，人为因素正发挥着越来越重要的作用，无论是从预防和应对海洋灾害的角度来说，还是从改善劳动者收入的角度来说，人的因素是必须时刻引起高度注意的，这一方面是由于人为因素的重要地位；另一方面是由于人为因素的可控性。人为因素的这种特殊地位也为我国的海洋灾害与收入问题提出了新的启示，笔者认为，我国在政策取向上至少应该体现两方面的内容：实现"全民参与"和凸显"以人为本"。

（一）实现"全民参与"

所谓"全民参与"就是要调动所有社会成员的力量，共同抵御海洋灾害的不利影响，并最终达到改善收入状况的目的。这种"全民参与"的作用原理在于它并不是依靠个人力量的简单加总，而是通过营造一种积极的社会氛围带来超过个人

力量简单加总的合力，来有效地应对海洋灾害所带来的系列问题，从而也为我们关心的"海洋特殊收入主体"状况的改善提供了一个有利的前提条件。而"全民参与"的实现，至少要依靠以下两个方面的措施：

首先，要提高全民防灾减灾的意识。可以说，我国目前防灾工作中暴露的一个重要问题就是公众的防灾意识淡薄。然而随着沿海开发力度的增大，我国沿海地区的灾害风险度和脆弱性也在增加。从海洋灾害造成的经济损失来看，防灾减灾工作是一项不容忽视的经济工作，然而，从海洋灾害对"海洋特殊收入主体"所造成的巨大侵害来看，它更是一项社会工作。因而，提高全民防灾减灾的意识是迫在眉睫的工作。当前，要让全社会形成了解海洋灾害、认识海洋灾害、预防及远离海洋灾害的意识，面对海洋灾害，形成"防患未然—处惊不乱—灾后重建"的科学态度。全民防灾减灾意识的提高，既有利于抵御海洋灾害的侵害，又有利于减缓人类行为所带来的负面影响，因而是从根本上降低海洋灾害发生频率的首要措施，也为"海洋特殊收入主体"状况的改善迈出了有利的第一步。

其次，要提高全民的综合减灾能力。中共中央政治局委员、国务院副总理、国家减灾委员会主任回良玉在 2006 年 10 月 9 日下午主持召开的加强综合减灾能力建设座谈会上强调，加强综合减灾能力建设，是构建社会主义和谐社会的一项重要任务。各地区、各有关部门要以对人民高度负责的精神，以科学发展观为指导，全面加强综合减灾能力建设，充分发挥社会各方面的合力作用，统筹考虑各类灾害及灾害发展各个阶段的特点，综合运用多种减灾手段，实现各方面、各环节减灾工作的统筹协调，以及各部门、各领域减灾信息和资源的交流共享，进一步提高防范和应对各类自然灾害的水平，促进国民经济和社会平稳较快发展。由回良玉的讲话可以看出，加强综合减灾能力建设是一项复杂的系统工程，必须整合多方面的资源，调动一切能够调动的力量，发挥合力的作用。从应对海洋灾害的问题来看，全民防灾减灾意识的提高是一个必不可少的前提条件，综合减灾能力的提高是必不可少的中心环节，而这种能力的提高要依靠多方面因素的共同作用，这其中既包含政府的作用，也包含企业、公众的作用，而如果能把预防和应对海洋灾害的问题纳入国民经济和社会发展规划，加强体制、机制和法制建设，无疑会为综合减灾能力的提高提供有力的保障。

总的来说，人为因素在海洋灾害问题中的重要性给我们提出了一个警示：必须充分调动人的积极性去应对海洋灾害所带来的种种问题，而这种积极性的调动又不能简单地局限在某些个体或群体的范围之内，必须致力于调动所有能够调动的力量，以寻求一种超出个人力量简单加总的合力的作用。这种"全民参与"的作用

机理也正在于此，即通过这种合力的作用来减少海洋灾害的发生频率，从而减缓"海洋特殊收入主体"由于海洋灾害的发生所遭受的侵害，有利于其收入状况的改善。

（二）凸显"以人为本"

"以人为本"的内涵和要求，是胡锦涛总书记在中央人口资源环境工作座谈会上的讲话中提出的，即坚持以人为本，就是要以实现人的全面发展为目标，从人民群众的根本利益出发谋发展、促发展，不断满足人民群众日益增长的物质文化需要，切实保障人民群众的经济、政治和文化权益，让发展的成果惠及全体人民。"以人为本"是我们的执政理念和要求，现实中，贯彻以人为本理念，要从具体事情做起，贯穿到经济社会发展的各个方面，贯穿到我们的各项工作中去。

"以人为本"的科学内涵包含了两方面的特质：一是为所有的人服务，而不是为部分人服务；二是满足人所有需求，而不是部分需求。因而，"以人为本"中的"人"是指全体人民，而不是一部分人民，也不是大多数人民。总的来说，"以人为本"就是要以所有人的发展作为根本目的。那么，如何使这一根本目的得以实现呢？除了不断提高人的素质，满足人多方面的需求以外，一个很重要的条件就是要使所有人得到一个公平的发展机会！那么，我们的政策是否体现了这一"公平的发展机会"呢？

必须注意到，在现实社会中，影响人的生存方式的因素有很多，这其中包含自然的也包含社会的因素，由于这些因素的影响，人被分成不同的群体，也就有了穷人和富人，弱势群体和强势群体之分。具体到海洋灾害与收入这一问题上，海洋灾害的发生的的确确对一部分"海洋特殊收入主体"构成了不容忽视的侵害，或者说，这部分"海洋特殊收入主体"由于灾害的影响而经常地陷入一种生存困境，这也就意味着纯粹的自然因素的作用并不能为个人提供"公平的发展机会"。在这种情况下，就必须通过政策的支持来使个体之间的发展机会趋于平等。如果缺乏相应的政策支持，只会使得这部分弱势群体在海洋灾害的作用下变得"弱者更弱"，也就违背了我们一直强调的公平原则。所以，在宏观政策上，一定要对这部分群体有所倾斜。这就使政策的制定和以人为本得到了很好的联系，即在我们制定政策的过程中，一定要使政策体现出以人为本的价值取向。那么，如何使政策中的这种价值取向真正得以落实呢？这有赖于两方面的努力：

首先，必须把"海洋特殊收入主体"的利益纳入政府的政绩评价体系。政绩评价体系是否科学合理，直接决定了政府的政策导向是否科学合理，一项全面而高

效的政绩评价体系是制定全面而高效的政策的有力保障。现实中，一项科学合理的政绩评价体系应该是经济指标和社会指标的结合体，绝不能单纯地把经济建设成果或者经济发展速度作为评价政绩的指标。政绩评价体系中，至少还应融入社会的指标，这其中，人的指标又是一个核心的内容。换句话说，一项科学合理的政绩评价体系，至少要考虑这样一个问题，即是不是真正实现了所有人的发展，或者说，是否使所有人的发展机会都得到了公平的对待。具体到我们所关注的"海洋特殊收入主体"，政绩评价体系要解决的问题是，政策导向有没有致力于改善他们因为海洋灾害问题而遭遇的生活困境、有没有通过恰当的补偿或者政策倾斜使得他们实现公平的发展机会。总的来说，就是要把是否真正实现了对这部分弱势群体的关怀纳入相关的政绩评价体系。

其次，坚持"分配正义"。所谓"分配正义"，顾名思义，也就是要使社会全体成员实现公正而又合理的利益分配，这也是构建社会主义和谐社会必须始终坚持的原则之一。在实行"分配正义"的过程中，必须坚持的两个原则是社会公正原则和最劣者受益最大原则，并把二者密切结合起来。社会公正原则强调的是政策的制定要兼顾到政策相关利益主体，而不可以偏私偏废，尽管绝对的公正是不可能的，但至少要致力于建立起某种相对的利益平衡；最劣者受益最大原则强调政策的制定要优先考虑社会中处于最劣势的那一部分人，这部分人可能由于主客观因素的限制而最需要得到政府的帮助，从而在政策制定上必须体现一定的倾斜。在我国和谐社会的建设过程中，必须考虑到弱势群体的种种条件的限制而给予政策扶助。我们所关注的这部分"海洋特殊收入主体"之所以处在弱势地位，很大程度上是受到自然条件的限制，这种生活困境的存在如果没有政策的支持就失去了我们所强调的分配正义。按照我们和谐社会的分配正义理论的要求，我们的社会有责任和义务去关心这部分"海洋特殊收入主体"的状况，给予他们特殊的帮助，通过政策的倾斜去补偿他们由于自然的、或者偶然的因素所导致的较差的条件所带来的生存困境，消除他们事实上所存在的不平等的起点和障碍。

总体上说，我国存在着"以人为本"的大环境，这为问题的解决提供了一个有利的方面，与此同时，在策略的落实上，我国又确实存在着一些问题，从而使得部分弱势群体的状况未能有效地得到关注。作为与海洋灾害密切相关的"海洋特殊收入主体"来说，很多时候他们是被忽略的弱势群体之一，由于自然条件所导致的生存困境只会使得他们在自然因素的作用下变得"弱者更弱"。因而，在我们的政策导向问题上，一定要对他们有所倾斜，出于正义的目的对他们因海洋灾害所遭受的不利的外部条件进行补偿。通过培育对他们有利的政策环境来真正体现以人

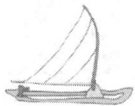

为本的要求，实现"以人为本"的归宿。

二、可持续发展理念指导下的保障"海洋特殊收入主体"劳动收入的政策取向

生态意义上的可持续发展理念所带给我们的启示是：必须坚持资源、环境的可持续利用和开发，以实现生态的可持续发展，减少由于人类不理智行为所导致的不利影响。这也是由可持续发展理论所得出的基本策略。值得欣慰的是，在这一点上，我们的成绩也是突飞猛进的。这种生态意义上的可持续发展理念的作用机理在于：通过实现资源、环境的可持续发展来减缓灾害的发生从而进一步减缓因灾害发生而导致的收入侵害。

然而全面的可持续发展理念是一个涉及生态、经济和社会的复合体，其中，实现人的可持续发展是一个核心理念。换句话说，由之前分析过的对可持续发展理念的拓展可以断定，对于我们反复强调和予以关注的"海洋特殊收入主体"来说，其收入状况的改善必须依靠其自身可持续发展能力的提高。这种依靠自身能力的提高来应对海洋灾害所带来的系列问题的理念是科学和明智的，基本原因在于这种策略是在长期内从根本上改善其收入状况的有效措施。它的作用机理在于：首先，这种可持续发展能力或者说收入能力的提高，使相关的海洋特殊收入主体可以减少对海洋状况的依赖性，从而减缓了因海洋灾害的发生所可能导致的收入侵害；其次，这种可持续发展能力的提高会带来更加理智的行为，更加理智的行为本身也减缓了灾害发生的频率。因而在我们应对海洋灾害与收入问题的过程中，制定相应的策略来提高这部分"海洋特殊收入主体"的可持续发展能力是必然趋势。那么，这种可持续发展能力的提高对我们的政策环境改革又提出了哪些方面的要求呢？总的来说，这主要依靠两个方面的改革：首先是保证起点公平，这是基本的前提；其次是通过恰当的体制来保证这部分主体能力的提高，这是问题的关键环节。这两个方面的政策环境改革都必须体现出政策对海洋特殊收入主体的倾斜。

（一）保证"海洋特殊收入主体"的起点公平

根据前面的分析，我们所关注的"海洋特殊收入主体"由于海洋灾害的发生而经常地陷入一种生存困境。考虑到海洋灾害某种程度上所具有的偶发性和不可避免性，必须通过政策的倾斜来补偿这部分"海洋特殊收入主体"所面对的不利的外部条件，以保证他们在与其他社会群体的对比中有一个公平的起点。保证起点公

平是提高这部分收入主体可持续发展能力的必不可少的前提条件，这也就是前面提到过的政策制定要体现以人为本，只有当通过恰当的补偿使海洋特殊收入主体处在公平的起点上时，才能进一步提高其可持续发展能力。具体到策略的制定上，至少要从以下几个方面来体现我们强调的"起点公平"：

1. 建立完善的需求传播机制以准确了解海洋特殊收入主体的现实需求。必须注意到，在保证"起点公平"的策略制定上，也存在一个必不可少的前提条件，即与海洋特殊收入主体的生存困境相对应的现实需求能不能得到真实反映和传递。在这种现实需求的传递过程中，存在着两种信息不对称的可能性：一种情况是现实中由于缺乏足够的发言机制，使得海洋特殊收入主体的生存困境不能得到充分的表达，从而使其现实需求得不到有效传递，这就会导致政策倾斜的力度不够；另一种情况是一旦给予海洋特殊收入主体充分的发言机制并且充分的依赖这种"发言"来制定政策，又有可能使得海洋特殊收入主体夸大其生存困境和现实需求以换取更多的政策倾斜。这两种情况的发生都会使政策倾斜的力度出现失衡，从而使我们所强调的"起点公平"不能有效实现。在这种情况下，就迫切的需要建立一种完善的需求传播机制，使海洋特殊收入主体的状况和需求得到真实地反映和传递。这种完善的需求传播机制中，既要包含对海洋特殊收入主体的关怀本质，又要具备一定的条件来使得他们的"发言"得到有力的约束。总的来说，要依靠多方面因素的制约和衡量。实际中，必须通过技术、法律、文化等多方面措施的共同作用来实现这一完善的需求传播机制。

（1）技术层面。网络是需求传播的有效途径，然而由于网络传播的无边界性和虚拟性，很容易会使得信息在传递过程中出现扭曲，也同时会使公众被错误的信息所误导。因而必须建立一套有效的网络传播安全的监控体系，这对作为弱势群体的海洋特殊收入主体的权益表达来说，并非是一种封锁与阻断，而是一种"过滤"，也使其真实处境能得到社会多方面及时的了解与回应。从而使得社会各利益阶层在有序的理性的对话之中，进行利益的调整、再分配。这是保证需求高效传播的首要措施。

（2）法律层面。必须建立对海洋特殊收入主体的法律援助，这是使他们获得社会成员身份认同感的必要措施，从而使他们有可能真实地反映自己被侵害的权利。可以考虑建立一系列无偿或低收费的"法律援助中心"，使他们的需求传递得到有效的保护。

（3）文化层面。必须建立富有理解性和公正性的社会心理及文化氛围，避免社会歧视，也就是建立起一种更加人性化的社会文化心理。这种社会氛围的建立，

会使得海洋特殊收入主体的需求在传播过程中得到有力的社会支持，减少了由于人的因素所造成的阻碍，从而减少了需求传播机制不完善所导致的信息不对称。

2. 建立针对"海洋特殊收入主体"的完善的"扶持"机制。在保证海洋特殊收入主体的真实状况得以有效传递的前提下，如何使政策合理地完成对海洋特殊收入主体的扶持就是问题的关键所在了，这是保证其起点公平的关键所在。这种扶持机制的建立依靠以下几方面的政策完善：

（1）进一步完善针对"海洋特殊收入主体"的财政扶持机制。总体来看，从国家对弱势群体的扶持资金来说，近几年的扶持基金是越来越多，而贫困人口的减少却越来越少，这是财政扶持机制不完善的结果。作为海洋特殊收入群体，这种情况体现得尤为明显，这与人们长期以来对这部分"海洋特殊收入主体"的重视不足有着直接的关系。这也决定了在今后的财政扶持机制中，必须要更多地体现出对"海洋特殊收入主体"的关怀。对于本书所关注的"海洋特殊收入主体"，国家对其财政方面的扶持应该主要表现为两个方面：首先，必须建立专项的扶持资金，这是由于这部分海洋特殊收入主体的特殊性所造成的。在人们对社会弱势群体的关注过程中，这部分与海洋灾害息息相关的主体往往成为被忽略的对象，这与人们长期的观念有关。因此必须建立专项的扶持资金，否则，很难将国家的扶持资金落实到这部分收入主体身上。其次，必须减轻"海洋特殊收入主体"的财政负担，建立增收机制。尽管中央已经有了减免农业税的宏观政策，但必须引起高度注意的是，我们所提到的"海洋特殊收入主体"绝不仅仅局限在渔业，它包含一切与海洋灾害联系密切的收入主体，因而，必须在国家减免农业税的政策引导下，进一步考虑如何减轻"海洋特殊收入主体"的负担，并进而建立完善的增收机制。

（2）增进"海洋特殊收入主体"的整体福利。首先，针对"海洋特殊收入主体"短期内面临的经济困难问题，必须建立和完善针对"海洋特殊收入主体"的最低生活保障，保障其基本的生活。其次，必须建立多方面的社会福利，以使海洋特殊收入主体的整体福利得到提高。这两方面措施的作用机理在于，作为海洋特殊收入主体，其由于海洋灾害所遭受的不公平的生活困境必须得到补偿，而仅仅依靠金钱的扶持有时候又不能完全达到目的，所以必须通过福利的方式使他们得到多方面的补偿。而这种福利的补偿又不能仅仅局限在一个方面，必须致力于完整的、多方面的整体福利状况的增进。

（二）保证"海洋特殊收入主体"的能力提高

保证"海洋特殊收入主体"的起点公平，也就是通过国家政策的倾斜实现对

他们合理的补偿，以抵消他们因为海洋灾害而遭受的不公平的生活困境。在这种起点公平得以保证的前提下，我们不得不对问题进行深度的思考，即在长期内，如何提高这部分"海洋特殊收入主体"的可持续发展能力，这是问题的中心环节所在。正如之前分析过的：教育和培训是一个有力措施。而教育和培训的推动又要依靠外因和内因的共同作用！

1. 加强教育和培训的外在推动力量。无论是教育还是培训，在实施的过程中必须牢牢把握的一点是"持之以恒"，因为这二者都不可能立竿见影，并且在实施过程中要受到教育和培训主体的制约，因此必须在长期内坚持这一基本理念，才能达到预期的效果。对教育和培训的长期坚持，绝不是个人力量可以维持的，必须依靠政策、政府、社会群体等各方的综合力量的作用，这些综合的力量正是教育和培训的外在推动力量！但由于教育和培训在一定程度上的差异性，其主要的依靠力量又有所区别。

教育的功能在于通过对人的综合能力的塑造来切实提高受教育主体的可持续发展能力。对于我们关注的海洋特殊收入主体来说，教育的最终作用在于提高了他们的综合素质或者说综合发展能力，这种综合能力的提高所带来的作用一方面体现在更高的素质所带来的更加理智的行为，从而减缓了人为因素对灾害的不利影响；另一方面通过更高的综合能力减少了海洋特殊收入主体对海洋状况的依赖性，从而提高了其收入能力。当前，我国针对海洋特殊收入主体的教育尚有很大的改善空间，即我国的涉海领域普遍存在着劳动者素质低下的现状。考虑到这一问题的普遍性，对教育力度的加大就必须通过国家宏观政策的引导，总的来说，就是要依靠针对特殊教育主体的完善的教育机制的建立。而这种完善的教育机制的建立，要依靠两个方面的努力：其一是要减轻海洋特殊收入主体的教育负担，从宏观政策上加大对这部分收入主体的教育支持；其二是要加大对这部分收入主体教育观念的引导，使他们更加重视教育对自身的影响，并能清楚的预见到教育对他们终身的影响。因此，对于教育来说，其有力的外部推动力量是国家宏观政策的引导，这是由教育问题的普遍性所决定的。

与教育不同的是，对海洋特殊收入主体培训力度的加大在于其相关技能的提高。如果说教育力度的加大主要依靠国家宏观政策的引导，那么培训力度的加大更大程度上则依靠社会力量的支持，这是由培训的特殊性所决定的。考虑到我们所关注的海洋特殊收入主体的多元性，这里所强调的培训也具有多元性，这种多元性主要体现为：首先，培训的主体不同，内容也会有所区别，尤其是当培训主体来自不同的海洋产业时，培训所要求的内容可能千差万别；其次，海洋特殊收入主体所来

自的地区不同，培训内容也会有所区别，这是由于地域分割所带来的特殊性所造成的。因而，培训力度的加大很大程度上取决于地区政策的制定和社会力量的配合。这也为我们的策略取向提供了一个有利的方向，即要广泛地发动社会力量加大对海洋特殊收入主体的培训，同时在培训过程中又必须始终坚持具体问题具体分析，通过持之以恒的培训使收入主体的技能真正得到提高，这是提高其可持续发展能力必不可少的一环。

综上所述，教育和培训所依靠的外部推动力量各有不同的侧重，这是由教育和培训的不同性质决定的，但无论是教育还是培训，最终都离不开各方力量的综合推动，它们共同构成了必不可少外部条件。

2. 强化教育和培训的内在推动力量。这里所谓的内在推动力量，是针对"海洋特殊收入主体"本身而言的，即如果能使他们对自己的可持续发展能力的提高产生迫切的需求，也就产生了推动教育和培训的强有力的内因。这种内因的推动通常来讲要比外因的作用大得多。那么，如何使"海洋特殊收入主体"意识到可持续发展能力提高的迫切性并进而对教育和培训产生巨大需求呢？答案在于海洋产业结构的调整和升级。

在对"海洋特殊收入主体"进行分析之前，先来看一下我国的海洋产业结构。目前，世界发达国家海洋三次产业结构比为 1:7.8:4.4，而我国基本为各占 1/3，且水产品加工业还占据第二产业相当大的比重。这说明我国海洋经济发展仍处于粗放型发展阶段。海洋第一产业（渔业）中传统的海洋捕捞业仍占主导地位，产量比重虽有下降，但近年仍过半数。如果按传统海洋产业、新兴海洋产业和未来海洋产业划分，我国海洋经济中，传统海洋产业（海运、海洋捕捞、海盐业和造船业）比重大，而新兴海洋产业（海水增养殖业、海上油气开采、滨海旅游业等）比重小，传统海洋产业与新兴海洋产业之间大体成 60:40 的比例关系。[①]

可见，我国海洋产业结构与国外比还不很合理，很多领域还有很大发展空间，这正是值得思考的问题之一。如果更多的海洋产业的领域得到开发，必然会产生对劳动者的新的需求。当这种需求存在的时候，如果原有产业内部存在激烈竞争，尤其是当原有的谋生手段容易受到海洋灾害的侵害时，这些海洋特殊收入主体就会考虑转业。简单地说，这种由于海洋产业结构调整所带来的新的劳动力需求会迫使海洋特殊收入主体提高自己的能力以适应竞争的需要。这种需要又从根本上促成了对教育和培训的需要。因而，通过海洋产业结构调整所带来的劳动者转业需求是一种

---

① 楼东、谷树忠、钟赛香：《中国海洋资源现状及海洋产业发展趋势分析》，载《资源科学》2005 年第 9 期，第 20~26 页。

内在动力，是推动海洋特殊收入主体可持续发展能力不断提高的内因。由内因和外因的原理我们可以知道，内因是推动事物发展的根本原因。因此，提高海洋特殊收入主体的可持续发展能力，从产业结构的调整和升级入手是根本的措施所在。

这就是海洋产业结构的调整和升级对于海洋特殊收入主体可持续发展能力提高的意义所在。或者说，国家海洋特殊收入主体的关怀，必须以海洋产业的调整和升级作为强有力的支撑。长期内，海洋产业结构的调整升级是重头戏。我们的政策应致力于发展多种吸纳劳动力的海洋产业，创造有利的体制环境，从政策上引导海洋特殊收入主体向多方面就业领域发展，不应简单地局限在某一领域。这不仅通过对教育和培训的内在需求而提高了这部分主体的收入能力，也同时分散了海洋灾害的风险，可谓是一箭双雕。

三、建立在海洋科技理念基础上的提高海洋科技人才收入的激励机制

在对海洋灾害与收入问题的研究过程中，海洋科技理念所带给我们的基本启示在于，对海洋科技的重视绝不能仅仅局限在海洋科技本身，必须以恰当的方式对海洋科技领域的劳动者收入问题予以关注，而这种恰当的方式就是要建立合理的海洋科技人才的激励机制。这种激励机制的建立，对于我们所关注的海洋灾害与收入问题的主要贡献在于：

首先，海洋科技人才激励机制的建立保证了海洋科技领域劳动者收入的提高，从而提高了相关的海洋收入群体的整体收入水平。在这里，必须注意到海洋科技人才与海洋特殊收入主体在海洋灾害与收入问题上的显著区别：海洋特殊收入主体面对海洋灾害所呈现的是一种脆弱性，即其收入状况深受海洋灾害的影响，因而必须通过政策倾斜去补偿他们由于海洋灾害所遭受的侵害，这体现了我们对弱势海洋收入群体的关怀本质；而海洋科技人才却不属于弱势海洋收入群体，即他们的收入状况不会因海洋灾害的发生而受到侵害，如果说对海洋科技人才的关怀也必须通过一定的政策倾斜来实现，那么这种政策倾斜所导致的海洋科技人才的收入水平提高只是作为激励机制的一个重要组成部分，并不是出于补偿的目的。所以，海洋科技人才激励机制建立的作用之一是通过海洋科技领域劳动者收入的提高而间接提高了海洋收入群体的整体收入水平。

其次，海洋科技人才激励机制的建立保证了海洋灾害的预防、处理等相关工作的有效进行，从而改善了海洋特殊收入主体的状况。完善的海洋科技人才激励机制

的建立一是保证了海洋科技人才的涌现，二是保证了工作效率的提高。这两方面的结果都会使海洋灾害的预防、处理等相关工作更加有效地进行，这就降低了海洋灾害发生的频率，同时也使得事后的处理工作更加经济合理。而无论是灾害频率的降低还是灾后处理工作的更加经济合理，都会对海洋特殊收入主体的状况改善起着不容忽视的正面推动作用。

最后，海洋科技人才激励机制的建立保证了总体效率的提高，从而振兴了海洋经济，提高了相关海洋产业的劳动者收入。完善的海洋科技人才激励机制的建立，提高了海洋科技人才的工作效率，从而提高了海洋科技领域的总体效率，这为振兴海洋经济迈出了重要的一步，而振兴海洋经济的必然结果是振兴了各个相关的海洋产业，从而提高了相关海洋产业的劳动者收入。

综上所述，合理的海洋科技人才激励机制的建立，对我们所关心的海洋灾害与收入问题有着重要的贡献。在实践中，必须建立海洋科技人才激励机制，同时又要保证激励水平的合理性，这就需要多方面因素的共同作用。

（一）建立海洋科技人才激励机制以保证人才涌现

由供给曲线的原理我们可以知道，较高的收入水平是保证海洋科技人才涌现的有力措施，因此，国家要吸引更多的人才涌向海洋科技岗位，就必须有激励海洋科技人才的大环境，而这种大环境的建立从根本上说要依靠机制的建立，即要建立海洋科技人才激励机制。这种激励机制至少要包含以下方面：

1. 保证有效的海洋科技资金投入。

首先，从海洋科技资金的来源上说，要完善政府、企业和科研单位等联合投资体制。政府的投资应该不断增加，用于支持重点科研机构的基本建设、设备更新和运行经费。企业也要投资进行研究与开发，包括与科研单位联合进行技术项目的研究开发、产品更新换代研究、企业发展规划设计、产品开发动向规划、建立联合研究机构等。我国在海洋油气资源勘探开发技术、海水养殖技术、海水化学元素提取利用技术等方面，国家支持科研机构研究开发关键核心技术，企业投资实现产业化，是很好的经验。海洋观测技术发展采取国家支持关键技术研究，地方和业务部门投资进行业务系统建设，也是很好的经验。国际性重大海洋科研项目，具有重要意义的国内科研项目，也有可能得到国际技术援助和环境基金的资助，应该积极争取。事实上，这种联合投资体制的建立不仅保证了海洋科技资金的多方来源，更重要的是营造了一种投资海洋科技积极的社会氛围，这种氛围的形成必将带来超出各方力量简单加总的合力，反过来又促进了对海洋科技投资的力度。

其次，从海洋科技资金的去向上来说：一方面，海洋科技资金的投入要致力于提高海洋科技人才的收入水平，这是由供给原理所得出的吸引人才的基本措施，也是由效率工资理论所得出的提高工作效率的基本措施；另一方面，海洋科技资金的投入要致力于营造一种海洋科技人才成长的和谐氛围，这种海洋科技人才成长环境的塑造是海洋科技人才激励机制的一个必不可少的部分，但在实际中却容易成为被忽略的一环，事实上，环境不仅可以决定人才的去向，更可以成为人才发挥活力和效率的有效激励。

最后，从海洋科技资金的投入量上来说，必须进一步加大海洋科技资金的投入。必须注意到，我国海洋科技经费投入与一些海洋强国相比有很大差距。1985年，美国、日本、英国投入的经费分别是我国的76倍、30倍、31倍；1990年，美国、日本投入的经费分别是我国的9倍、12倍；1995年，美国、日本投入的经费分别是我国的28倍、8倍。由此可见，海洋强国在海洋科学研究方面的投入比我国高出很多倍，这是其在海洋科技方面保持世界领先地位的主要原因。从R&D经费占GNP的比重看，1986年美国为2.8%，研究人员人均约15万美元；韩国为1.3%，人均超过3 238万韩元；1992年我国约为0.7%，人均1万元人民币。我国海洋大省山东省每年用于海洋科技的投入只相当于其海洋产业创造的国民生产总值的1%，与世界上许多国家大于2%的比例相差很大。[①] 因此，在海洋科技资金的投入量上，必须积极地借鉴发达国家的标准，而借鉴发达国家的标准就要注意两方面的问题：首先，必须加大海洋科技资金的投入量；其次，也要注意资金投入量的加大必须控制在我国经济发展可以承受的范围内，即要与我国的现实状况相吻合，不能盲目地照搬发达国家的标准。

2. 保证海洋科技人才激励方式多样化。必须引起高度重视的是，对海洋科技人才的激励绝不能简单地停留在物质激励的层面上，要注重激励方式的多样化。

首先，精神激励是比物质激励更为重要的一环。这是海洋科技人才独有的方面，较高的素质决定了他们具有更深远的目光和更高的境界，所以恰当的激励必须是物质和精神激励相配合。正如国家海洋局第一海洋研究所所长孙书贤所强调的，在对海洋科技人才的思想教育方面，要大力弘扬心系祖国、自觉奉献的爱国精神，求真务实、勇于创新的科学精神，不畏艰险、勇攀高峰的探索精神，团结协作、淡泊名利的团队精神；彻底戒除心浮气躁、急功近利、弄虚作假等不良风气。在努力成为精通业务的科技专家的同时，自觉把个人的发展同海洋事业、国家前途紧密联

---

① 王淼、王国娜、张春华、李开红：《关于改革我国海洋科技体制的战略思考》，载《科技进步与对策》2006年第1期，第41～45页。

系起来，肩负起党和人民赋予的历史使命。事实上，孙书贤所长所强调的这种思想教育从更进一步的层次上来说正是一种精神激励，一旦海洋科技工作者把个人的发展同海洋事业结合起来，将是强有力的动力。

其次，要为海洋科技人才提供充足的发展机会。一方面，要鼓励人才干事业、支持人才干成事业、帮助人才干好事业，从而有利于优秀人才脱颖而出，最大限度地激发科技人员的创新激情和活力，提高创新效率，特别是要为年轻人才施展才干提供更多的机会和更大的舞台。另一方面，要鼓励学术带头人、科研骨干赴国外相关机构进修访问和参加高级研讨班等学习交流，鼓励和支持中青年科研骨干参加国际学术会议以及其他形式的学术活动，这种方式既为海洋科技提供了自身发展的机会，有利于吸引和留住人才，也为海洋科技事业本身做出了应有的贡献。

总之，对海洋科技人才的激励方式绝不能仅仅停留在物质层面上，要努力实现激励方式的多元化，及时了解海洋科技人才多方面的需求，从不同的侧面实现对他们的激励。这是吸引和留住海洋科技人才的重要保障。

（二）建立合理的海洋科技人才需求预测方法以保证激励水平的合理性

前面分析了建立海洋科技人才激励机制的重要性，然而，还有一个必须解决的问题是，激励停留在什么水平的问题，即如何保证激励机制的合理性。很明显，如果对海洋科技人才的激励不足，必然不能充分地吸引和留住人才，不能达到我们应对海洋灾害和振兴海洋经济的效果，而如果激励过高，又必然会导致资源的浪费，也会导致人才的不合理配置，也会使我们的政策表现为不合理。要保证海洋科技人才激励机制的合理性，就必须建立合理的海洋科技人才需求预测方法，这是由供给和需求的一般原理决定的，即海洋科技人才作为生产要素之一，其市场均衡收入也应遵循这一原理。

1. 合理的海洋科技人才需求预测步骤。海洋科技人才的需求预测步骤是否合理，意味着我们在实际工作中是否遵循了正确的方法对我们所关心的海洋科技人才需求问题进行研究。叶强（2006）在《海洋科技人才需求预测方法研究》中给出了很好的总结，其步骤主要包括：

（1）海洋科技人才需求预测背景目标确定。包括预测年期、预测目的、预测范围和海洋科技人才的界定等。

（2）预测资料的收集整理。包括社会背景资料、人才数据统计资料、经济背景资料和经济发展目标等。主要通过查阅年鉴和抽样问卷调查的形式进行。

（3）海洋科技人才历史现状分析。对收集到的资料进行统计分析，去伪存真，

根据海洋产业的发展特点对各种数据进行修正。

（4）海洋科技人才需求预测方法研究。借鉴其他产业科技人才需求预测方法研究的经验，根据海洋产业的特殊性，充分考虑海洋产业之间的差异，选择合适的预测方法。

（5）海洋科技人才需求模型的建立。根据海洋产业发展规划，选择能反映海洋科技人才数量和结构变化的因素，建立因素与海洋科技人才数量之间相关关系，建立各种预测模型。通过开发相应软件，进行模拟计算。对不同模型的模拟进行对比分析，选择能真实反映海洋产业特点的模型，对各产业进行预测。

（6）预测结果分析调查。将预测结果反馈给各产业的管理部门和各产业的经营决策者，将管理者的主观判断融入到预测结果中，既是对预测结果的验证，也是经验分析与定量分析的结合。

（7）总结报告。对整个预测过程作总结，并对预测结果的真实性进行客观评价。

（8）结论应用。将预测结论应用于实践，指导海洋管理部门的人才规划和教育部门的培养计划。

值得注意的是，合理的海洋科技人才需求预测步骤最终的作用在于保证实际预测工作的有条不紊，因而实际中的需求预测步骤并非是一成不变的，而是随实际情况的不同而有所不同，所谓科学的预测步骤只是为实际工作提供了一个大概的方向。

2. 充分考虑市场经济和我国海洋产业的特殊性对传统的海洋科技人才预测方法的影响。研究海洋科技人才的预测方法，就必须首先形成对传统人才预测方法的正确认识，这是研究问题的一个基本前提。事实上，我们所关心的海洋科技人才的预测方法正是源于传统的人才预测方法，同时又充分考虑了市场经济和我国海洋产业特殊性的影响。

传统的人才预测方法一般包括德尔菲法和传统趋势预测法。前者是采用问卷的方式，以书面形式收集各位专家对行业未来人力资源需求量及其相关因素的分析，并经多轮反复，最终达成一致，因此也称为专家评估法。后者是沿着经济发展决定人才需求的思路，以经济增长的有关数据作为预测基础，以人才需求量作为预测量进行预测模块设计。但必须注意的是，传统的人才预测方法并不完全适用于我国当前的现状，在应用这些预测方法的时候，必须融入对市场经济和我国海洋产业特殊性的考虑。

首先，必须充分考虑市场经济的影响。传统的人才预测方法基本上是基于惯性原则、对比原则和相关原则而产生的方法，这类方法在外界环境发生较大变化时将难以适应人才预测的需要。在我国当前逐步完善市场经济体制的过程中，市场经济

配置资源已越来越占主导地位，外界环境的变化使传统的人才预测理论和方法失去了成立的条件，新的体制要求在探索人才需求的理论和设计人才预测的方法时，既要考虑传统经济体制的影响，又要考虑现代市场经济体制的影响，使建立的人才需求预测模型能反映出适应外界环境变化的内在机制。

其次，必须充分考虑我国海洋产业的特殊性。我国各海洋产业中的大中型企业除海洋药物等新兴产业外，港口运输、海洋油气、海洋造船业、海洋盐业、海洋科研单位等都属于国有企业。这些企业或单位的国有属性决定了他们受行政因素的影响较大，因而往年海洋科技人才数量和结构的变化受行政等因素的影响较大，这些统计数据难以正确反映科技人才数量的变动与海洋经济发展的内在联系。改革开放20多年来，我国的人才管理体制和人才政策几经变革和波动，如1980年恢复职称评定制度和1987年事业单位职改工作全面铺开就使这两年全国的人才总量（按具有初级以上职称和中专以上学历的人均属人才的界定）呈跳跃式增长，这种数量扩张直接来自行政力量的推动，既不能反映人才队伍整体水平的全面提高，又不能直接反映经济社会发展的现实需求。它一方面使我们难以找到经济社会发展与人才增长和人才需求的相关机理，也加大了我们由过去和现在推断未来的工作难度。仅仅依靠传统的人才需求预测模型，用计划经济体制下海洋科技人才的统计数据无法正确预测市场经济条件下的人才需求。[①]

综上所述，必须尽快建立完善的海洋科技人才的需求预测方法，正确合理的预测结果是正确地了解海洋科技人才需求状况的重要保证，也只有在此基础上，根据这种真实的需求状况，才能保证我们的激励水平停留在合适的位置上。

参考文献

1. 郑家建：《倾听与回应：社会传播中"弱势群体"的声音》，载《东南学术》2002年第3期。

2. 李兴江、褚清华：《进一步完善财政扶贫机制》，载《财会研究》2004年第12期。

3. 陈洪全、张忍顺：《我国的海洋灾害及其防治》，载《中学地理教学参考》2005年第4期。

4. 楼东、谷树忠、钟赛香：《中国海洋资源现状及海洋产业发展趋势分析》，载《资源科学》2005年第9期。

---

① 叶强：《海洋科技人才需求预测方法研究》，载《海岸工程》2006年第3期，第77~85页。

5. 陈君：《海洋灾害知多少》，载《海洋世界》2005 年第 12 期。

6. 吴闻：《韩国、日本的海洋科技计划》，载《海洋信息》2006 年第 1 期。

7. 王淼、王国娜、张春华、李开红：《关于改革我国海洋科技体制的战略思考》，载《科技进步与对策》2006 年第 1 期。

8. 杨书臣：《近年日本海洋经济发展浅析》，载《日本学刊》2006 年第 2 期。

9. 吴闻：《英国、欧洲和澳大利亚的海洋科技计划》，载《海洋信息》2006 年第 2 期。

10. 叶强：《海洋科技人才需求预测方法研究》，载《海岸工程》2006 年第 3 期。

11. 杨书臣：《日本海洋经济的新发展及其启示》，载《海洋经济》2006 年第 4 期。

12. 李清、王玉堂：《日本渔业发展及其政策取向》，载《世界农业》2006 年第 8 期。

13. 刘颖：《防灾减灾与可持续发展关系研究》，华东师范大学，2006 年。

14. 孙书贤：《把海洋科技人才队伍建设摆上重要战略地位》，载《中国海洋报》第 1543 期。

15. 《分配正义与构建和谐社会》，http：//www.gmw.cn/01gmrb/2006－03/21/content_ 391816.htm：2006－03－21。

16. ［灾害风险管理］灾害中的人为因素，http：//www.nanfangdaily.com.cn/southnews/newdaily/pl/gd/200605110019.asp：2006－05－11。

17. 《论公共政策规划中的以人为本思想》，http：//www.nmgfic.com/xxzx/pagelist.jsp？id＝9552：2006－07－18。

18. 回良玉强调加强综合减灾能力提高公众减灾意识，http：//news.xinhuanet.com/politics/2006－10/10/content_ 5186057.htm？rss＝1：2006－10－10。

19. 《以人为本的发展观与和谐观》，http：//www.FRChina.net：2006－12－10。

20. 《我国渔民弱势群体问题与对策分析》，http：//www.chinafoods.net/news/gutTrain.aspx？newsID＝50492：2006－12－18。

21. 《海洋科技发展战略框架》，http：//www.soa.gov.cn/soa/zhanlue/ld4.htm：2007－01－02。

22. 《论终身教育与人的可持续发展》，http：//www.hqdx.com/llyj/xxyj/zsjyll/lzsjy.htm：2007－02－10。

23. Masaki Saito, Nobuyoshi Ishii, Suguru Ogura, Shinji Maemura, Hirohisa Suzuki. Development and Water Tank Tests of Sugi Bark Sorbent (SBS). Spill Science and

Technology Bulletin Volume 8, Issue 5 –6, 2003, pp. 475 –482.

24. Pomeroy, Robert S. ; Ratner, Blake D. ; Hall, Stephen J. ; Pimoljinda, Jate; Vivekanandan, V. Coping with disaster: Rehabilitating livelihoods and communities. Marine Policy Volume 30, Issue 6, November, 2006, pp. 786 –793.

25. Liu Xin; Wirtz, Kai W. Consensus oriented fuzzified decision support for oil spill contingency management. Journal of Hazardous Materials Volume 134, Issue 1 –3, June 30, 2006, pp. 27 –35.

第一编

海洋灾害·海洋经济收入·政府作为

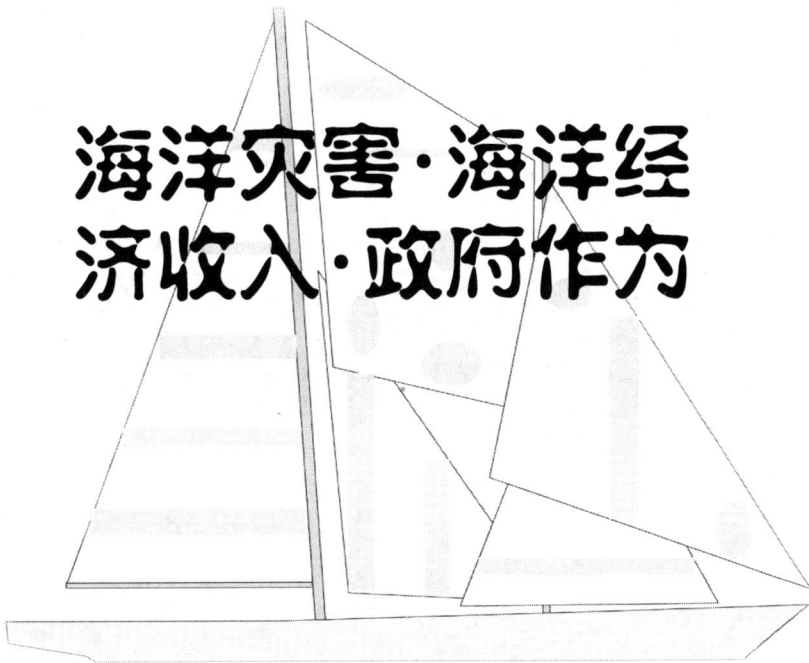

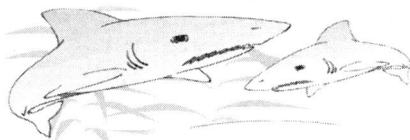

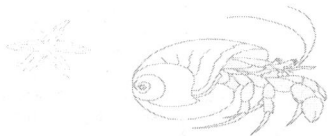

第二章 海洋灾害概述

进入 21 世纪，随着海洋开发利用的进一步深入和海洋经济的发展以及全球气候的变化，海洋灾害的频发程度也将会继续呈上升趋势。因此，开展海洋灾害的风险评价及防灾减灾对策研究是保证我国沿海地区的可持续发展战略的实施和促进海洋经济增长的必要措施；开展海洋灾害的经济学分析和海洋灾害对劳动收入的分析具有十分重要的战略意义。从分析国内外自然灾害风险评价进展及我国海洋灾害研究进展及存在的问题着手，研究探讨我国海洋灾害对渔民的收入影响，海洋灾害的风险评价及防灾减灾的应对策略与措施。

综合最近 20 年的有关统计资料，我国由风暴潮、风暴巨浪、严重海冰、海雾及海上大风等海洋灾害造成的直接经济损失每年约 5 亿元，死亡 500 人左右。经济损失中，以风暴潮在海岸附近造成的损失最多，而人员死亡则主要是海上狂风恶浪所为。

就目前总的情况来看，海洋灾害给世界各国带来的损失呈上升趋势。随着我国综合国力的增强，海洋经济及沿海地区的经济和人口都将会有更快更大的发展，如不采取有效措施加强海洋灾害的防御，不但经济损失增长的势头很难降下来，还会导致人身生命财产损失的回升。因此，我们在享受海洋给我们带来好处的同时就必须要做好一切预备、防护以及应急工作来确保海洋灾害给我们造成的经济损失达到最小。

第一节 海洋灾害的概念及经济损失

海洋灾害，顾名思义，就是指在人类社会生产发展过程中，发生在海域和滨海地区，由于海水激烈运动、海洋自然环境异常变化，且这种运动和变化超过人们适应能力而发生的人员伤亡及财产损失的事件和现象。广义上讲，海洋灾害大致可以

分为海洋自然灾害和海洋人为灾害。海洋自然灾害是由海洋自身的因素而导致的，具体可以分为风暴潮灾害、海啸灾害、海浪灾害、海冰灾害、海雾灾海岸侵蚀灾害等；而海洋人为灾害则是人类在生存和发展过程中由于可抗力或不可抗力等因素对海洋环境资源等的破坏而导致的，人为灾害中，对人类经济生活影响严重的当属赤潮灾害、溢油灾害及海水入侵灾害。

一、海洋自然灾害及其经济损失

海洋自然灾害有很多种，下面我们将一一阐述。

（一）风暴潮灾害及损失

风暴潮是发生在海洋沿岸的一种严重自然灾害，这种灾害主要是由大风和高潮水位共同引起的，使局部地区猛烈增水，酿成重大灾害。

风暴潮会导致近海及沿岸浅水域水位猛烈增长，当风暴潮与天文潮迭加后的水位超过沿岸"水位警戒线"时，会造成海水外溢，甚至泛滥成灾，造成工业、农业、海业、盐业、交通运输、港湾建筑和人民生命财产的巨大损失。

例如，天津是我国地面高程最低的沿海工业城市之一。1983 年市区地面标高在 2 米的面积占市区总面积的 78%，大约有 11% 的面积位于多年平均高潮水位之下。如按 1959 ~ 1988 年市区地面沉降年平均速率 60.3 毫米计算，2 米的剩余标高只需 33 年便将损失殆尽，而市区大部分地区沉降至平均高潮位以下只需 17 年时间。事实上由于地面沉降，海面的相对上升，天津市静海县的大部分地区已处于海面以下。潮灾频率增加，受害程度加大。海面上升、沿海地区地面标高损失的共同作用，加重了潮灾的危害。如天津沿海地区 20 世纪 20 ~ 50 年代间仅发生一次潮灾，而 60 ~ 80 年代就发生了 5 次较大的风暴潮灾害。其中尤以 8509 号、9216 号和 9711 号风暴潮灾害最为明显。1992 年，16 号强热带风暴中心在天津沿海活动造成的特大风暴潮灾害中，潮位高达 5.93 米，海堤被海潮冲毁 40 处，大量的水利工程被毁坏，塘沽、大港、汉沽三区和一些大型企业均遭受严重损失。天津新港的库场、码头、客运站全部被淹，港区内水深达 1 米，有 1 219 个集装箱进水。新港船厂、北塘修船厂、北塘镇、塘油站场、大港石油管理局等十多个单位的部分海挡被潮水冲毁。天津防洪重点工程之一的海河闸受到较严重损坏。大港油田的 69 眼油井被海水浸泡，其中 31 眼停产。据统计，此次潮灾中，渤海沿岸共毁坏海堤、海挡、海闸 12 256 处（座）、长约 1 170.7 千米；冲坏公路、桥梁 1 508 处，长 1 678.6

千米，淹没农田 198.12 万公顷，房屋倒塌 9.9 万多间，损坏 36 万多间，毁坏、冲走船只 5 258 艘；冲毁池塘、虾池 5 万多公顷，淹没盐田 15.19 万公顷，冲走（溶化）原盐 155 万吨，停产、半停产企业 10 724 家，死亡 193 人，失踪 87 人，造成数十亿元的经济损失。据统计，在近 50 年中，我国沿海共发生台风风暴潮灾害 127 次，占这期间登陆我国沿海热带风暴总次数的 37%。面对我国沿海日益频繁和严重的风暴潮灾害，做好我国沿海地区灾害性风暴潮预报与防御工作将是十分必要的。[①]

2005 年为我国沿海风暴潮重灾年，灾害发生次数远高于多年平均值（4 次/年），经济损失也是历年之最。7 月 18 日~10 月 2 日，沿海共发生 11 次台风风暴潮，其中 9 次造成灾害，较上年增加 5 次。本年度风暴潮灾害的特点是：次数多、时间集中、影响范围广、损失严重灾害主要集中在浙江省（4 次）、海南省（3 次）和福建省（3 次）。全年共发生 9 次温带风暴潮，其中 1 次在山东省局部地区形成灾害。温带风暴潮灾害较上年有所减轻[②]（详见表 2-1）。

表 2-1　　　　　2005 年风暴潮灾害（含近岸浪灾害）损失统计

潮灾影响范围（省、区、市）	受灾人口（万）	农作物受灾（万公顷）	海洋水产养殖受灾（千公顷）	房屋损毁（万间）	损毁、决口海塘堤防及其他海洋工程（处、千米、座）	损毁船只（艘）	死亡失踪人数（人）	直接经济损失（亿元）
辽宁	300	—	0.31	—	堤防损毁 4 处；海洋工程 5 座	6	—	0.70
河北	0.64	0.42	1.13	0.040	堤防损毁 0.15 千米；海洋工程 466 座	4	—	0.92
天津	32.20	6.67	—	0.20	—			2.20
山东	3.40	—	6.70	0.019	堤防损毁 5 处，28.3 千米	28	15	2.42
江苏	4.20	0.033	8.22	0.0017		24		1.60
上海	114.32	7.76		1.64			7	17.28
浙江	—	—	307.58	0.084	堤防损毁 18.23 千米，损毁海洋工程（码头）6 922 座	5 542	3	40.29
福建	870.80	35.84	36.02	2.30	堤防损毁 9 287 处，231.65 千米；海洋工程 1 440 座		74	138.20
广东	252.47	14.94	17.64	0.23	堤防损毁 869 处，284.02 千米		1	7.94
广西	37.81	2.08	0.66	0.047	堤防损毁 34.31 千米	4		0.58
海南	701.04	79.33	11.11	3.39	堤防损毁 101 处，4.03 千米；海洋工程 10 座	734	37	117.67
合计	2 316.9	147.1	389.37	7.95	堤防损毁 10 266 处；600.7 千米；海洋工程 8 843 座	6 342	137	329.8

---

① 张燕光：《风暴潮对天津沿海地区经济发展的影响以及建议》，载《天津科技》2004 年第 1 期。
② 2005 年中国海洋灾害公报。

福建省宁德市、福州市、莆田市、泉州市的 36 个县（市、区）受灾，直接经济损失 26.33 亿元，受灾人口 213.41 万，死亡 3 人。农作物受灾面积 10.72 万公顷；海洋水产养殖损失 6.44 万吨，受损面积 8.36 千公顷；倒塌房屋 6 300 间；损毁海塘堤防 305 处、44.85 千米；损毁海洋工程 348 座[①]，从这些数据我们可以清楚地看到，海洋灾害的发生给我们造成了极大的经济损失，包括防堤工程的溃堤，各种海洋工程的倒塌和损毁，农作物损失以及房屋倒塌等，所以，我们一定要对海洋进行全方位的充分的研究，以确保给我们造成的经济损失达到最小化。

在风暴潮基础理论研究方面，国家海洋局第一海洋研究所、中科院海洋研究所进行了二维空间的渤、黄海潮汐与风暴潮相互作用的数值模拟；厦门大学建立了天文潮、洪水和风暴潮相互作用下产生的"综合水位"的动力模型；中国海洋大学以三维空间数值模式研究渤海风暴潮与天文潮的耦合问题并取得了成功。

（二）风暴海浪灾害及损失

风暴海浪灾害，是指由大风或者气旋等引起的巨大海浪对人类生命或者财产等造成的损害，是排名我国第二位的海洋灾害。我国海区曾发生多起由风暴海浪造成的严重海难事故。1979 年 11 月，渤海石油公司所属海洋石油勘探钻井平台"渤海 2 号"，在拖航中因遇暴风巨浪袭击而翻沉，船上 74 人除 2 人外全部遇难。1983 年 10 月 26 日，美国"爪哇海"号钻井船在我国南海的莺歌海域作业时，突遭 8316 号台风卷起的狂浪袭击而沉没，船上中外人员无一生还。由于海况原因造成的货客油轮海难事故则每年都有发生。1999 年，在相隔不到 3 个月的时间里，竟连续发生"大舜"号等两艘客货滚装船相继沉没于惊涛骇浪之中的特大海难，死亡 280 余人。

我国目前有各类渔船 90.1 万只，其中 60% 仍然是安全性很差的木质船，常年在海上作业的渔民和职工约 500 万，渔业船只的海难、海损事故更是层出不穷。据估计，最近 10 年来平均每年约有 1 000 艘、只各类船舶在我国邻近海区沉没或损坏，死亡人数近千人，经济损失逾 10 亿元。

下面着重用实例来说明一下近几年发生在我国沿海的风浪灾害以及给经济造成的损失。

1. 1991 年广东、海南沿海台风浪灾害严重。[②] 1991 年由于受第 6、7、8 和 11 号台风影响，广东和海南省沿海的台风浪灾害较为严重。其中第 7 号台风于 7 月

---

① 2005 年中国海洋灾害公报。
② 1991 年中国海洋灾害公报。

19 日下午 5 时 30 分在汕头市正面登陆，恰遇当地天文小潮期，没有酿成明显的潮灾。但是由于台风登陆时平均风速为 34 米/秒，阵风达 52.9 米/秒，海面掀起 9～13 米的狂涛，毁坏各种船舶 1 442 艘，海岸防护工程和水利工程受到严重破坏，据不完全统计，仅由海浪造成的损失大约 7.8 亿元。

2. 1997 年海浪灾害损失严重。①

（1）台风浪灾害。1997 年我国沿海台风浪出现天数比 1996 年、1995 年少，但所遭受的台风浪灾害比 1996 年、1995 年重，是历年来遭受台风浪灾害较严重的一年，也是近几年来造成经济损失最大的一年。台风浪灾害主要发生在浙江、上海、江苏、山东、河北、天津和辽宁等省市沿海。

①浙江省沿海受台风浪袭击酿成严重灾害。8 月 18～19 日受 9711 号台风浪影响，东海海面出现 10～12 米的狂涛区，浙江沿岸波涛汹涌，巨浪滔天，18 日白天大陈海洋站实测最大波高 9.8 米，沿岸海浪普遍高出海岸 2～3 米，局部地段拍岸浪高达 10 多米。尤其处于台风浪和暴潮正面袭击的台州市区的一线海塘、二线海塘几乎全部崩溃，冲开堤防决口 4 385 处，冲毁护岸工程 1 640 处，损坏堤岸 243 千米。

宁波市 18 日 14 时至 19 日 14 时，滩浒岛海洋站实测最大波高 5.2 米，狂风巨浪致使沿海各县、市区冲开堤防决口 3 379 处，冲毁护岸 1 072 处，损坏堤岸 633 千米，停泊在各处码头的小型渔船当即有 25 艘沉没，10 艘粉碎。

舟山市 18 日 14 时至 19 日 14 时，大戢山海洋站实测最大波高 6.6 米，狂风巨浪致使沿海各县、市区冲开堤防决口 395 处，冲毁护岸 50 处，损坏堤岸 217.95 千米，25 座水产、民间交通码头受损或沉没，船只受损 210 艘，沉船 7 艘（100 吨级），海水养殖设施损坏 6 000 亩。

②上海市、江苏省和山东省沿海遭受台风浪灾害。上海市虽然没有遭到 9711 号台风浪的正面袭击，但 8 月 18 日晚，受台风浪的影响，其外围一线海堤冲毁十几千米。

江苏省 19 日 8 时至 20 日 14 时，虽然 9711 号台风中心在离海几百千米的内陆，东海北部和黄海仍出现 6～8 米的狂浪区，连云港海洋站实测最大波高 6.9 米，在狂风巨浪、暴雨和海潮的共同袭击下，其经济损失也十分严重。江海堤防损失严重，沿江沿海堤防及防护工程损毁长达 331 千米，沉船 110 艘。

山东省 19 日 8 时至 20 日 14 时，石臼所海洋站实测平均波高 5.4 米，最大波

---

① 1991 年中国海洋灾害公报。

高 7.1 米，青岛近海的浪高达 6 米。据统计，全省冲毁海堤 85 千米，沉没、损坏渔船 451 艘，经济损失严重。

③天津市、辽宁省沿海遭受台风浪灾害。天津市 20 日 8 时至 20 日 20 时，受 9711 号台风影响，渤海和黄海北部出现了 4~5 米的巨浪区，20 日 16 时左右，在天津港锚地实测平均波高 3~3.5 米，由于潮位较高，天津港码头东突堤处出现 2 米以上的拍岸浪，致使一部分物资因为没来得及倒运而受海水浸泡，仅 5 000 多吨氧化铝被海水浸泡就损失近千万美元，停在码头上的高级轿车也被海浪卷入海中。汉沽区有 3 处海堤出现决口，虾池被冲，造成严重的经济损失。

辽宁省 8 月 20 日至 21 日受 9711 号台风浪影响，东港市沿海 36 小时内，连续三次遭受海浪袭击，沿岸堤坝损坏严重，全市冲毁海堤 20.24 千米，严重损坏 37.69 千米，渔业港口破坏严重，冲毁渔港 18 个，损坏渔船 43 艘，东港码头两部吊车（25 吨门吊）被海浪卷入海中，冲毁淹没虾池 17 395 亩，水产损失 2 000 吨。大连市受 9711 号台风浪袭击，水产养殖损失 12.7 万吨，损坏渔船 816 艘，锦州市损坏渔船 130 艘。

（2）其他海难事故时有发生。8 月 18 日晚上，1 500 吨"溧水机 109 号"船从南京开往上海宝钢三期码头时，由于风大浪高，于 21 时 30 分在宝钢三期码头附近翻沉。与此同时，两艘 1 000 吨（"高机 1113"、"高机 1127"）和一艘 1 300 吨（"高机 1658"）装满黄沙的船分别在宝钢三期码头附近翻沉，船上 1 人失踪。另外，由于风大浪高，8 月 19 日 9 时，扬州船务公司的"扬集 6"、"扬集 16"和"扬集 20"三艘集装箱船失控而分别在"宝 4"浮标灯岸边和陈行水库附近搁浅，船只受损严重。

据有关资料显示，我国的海浪研究始于 20 世纪 60 年代、70 年代中期提出了适合我国近海和邻近海域的海浪数值预报模式，并引进了日本气象厅提出的海浪数值业务预报模式，进行大面积海浪数值预报试验，最终于 1985 年应用于北太平洋船舶最佳航线选择中的海浪短期、中期数值计算，提供了北太平洋海浪实况分析和海浪预报产品。

近年来，除继续使用上述海浪数值模式外，又先后引进了第二代耦合离散型式中英国气象局的 BMO 模式和近年来在西欧发展的第三代海浪模式——WAM 模式。与此同时，上海气象局台风研究所引进了日本东北大学的第二代耦合混合式模式——TOHOKU 模式进行东海区域性海浪数值预报试验。中国海洋大学提出了适应我国近海和邻近大洋的"新型耦合混合型海浪数值模式"与"海上边界层风场模式"联结，组成海浪数值预报自动化系统，并利用日本气象厅发布的地面气压场资料，

进行海面风和海浪的计算，该系统主要用于西北太平洋和我国近海台风浪预报。国家海洋局第一海洋研究所根据我国的实际海况特点和可能的计算能力，在分析第三代海浪数值模拟方法的优缺点的基础上，发明了一种直接模拟海浪波谱的 LAGFD－WAM 海浪数值模拟方法。该模式除 WAM 的物理模式外，还考虑了流对浪的折射作用和流、浪之间的能量交换，并对 WAM 模式中破碎耗散浪函数进行了修正，其区域海浪数值计算模式已应用于浅海和近海工程的海洋环境评价中的海浪要素计算，收到了较好的经济效益和社会效益。

有关海浪理论方面的研究，我国主要侧重近岸浅水区域的海浪研究，其特点是由研究规则波向不规则波过渡，由特征波法向概率分布法到谱分析法过渡。并且从中国已有的普遍风浪谱、涌浪谱向区域性的渤海谱、石臼港谱、连云港谱等局部范围的浅水谱和地址谱过渡。另外还对波群的计算、波浪要素分布等问题展开了研究。

（三）海啸灾害及损失

水下地震、火山爆发或水下塌陷和滑坡等激起的巨浪，在涌向海湾内和海港时所形成破坏性的大浪称为海啸。破坏性的地震海啸，只在出现垂直断层，里氏震级大于 6.5 级的条件下才能发生。海底没有变形的地震冲击或海底的弹性震动，可引起较弱的海啸。水下核爆炸也能产生人造海啸。海啸是一种具有强大破坏力的海浪。这种波浪运动引发的狂涛骇浪，汹涌澎湃，它卷起的海涛，波高可达数十米。这种"水墙"内含极大的能量，冲上陆地后所向披靡，往往造成对生命和财产的严重摧残。

海啸灾害的发生给我们造成了巨大的经济损失。

1992 年 1 月 4 日至 5 日；我国海南省西南部海域（18°N，108°E）海底发生弱群震，一天时间内就记录到 8 次地震，最大震级 3.7 级，震源深度 8～12 千米。受其影响海南岛南端的榆林验潮站 5 日 16 时左右记录到 0.78 米的海啸波，周期 30 分钟；三亚港也同时记录到 0.5～0.8 米的海啸波，并连续发生 4～5 次，与此同时，海南岛西南的东方站和北部的海口秀英站的验潮记录曲线上也明显地出现海啸波震动。海啸发生时，三亚港的潮水急涨急退，涨潮时潮势急促，目测可达 10 节以上，每次涨退潮过程 20～40 分钟不等。涨潮时带有轻微的响声，并出现明显流带，有些地方出现涡旋，海水较混浊，水面发现有小鱼翻白上浮。由于这一特异的水文变化过程，造成停泊在三亚港的渔船出现一片混乱，海啸波把一些船只冲到沙丘上搁浅，并使大量停泊于三亚港的船只相互碰撞、拥挤、拉断系泊缆绳和锚链，

有的船碰撞在沿岸固定物体上而受到不同程度的损坏，大约 5~6 艘 30~50 吨的渔船险些翻沉，有一收购鱼苗的渔排被其他船只冲撞压坏而漏走珍贵的石斑鱼苗，损失数千元。港区附近居民见此异常海况，已准备弃家出走。榆林红沙港在 5 日下午，码头上系泊船只的木桩因受突发性涨潮影响，被漂动的船只拉断，幸好该港停泊的船只不很多，没有造成大的损失。港门港于 5 日 15 时前后，也出现异常海潮变化，由于该港港湾开阔，停在沙滩岸边的船只有被潮水推上拉下的往复现象，有的渔船受潮水冲击而跑锚漂流出港，也有的小舢板被潮水拥到岸上，但没有人员伤亡及船只破坏。①

印度尼西亚苏门答腊岛北部海域发生强烈地震，引发的海啸席卷东南亚多个国家，造成了极大的经济损失和惨痛的人员伤亡。

2004 年印度发生一次特大海啸并且引发大地震，造成了极大的人员伤亡和大量房屋倒塌，国际社会给予了无私的经济帮助和无偿人道主义援助。我国由于其沿海独特的地理环境发生大海啸的可能性不是很大，并且我国也采取了十分严密的海啸防护措施，同时也有了十分严密和精细的预防测试仪器及设备，但是我们并不能因此而掉以轻心。随着海洋和海底结构的变化发展，发生严重性海啸灾害的可能性依然存在，也就是说对海滨附近居民生命和房屋等财产造成损害的可能性依然存在，我们要时刻地保持警惕性，在海啸灾害发生时能采取强有力的应急和救治措施，力争使附近居民的生命和财产损失减低到最小，使得在海域附近养殖渔民的损失降低到最小。

（四）海冰灾害及损失

海冰是指直接由海水冻结而成的咸水冰，亦包括进入海洋中的大陆冰川（冰山和冰岛）、河冰及湖冰。咸水冰是固体冰和卤水（包括一些盐类结晶体）等组成的混合物，其盐度比海水低 2‰~10‰，物理性质（如密度、比热、溶解热，蒸发潜热、热传导性及膨胀性）不同于淡水冰。海冰是极地海域和某些高纬度海域最突出的海洋灾害之一，我国渤海和黄海北部每年冬季都有结冰现象出现。新中国成立以来最严重的海冰灾害发生在 1969 年，整个渤海几乎被厚度 20~40 厘米的海冰所覆盖，最大单层冰厚度达 80 厘米。海上出现较普遍的海冰堆积现象，堆积高度一般 1~2 米，有的达到 9 米。海冰推倒了"海一井"和"海二井"两座石油平台，毁坏和滞留 125 艘船舶，造成重大经济损失。一般在冰情比较轻的年份中，海

---

① 1991 年中国海洋灾害公报。

冰对海上活动不会产生明显的影响，但是在海冰冰情严重的年份里则会给人类的经济带来巨大的灾害。在我国，每年冬季，渤海、黄海北部沿岸都有3个月左右的结冰期。在气候比较正常的年份中，冰情并不十分的严重，对航海船舶航行、海上开采探索以及海洋作业的危害并不大；但是在某些冷冻年份，会发生严重的冰情灾害，如2000年11月~2001年3月，我国渤海和黄海北部发生了近20年来最为严重的海冰灾害，辽东湾北部沿岸港口基本处于封港状态；素有"不冻港"之称的秦皇岛港冰情严重，港口航道灯标被流冰破坏，港内外数十艘船舶被海冰围困，造成航运中断，锚地有40多艘船舶因流冰作用走锚；天津港船舶进出困难，影响了海上施工船作业；黄海北部大东港船舶航行受到影响；渤海海上石油平台受到流冰严重威胁，对航海业的危害从而导致对我国沿海地区经济的危害，从而影响了经济的发展。1990年11月至1991年3月，我国各结冰海区的冰情较常年明显偏轻，也是近几年来冰情最轻的年份。辽东湾和黄海北部于1990年11月底到12月初出现初生冰，初冰期较常年明显滞后，渤海湾和莱州湾于12月中旬前期出现初生冰，初冰期略有提前。辽东湾和黄海北部终冰期出现在3月下旬末，渤海湾和莱州湾出现在2月下旬，均接近常年。1991年冰情出现两次严重期，1月下旬到2月上旬出现一次，2月中旬开始海面冰明显衰减，进入2月下旬，因受冷空气影响冰情又趋严重。从3月上旬起至3月中旬末，海面冰逐渐融化消失。冰情严重时，辽东湾的流冰范围约了5海里，以灰冰、灰白冰和莲叶冰为主，一般冰厚10~20厘米，最大冰厚50厘米；渤海湾和莱州湾流冰范围均小于10海里，以莲叶冰为主，间有少量的灰白冰，一般冰厚5~10厘米，最大冰厚20厘米；黄海北部流冰范围约15海里，以灰冰和莲叶冰为主，一般冰厚5~15厘米，最大冰厚35厘米；沿岸河口一带冰厚最大可达45厘米。由于1991年冬季冰情偏轻，防御措施得力，没有发生海冰灾害事故和经济损失。[①]

2004~2005年冬季渤海及黄海北部的冰情为常年（3.0级）。初冰期明显推后，终冰期接近常年，冰期比常年略短。辽东湾大面积浮冰维持时间较长，北部沿岸一带冰情堆积较为严重，最大堆积高度4~6米。在冰情严重期间，辽东湾最大浮冰范围76海里，一般冰厚15~25厘米，最大冰厚45厘米；渤海湾最大浮冰范围14海里，一般冰厚5~10厘米，最大冰厚25厘米；莱州湾最大浮冰范围8海里；一般冰厚5~10厘米，最大冰厚15厘米；黄海北部最大浮冰范围24海里，一般冰厚10~20厘米，最大冰厚30厘米。[②]

---

① 1991年中国海洋灾害公报。
② 2005年中国海洋灾害公报。

图 2 – 1　辽东湾顶部近岸海冰堆积

冬季严重冰情期间，辽东湾沿岸港口均处于封冻状态。受海冰影响，中国海洋石油有限公司位于辽东湾的石油平台需靠破冰船引航才能保证平台供给及石油运输。由于准确的海冰监测预报信息和有关部门采取的有利预防措施，没有造成明显直接经济损失。

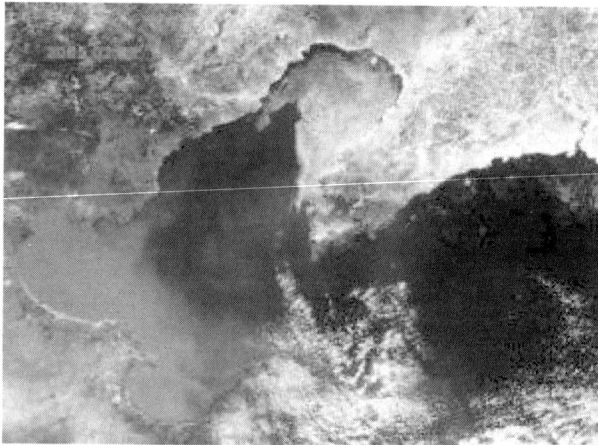

图 2 – 2　2005 年 2 月 25 日渤海和黄海北部海冰分布的卫星图片

从以上材料和图片我们可以清楚地看到，由于海冰灾害的发生，各个港口处于封闭状态，轮船和油轮停航，导致货物不能按期发送至需要的地方，从而使厂家或

劳动者产生一定的经济损失。所以，我们要有准确的海冰监测预报信息，要在发生海冰灾害前采取一定的有利于灾害预防的措施，以期给我们造成的经济损失达到最小。

（五）海雾灾害及损失

海雾是海面低层大气中一种水蒸气凝结的天气现象，因它能反射各种波长的光，故常呈乳白色。雾的形成要经过水汽的凝结和凝结成的水滴（或冰晶）在低空积聚这样两个不同的物理过程。在这两个过程中还要具备两个条件：一个是在凝结时必须有一个凝聚核，如盐粒或尘埃等，否则水汽凝结是非常困难的；另一个是水滴（或冰晶）必须悬浮在近海面层中，使水平能见度小于 1 千米。水汽在大气中要达到凝结，必须要有充足的水汽。虽然广阔的海洋上日夜蒸发着大量水汽，但那里并不是每天都会发生凝结的现象。这是因为大气一旦达到饱和，蒸发就会立即停止，空气中水汽不再增加也就很难达到过饱和状态，这样就无法使水汽发生凝结。只有当水面温度比气温高出很多时，暖水面才有可能不断蒸发水汽，源源不断地扩散到冷空气层内，使其保持过饱和状态，凝结过程才能不断进行，出现蒸腾似的雾，这就是所谓的平流蒸汽雾。[1]

另一种凝结方式，就是依赖降低水汽的温度，从而达到过饱和水汽的出现。当暖湿气流经过冷海面时，它把热量传给冷海面而降低了自身的温度，这时饱和水汽量随温度降低呈现出过饱和状态，就会发生凝结。这种凝结现象在海雾发生区是常见的，通常称之为平流冷却雾。我国海区出现的海雾，主要是这种平流冷却雾，在世界众多著名海雾区出现的海雾，也大都是平流冷却雾造成的。这种因降温使水汽量达到过饱和状态形成的海雾还有多种。如高纬度冰雪覆盖的海面，由于冰雪面上的辐射冷却（特别是夜里），常能形成冰面辐射雾；此外，岛屿地形的斜升作用，常将从海面吹来的温暖空气在岛屿迎风面上抬升，便有可能因上升降温促进凝结成为地形雾。通过对海雾雾滴残存物的分析发现，其凝结核中燃烧核占 50%，盐微粒占 40%，土壤粒子占 10%，为什么会出现这样的比例呢？经分析，这些燃烧核个体都很小，半径在 1 微米左右，而绝大部分盐粒的半径却在 2～4 微米之间，此外，燃烧核的表面常有一层吸湿性物质薄膜有利于凝结。[2]

海雾的发生，对我国沿海地区的航海航行有一定的影响，并从而有可能导致海难事故的发生。据国家海洋局有关数据显示，青岛沿海是海雾多发区，一年四季均

---

[1][2]　http://baike.baidu.com/view/115453.htm.

可出现海雾，有时雾日可连续 9 天。雾日数的局地性很强，差异很大。全年平均雾日为 44.8 天。4~7 月是雾季，占全年雾日的 67% 以上，其中 6 月、7 月雾日最多。外海岛屿与沿岸雾的日变化有差异，沿岸雾比岛屿雾消散率大。从潮连岛看，雾季各月 85%~90% 的雾出现时，气温高于海水温度，其中 60% 的雾出现时，气温高于水温 1~2 度。

在我国，海雾造成的重大事故呈上升趋势。例如，广东有约 4 000 千米的海岸线，为全国最长。沿海地区气候多变，台风暴雨、洪涝干旱、风沙海雾等自然灾害频繁发生。而海上浓雾则是冬春季珠江口水域常见的一种天气现象，由于冬春季节常受地面和海上暖湿气团的共同影响，珠江三角洲地区冬春季节每月平均雾日最高可达 8 天以上，是中国沿海著名的海雾多发水域之一。随着社会和经济的发展，海上、公路和航空交通的日趋繁忙，海雾造成的低能见度，直接威胁着沿海地区经济活动和人民生命财产的安全。据不完全统计，仅在 2005 年 1 月，粤东海区就发生了 4 宗海上碰撞交通事故，造成 3 艘船舶沉没，3 人死亡，4 人失踪。海雾还使华南沿岸地区的交通运输陷入混乱状态，对经济和社会活动造成严重的影响。2005年 2 月来自海上的浓雾，造成广东省沿海 57 个市县出现小于 1 千米的能见度，其中 7 个市县的能见度仅有 100 米。浓雾还使京珠高速中山段、广佛、江鹤、新台、佛开、开阳等多条高速公路多次实施全封闭；香港—广州段内河航运、广州市区过江轮渡服务被迫停航，深圳机场有 66 班飞机延误。由于珠江口水域有着大量的养殖、捕捞、航海、油田钻探等经济活动，同时又是我国外贸经济来往的主要通道。

（六）海岸侵蚀灾害及损失

在自然力（包括风、浪、流、潮）的作用下，海岸泥沙支出大于输入，沉积物净损失的过程即为海岸侵蚀。

海岸侵蚀现象普遍存在，中国有 70% 的海岸存在不同程度的侵蚀现象，尤其以废弃三角洲海岸的侵蚀后退最为严重，如江苏废黄河附近海岸，1855~1970 年海岸线以平均每年 147 米的速度后退，70 年代以来海岸线后退速率仍达 20~40 米/年。近代黄河三角洲钓口至神仙沟岸段，每年后退达 350 米以上。沙制海岸也同时存在海岸侵蚀现象，如北戴河海滨浴场 80 年代以来海滩缩窄 100 余米，海南岛清澜港海岸近 10 年后退达 150~200 米。诚然，河流改道或入海泥沙减少、海面上升或地面沉降、海洋动力作用增强等都是导致海岸侵蚀的重要原因，但人类活动无疑对海岸侵蚀也产生了明显的影响，如拦河坝的建造，大量开采海滩沙、珊瑚礁，滥伐红

树林，以及不适当的海岸工程设置等，均会引起海岸侵蚀。由于海岸侵蚀使土地大量失去、海岸构筑物破坏、海滨浴场退化、海滩生态环境恶化，成为一种严重的环境地质灾害，给我们造成了比较严重的经济损失，从而必须引起高度重视，并加强海岸带管理，采取有效措施防止海岸侵蚀。

近年来，我国三亚海岸侵蚀加剧，已给三亚市海岸带的资源环境造成了极大压力。海岸侵蚀最为严重的地方在三亚湾和亚龙湾，这里的侵蚀速度为每年 1~2 米。三亚湾海坡段海岸的几座人工碉堡已有一座轰然倒塌，融入海水，还有一座已倾斜。岸边修筑的水泥防护堤也被海水侵蚀得支离破碎，近岸土地大量流失。三亚的沙岸资源丰富，海岸带沙滩长、沙坝高，是海岸带中最具有旅游价值的资源。近年来，由于海岸沙滩缺乏规划管理，在开发建设中盲目挖沙取土，砍伐沙堤植物，在沙堤上建造房屋等设施，使海滨岸线的天然保护屏障遭到了破坏，致使海岸侵蚀加剧。专家们说，海岸带生态系统保护刻不容缓。如果不加强保护，若干年后，不仅三亚市久负盛名的"椰梦长廊"将不复存在，海滨的酒店恐怕也将变成水中遗存。

（七）其他海洋地质灾害及损失

《中国海平面公报（2000）》数据显示：到 2000 年，中国沿海海平面年上升速率为 215 毫米，与全球海平面上升的趋势基本一致。但在 1998 年、1999 年和 2000 年，海平面上升幅度非常大，分别比常年平均海平面高 55 毫米、60 毫米和 51 毫米，且不同海域海平面上升幅度不一。从历史上看，这 3 年的海平面是最高的。

海平面的变化加剧了风暴潮灾害的发生，加大了洪涝威胁程度，减弱了港口运载和吞吐量功能，并且导致了水入侵、土壤盐渍化、海岸侵蚀等一系列问题，造成了沿海地区湿地的损失和动物的迁徙、死亡，使按原设计标准建设的沿海城市市政排污工程的排污能力降低，对环境和人类的活动构成直接威胁，严重影响了沿海地区经济的发展。[①] 1998~2000 年间，由于海平面较高，加剧了辽东湾、莱州湾、海州湾等岸段的海岸侵蚀，也加重了其他沿海低洼地区土地盐渍化和洪涝灾害，对当地经济和环境造成了一定的不良影响。

海洋地质灾害主要包括海洋地震灾害及次生灾害（如海啸、海底滑坡等）、海岸侵蚀、淤积等。近年来，海洋地震灾害发生较少，对沿海地区的经济建设和人民财产安全威胁尚不大，但航道的淤积给港口建设和航海业带来了很大的问题，如在

---

① http://www.sina.com.cn 2007 年 1 月 13 日云南日报。

对旅顺军港进行清淤的过程中，仅在淤积泥沙来源方面的治理上就花费了上千万元。由于滩涂围垦、海洋生态环境的不断恶化也改变了海域的自然地形地貌、底质分布和潮（水）流条件，导致港口海湾淤积、航道萎缩、海岸被侵蚀，严重地阻碍了当地社会经济、生态、环境的发展。海岸侵蚀、港湾河口淤积、沿岸土地盐渍化、海咸水入侵地下含水层、沿海地面沉降等缓发性海洋灾害，在我国近年也有日益严重的趋势。目前约有70%的沙质海滩和大部分处于开阔水域的泥质潮滩受到侵蚀。河口淤积问题已经涉及几乎所有的重要河口，沿岸土地盐渍化是风暴潮、海平面上升、沿海地面沉降等造成的。海咸水入侵地下含水层，已使大片土地盐渍化，在渤海莱州湾的一些区域，海水入侵的速度达到每年500多米，严重影响了沿海人民的生活和生产。沿海地面沉降已成为沿海地区许多城市的重大问题，继上海、天津等大城市之后，河北沧州、浙江宁波、嘉兴、广西北海等中等城市也很严重。①

二、海洋人为灾害及其经济损失

海洋人为灾害是由于人类在生存和发展的过程中，过度开发和滥用环境资源却不注意保护造成的。主要有赤潮灾害、溢油灾害以及海水入侵灾害等。

（一）赤潮灾害及损失

赤潮是海洋中一种或多种微小浮游植物、原生动物或细菌，在一定的环境条件下突发性迅速增殖或聚集，引起一定海域范围在一段时间内变色的生态自然现象。通常水体颜色因赤潮生物的数量、种类而呈红、黄、绿和褐色等。

我们通过以下四个方面来判断赤潮是否发生：

（1）海水颜色异常。发生赤潮的海域水体的颜色有明显的改变，主要为红色、褐色，而且颜色分布不均，或呈块状，或呈条带状，或呈不规则形状。

（2）pH 值升高，透明度降低。

（3）海水中溶解氧白天明显增高，夜间明显降低。

（4）一种或少数几种赤潮生物处于优势地位，数量急剧增加，达到赤潮生物判断标准即可认为已形成赤潮。

我们可以通过下面的方法来区别有毒赤潮、无毒赤潮：

---

① http://hi.baidu.com.

有毒赤潮生物的细胞数量超过一定标准或在贝类中的赤潮毒素超过80微克/100克时，即可判断为有毒赤潮的发生。无毒赤潮的赤潮生物不含有毒素，也不分泌毒素，基本不产生毒害作用，但对生态环境和渔业也会产生不同程度的危害。

赤潮的发生严重危害了海洋渔业资源、海洋环境以及人体健康，主要表现在：

（1）危害水产养殖和捕捞业。赤潮对水产生物的毒害方式主要有以下几种：赤潮生物分泌液或死亡分解后产生黏液，附着在鱼、虾、贝类鳃上使它们窒息死亡；鱼、虾、贝类吃了含有赤潮生物毒素的赤潮生物后直接或间接积累发生中毒死亡；赤潮生物死亡后分解过程消耗水体中的溶解氧，鱼、虾、贝类由于缺少氧气窒息死亡。

（2）破坏海洋环境。赤潮发生后使 pH 升高，降低了水体的透明度，分泌抑制剂或毒素使其他生物减少，海洋生物多样性明显下降。

（3）危害人体健康。赤潮发生海域的水产品能富积赤潮毒素，人们不慎食用会对身体健康产生威胁。有些赤潮生物分泌赤潮毒素，当鱼、虾、贝类处于有毒赤潮区域内，摄食这些有毒生物时，虽不能被毒死，但生物毒素可在体内积累，其含量大大超过食用时人体可接受的水平。这些鱼、虾、贝类如果不慎被人食用，就会引起人体中毒，严重时可导致死亡。由赤潮引发的赤潮毒素统称为贝毒，目前确定有 10 余种贝毒其毒素比眼镜蛇毒素高 80 倍，比一般的麻醉剂，如普鲁卡因、可卡因还强 10 万多倍。贝毒中毒症状为：初期唇舌麻木，发展到四肢麻木，并伴有头晕、恶心、胸闷、站立不稳、腹痛、呕吐等，严重者出现昏迷，呼吸困难。赤潮毒素引起的人体中毒事件在世界沿海地区时有发生。据统计，全世界因赤潮毒素的贝类中毒事件约 300 多起，死亡 300 多人。

赤潮不仅给海洋环境、海洋渔业和海水养殖业造成严重危害，对人类健康和生命安全也有一定影响。随着工农业生产的迅速发展、海洋环境污染、流域水体营养化和气候的变暖及少雨等自然变异，赤潮呈现日益严重的趋势，造成的影响也越来越大。在江河口海区和沿岸、内湾海区、养殖水体等富营养化及水体交换弱的海域比较容易发生赤潮。赤潮易发生的时间段为 5～10 月。据有关部门资料统计显示，1972～1994 年我国有记载的赤潮共发生了 256 次，每年经济损失约 10 亿元，赤潮的高发区为渤海湾、大连湾、长江口、福建沿海、广东和中国香港海域。赤潮是近20 年来在我国沿岸海域逐渐呈上升趋势的海洋灾害。1960 年以前，我国海域很少见到赤潮。从那之后，由于沿海地区工农业生产的迅速发展，人口的急剧增加，大量废水和生活污水直接或通过江河径流排放入海，近岸海域有机污染日益严重，海水富营养化，赤潮频繁发生。70 年代共发生 15 次赤潮，80 年代增至 208 次，年平

均逾20次，1990年以后每年赤潮发生次数都在二三十次以上。1998年虽然只记录到22次，但由于赤潮范围大、时间长，养殖鱼、虾、贝类大量死亡，赤潮灾害总经济损失竟达10亿元。赤潮是一种常见的海洋人为灾害，它会破坏生态平衡和海洋渔业环境，破坏渔业资源，从而危害海洋渔业和养殖业，有毒赤潮还能通过食物链转移给人类从而造成人畜中毒死亡。从总体上讲，近年来，我国沿海赤潮灾害日益频繁，据有关部门数据统计显示，20世纪80年代平均每年10次左右，到90年代上升到每年20次左右，进入21世纪以来，赤潮的爆发次数急剧增加，到2002年达到79次之多。造成我国近海赤潮发生频率越来越高、规模也越来越大、持续时间也越来越长的根本原因在于人类在经济和社会发展过程中，陆源污染物的大量排放、航海业船舶排污及碰撞溢油、海上石油开采溢油增加、近岸养殖过度、近岸旅游不科学发展从而造成环境的污染等。自20世纪80年代以来，赤潮的发生面积越来越大，频率不断升高，持续时间也越来越长，赤潮危害日趋严重，已成为海洋环境生物学最重视的热点问题之一。近几年的《中国海洋灾害公报》数据显示：我国近几年来的赤潮灾害发生频率不断上升，对渔业、养殖业等造成了严重影响，经济损失巨大。

（二）溢油灾害及损失

溢油灾害是由于轮船在航行的过程中，遇到天灾人祸等的原因发生而导致轮船油舱破损发生溢油从而对人类的生命财产以及附近海域的海洋环境造成的损失和污染。近几年来我国的溢油灾害也是时有发生，溢油事故的发生有一定的偶然性，我们一定要加强和健全应对这方面的快速反应机制，将万一有事故发生时给我们造成的经济损失和对海洋的污染降到最低。现在我国有学者开始研究溢油灾害模型，以使得在灾害发生的时候能通过模型预测和控制灾害的发生以及降低损失程度。综合近些年发生的溢油事故，我们可以通过表2-2清晰地看到溢油灾害的发生次数以及给我们造成的经济损失。

表2-2　　　　　　　　　1990~2006年溢油灾害统计

年份	发生地点	污染面积和经济损失	溢油发生次数
1990	大连西南海域、胶州湾海域	1 260平方千米、25 000平方米、经济损失严重	2起重大溢油事件
1991	浙江省普陀、定海、其他港口、锚地、河口	较大面积污染、经济损失严重	各种船舶排油、溢油事故较多
1992	—	大面积海水污染、损失严重	溢油事故较多

续表

年份	发生地点	污染面积和经济损失	溢油发生次数
1993	辽东湾、海南省、青岛市	大面积污染、经济损失严重	超过百次
1994	上海市金山县阳乡渔码头、饶平县	面积大、经济损失十分严重	溢油灾害统计到仅有 2 起
1995	山东石岛、厦门、广东、大连、海南省、广西北海市等	造成大面积的污染、经济损失十分的惨重	溢油事件发生十分频繁
1996	福建、渤海石油公司	面积大、经济损失严重	次数比 1995 年少，但海上石油平台溢油明显增多
1997	—	海水大面积污染、经济损失十分巨大	6 起，另海上石油平台溢油为 2 起
1998	珠江口	大面积污染了海水、渔民经济损失十分巨大	1 起大型溢油事故，20 余起小型溢油事故
1999	胜利油田、海南金轮实业股份有限公司、文昌市、三亚港	大面积污染海水、经济损失严重大约为 1 700 万元	重大溢油事件 1 次，较大的船舶溢油 4 次
2000	山东东营、福建、珠江口等	较大面积污染、经济损失大约为 1.1 亿元	10 起
2001	珠江口、福建等	海水大面积污染、经济损失严重	溢油事故和船舶排污较多
2002	河北、大连石化码头天津大沽口、渤海绥中 36-1 油田中心等	大面积污染、损失严重	6 起
2003	海南省、山东省东营市、辽宁省绥中县	约 300 公顷、直接经济损失 1 670 万元	5 起
2004	锦州港、闽江口、珠江口	共约 200 公顷、经济损失严重	5 起
2005	广东省、汕头、浙江省舟山、辽宁省大连、福建省晋江等	造成大面积污染、经济损失十分惨重	16 起
2006	—	—	—

资料来源：根据《中国海洋灾害公报》资料整理而得。

海上溢油事故的频发不仅是对宝贵的石油资源的巨大浪费，更不可小觑的是它对海洋生态造成的巨大危害。

（1）海上溢油危害的直接影响。石油进入海洋后造成的污染对海洋环境和海洋生物资源的危害是相当严重的，一起大规模溢油污染事故能引起大面积海域严重缺氧，使大量鱼、虾、海鸟死亡。溢油事故对海鸟资源破坏之严重是难以估量的。据报道，石油遗漏事故后可以收集到上千只死鸟，或者是落入油层覆盖的海水中死亡，或者在误食沾染石油的食物而丧生。海岸的哺乳动物同样受到石油污染的影响，大量油类的侵入会对海狮、海豹、北极白熊等靠海生存的哺乳动物的正常生活带来危害。对于海岸生物，红树林是一个明显的例子，沾染石油的植物的新根和新幼树可能会立即被杀死，轻的也会发生脱叶现象。而浮油被海浪冲到海岸，污染海

滩后，造成海滩荒芜，破坏海产养殖和盐田生产，污染、毁坏滨海旅游区，若清理不及时，还易发生爆炸和火灾，造成更严重的经济损失和人员伤亡。①

（2）海上溢油危害的长期影响。石油进入海洋之后，漂浮在水面迅速扩散，形成油膜，阻碍空气中氧气的进入，抑制水中浮游植物的光合作用，致使水中的含氧量逐渐减少，使鱼、虾、贝类窒息死亡。并且海上溢油的油膜会大大降低海水与大气的氧气交换速度，从而降低海洋生产力，破坏海洋的生态平衡。石油中的芳香烃化合物极易进入水中并且停留很长时间，在生物体内长期积累，最终必将危害人体健康。溢油沉降到海底后，会危及底栖生物和甲壳类生物的正常发育。而且沉降到海底的石油经微生物分解后，密度变小，会重新浮到海面。因此，一次大的溢油事故造成的影响会延续十几年甚至更长时间。②

溢油灾害的发生，最主要的是给附近海域造成极大污染，从而使海洋环境恶化。溢油的发生，最一开始是污染了附近海域的海洋资源，但是随着灾害面积的扩大，会越来越扩大污染区域，从而有可能给附近的水产养殖和附近居民的生活带来不利的影响，最后对水产养殖业和渔民的收入造成损失。

（三）海水入侵灾害及损失

据有关资料统计得出，由于人为超量开采地下水，造成了地下水位下降，海水趁势入侵。海水入侵的主要危害是直接导致地下淡水资源被破坏、减少，造成土地盐碱化和淡水变咸，地下水中氯离子浓度增高，水质恶化，直至完全丧失供水功能。海水入侵，将导致农业生产损失严重。据报道，近年来，大连市一些近海村庄由于自然和人类活动的影响，造成海水入侵的灾害，并呈愈演愈烈之势，给当地农业生产造成损害。大连市陆岛海岸线共有 1 906 千米，陆海相连处有数百个村庄，居住着几十万人口。近些年来，由于自然因素和人类活动的影响，海水对陆岸的侵蚀越来越严重。例如，普兰店市大刘家镇麦家村位于大沙河下游，邻近黄海，全村有耕地 5 000 余亩。近年来，村民们逐渐感到原来甘甜清澈的井水变得越来越苦涩，以致无法饮用，并出现一系列异常：一是患病的村民增多。全村 40 岁以上患高血压、高血脂的占 60% ～70% 以上。二是禽畜饲养受到影响。猪不长膘，肉鸡生长缓慢。三是植物不能生长。果树陆续死去，豆角等蔬菜不等开花就枯萎。

据国家统计局和海洋局的有关资料以及一些史实资料显示，海洋灾害确实已经

---

① 闫季惠：《海上溢油与治理》，载《海洋技术》1996 年第 3 期。
② 田娇娇、田淑芳、汤蓉：《基于 GIS 的海上溢油事故影响分析》，载《测绘技术装备》2006 年第 1 期。

给我们的经济造成了严重的损失，并且成为阻碍社会经济发展的一个比较重要的因素，因此，有关学者对海洋灾害的经济学研究一直以来就没有停止过。

第二节　海洋灾害的研究方法及成因

一、海洋灾害的研究

（一）海洋灾害的实证研究

实证经济学是研究实际经济体系是怎样运行的，它对经济行为做出有关的假设，并根据假设进一步说明经济体系应当怎样运行，它主要解决的是"是什么"的问题。海洋自然灾害对人类特别是渔民来说，它所主要解决的是海洋自然灾害例如风暴潮、海啸、海浪等对人类特别是渔民来说是什么样的灾害，以及灾害的程度大小是多少。

在大量的官私文献中，存留有许多灾害史料，其中也不乏海洋灾害史料。丰富的史料为海洋灾害的研究打下了坚实的基础，但就中国海洋灾害史的研究现状来说，情形却不容乐观。当前，中国海洋灾害的研究是比较薄弱的一环。回顾20世纪以来中国海洋灾害的实证研究历程，大致可分为以下几个层次和阶段。

1. 海洋灾害史料的整理。中国海洋灾害的史料广泛分布于正史、沿海地方志、各类档案、笔记小说及碑刻、沉船等文献或实物资料中。因而，海洋灾害史料的整理是一浩繁的过程。1978年印行的《中国古代潮汐资料汇编·潮灾》（以下简称《潮灾》）油印稿，是我国第一部全国性的海潮灾害史料，此稿分地区并按时间顺序分列了中国沿海的潮汐灾害史料，该资料虽总体上较为简略，但有些材料属实地调查所得，弥足珍贵。陆人骥编著的《中国历代灾害性海潮史料》，在《潮灾》的基础上，增加了大量浙江及苏南的地方志材料，还收入了如《钦州地区历史自然灾害文献记载摘编及台风暴潮实地调查记录》中的潮灾史料及调查材料。该书按时间顺序，将同一地区的史料编排在一起，不同文献的记录附于其后，以资比较，还对部分史料进行了考证和辨误。长期以来，此书为海洋灾害研究者广为引用，但其不足之处是有些地区的资料相对较少。此外，晚清民国部分较为粗略，大量的报刊、档案材料没能收入。宋正海主编的《中国古代重大自然灾害和异常年表总

集》，其"海洋表"是在《中国历代灾害性海潮史料》的基础上进行简编的，增加了笔记小说中的材料，以时间为序列出，有利于统计分析，但仍然不够全面。宋正海等主编《中国古代自然灾异年表》的海洋灾害部分以上书为蓝本，择其要者列出。此外，沿海各省也整理了辖区内的海洋灾害史料。①

2. 海洋灾害的历史研究。20 世纪 80 年代起，随着海洋灾害史料整理工作的陆续完成，加之"国际减灾十年（1990～2000 年）"计划的启动，海洋灾害的研究得到国家和学界的重视。

虽然在海洋灾害史料的收集和整理中有历史学者的参与，但就海洋灾害研究的总体而言，诸多领域均是自然科学学者们开拓并唱主角。他们利用整理好的灾害史料进行分析研究，积极探寻海洋灾害发生的总体规律。有关海洋灾害史的总体研究成果主要集中于对古代海洋灾害概况的描述及规律性的总结上。②

在海洋灾害的专项研究中，学者的研究成果主要集中于对海潮灾害的研究，这也与前期潮灾史料的系统整理相关联。而潮灾按其爆发原因大致可分为风暴潮和海啸两类。风暴潮灾是中国古代最严重的海洋灾害，因而也是学者着力最多的领域。风暴潮是指由强烈大气扰动如台风、热带气旋、温带气旋等引起的海面异常升高现象，它是造成沿海潮灾的最常见的原因。我国海岸带跨越几大气候带，是风暴潮灾多发的国家。③

早期风暴潮研究的成果侧重于规律性的探讨及概况描述两方面。高建国的《中国潮灾近五百年活动图像的研究》通过对潮灾史料的分析，总结了我国近 500 年风暴潮发生的总体规律。陆人骥、宋正海的《中国古代的海啸灾害》对中国古代的海啸灾害作了概括性的介绍，书中的海啸主要是指风暴海啸，即今天学界通用的风暴潮灾，总结了风暴潮危害性的七个方面：溺人、毁房、决海塘、沉舟船、卤死庄稼、没盐业、次生灾害；论述了古代人们对风暴潮海啸成灾及预报的认知。高建国的《历史灾害资料在当前减灾工作中大有作为：以 1862 年珠江三角洲的风暴潮为例》，通过历史文献资料的分析及理论测算指出，1862 年 7 月 27 日珠江三角洲特大风暴潮潮位可能高达 7.6～8.5 米，远远超过应用 15 年观测资料外推的 1000 年一遇的 2.86～5.11 米潮位，证明历史灾害资料在当前减灾工作中可发挥重大作用。④

现在海洋灾害学界通常所说的海啸，是指地震及火山爆发引起的海啸。中国古代文献中的海啸是指海上风暴来临时大海发出的啸声，与学界现在通行的称谓有所

---

① ② ③ ④　于运全：《20 世纪以来中国海洋灾害史研究评述》，载《新华文摘》2005 年第 8 期。

差异。学者们在判定中国古代的海啸发生时以时下观念为准，即文献中出现"地震、海溢"的记录就断定为海啸或疑似海啸，根据一些海水异常状况如一日三潮等现象推论为海啸。中国古代海潮灾害的文字记录较为简略，这给海啸的判定带来很大困难，加之学界对中国海啸发生状况的看法不尽相同，所以，相关的研究多集中于对古代海啸判定的争论及资料的收集整理上。

古代海啸的另一类研究是对海啸多发区域的探讨，如李灼华的《苏沪浙沿海地区的海啸》为在江浙沿海建核电站进行可行性研究，概述了该区历史上潮灾发生的情况，并进行相关统计分析，尤其关注地震海啸的发生情况。

我国虽然是海啸少发的国度，但因为海啸的巨大危害性，所以相关的理论研究很多，其中也间或涉及古代海啸的事项。如杨华庭的《海啸及太平洋海啸警报系统》论及乾隆四十六年（1781 年）发生于今中国台湾地区高雄的大海啸，认为此次海啸共造成约 5 万人死亡，是中国最大的海啸灾害。

虽然有关海洋灾害的资料较为丰富，但长期以来，因为海洋观念的缺乏，海洋灾害的研究并没有引起学者们的重视。民国时期的灾害研究没有海洋灾害专项研究，只在论及沿海水灾之时偶有涉及潮灾。综观历史学界的海洋灾害研究，主要体现在以下几个方面：

（1）海难研究。海难是各类海洋灾害因子给人们海洋社会经济活动造成的灾害性后果，主要表现为对海洋社会经济生产及生活工具——船舶的破坏及人员的伤亡上。海难的成因有多种，从海洋灾害的角度看，飓风、海雾、礁石、浅滩、海冰等均会引发海难。在帆船时代，飓风是引发海难的最常见原因，它引发的海难即文献中所称的漂风难船（当然很多时候是沉入海底变为沉船了）。[1]

有关清代台湾地区地方官府对琉球漂风难民的救助研究方面：张先清、谢必震的《清代台湾与琉球关系考》考察了清代琉球船遭风漂至台湾地区的情况。杨彦杰的《台湾历史上的琉球难民遭风案》收集了清朝因遭风漂往台湾地区的 64 起琉球难民事件，并论述了台湾地区地方官府对琉球难民的救助和抚恤，揭示了清代处理涉外事件时所扮演的角色及其发挥的积极作用。

在南中国海的海难研究方面，孙宏年的《清代中越海难互助及其影响略论（1644～1885）》考察了清代中越海难互助事件，认为救助是人民之间的自发行为，反映了两国人民之间的友好关系。同时，由于两国政府的介入，加强了两国之间宗藩关系及和平友好关系。[2]

---

[1][2] 于运全：《20 世纪以来中国海洋灾害史研究评述》，载《新华文摘》2005 年第 8 期。

（2）海洋灾害与沿海社会经济的研究。海洋灾害无论在什么年代，都给人类带来很大的经济损失和生命威胁，因此，海洋灾害与沿海社会经济的研究也就理所当然地成为学者们所研究的重点。

陈春声的《"八二风灾"所见之民国初年潮汕侨乡——以樟林为例》利用樟林赈灾委员会编的灾后纪实资料——《樟林风灾特刊》，描述了 1922 年 8 月 2 日（农历六月初十）台风风暴潮给潮汕地区沿海社会带来的巨大破坏。以樟林为例，着重分析了灾后地方社会如何应灾、减灾、赈灾，揭示了各乡村社会内部各群体在救灾中发挥的不同功用（宗族、士绅、商人、华侨）。通过此次樟林的风灾，透视出侨乡的特色及华侨在灾后地方社会重建中发挥的重要作用。[①]

吴松弟的《1166 年的温州大海啸和沿海平原的再开发》，以南宋乾道二年（1166 年）8 月温州沿海大风海溢为中心，从灾后重建、移民的视角入手，着重论述此次海啸对温州沿海社会的影响及灾后移民重建的历史过程。此文虽然主要关注灾后的移民过程及经济开发，但这种讨论重大海洋灾害后经济重建的研究思路值得借鉴，历史时期重大的海洋灾害不胜枚举，如能将大灾与具体的历史背景联系起来进行微观的实证研究，应是深化当前海洋灾害研究的一个发展方向。

（二）海洋灾害的规范分析

规范经济学是在一定的社会价值判断标准条件下，对一个经济体系的运行做出评价并进一步说明该体系应当怎么样运行。它主要解决的是"应当是什么"的问题。当然，海洋自然灾害对人类的危害并不是用一定的预防措施和手段就能准确地预算出来，我们需要做的就是提高认识，尽可能地把灾害减少到最小。

随着人类生活环境的恶化，社会竞争的日趋激烈，人们对风险评价问题的研究更加重视。资料显示，美国从里根时代起，政府就已经开始斥巨资资助灾害风险评价研究。美国风险学会（Society for Risk Analysis，SRA）已经成为一个国际性学术组织，相继在日本和欧洲建立了分会。近 20 年来随着一些边缘学科和交叉学科的兴起，对海洋灾害的风险评价不仅注重海洋灾害本身的研究，而且将其与社会经济特性有机地结合起来，逐渐重视并强调海洋灾害的人文因素，取得了较好的效果。

1. 美国的海洋灾害风险研究。美国针对具体的地区开展灾害风险评价，并就其境内 9 种周期性海洋灾害风险进行评价，其中有 8 种建立起了计算不同强度灾害发生概率的州县级数值模型。

---

① 于运全：《20 世纪以来中国海洋灾害史研究评述》，载《新华文摘》2005 年第 8 期。

（1）确定并阐述美国所面临的海洋灾害的特征、地理分布及其可能的影响（灾害分析）。

（2）评价几类建筑物及其内部财产的抗灾能力（抗灾性能分析）。

（3）确定并估算主要灾害风险区建筑物及其内部财产的一次、二次和高次灾害影响（损失分析）。

（4）确定并揭示与这些影响相关的主要社会问题（问题分析）。

（5）确定适用于减轻建筑物及其内部生命财产损失的主要技术措施的费用及特征（技术分析）。

（6）确定并阐述可促使减灾技术应用的主要公共政策（政策分析）。

（7）估算减灾措施的费用及其影响（费用分析）。

（8）确定减灾措施可能产生的影响和可能诱发的次生社会问题（问题分析）。

（9）确定并评价解决（4）和（8）中问题的主要政策策略（政策分析）。

根据以上内容，结合数学原理设计的海洋灾害风险评价模型中含有相应地区的区域和地点的修正系数，如区域气候模式和当地地形高程。其抗灾能力分析部分涉及建立各灾种的风险价值模型和各类建筑物价值的计算方法。风险价值模型中包括建立各县、县内风险区以及各州的建筑物及其内部财产价值、风险人口、财产类型及其抗灾性能数据库。经济损失计算方法则给出灾害强度与具体类型建筑物损失之间的关系。利用损失计算方法及灾害、价值和抗灾性能模型，结合风险分析方法方程，则得出 1970～2000 年间建筑物及其内部财产可能的年灾害经济损失值。这些数值是以县、州和整个国家为单位表示的。

2. 我国以及世界的海洋灾害风险研究。世界气象组织开发的海洋灾害风险评价技术重点放在：（1）建立事件发生的可比较概率；（2）使用兼容的标志、符号、地图比例尺和统一的地图；（3）提供一致格式下的描述信息，用商定的格式表达描述性信息。这项技术已应用在发展中国家的自然灾害评价上。

另外，近年来国外采用模糊学原理进行灾害风险评价，并将航空遥感和卫星遥感以及 GIS 技术应用于灾害风险评价中，取得了很好的效果。此外，在国外有关风险评价的法规也已经比较完善，自然灾害的风险评价与管理已成为新兴事业。

海洋灾害评价研究工作在我国起步较晚，始于 20 世纪 50 年代，其中以地震、洪涝、干旱等为主要灾种。改革开放以来，尤其是我国参与"国际减灾十年"活动以来，对自然灾害风险评价的研究得到了相应重视，并开展了许多有益的工作，促进了我国海洋灾害研究的深入。海洋灾害风险评价的研究工作是近年来新开辟的自然灾害风险评价领域，还处于研究探讨阶段，尤其是对海洋灾害风险的定量评价

还处于以研究灾害本身为主，或对灾害损失评估体系进行探讨，而尚未将海洋灾害与社会经济特性有机地结合起来，从而进行灾害风险管理，减小或控制风险。

二、海洋灾害的成因

我们已经知道海洋灾害有许多种类，其引发的因素也各不相同，有的是自然因素造成的，有的是人类活动破坏了海洋生态环境导致的。自然因素引发的海洋灾害，有些具有原生灾害的性质，如台风、海雾、厄尔尼诺现象等；有的则为次生灾害，如海浪、风暴潮、海冰、海啸等，大都是由大风、冷冻、地震等灾害引发的。因人类活动而引发的海洋灾害，主要有赤潮、海水污染等。海洋灾害区域差异明显，灾害最频繁区域与沿海最发达区域重合是我国海洋灾害最显著的特点。近50年来，海洋灾害的自然变异本身没有特别明显的变化，但海洋灾害经济损失则呈持续增长的态势。下面介绍一下各种海洋灾害的成因。

（一）风暴潮灾害的成因

风暴潮是一种由强烈的大气扰动所造成的海面异常变化现象。海面异常变化包括海面异常升高和海面异常下降，人们所理解的风暴潮通常是指前一种。由于风暴潮是由气象原因造成的短时间内出现的增水现象，所以，风暴潮一般也被称为"风暴增水"或"风暴海啸"、"气象海啸"。

据科学家研究分析，风暴潮可具体分为由台风引起的台风风暴潮和由温带气旋等引起的温带风暴潮两大类。台风风暴潮多见于夏秋季节台风鼎盛时期，这类风暴潮的特点是来势猛、速度快、强度大、破坏力强，凡是有台风影响的海洋沿岸地区均可能发生；温带风暴潮多发生于春秋季节，夏季也有发生，一般特点是增水过程比较平缓，增水高度低于台风风暴潮，中纬度沿海地区常会出现，以欧洲北海沿岸、美国东海岸以及我国的北方海区沿岸为多。

在福建海区风暴潮主要是由热带气旋引起的，在秋、冬季强冷空气活动也能引起弱的风暴潮。风暴潮的强弱一般用增水的大小来表示。海洋工作者用实测潮位减去计算出的天文潮所得的数值作为风暴增水即风暴潮。这些数值依时间序列连成一条曲线就成为风暴潮曲线或增水曲线，它的大小一般是波动的，在一次台风过程中，风暴潮曲线上最大的值即为海洋预报台经常所说的台风过程最大增水。风暴潮曲线的峰值不一定都出现在高潮阶段，但若出现在高潮阶段，往往会发生超过警戒水位的潮灾。福建省沿海是风暴潮多发地区，对风暴潮的危害必须引起有关

部门足够的重视，随时注意福建海洋预报台发布的风暴潮预警报，加强对风暴潮的防范。

（二）海浪灾害的成因

据有关研究分析，海浪灾害的成因是风产生的海面波动。其周期为 0.5 ~ 25 秒，波长为几十米至几百米，一般波高为几厘米至 20 米，在罕见的情况下，波高可达 30 米；更严重的是，由强烈大气扰动，如热带气旋（台风、飓风）、温带气旋和强冷空气大风等引起的海浪，在海上常能掀翻船只，摧毁海上工程和海岸工程，造成巨大灾害。也有的把这种能导致发生灾害的海浪称为风暴浪或飓风浪。

在海浪灾害当中，台风型灾害性海浪是导致巨大灾害的主要原因。据 1982 ~ 1990 年的统计，中国近海因灾害性台风海浪翻沉的各类船只达 14 345 艘，损坏 9 468 艘，死亡、失踪 4 734 人，伤近 4 万人。平均每年沉损各类船只 2 600 多艘，死亡 520 人。最严重的 1985 年共翻沉 4 236 艘船，死亡 1 030 人；1986 年翻沉 4 102 艘船，死亡 889 人；1990 年翻沉 3 300 艘船，死亡 876 人。通过这些数据我们可以清楚地看到海浪灾害给我们带来的危害到底有多大。

（三）海啸灾害的成因

海啸灾害的成因是多种多样的，具体可以归结为以下几个方面：

1. 由海底地震、火山爆发、大滑坡、大塌陷等地质构造变化而引起。破坏性的海啸一般在地震构造运动出现垂直断层，震源深度小于 20 ~ 50 千米，里氏震级大于 6.5 级的条件下才能发生；由于海水的压缩性很小，当受到地震能量的作用，水体只能以同等规模的波动形式把能量传递出去。当海啸波进入大陆架浅海，因深度急剧变浅，能量集中，波高会骤然增大，这时可能出现 10 ~ 20 米以上波高的海啸。在滨海区域，海啸波使海水陡涨，犹如水墙，并伴着隆隆巨响，瞬时侵入农田村庄，然后海水又迅速退去；或先退后涨。这样反复多次，造成生命财产的巨大损失。2004 年 12 月 26 日的印度尼西亚海底地震是太平洋板块、印度洋板块及欧亚大陆板块等三大板块互相碰撞的结果所造成的海啸波，影响到整个印度洋沿海地区，造成 15 万多人的死亡和数百万人的流离失所。这就是一个极能说明问题的例证。但并非所有的海底地震都会引发海啸，能引发海啸的必须是有垂直运动的逆冲构造型海底地震，而且其震级必须是里氏 6.5 级以上，震源深度为小于 20 ~ 50 千米。据统计，海洋里发生过的大地震能造成海啸的大约只占 4%。

2. 由海上飓风、台风等极端气候引发。这种海啸称为风暴海啸，它同样能造

成人员和财产的损失。1969 年 7 月 28 日广东省汕头市牛田洋海域受特大台风侵袭，当时又正逢大潮，因而引发巨大的风暴海啸，浪高 10 多米，造成近万人死亡。广东沿海地区易发生风暴海啸还有地理上的因素：即因为广东省沿海地区有不少漏斗形的海湾地形，汕头的牛田洋与珠江口就是典型的这种地形，这种地形较易加速大气和洋流漩涡的形成，导致风暴海啸的出现。

3. 由滨海沿岸的大规模山崩、悬崖滑落而引起。1702 年日本有明海域附近的山崩引发的海啸，最大波高达 50 米以上，造成 15 000 人死亡。又如 1964 年 3 月 3 日美国阿拉斯加州安克雷奇市南部沿海地带的悬崖滑入太平洋海湾中引发海啸，巨浪高达 70 米，令 100 多人葬身海底。

4. 由水下核爆炸而引起。因为水下核爆炸会在瞬间在海洋中突然释放巨大的能量，使海水剧烈振荡而引发海啸。其规模大小与核爆炸所释放的总能量的大小有直接关系，核爆炸释放的能量越大，引发的海啸也就越大。但是核爆炸引起的海啸往往是局部的，一般影响范围有限。

5. 由天体事件引起。小行星和慧星如果撞击海洋就会引发规模比印度尼西亚海啸的能量大几十万倍、几千万倍的海啸。如果这种海啸真的发生了，它会把沿海的城市一扫而光。据统计，平均 1 千万年才发生一次，所以其发生率极低。

海啸虽然非常可怕，但是由海底地震引发的海啸是完全可以预报的。只要发生了地震就可以进行预报，因为海啸的传播速度只与海水深度有关，它是重力加速度和水深乘积的平方根。如果水深有 1 000 米的话，海啸的传播速度要大于每秒 300 米，接近声速。因此由海底地震引起的海啸要传到受害地区需要一段时间，这段时间足够令监测站向人们发出警报让人们尽快回避，这样就可以躲过这种灾难了，这就是所谓的海啸预警系统工程。实际上上次印度洋地震发生后大约 1 个小时，美国哈佛大学的专家学者根据地震仪器早已计算出这个地震的震级是 8.9 级，他们实际比谁都清楚这个数据意味着什么，他们非常清楚 8.9 级的地震会带来什么后果，这次印度洋地区发生的大海啸使许多国家元首都纷纷深刻地认识到建立海啸预警系统的迫切性和重要性了。

（四）海冰灾害的成因

海冰灾害的成因是由漂浮在海洋上的巨大冰块和冰山，受风和流作用而产生的运动造成的推力而引起的。由于海冰可产生巨大的推力，因此可以造成巨大的灾害。海冰指海洋上一切的冰，包括咸水冰、河冰和冰山等。海冰运动时的推力和撞击力都是巨大的，1912 年 4 月发生的"泰坦尼克"号客轮撞击冰山，遭到灭顶之

灾，是 20 世纪海冰造成的最大灾难之一。我国 1969 年渤海特大冰封期间，流冰摧毁了由 15 根 2.2 厘米厚锰钢板制作的直径 0.85 米、长 41 米、打入海底 28 米深的空心圆筒桩柱全钢结构的"海二井"石油平台，另一个重 500 吨的"海一井"平台支座拉筋全部被海冰割断，可见海冰的破坏力对船舶、海洋工程建筑物带来的灾害是多么严重。

（五）海岸侵蚀灾害的成因

海岸侵蚀是海岸塑造过程的基本环节，侵蚀强度取决于沿岸海洋动力条件（包括波浪、潮流和泥沙等）与海岸稳定性（包括岩性、构造运动和岸外沉积等）之间的均衡状况，海洋动力作用增强、海岸稳定性降低，海岸侵蚀就会发生和发展。我国海岸处于世界上最大的大陆与最大的海洋的接触带，海岸发育演变的内外营力复杂而强力，且区域差异显著。同时，我国海岸演变大多受到不同程度的人为干扰，海岸侵蚀因素中的人为因素影响十分突出。影响海岸侵蚀的因素是多种多样的，在全球变化背景下，成因更显得错综复杂。综合外国学者和我国学者的研究结果，分为各种自然因素和人为因素。其中自然因素有：（1）风暴作用增强；（2）海水本身的侵蚀腐化作用。人为因素有：（1）入海航道的改变和海滩植被以及珊瑚礁等的破坏；（2）过量开采地下水，引起松散沉积层密实，地面下沉，造成海岸侵蚀加剧；（3）盲目开挖海滩沙土和大量围垦，造成沿岸悬浮泥沙减少、湿地消失，使水动力相对增强或侵蚀—堆积条件改变；（4）流域内截流蓄水或向外调水，造成河口潮流作用增强、河流入海径流和输沙量减少。

（六）赤潮灾害的成因

赤潮是水体中某些微小的浮游植物、原生动物或细菌，在一定的环境条件下突发性地增殖和聚集，引起一定范围内一段时间中水体变色现象。赤潮虽然自古就有，但随着工农业生产的迅速发展，水体污染日益加重，赤潮也日趋严重。海水富营养化是赤潮发生的物质基础和首要条件，水文气象和海水理化因子的变化是赤潮发生的重要原因，海水养殖的自身污染亦是诱发赤潮的因素之一。

赤潮灾害的成因可具体归结如下：

1. 由海域水体的富营养化引起。随着沿海地区工农业发展和城市化进程加快，大量含有有机质和丰富营养盐的工农业废水及生活污水排入海洋，造成近岸海域的水体富营养化，污染物不容易被稀释扩散，因此这些地区是赤潮多发区。海水养殖密度高的区域由于自身污染也往往存在水体的富营养化，形成赤潮的可能性较大。

2. 海域中存在赤潮生物种源。海洋中有 330 多种浮游生物能形成赤潮，有毒的种类大约有 80 多种，目前在中国沿海海域的赤潮生物约有 150 种。

3. 由合适的海流作用和天气形势变化引起。一般在海潮流缓慢、水体交换弱、天气形势稳定、风力较小、湿度大、气压低、阳光充足时，易发生赤潮。海流、风有时能使赤潮生物聚集在一起，沿岸的上升流可以将含有大量营养盐物质的下层水带到表层，为赤潮的发生提供必要的物质条件。如果风力适当，风向适宜的话，就会促进赤潮生物的聚集，从而使赤潮的产生更加容易。

4. 适宜的水温和盐度。不同海区不同类型赤潮爆发对水温、盐度的要求各不相同，一般在表层水温的突然增加和盐度降低时，会促进赤潮的发生。在水体交换弱的封闭海湾，赤潮一般发生于雨过天晴之后。

（七）溢油灾害的成因

随着海洋石油业的迅猛发展，除了油船海难事故所造成的海洋石油污染之外，海上油田开发是另一个重要的污染源。最大的一次油船事故直接经济损失可达 100 万美元，而海洋石油泛滥对海洋生态环境的破坏所造成的（间接）经济损失还远远超过其直接经济损失。海洋溢油灾害的成因主要有以下几个方面：[①]

1. 由自然力量导致。地震、风暴潮、台风等自然力量也会造成石油溢油事故。例如，1974 年"卡米拉"号飓风经过时，墨西哥湾北岸的水位暴涨，导致密西西比河被海水倒灌，造成海底滑坡、钻塔被毁，石油喷泉般外溢。

2. 由船舶自身海难事故引起。由于暴风雨等灾害性天气影响，一些油船经常遭遇浅滩搁浅、触礁断裂，甚至由于船舶航海操作系统失误或人员疏忽从而大型油轮碰撞爆炸等意外事故也屡有发生。如 1980 年 1 月 19 日法国超级油轮"伯德利格斯"号在爱尔兰班特里湾运油时发生爆炸，数万吨带火的石油布满了班特里湾。中国油轮"东方大使"号 1983 年在青岛港发生事故，溢油 3 342 吨，污染海岸 230 多千米。1997 年福建"安福"号油轮在硇洲湾触礁搁浅，破裂漏油 500 多吨。

3. 由船舶与海上石油设施相撞引发。船舶与海洋钻探塔、石油平台及其附属设施相互撞击而形成的溢油事故是海上多发的溢油事故之一。如墨西哥湾仅石油平台就有 1 000 多个，世界海洋大陆架上油井和钻塔等石油设施多达 4 万余个，帆船好像在迷宫中漫游，很容易相互撞击。

4. 由油船与钻塔、油井等水下设施相撞引发。超级油轮由于其惯性特别大，

---

① 《自然灾害学报》1996 年第 2 期。

甚至在航行速度很慢时与沉重的钢筋混凝土平台相撞，也会产生毁灭性后果。因为这种油轮往往载有约 60 万吨的石油或石油产品，对海洋造成的污染是不言而喻的。

5. 由海上钻塔或油井失落引起。在海上石油钻探或石油开采过程中，自身失落溢油数量也相当可观。由世界范围的统计可知，平均每年有 10 万吨以上的石油失落于海洋酿成惨重后果。如 1977 年 4 月 22 日距挪威斯塔范格尔市 270 千米处的北海油田突然发生爆炸，平均每天有 4 000 吨石油喷出，泛滥的石油面积达到 3 220 平方千米，其中部分重油面积为 280 平方千米。1969 年 1 月 28 日加利福尼亚海域的海上油井溢油在 10 天后才逐渐被净化。直到当年 6 月，在事故油井周围海域的海底仍然有石油以平均每天 80 吨以上的速度外溢。测算结果表明，这次事故总计溢油 1.5 万平方米，海面油斑厚度最厚达 2 ~ 3 厘米，油层覆盖面积为 2 000 平方千米以上。

（八）海水入侵灾害的成因

海水入侵是一种缓慢性地质灾害。它是指由于自然因素和人为因素（主要为超量采取地下水）的影响，使滨海地区水动力条件发生变化，地下淡水与海、咸水间的平衡状态遭到破坏，导致海水或高矿化咸水沿含水层逐渐向内陆侵染，造成入侵带内水质恶化、生态环境破坏的现象或过程。海水入侵地区的地下水已不适于灌溉、饮用和某些工业用水，一些地区工农业生活和生活用水不得不以咸水为主，致使生态环境进一步恶化。目前全世界范围内已有 50 多个国家和地区的几百个地段发现了海水入侵，主要分布于社会经济发达的滨海平原、河口三角洲平原及海岛地区。20 世纪 80 年代以来，我国渤海、黄海沿岸不同程度地出现了海水入侵加剧现象，其中以山东省莱州湾沿岸最为突出。全国累计海水入侵面积达 1 000 平方千米左右，最大入侵距离超过 10 千米，最大入侵速率超过 400 米/年。由此造成的经济损失每年约 8 亿元人民币。

导致海水入侵灾害发生的成因主要有以下几个方面：

1. 由水文地质的变化引起。滨海地区地下淡水与海水有水力联系，该区地层主要为第四纪松散沉积物，透水能力强，地下淡水与海水之间缺乏稳定的隔水层。当地下水位长期处于海平面以下时，海水通过含水层迅速向内陆入侵，形成海水倒灌。

2. 由气候变化引起。如果气候持续干旱，地下水补给量严重不足，若同时河流入海径流量也减少，将加剧海水入侵活动。

3. 由人类活动导致。人类对地下淡水资源的开发利用，使得滨海地区由于长期超量开采地下水而使地下水水位大幅度下降，形成低于海平面的负值区，进而发

生海水入侵。海水养殖和引潮晒盐等经济活动把大量海水引入陆地也扩大了海水向地下淡水的入侵范围。此外，在入海河流的上游地区修建水库、塘坝等水利设施，使河流入海水量普遍减少，在河口地区大量挖沙降低河床标高的人为活动，则加剧了潮水上溯距离，使河流两侧发生海水入侵。总之，在影响海水入侵的因素中，干旱少雨、水资源不足是背景条件，含水层导水性等水文地质特征是基础条件，不合理的人类开发活动是诱发条件。三者共同作用的结果可能导致沿海地区出现大范围的海水入侵。

第三节 海洋灾害防灾减灾的战略意义及对策措施

我国地处太平洋沿岸，是世界上海洋灾害较重的国家之一。加上我国沿海地区人口稠密、经济发达，海上各类生产活动蓬勃发展，一旦受到海洋灾害的袭击，往往会造成重大经济损失和人员伤亡。近几年来，随着我国沿海地区经济的发展，海洋灾害所造成的直接经济损失呈现出增长的趋势，其增长速度远远高于其他种类自然灾害造成损失的增长速度。据统计，20 世纪海洋灾害造成的经济损失已由 20 世纪 50 年代的平均不足 1 亿元；上升到 90 年代的平均 140 多亿元，90 年代的 10 年间死亡和失踪总人数达 3 919 人，严重年份甚至超过 1 000 人。以赤潮灾害为例，近些年来，随着河口、海湾和沿岸水域污染的不断加剧，水体富营养化程度日趋严重，赤潮灾害发生的频率和危害程度明显上升。由 20 世纪 90 年代的 89 次上升到 2004 年的 96 次，且面积呈增大趋势，每年赤潮累计发生面积已超过 10 000 平方千米。赤潮不仅会破坏海洋环境，造成大量海洋生物和海水养殖生物死亡，破坏渔业、养殖业，给我国沿海带来巨大的经济损失，而且通过食用被赤潮灾害污染的海产品，还会造成人体中毒，损害人体健康，甚至导致死亡。但是从另一个方面来说，改革开放 20 多年来，我国海洋产业呈现出一派生机勃勃、蒸蒸日上的景象。全国主要海洋产业的总产值，1985 年仅为 180 亿元，1990 年为 444 亿元，1998 年达到 3 269.9 亿元。从 1990 年到 1998 年翻了近 3 番，平均每年递增 20% 以上，这不但大大高于全国和沿海经济的发展速度，也高于海岸带经济的发展速度，是现今和今后相当长的时期内全国经济发展最重要的增长点。减轻海洋灾害是一项十分复杂的系统工程，这主要表现在下述四个方面：

1. 各种自然灾害都不是孤立存在的，它们常常在某一地区或某时间段同时或接连发生，形成灾害群发的局面。由相互联系的自然灾害组合而成的总体称之为自

然灾害系统。从成因上讲，自然灾害系统的形成涉及地球的地、海、水、气、生各个圈层的同步运动与变化问题。所以，为了识别自然灾害发生与发展的规律，对自然灾害的发展趋势做出正确预报，就必须研究地球整体系统的运动和变化规律。

2. 减轻自然灾害是全民的事业，要由领导、科学家和全体人民一起协调行动才能发挥更大的减灾效益。

3. 减轻自然灾害工作包括监测、预报、抗灾、防灾、救灾、灾后援建等一系列主要措施，这些措施是相互衔接，互相依存，密不可分的，所以必须统筹安排。

4. 许多海洋灾害都是由人类活动引起或诱发的，因此，如果不系统地研究减灾措施，就有可能使为了防抗某种灾害所采取的措施和行动付于流水，结果有可能导致其他灾害的发生。基于以上原因，只有把整个减轻海洋灾害损失的工作作为一个系统工程来抓，才有可能获得最大的效益。

既然海洋灾害给我们造成了如此大的损失，我们就得采取一切可能的措施和政策法规来保证沿海居民和渔民的经济利益，使海洋给我们带来最大好处的同时尽可能地减少其造成的损失，这样，就必须走可持续发展海洋战略，因此，减轻海洋灾害有十分重要的战略意义。

一、做好海洋灾害防灾减灾具有十分重要的战略意义

海洋灾害的发生也如同大江大河的泛滥一样，是中华民族的心头之痛。对此，我们不能有丝毫的掉以轻心，我们必须增强防灾减灾意识，把减轻海洋灾害放在一个战略高度，增加对减轻海洋灾害防灾减灾的资金投入，落实减灾规划措施，做好保障工作，保证沿海地区经济的持续、快速、健康的发展。21 世纪是海洋的世纪，人类将重返海洋，海洋将以其丰富的资源、广阔的空间成为人类的第二故乡。

（一）加强沿海地区经济更好、更快发展

就地理环境来说，沿海地带拥有海洋和陆地两方面的优势，那里海洋资源丰富、环境优越、交通方便、适合人类居住，最有利于工、农、商业的发展，历来被经济发达国家称为黄金海岸；发展沿海地区的经济亦被各发达国家列为战略重点。

我国是一个海洋大国，沿海地区一直是我国的经济发达地区。自从改革开放以来，我国政府采取了沿海经济发展战略，全国经济形成了以东南沿海为龙头，由东向西推进，由南向北辐射的格局。但摆在我们面前的是，我们在享受沿海地区经济给我们带来好处的同时，也必须忍受多种自然灾害侵袭带来的苦难，自然灾害的发

生严重制约着沿海地区经济的发展，因此我们就必须加强沿海地区的海洋灾害防灾减灾的预防和治理工作，这是沿海地区经济实现又好、又快发展的重要保证，是沿海地区经济更好、更快发展的重要支撑点。

（二）加快城乡劳动就业规模扩展

就目前国际海洋形式和经济发展来看，目前，进入 21 世纪后，海洋产业的迅猛发展，必将是吸引和安排劳动力就业的战略途径，我们要以海洋为战略依托，依靠海洋，发展海洋特色。随着 21 世纪中国大规模的开发海洋，海洋的各个产业迅猛发展。海水养殖业、远洋渔业、海洋食品工业、海洋药物工业、海洋化工业、海水淡化工业、海洋能工业、海洋油气工业、海洋采矿业、海洋旅游业、海洋交通运输业、船舶和机械制造业、海洋建筑业以及围绕海洋产业发展起来的产前、产中、产后服务业等几十个行业将得到迅猛发展。按照现在的就业情况和就业形势来看，由于海洋新兴产业和原有产业的迅速产生和发展，将使现在就业难的压力得到缓解；同时，一大批农村剩余劳动力及贫困地区的人口必将涌向海洋，汇聚成一支庞大的中国海洋产业大军，将解决部分地区就业问题，因而将扩大城乡地区劳动就业规模。

（三）促进经济社会和谐协调发展

减少海洋灾害的发生，将使我们有更大的经济实力来更加稳定地发展社会民主，保持社会和环境的可持续发展，更好地构建和谐的社会，从而使人民的生活水平和收入水平得到极大提高。减少海洋灾害的发生，能使得渔民收入得以提高，渔民的效应增加，从而促进经济社会的发展；减少海洋灾害的发生，将使得海洋环境资源和渔业资源得以保护，从而能实现海洋环境资源的可持续发展和人类的可持续发展。

（四）巩固社会稳定和经济效益拓展

减轻海洋灾害发生和做好应急处理工作将具有巨大的经济效益和社会效益。做好减灾工作，不仅仅是个经济问题，也是个政治问题，是稳定社会、富国安邦的一项基本国策。因此，在海洋灾害防灾减灾方面要树立经济和社会发展同减灾工作一起抓的指导思想。在制定海上及沿海经济发展长远规划和计划时，应把海洋减灾纳入计划中去，使这项工作在资金上得到保证。减灾需要投入，通过系统的投入，把工作做在前面，将可以大大减少海洋灾害造成的人员伤亡和经济损失，取得事半功倍的效果。近 50 年来，我国在减轻海洋灾害方面所取得的经验完全证明了这一点。例如，我国东、南沿海筑堤防潮、围田保产的行动，大多取得了几倍、几十倍甚至

上百倍的经济效益（亦有少数工作由于不按科学办事取得负效益）。既然有事实已经证明做好防灾减灾工作能促进社会稳定和经济效益的扩展，因此，我们就必须更进一步地做好海洋灾害防灾减灾工作来促进社会稳定和效益提高。另外，在考虑海洋减灾经济效益时，不能仅仅考虑减灾对海上及沿岸开发利用活动所带来的效益，而应该把海洋及海洋灾害对整个东部经济区（至少是沿海省、市、区）所带来的效益综合考虑进去。增加减灾的投入将大大改善渔海情况（海水温度、盐度）的情报和预报，从而增加渔获量和水产养殖业的效益。

总之，海洋灾害防灾减灾行动的社会效益是非常明显的，至于经济效益更是难以用数字准确计算的。但据20多年来海洋减灾的经验概略估算，在今后10年内可能产生至少150亿元的海上综合经济效益和几倍于该数字在沿海地区产生的经济效益，而预计直接投入的经费只需3亿元。做好海洋灾害防灾减灾将能更好地促进社会稳定和经济效益提高，因此我们要坚持不懈地做下去，以此来更稳定地促进社会进步和发展。

最后，社会经济发展规律告诉我们，有效的经济发展机制，必须要有与之相应的有效的社会保障机制，使得社会得以正常稳定的、迅速可持续的发展。我国沿海经济地区的迅速发展和它在国民经济中的战略地位也要求必须有一个有效的社会防灾减灾机制，特别是在减轻海洋自然灾害方面的防、抗、救社会减灾体系；综合以上我们可以看到，做好海洋灾害防灾减灾工作具有十分重要的战略意义。

二、我国海洋灾害防灾减灾工作存在的主要问题

减轻海洋灾害是一项复杂的自然—社会—经济系统工程，它必须以现代科学技术为依托，树立科技减灾的战略观念，把依靠科学技术作为海洋减灾的根本途径。充分利用科学技术，可以有效地减轻海洋自然灾害。一次严重风暴潮灾害观测与预报的成功，可以减少人员伤亡95%以上，减少经济损失20%～50%。准确的海况预报和大风预报，再加上可靠的海上安全管理，能够基本免除海上灾害损失。我国沿海数千千米的防潮大堤，是可与黄河减灾工程相比拟的减灾工程的范例，保护了（沿海）数百万公顷土地和数千万人口，其经济效益斐然。另外，现代航天技术、通信技术、遥感技术、信息处理技术等均为海洋灾害的监测、预测、预报和警报，为灾情的速测、速报与科学评估，以及海洋减灾辅助决策提供了先进的科学手段，许多实用的防灾、抗灾、救灾技术也在不断地得到开发和推广应用。

毫无疑问，在应用已有的科学技术成就于海洋防灾减灾的同时，还必须投入一

定的人力和物力攻克海洋灾害监测、海洋灾害模拟（如时间、空间、强度加人员伤亡和经济损失的"五维"模式建立等）、海洋灾害紧急救援中的一系列科学和技术难关，才能有效地实现海洋灾害防灾减灾的目标。

虽然我国防御海洋灾害的能力近年来有了明显的提高，但是还不能适应沿海和海洋经济发展对减轻海洋灾害的需求。海洋及海岸灾害的人员伤亡并没有降到最低限度，近海及海岸不少地区海洋灾害的风险性还在逐渐地加大，海洋灾害经济损失的增长势头也没有得到有效的遏制，海洋灾害的防灾减灾系统与国际相应的减灾系统、各海洋大国的海洋减灾系统还有一定的差距和问题。具体表现如下：

1. 领导认识不充分。沿海经济地区的某些政府部门和很大一部分海洋部门行业的领导，对海洋灾害的危害性和严重性还缺乏足够的认识，对在我国沿海地区（生态环境极其脆弱）搞开发建设必须有海洋减灾方面的工程性和非工程性的投入认识不足。

2. 法律法规不健全。我国目前尚无海洋减灾防灾方面的法律，国家和地区对海洋和海岸带的管理也比较薄弱和滞后，致使一些沿海经济地区海洋灾害发生的机率升高。

3. 检测系统不完善。海洋灾害检测系统的建设还不够完善，主要是海上船舶测报设备老化，海上和岸边监测设备也比较落后，缺乏能够监测海洋灾害要素的自动监测设备，整个海洋环境预报系统的自动化程度也比较低。

4. 大众意识不强。主要是人民大众缺乏足够的"海洋意识"，防灾减灾的工作开展的还不深入等。

所有的这些问题都不同程度地妨碍了海洋灾害防灾减灾事业的快速发展，必须慎重加以解决。

三、海洋灾害防灾减灾的对策措施

海洋灾害与其他自然灾害一样，如能提高监测、预报和警报能力，便能大大减少人员伤亡和减少各类海洋灾害的损失。例如，中华人民共和国成立后，各级政府始终把减少各类海洋灾害损失当做大事来抓，过去那种一次海洋灾害死亡数万人，乃至十多万人的情况已不再重演。尤其是20世纪60年代建立了海洋灾害监测、预报、警报工作之后，海洋灾害伤亡人数已大大降低。

（一）完善海洋灾害防灾减灾之法律保障

上面说过，减少海洋灾害是一项繁复琐杂的自然—社会—经济系统工程，它必

须以现代科学技术进步为依托，树立科技减灾的战略观念，要坚持以人为本，全面、协调、可持续的科学发展观，把依靠科学技术进步作为海洋减灾的根本途径，利用科技提高海岸带资源开发的深度和广度，控制沿海地区土地资源的乱开发滥用，加强海岸生态环境建设，达到人和自然环境的和谐，实现经济发展和人口、资源、环境的可持续发展，实现经济发展、政治发展，以及可持续发展的有机结合，以加快生态精神文明建设的步伐。沿海地区每年都有不同程度的海洋灾害发生，由此造成的经济损失也在不断增加，从而任务十分艰巨，因此，有必要加强在法律方面的体制建设，保证海洋灾害造成的损失达到最小。

国际上海洋管理已经法制化，对于我国来说，在海洋灾害防灾减灾和海洋管理方面也要与国际上的法制化接轨。联合国通过了《海洋法公约》，确立了海洋资源开发的新秩序。200 海里专属经济区的新规定，突破了"领海之外公海"的传统观念，使沿海国家国土主权向海上延伸，这对国际海洋开发和管理有重大影响。在我国，由于海岸带和海洋资源的迅速开发造成了生态破坏和近岸海域污染，海洋状况恶化，危及海洋生态平衡和海洋资源的持续利用，因而海洋环境保护成为海洋管理的主题。

1. 努力推进海洋法制法规建设。加强海洋法制建设是促进海洋资源、环境管理体制形成与完善的重要条件。当前，加强海洋法制建设的首要任务是制定海岸带管理法、海岛开发和保护管理法、海洋减灾法等，与已颁布的《海洋环境保护法》和《海域使用管理法》配合形成完备的海洋综合管理法律制度，使得海洋管理保护法律法规更加全面、完善、细致。

2. 加强海洋环境保护执法工作。在加强海洋法制建设的同时，大力加强海洋执法队伍建设，加强各部门之间的协调与合作，做好执法管理工作。

海洋环境保护要继续贯彻预防为主、防治结合，谁污染谁治理，强化监督管理。全面落实《海洋环境保护法》，做好海洋环境保护规划，加强海洋环境调查、监测，加强污染源治理，严格海洋工程和海岸工程的环境管理，优先解决近岸海域环境污染加速扩展问题、近岸海域大面积赤潮灾害问题、近岸海域环境破坏问题等，加强海洋生态建设，保护好近海高生产力生态系统。同时，建立重点海域排污总量控制制度，开展对渤海、长江口、珠江口、杭州湾等重点海域的污染治理和保护。① 在与海洋灾害做斗争的过程中，沿海地区政府和人民已经积累了大量实战经验，也初步形成了一整套的制度和规范。但总体来说，人们的海洋防灾减灾的法律法规观念还十分淡薄，有法不依、无法可依情况还普遍的存在，因此除了增强这方

---

① 于保华、李宜良、姜丽：《21 世纪中国城市海洋灾害防御战略研究》，国家海洋信息中心，2006 年（1001～8662）。

面的立法外，还必须加强执法、严格执法。必须根据全国已颁布的海洋环境保护、防灾减灾的法律，借鉴国际上的先进经验，严格执法，使我国的海洋防灾减灾工作走上依法行政、依法管理的法制化、规范化道路。

（二）加强海洋灾害防灾减灾之政府作为

海洋预报和海洋灾害警报，都是在海洋灾害不可避免地发生时提前发出预报和警报，以便在防灾、抗灾、救灾和灾后援建方面采取适当措施，来减少海洋灾害的损失。今后应进一步完善海洋灾害现象监视网络，逐步采用各种先进技术手段，尤其是海洋资料浮标及海洋卫星等遥测、遥感技术，对各类海洋灾害的发生、发展、移行和消亡，以及影响它的各种因素进行连续的观测和监视，所有这些工作都需要政府的积极参与实施，具体如下：

1. 建立海洋灾害的监测预报系统。海洋灾害监测主要以国际、国内船舶观测，沿岸海洋站、验潮站和近海浮标组成我国的海洋灾害监测系统。新中国成立后，我国沿海除台湾和香港地区外，建立了 56 个海洋站和 200 多个验潮站，自 1987 年起，先后在南海、东海和黄海投入了 7 个站位和 5 个临时站位海洋资料浮标。目前仅有三个海洋资料浮标在位工作。

充分利用 RS、GIS 和 GPS 等高新科技，及时监控海洋动态变化过程，对可能给我国带来灾害的台风风暴潮、海啸灾害以及灾害性海浪提前发出预报、预警，使沿海地区政府和居民有所准备，尽可能地减少灾害损失。同时，对海洋环境定时地做出适时监测，定期地发布我国沿海环境质量报告，对有可能发生赤潮的地区进行重点监测和预报，并提出防治预防策略，减少赤潮发生的几率。[①]

经过 20 多年的努力，我国已建立了以国家海洋环境预报中心为主，广州、上海、青岛三个分局海洋预报区台和海南（海口）、广西（北海）、福建（厦门）、辽宁（大连）四个省的海洋预报台，组成我国海洋灾害预报网。预报范围已由近海扩大到太平洋、印度洋、大西洋和南极大陆近海。1982 年 9 月 27 日，按照 IOC 和 WMO 的规定，由国家海洋环境预报中心每天通过无线传真，同时以 3 个频率向世界发布西北太平洋海浪实况图和西北太平洋海浪预报图。并于 1986 年 7 月 1 日起，每天通过中央电视台和中央人民广播电台播放中国海和西北太平洋 24 小时海洋灾害预报。同时还通过电传、电报、电话、有线传真向国内外用户提供上述海区和世界其他大洋的专项海洋灾害预报服务。如海洋运输、海洋科学考察、海洋石油

---

① 于保华、李宜良、姜丽：《21 世纪中国城市海洋灾害防御战略研究》，国家海洋信息中心，2006 年（1001～8662）。

开发、海洋渔业、海上军事活动等进行的海上施工、重要拖航、海上救助、海上体育比赛、海上旅游活动提供海洋预报服务。近年来，每当台风风暴潮和台风浪袭击我国大陆近海时，及时地向国家防汛指挥部、沿海省、市、自治区政府及其防汛指挥部门、中国石油总公司、海军以及沿海渔业部门发布海洋灾害紧急警报，大大地减轻了海洋灾害造成的危害。

预警和防灾是十分重要的工作，它可以防止危险事件演变为灾难。警报和灾害知识对公民个人和社区都很重要。如果能及时发布准确的警报，再加上掌握应对灾害的知识，就可以使众多的生命得到拯救，经济免于崩溃。以印度洋海啸为例，由于开始时低估了地震的严重程度，因而未能及时发布警报，造成了重大的经济财产损失和人员伤亡。

2. 加强海洋灾害防灾减灾教育训练。海洋灾害防灾减灾的教育和训练是海洋防灾减灾的一项"软件"投入，它在海洋灾害对人口和经济集中的沿海地区冲击越来越重的今天，具有十分重要的现实意义。所以，今后必须把以下三个方面纳入海洋防灾减灾的教育与训练计划：（1）对可能遭受海洋灾害袭击的群众，要充分利用广播电台、电视、报刊等传播媒介，使海洋防灾减灾知识家喻户晓；要进行公众防灾减灾的基本技能训练，掌握防灾、救灾技能。（2）对从事海上作业的人员，对沿岸地区与海洋打交道的所有人员，把海洋减灾作为基础训练内容进行强制性训练和培训。（3）对海洋减灾专业人员和领导干部进行减灾决策训练，提高减灾的反应、决策和指挥调度能力。

灾后的应急反应是减少灾害的关键措施之一，迅速而准确的反应能大大减少损失。所谓应急对策，指灾害发生前后的短暂时间（几小时至两三天内）所采取的紧急措施。鉴于当前灾害预报的局限性，特别是短期预报的难度非常大，所以，有关部门、企业在思想上树立应付灾害的应急意识并制定应急措施，就显得越发重要。应急措施主要有：（1）灾前防御及灾后人员疏散。当政府发出灾害预报、警报后，应按要求迅速采取防御措施及组织人员疏散。（2）见机而行，在预警时间内做好防灾减灾准备。所谓预警时间是指发现预警现象开始到灾害发生、设施遭破坏为止所经历的时间。突发性的海洋灾害一般持续时间都比较短（如风暴潮等），在如此短的时间内采取有效的应急对策，更需要企业领导沉着冷静、迅速果断和随机应变，迅速组织应急调查，指挥疏散和救援。（3）防止灾害引起的次生灾害：如堤坝破坏导致水淹，淡水污染引起疾病发生，以及食用贝类中毒事件等。①

---

① 于保华、李宜良、姜丽：《21世纪中国城市海洋灾害防御战略研究》，国家海洋信息中心，2006年（1001~8662）。

3. 提高海洋灾害防灾减灾工程标准。政府应该按照经济发展程度把加高、加固海堤纳入地方经济发展规划,对处于主要海洋灾害危险区内的城市、工矿企业、海上工程、海岸工程,都必须根据其重要程度按不同的抗灾要求,做好抗灾工程建设和达到工程本身的抗灾要求,加快沿海千里海堤的修建,加固达标工作,建设海上长城;继续加强沿海防护林体系的建设,以增强沿海防御海洋灾害的能力;同时加强海洋环境及养殖业的管理,严格控制污染物入海量,改善海洋环境,防止赤潮等人为自然灾害;在海洋灾害多发的重点地区,健全地区性的救灾队伍,完善救灾装备的配备,一旦发生灾害,能高速、有效的投入抢险救灾,以减少损失。[①] 我国沿海地区现有的防潮工程在海洋台风风暴潮、灾害性海浪及海平面上升方面起到了非常重要的作用,但也存在着一些问题。一方面,部分海岸防护林和防护带已经受到人为因素和自然因素的不同破坏,减弱了防止海洋灾害的能力;另一方面,目前海平面上升幅度越来越大,导致台风风暴潮和灾害性海浪爆发频率增加,灾害强度增大,原有的海岸防护工程的标准已经显得有所偏低。因此,建议沿海地区政府增加海岸防护工程的投入,修复和提高海岸工程的防护标准,增加海岸防护工程的防护以及保护能力。[②]

4. 建立海洋灾害防灾减灾生态防护网。实行退耕还海政策,这里所说退耕还海的政策,其实并不是把已经围垦了多年的垦区来回归自然,而是把近些年来沿海地区所进行的过度围垦的外围部分垦区回归自然,以建立海岸带缓冲区,起到削弱台风风暴潮、海啸以及灾害性海浪的作用,减缓其向沿海陆地推进的速度。例如,在江苏沿海地区,目前许多承包商将垦区伸展到了互花米草外缘,很容易遭受风暴潮和海啸的袭击,造成严重的经济损失。在适宜的海岸地区建立海岸带生态防护网(包括潮上带乔木防护林和潮间带植被防护带),可以非常有效地降低台风风暴潮和灾害性海浪给海岸带地区带来的灾害损失,如浙江苍南县实施的互花米草保滩护堤生态工程,发挥了很好的抗风浪作用。通过对江苏双洋河口和废黄河口淤泥质海岸潮间带高大的互花米草防护网的长期观测,发现其保护堤岸的作用非常巨大,其一级效益评估结果显示:互花米草在保滩护堤过程中所产生的年经济价值可达到 1 500 元/公顷。同时,通过建设海岸带生态防护网,可以优化海岸环境、减轻污染、保护滨海环境、保护生物多样性,具有低投入高产出和可持续发展的功能,

---

① 黄发明、欧阳芳:《福建沿海主要海洋灾害与防灾减灾对策》,载《福建对外经贸学报》2002 年第 1 期。
② 王爱军:《近年来我国海洋灾害损失及防灾减灾策略》,载《江苏地质》,2005 年第 2 期,第 98 ~ 101 页。

并能降低赤潮发生的概率。①

（三）充实海洋灾害防灾减灾之科技依托

科学技术是第一生产力，同样，在海洋灾害防灾减灾方面科技也起着十分重要的作用。因此，建立和完善一系列的海洋灾害检测预报系统以及随着时代发展和科技进步而完善技术更新将无可避免。

1. 建立和完善海洋灾害信息系统。随着计算机应用和科学观测技术的进步，特别是海洋遥感技术的应用，信息量激增，传统的方法在海洋环境与灾害数据时空处理上均已无法满足现实的需要。根据这一情况，由于海洋自然灾害无国界，有效减少海洋灾害必须充分开展国际和区域间的合作与交流，必须采用当代先进的科学技术，特别是多维分布式关系型数据库技术，依照全国的海洋灾害信息系统的规范，建立和完善沿海地区海洋灾害信息系统，同时结合数学统计模型和人工智能系统，提高海洋灾害信息系统的防灾减灾功能和作用。海洋减灾系统工程中的许多方面，如海洋灾害监测、海洋灾害预报技术、信息交换、海上救助以及海洋灾害评估等，都必须依靠和发展国际间、区域间的联合与合作，但是要把基准点放在自己本国力量的基础上。②

2. 加强和更新海洋灾害诊疗科技。经过近40多年的努力，我国已初步形成了一定规模的海洋灾害预报、警报服务系统。为适应海洋防灾减灾以及海洋资源开发工作需要，除必须采用各种先进科学技术对各类海洋灾害的发生、发展、消亡以及影响它们的各种条件因素进行连续的监视、观测外，还必须用现代海洋技术、信息技术对海洋自然灾害进行诊断、分析、评估，并客观准确地发布灾害现象预报、警报；用现代电信技术迅速收集、传输、交换海洋灾害信息情报，建立功能较齐全的现代化海洋灾害预警、警报发布机制和体系。应重点开展的研究工作有：（1）重要海洋要素的预测、预报技术。包括近岸浅海风暴潮预报模式、中国海三维温盐场结构短期预报模式、高分辨海面风场预报模式、海冰中长期业务预报技术、远洋预报模式、海上溢油扩散和漂移业务化预报模式、重要流系年际变异预报技术、厄尔尼诺监视预测技术、赤潮多发区的短期预报模式。（2）海洋环境预报业务客观化和自动化技术研究。包括海洋资料四维变分同化技术业务系统开发、海洋水文气象

---

① 黄发明、欧阳芳：《福建沿海主要海洋灾害与防灾减灾对策》，载《福建对外经贸学报》2002年第1期。

② 于保华、李宜良、姜丽：《21世纪中国城市海洋灾害防御战略研究》，国家海洋信息中心，2006年（1001～8662）。

信息综合分析处理系统研制、海洋数值预报释用研究。（3）海洋环境预报的计算机和网络系统建设。包括计算机系统建设和应用开发、网络系统建设。（4）海洋环境预报实时信息系统技术研究。包括实时信息传输技术、实时数据库系统、实时信息交换技术。① 海洋资源开发与环境保护都有赖于海洋科学和技术的创新与进步，应加强海洋基础科学研究，进行重点海洋环境调查，建立海洋环境和资源管理保障体系。加强海洋环境监测预报系统能力建设，建设海洋基础地理信息系统，提高海洋管理和公益服务能力。促进研究开发海洋高新技术，推动海洋高新技术产业发展和科技成果的产业化。

要使我国的防灾减灾技术达到最新水平，还有一点就是应该加强与周边国家如日本、韩国等在海洋灾害防灾减灾方面的合作，同时加强两岸的合作与交流，充分分析和注意到本国的国情，共同提高对海洋灾害的抗灾减灾水平。

总之，无论是作为国际减少自然灾害系统的一部分，还是作为全球联合海洋服务系统（IGOSS）的一部分，我国的海洋减灾系统都有待于加强国际和国家间的合作与联系。我们相信，只要在我国海洋减灾工作中充分发挥社会主义制度的优越性，把依靠科学技术作为海洋减灾的根本途径，采取相应的减灾对策，组织和发展国家与沿海省、市、区联合的、国际国内相联系的海洋减灾体系，最大限度地减少灾害的人员伤亡和经济损失，以求社会的安定和进步，是完全可能的。我们有信心通过努力在海洋灾害防灾减灾方面达到国家规划规定的目标和要求，为沿海地区的经济和社会发展做出贡献。

参考文献

1. 于运全：《海洋天灾——中国历史时期的海洋灾害与沿海社会》，江西高校出版社 2005 年版。

2. 赵冬至：《海洋溢油灾害应急响应技术研究》，海洋出版社 2006 年版。

3. 闫季惠：《海上溢油与治理》，载《海洋技术》1996 年第 3 期。

4. 曲维政、邓声贵：《灾难性的海洋石油污染》，载《自然灾害学报》2001 年第 1 期。

5. 黄发明、欧阳芳：《福建沿海主要海洋灾害与防灾减灾对策》，载《福建对外经贸学报》2002 年第 1 期。

6. 张燕光：《风暴潮对天津沿海地区经济发展的影响以及建议》，载《天津科

---

① 于保华、李宜良、姜丽：《21 世纪中国城市海洋灾害防御战略研究》，国家海洋信息中心，2006 年（1001～8662）。

技》2004 年第 1 期。

7. 赵亚冰、林斌：《海上溢油事故的警示及防备措施》，载《青岛远洋船员学报》2004 年第 1 期。

8. 王爱军：《近年来我国海洋灾害损失及防灾减灾策略》，载《江苏地质》2005 年第 2 期。

9. 于运全：《20 世纪以来中国海洋灾害史研究评述》，载《新华文摘》2005 年第 8 期。

10. 陈君：《海洋灾害知多少》，载《海洋世界》2005 年第 12 期。

11. 田娇娇、田淑芳、汤蓉：《基于 GIS 的海上溢油事故影响分析》，载《测绘技术装备》2006 年第 1 期。

12. 于保华、李宜良、姜丽：《21 世纪中国城市海洋灾害防御战略研究》，国家海洋信息中心，2006 年（1001～8662）。

13. 明阳：《海洋灾害与减灾——海洋灾害知多少》，载《中国海洋报》2006 年第 1475 期。

14. 明阳：《监测海洋灾害的重要手段——海洋监测网》，载《中国海洋报》2006 年第 1477 期。

15. 明阳：《海洋预报和海洋灾害警报对减轻海洋灾害的作用》，载《中国海洋报》2006 年第 1479 期。

16. 明阳：《风暴潮和潮灾》，载《中国海洋报》2006 年第 1481 期。

17. 明阳：《我国风暴潮发生的主要季节和最易受灾的地区》，载《中国海洋报》2006 年第 1489 期。

18. 邹涛、刘秀梅、梅丽杰、叶凤娟：《天津海洋预报》，天津海洋环境监测预报中心，300450。

19. 《中国海洋灾害公报》，国家海洋局，1996～2005 年。

20. 《国家海洋局发布 2003 年中国海洋环境、灾害和平面公报》，http：//www. China. org. cn/chinese/2004/Jan/488272. htm，2004－1－31。

21. 《海洋灾害种种》，http：//www. lhljzx. com/Article/ShowArticle. asp？ArticleID＝141，2004－12－3。

22. 《中国沿海经济发展与减轻海洋灾害》，http：//www. soa. gov. cn/leader/ld2. htm，2005。

23. 《国家海洋局关于加强预防沿岸海域赤潮灾害的通知》，http：//www. cnlyjd. com/fagui/Class1289/200507/132672＿ 2. html，2005－7－24。

24. 《中国海洋灾害公报（2005）》，http：//www. soa. gov. cn/hygb/2005hyzh/index. html，2006 - 1。

25. 《海洋灾害与减灾》，http：//www. coi. gov. cn/hyzh/，2006。

26. 《如何预防海洋灾害》，http：//www. oceancentury. cn/yunshu/ShowArticle. asp？ArticleID = 398，2006 - 7 - 1。

27. 《海洋灾害》，http：//www. wenweb. cn/baike/zyxx/zrzh/74827. html，2006 - 10 - 12。

28. Jensen V. The Pollution Haven Hypothesis and the Industrial Flight Hypothesis：Some Perspectives on Theory and Empirics. Working Paper，Centre for Development and the Environment，University of Oslo，1996.

29. Zarsky L. Havens，Halos and Spaghetti：Untangling the Evidence about Foreign Direct Investment and the Environment. OECE conference on foreign direct investment and the environment，The Hague，1999.

30. 《自然灾害学报》1996 年第 2 期。

31. 《海冰灾害》，http：//baike. baidu. com/view。

32. http：//www. sina. com. cn 2007 年 1 月 13 日，《云南日报》。

33. http：//hi. baidu. com.

第三章 海洋灾害、海洋产业与收入

第一节 海洋经济、海洋产业与收入

一、海洋经济的基本概念

海洋经济这个概念在我国出现于 20 世纪 80 年代初期，到了 90 年代开始逐渐流行起来。这一概念已提出 20 多年了，但目前仍然没有一个统一的定义。《海洋及相关产业分类研究》中的定义是：海洋经济是指开发利用和保护海洋的各类产业及其相关涉海活动的总和。《依托海洋资源，发展海洋产业》中定义为：海洋经济是沿海区域自然经济、产业经济和滨海区域经济的有机组合。还有学者认为：海洋经济是一个或同时几个方面利用海洋的经济功能的经济，是活动场所、资源依据、销售对象、服务对象、初级产品原料与海洋有依赖关系的各种经济总称，等等。还有诸多定义。统观这些定义，都强调了两点：一是海洋产业；二是相关经济活动，因此，我们将其定义为：开发利用和保护海洋的各类产业和相关经济活动的总和。这也符合了《全国海洋经济发展规划纲要》（国发〔2003〕13 号）中对海洋经济的定义。海洋经济包括海洋产业和海洋相关产业。

在美国，海洋经济包括全部或部分源于海洋和五大湖投入的所有经济活动，其海洋经济的定义既包含产业也包含地理功能，尽管大部分海洋经济位于沿海地区，但有一些海洋经济是落户在非沿海地区（如船舶制造业和海产品零售活动）的。在法国，海洋经济包括所有从事与海洋相联系的活动的公司和部分企业，海洋经济与国民经济的其他产业密不可分，与工业或服务业整体相互联系。还有其他发达国家的海洋经济概念基本上都强调了海洋经济活动的重要性及和其他产业

的紧密联系。

二、海洋产业的概念与分类

(一) 国内海洋产业的分类

海洋经济中一个构成主体和基础就是海洋产业，它是海洋经济得以存在和发展的基本前提条件。所谓产业，是指同一属性的经济活动的集合，是国民经济的一个分类。《海洋经济统计分类与代码》（中华人民共和国海洋行业标准 HY/T052—1999）（自 2000 年 1 月起实施）中明确规定：海洋产业是指人类直接利用和保护海洋资源和空间所进行的各类生产及服务活动，并依据国家《国民经济行业分类与代码》将海洋产业划分为 15 大类和 107 个小类，基本将所有涉海产业类型都包括在内。海洋产业主要表现在以下五个方面：

(1) 直接从海洋中获取产品的生产和服务；

(2) 直接从海洋中获取的产品一次加工生产和服务；

(3) 直接应用于海洋和海洋开发活动的产品生产和服务；

(4) 利用海水或海洋空间作为生产过程的基本要素所进行的生产和服务；

(5) 与海洋密切相关的科学研究、教育、服务和管理。

20 世纪 90 年代初期《中国海洋统计年鉴》中统计的海洋产业只包括海洋水产、海洋交通运输、滨海旅游（国际）、海盐业及盐化工、海洋石油、沿海造船等六大海洋产业类群。到 2000 年，随着国家《海洋经济统计分类与代码》的发布，海洋产业统计中才增加了对国内滨海旅游和一些新兴海洋产业的统计，如海洋生物制药和保健品、海洋电力和海水利用、海洋工程建筑、海洋信息服务等，使我国的海洋产业类型趋于完善。现在我国有 12 个海洋产业，世界发达国家的海洋产业已超过 20 个。在本书中我们应用国民经济三次产业分类标准，将这 12 个海洋产业划分为三大产业。海洋第一产业主要是海洋水产业，包括海洋捕捞业和海水养殖业以及正在发展中的海水灌溉农业；海洋第二产业包括海洋盐业、海洋油气业、滨海砂矿业和沿海造船业、海洋生物医药业、海洋电力、海水淡化、海洋工程建设；海洋第三产业包括海洋交通运输业和滨海旅游业，以及海洋信息公共服务业。

还有一种分法是将海洋经济分为三个层次：核心层、支持层、外围层。核心层即主要海洋产业，是指在一定时期内具有相当规模或占有重要地位的海洋产业。包括海洋水产业、海洋油气业、滨海砂矿业、海洋盐业、沿海造船业、海洋工程建

设、海洋电力、海水淡化、海洋生物医药业、海洋交通运输业和滨海旅游业等。支持层是指海洋科研教育管理和公共服务业，包括海洋科学研究、海洋教育、海洋地质勘查业、海洋技术服务业、海洋信息服务业、海洋保险与社会保障业、海洋环境保护业、海洋社会团体与国际组织等。外围层即海洋相关产业，是指以各种投入产出为联系纽带，通过产品和服务、产业投资、产业技术转移等方式与主要海洋产业构成技术经济联系的产业，包括海洋农林业、海洋设备制造业、涉海产品及材料制造业、海洋建筑与安装业、海洋批发与零售业、涉海服务业等。

（二）国外海洋产业的分类

美国海洋产业划分的依据有三个：一是按照《标准产业分类》，获取的海洋产业数据必须保持一致；二是依据《北美行业分类体系》，海洋产业数据可以从其他数据集中剥离出来；三是衡量自早期研究以来，这些产业的增长在快速发展的海洋经济中的重要性。根据美国全国海洋经济计划的计量方法，确定海洋经济由9个部门组成，包括建筑、生物资源、矿产、船舶制造、旅游和娱乐、交通运输、房地产、海洋科学、研究和技术研发活动。目前，前6个产业可获得数据。

法国的海洋产业包括：海洋食品业、海砂开采业、船舶修造业、海上石油天然气业、海洋电力、海洋土木工程、海底电缆、滨海旅游、航运、海洋金融服务、海军、公共干预、沿岸和海洋环境保护、海洋研究这十四大产业。在法国，海洋的意思是与"海和海岸"相联系，所以许多海洋经济活动在陆地上，有时远离海洋。

澳大利亚海洋产业是利用海洋资源进行的生产活动，或是把海洋资源作为主要投入的生产活动。澳大利亚经济活动分类是依据澳大利亚和新西兰标准产业分类，从该标准分类的产业活动中计量和确定澳大利亚海洋产业活动的含量或成分以及海洋产业的范围。目前，澳大利亚海洋产业包括海洋旅游业、海洋石油和天然气业、海洋渔业和海产品加工业、海洋运输业、海洋船舶制造业、海港工业等（见表3-1）。

表3-1 不同国家海洋经济及产业分类比较

国家	海洋经济概念	海洋产业分类
美国	源于海洋和五大湖投入的所有经济活动	海洋建筑、海洋生物资源、海洋矿产、船舶制造、滨海旅游和娱乐、海洋交通运输、沿海房地产、海洋科学、海洋研究和技术研发活动
法国	从事与海洋相联系的活动的公司和部分企业	海洋食品业、海砂开采业、船舶修造业、海上石油天然气业、海洋电力、海洋土木工程、海底电缆、滨海旅游、航运、海洋金融服务、海军、公共干预、沿岸和海洋环境保护、海洋研究

国家	海洋经济概念	海洋产业分类
澳大利亚	与海洋有关的各种经济活动	海洋旅游业、海洋石油和天然气业、海洋渔业、海产品加工业、海洋运输业、海洋船舶制造业、海港工业
中国	开发利用海洋的各类产业和相关经济活动的总和	海洋水产、海洋盐业、海洋油气业、滨海砂矿、沿海造船、海洋生物医药、海洋电力、海水淡化、海洋工程建设、海洋交通运输业、滨海旅游、海洋信息公共服务

（三）海洋产业的贡献

海洋产业活动成果由海洋产业贡献来衡量。海洋产业的贡献又分为直接贡献和间接贡献两类。直接贡献是通过海洋产品的生产、服务和就业所提供的；间接贡献是通过促进其他经济部门的生产和就业来体现的。海洋产业直接贡献是指通过海洋产品的生产、涉海行业的服务和就业等的产业活动情况及经济产出，简单讲就是指核心层和支持层的海洋产业的贡献，其就业估计就是其中产业直接的就业情况。海洋产业间接贡献是指能够从海洋产业中生产出一定增加值的其他相关经济产业，即是外围层中海洋产业的贡献。间接贡献的就业估算是指为了生产海洋产业产品的活动，从其他产业部门雇用的就业人员。例如，海洋水产业的从业人员在本地社区的生活生产支出，海洋油气业、深海采矿业等购买机器设备及相关生产资料，或者滨海旅游产品制造业提供的岗位等。在本章中，我们主要讨论的是海洋产业及其直接贡献。

三、海洋产业收入的含义

这里，笔者试图从全新的角度探讨海洋产业收入。按照经济学的解释，一国的国民经济总收入，是指经济社会（即一国或一地）在一定时期内运用生产要素所生产的全部最终产品（物品和劳务）的市场价值。但是，从产业经济学的角度看，一国的国民经济总收入，又可理解为一国在一定时期内所有三个产业收入的总和。任何一个拥有陆域国土和海洋国土的国家，其国内三个产业收入，又是由陆域三个产业收入和海洋三个产业收入共同构成。海洋产业收入，是拥有海洋国土国家的国民经济总收入的重要组成部分。因此，从宏观角度所讲的国民经济总收入，是由居于中观层次的陆域三个产业收入和海洋三个产业收入共同构成，而陆域三个产业收入和海洋三个产业收入，又分别来源于居于微观层次的陆域第一、二、三产业收入之和与海洋第一、二、三产业收入之和（见图3-1）。

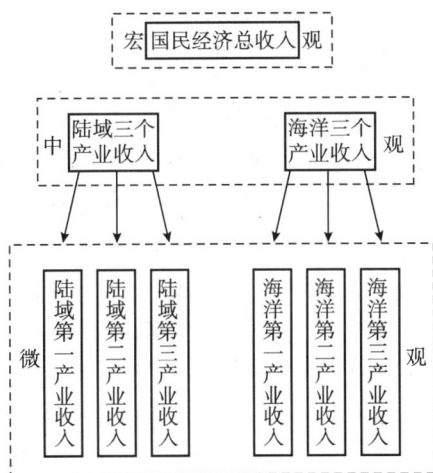

图 3 - 1　海洋产业收入框架

在本章中，笔者主要从宏观和中观两个角度来分析海洋产业收入。在这里还有一个名词需要先解释一下，下文中会提到，就是海洋产业增加值，它指各海洋产业在生产过程中创造的新增价值之和，这也是在分析海洋产业收入中要经常用到的一个统计值。

四、我国发展海洋产业的必要性

众所周知，我国不仅地域广阔，而且海域辽阔。我国大陆海岸线约长达 118×10^4 千米，岛屿岸线长 114×10^4 千米。500 平方米以上的岛屿有 7 000 多个，岛屿面积为 $3\ 187 \times 10^4$ 平方千米。海岸带面积有 28×10^4 平方千米，有管辖权的海洋国土面积约 300×10^4 平方千米，拥有 118 万千米海岸线、6 500 余个岛屿和 114 万千米的岛屿岸线，相当于陆地面积的 1/3。在我国辽阔的海域里，蕴藏着丰富的资源，如海洋生物、石油天然气、固体矿产、可再生能源、滨海旅游等，开发潜力巨大。其中，海洋生物 2 万多种，海洋鱼类 3 000 多种；海洋石油资源量约 250 亿吨，天然气资源量 14 万亿立方米；滨海砂矿资源储量 31 亿吨；海洋可再生能源理论蕴藏量 6.3 亿千瓦；滨海旅游景点有 1 500 多处；深水岸线 400 多千米，深水港址 60 多处；滩涂面积约 380 万公顷，水深 0 ~ 15 米的浅海面积为 12.4 万平方千米。此外，在国际海底区域我国还拥有 7.5 万平方千米多金属结核矿区。

中国作为一个发展中的沿海大国，这 300 万平方千米的"蓝色国土"为世界

也为我国沿海地区的发展提供了得天独厚的条件。沿海地区一向是社会经济最发达的区域，我国沿海省（区、市）总面积 125 万平方千米，占全国陆地总面积的 13%，承载人口近 5 亿人，占全国的 40%，国民生产总值占全国的 58%，这是中国"东部经济带"的最主要部分。其中，沿海岸宽约 60 千米的海岸带，总面积仅 28.1 万平方千米，却是全国人口最集中、经济最发达的区域，国内生产总值占全国沿海省（区、市）的 50% 以上、全国的 30% 以上。

积极开发和利用海洋资源，保护海洋环境，加快海洋经济发展，能够有效缓解我国能源及淡水资源不足的矛盾，有助于向海洋拓展居住空间，更有助于提供更多的就业机会。我国现在面临着严重的就业问题，陆地资源是有限的，向海洋进军为我们提供了一个很好的解决途径。海洋劳动就业可以看做是海洋经济发展和对国民经济作用的一个重要指标。有研究表明，海洋产业增加值每提高 1 个百分点，将创造直接就业机会 317 万人，可相应为陆域创造 417 万人的间接就业机会。随着我国人口、资源和环境压力的日益增加，这些优势将越来越明显。

第二节　中外海洋产业的发展及比较

一、我国海洋产业发展概况

从 20 世纪 80 年代起国家就逐渐意识到并重视这全面建设小康社会和实现中华民族伟大复兴的"蓝色希望"了。进入 90 年代以来，我国已把海洋资源开发作为国家发展战略的重要内容，把发展海洋经济作为振兴经济的重大措施，对海洋资源与环境保护、海洋管理和海洋事业的投入逐步加大。为规范海洋开发活动，保护海洋生态环境，国家先后公布实施了《中华人民共和国海洋环境保护法》、《中华人民共和国海上交通安全法》、《中华人民共和国渔业法》、《中华人民共和国海域使用管理法》等一系列法律法规。全民海洋意识日益增强。沿海一些地区迈出了建设海洋强省（自治区、直辖市）的步伐。海洋经济的快速发展已经具备了良好的社会条件。

目前，我国在沿海 200 千米范围内，用不到全国 30% 的陆域土地，承载着全国 40% 以上的人口，50% 以上的大城市，70% 以上的国内生产总值，84% 的外来直接投资，生产着 90% 的出口产品。这不仅与海洋的区位优势息息相关，更与海

洋经济的异军突起密不可分。

（一）我国海洋产业收入情况

1. 从宏观角度看海洋产业收入。改革开放前我国海洋产业发展缓慢，改革开放后发展较快，海洋经济上了一个新台阶，现在居世界沿海国家中等水平。1979年我国的海洋经济产值为 64 亿元，1989 年达到 245 亿元。20 世纪 90 年代后，海洋经济发展速度迅猛。1994 年主要海洋产业总产值为 1 070 亿元，到了 2001 年我国主要海洋产业总产值达到 4 460 亿元。如果按照国家新的统计口径，考虑滨海国内旅游收入、海洋电力和海水利用以及海洋工程建筑等新统计口径的话，则 2001年我国海洋总产值达到 7 234 亿元，增加值达到 3 297 亿元。其中海洋水产业产值一直占到我国海洋总产值的一半左右。滨海海外旅游以及沿海交通运输业也占了较大的比重。2003 年全国主要海洋产业总产值首次突破 1 万亿元大关，达到 10 077.2亿元，海洋产业产值增加值达到 4 450 亿元，占到全国 GDP 的 3.8%。2004 年已达12 841 亿元，增加值为 5 268 亿元，相当于同期国内生产总值的 3.9%，按可比价格计算，比上年增长 9.8%。海洋第一产业增加值 1 678 亿元，第二产业增加值1 352 亿元，第三产业增加值 2 238 亿元。2005 年全国主要海洋产业总产值为 16 987亿元，增加值为 7 202 亿元，同比增长 12.2%，对国内生产总值的贡献率达到 4%。海洋经济已经成为国民经济新的增长点。

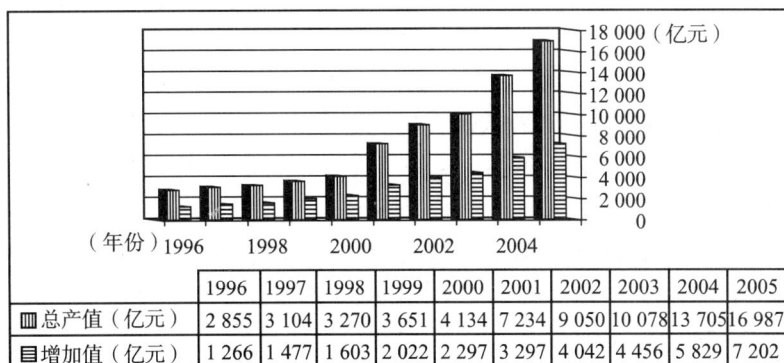

（年份）	1996	1997	1998	1999	2000	2001	2002	2003	2004	2005
总产值（亿元）	2 855	3 104	3 270	3 651	4 134	7 234	9 050	10 078	13 705	16 987
增加值（亿元）	1 266	1 477	1 603	2 022	2 297	3 297	4 042	4 456	5 829	7 202

图 3-2 1996~2005 年海洋产业总产值与增加值

资料来源：《中国海洋经济统计公报（1996~2005）》。

注：本章中中国海洋产业收入均不包括港澳台地区。

表 3 - 2   2000～2005 年 6 年的海洋产业发展概况

年份 \ 类别	对 GDP 的贡献率（%）	按可比价格比上年增长（%）	产业结构比	海洋三大产业增加值（亿元）		
				第一产业	第二产业	第三产业
2000	2.6	8.3				
2001	3.4	8.7				
2002	3.8	9.2				
2003	3.8	9.4	17∶31∶52	1 303	1 222	1 931
2004	3.9	9.8	30∶24∶46	1 678	1 352	2 238
2005	4.0	12.2	28∶29∶43	1 206	2 232	3 764

资料来源：《中国海洋经济统计公报（2000～2005）》。
注：2003 年海洋第三产业产值比 2002 年下降 3.8%，主要是因为"非典"造成了滨海旅游业的负增长。

我国海洋经济发展迅速，海洋产业已成为国民经济的新增长点，我国海洋产业的传统门类，如海洋水产业、海洋运输业、海洋油气业、海洋船舶业、海洋旅游业等获得了长足的发展，滨海旅游业、海洋渔业、海洋交通运输业占主要海洋产业的比重近 3/4，其中海洋油气业和海洋旅游业已逐步上升为海洋支柱产业，滨海旅游业位居各主要海洋产业之首。以高新技术为依托的新的海洋产业，如海洋信息业、海洋电力、海洋生物药业等也获得重大发展，可望在未来的几十年形成一定规模的产业。我国的海洋经济总体水平在世界海洋国家中处于中上水平，某些产业位居世界前列，如海盐的产量居世界首位，海洋渔业产量也居世界第一位；造船业居世界第三位；商船拥有量居世界第五位。我国海洋区域经济已持续多年保持快速发展，环渤海、长江三角洲、珠江三角洲三大海洋经济区基本成形。其中长江三角洲的发展最快，海洋产业的年产值超过 6 000 亿元。

2. 从中观角度看海洋产业收入。在这一部分中，我们以 2006 年的数据为主来分析海洋各产业的经济收入，见图 3 - 3。

具体情况如下：

海洋船舶工业：2006 年，海洋船舶工业继续保持强劲增长势头，全年实现工业总产值 1 145 亿元，增加值 252 亿元，比上年增长 32.4%。上海市海洋船舶工业产值占全国海洋船舶工业产值的 24.7%，稳居全国首位。

海洋油气业：2006 年，我国海洋石油天然气开采能力不断增强，海洋油气业继续快速发展。海洋油气业总产值 1 121 亿元，增加值 683 亿元，比上年增长 29.2%。广东省和天津市两省市海洋油气业产值之和占全国海洋油气业产值的 83.5%。

海洋工程建筑业：2006 年，海洋工程建筑业总产值 477 亿元，增加值 135 亿

其他相关产业
9.8%

交通运输业
14.1%

工程建筑业
2.6%

船舶工业
6.2%

海水综合利用
1.5%

海洋电力
6.2%

海洋生物医药
0.5%

海洋化工
2.2%

海滨砂矿
0.1%

海洋油气业
4.4%

海洋盐业
0.5%

渔业及相关产业
25.9%

滨海旅游业
25.6%

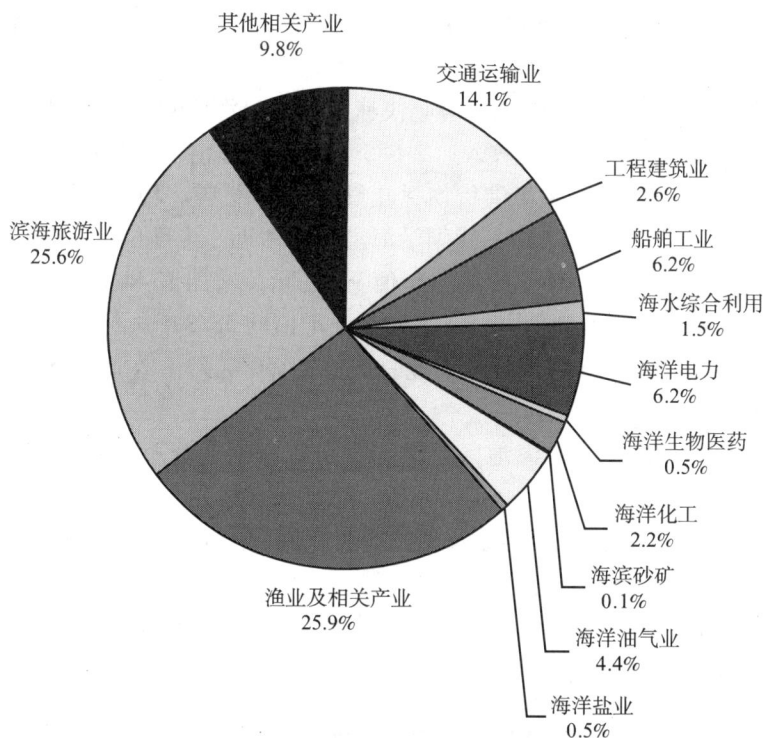

图 3-3　2006 年全国主要海洋产业总产值构成

元，比上年增长 20.4%。浙江省海洋工程建筑业产值占全国海洋工程建筑业产值
的 41.9%，居全国首位。

　　滨海旅游业：2006 年，滨海旅游业保持平稳较快发展，旅游市场持续扩大，
旅游消费稳步增长，服务水平进一步提升。全年滨海旅游收入 4 706 亿元，增加值
2 400 亿元，比上年增长 17.6%。

　　海洋生物医药业：我国海洋生物医药产业成长较快，2006 年海洋生物医药业
总产值 94 亿元，增加值 26 亿元，比上年增长 15.5%。浙江省海洋生物医药业产
值占全国海洋生物医药业产值的 38.3%，居全国首位。

　　海水利用业：2006 年，我国海水利用业发展情况良好，沿海地区按照《海水
利用专项规划》确定的目标，不断扩大海水淡化和综合利用的生产规模。全年海
水利用业总产值 270 亿元，增加值 116 亿元，比上年增长 15.1%。广东省海水利用
业产值占全国海水利用业产值的 48.2%，居全国首位。

　　海洋化工业：海洋化工业继续保持良好发展态势，全年实现工业总产值 406 亿

元，增加值 140 亿元，比上年增长 13.0%。天津市海洋化工业产值占全国海洋化工业产值的 33.0%，居全国首位。

海洋交通运输业：海洋交通运输业快速发展，沿海港口吞吐量持续稳步上升。2006 年，海洋交通运输业营运收入达 2 585 亿元，增加值 1 060 亿元，比上年增长 10.4%。截至 2006 年末，上海港货物吞吐量达 5.37 亿吨，稳居世界第一大港；在世界排名前 20 位的国际港口中，我国沿海港口已占近一半席位。

海洋盐业：2006 年，海洋盐业总产值 94 亿元，增加值 44 亿元，比上年增长 10.4%。山东省海洋盐业产值占全国海洋盐业产值的 58.3%，继续高居全国首位。

海洋电力业：2006 年，海洋电力业总产值 1 150 亿元，增加值 588 亿元，比上年增长 3.1%。

海洋渔业：2006 年，沿海地区继续加强对近海渔业资源的保护，积极发展远洋渔业和海洋水产品加工业，全年实现总产值 4 533 亿元，增加值 1 902 亿元，比上年减少 6.1%。山东省海洋渔业及相关产业产值占全国海洋渔业及相关产业产值的 27.8%，继续位居全国首位。

海滨砂矿业：2006 年，海滨砂矿业总产值 21 亿元，增加值 8 亿元，比上年减少 24.2%[①]。

表 3-3　　　　　　　　　　2000～2006 年主要海洋产业收入　　　　　　　单位：亿元

	2000 年	2001 年	2002 年	2003 年	2004 年	2005 年	2006 年
海洋渔业	2 084.34	2 256.56	2 541.03	2 821.66	3 795	4 402	4 533
海洋交通运输业	717.40	788.93	1 342.00	1 638.73	2 434	2 940	2 585
海洋油气业	383.77	320.68	360.53	469.37	595	739	1 121
滨海旅游业	637.90	2 502.87	2 874.86	2 511.14	3 369	5 052	4 706
海洋船舶工业	223.97	292.72	629.14	529.97	740	817	1 145
海洋盐业和化工业		167.26	193.79	119.71	389	417	500
海洋生物制药业		20.87	47.43	49.57	64	74	94

数据来源：2000～2006 年《中国海洋经济统计公报》。

注：表中数据均按当年现价计算；2000 年滨海旅游业数值仅是沿海国际滨海旅游业的收入。

---

① 资料来源：2006 年《中国海洋经济统计公报》。

（二）产业发展带动沿海地区的劳动就业

我国海洋经济的快速发展促进了沿海地区的劳动就业，仅"九五"期间海洋全职劳动就业就增加了近 40 万人。根据 21 世纪初中国涉海就业情况调查结果，我国沿海地区有近 1/10 的就业人员从事涉海行业，涉海就业人数已达 2 107.6 万人，涉及国民经济 16 个门类，165 个行业小类。我国涉海就业具有行业辐射范围广、人员素质和年轻化程度高等特点，在海洋三次产业中的分布也与产业结构相一致。海洋第一产业吸纳了将近 70% 的就业人口；以高新技术为主要支撑的第二产业，劳动就业率较低，但劳动生产率较高，总的来说就业结构较为合理。

尽管海洋直接劳动就业统计数据只有 400 多万人，而实际上，海洋产业还提供了约 1 000 万人的季节性或非全职工作机会。而且，目前我国的统计口径与美国、加拿大等发达国家不同的是，我们只统计直接的行业劳动就业，而国际组织和重视海洋、海洋事业发达的国家，评价海洋就业贡献的统计范围非常宽泛，如美国把邻海与海洋开发利用相关联的生存人口都计入海洋能够提供的生存机会之中。若按这些发达国家的统计口径进行统计，海洋提供的相关就业远不止 1 000 万人。

2003 年，在我国主要海洋行业中全国就业人员达到 745 万人。2004 年海洋主要及相关产业就业人数超过 2 000 万人，见图 3 - 4。2006 年末涉海就业人员接近 3 000 万人。

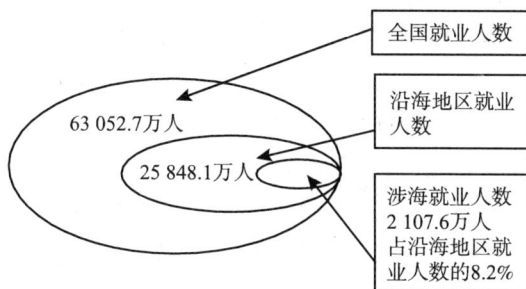

图 3 - 4 2004 年全国涉海就业情况

图表来源：2004 年《中国海洋经济统计公报》。

海洋产业的大力发展，还会带动陆域产业的就业。研究表明，在我国东部沿海地区，当海洋产业增加值每增加 1 个百分点时，就可拉动陆域产业子系统增加约 4.7 万个就业机会，拉动效应为 1：1.28。2000 ~ 2005 年海洋产业新创造间接就业

机会约 400 万个；预计到 2006 ~ 2010 年，将新创造间接就业机会 300 万个。

（三）海洋产业结构正逐步优化，但结构矛盾依然突出

目前，世界发达国家海洋三次产业结构比为 1 : 7.8 : 4.4，"九五"年末我国海洋三次产业比为 50 : 17 : 33，到了 2005 年调整为 28 : 29 : 43，这说明我国海洋产业结构正在慢慢得到优化，但是结构性矛盾还是比较突出。世界发达国家基本上是呈三、二、一的产业结构，而我国传统海洋产业与新兴海洋产业之间大体成 60 : 40 的比例关系，传统海洋产业还占有绝对优势地位，产值接近 75%，并且很多传统海洋产业仍处于粗放型发展阶段，海洋科技总体水平较低，以海洋资源为优势的高附加值产业还没有形成。传统海洋资源开发的科技水平不高，科研基础薄弱，人才缺乏，高科技研究、开发成果产业化能力还很薄弱。如海洋渔业捕捞技术仍是传统的渔具，渔船还未全部机动化，且助渔导航、探鱼和通讯设备比较落后，使渔业生产多以近海渔业为主。代表高新技术的未来海洋产业如海洋药物、海水淡化、海水综合利用、深海采矿以及海洋能源（潮汐能、波浪能、温差能等）有的尚在研究试验阶段，有的正初步形成产业化，带动效应不足，产业效率低，对我国海洋经济贡献还比较有限，总体正处于成长期。海洋卫星遥感技术、深潜技术、深海资源开发技术、海洋农牧化技术、海洋化工和海洋药物开发利用科技水平远落后于国际先进水平。在海水资源利用方面，主要产业是制盐业，滨海砂矿利用率、海洋能的利用率低，从海水中提取其他有重大价值的产品则较少，开发利用技术落后和效益低下，制约了海洋经济的快速发展。海洋第一产业中传统的海洋捕捞业仍占主导地位，产量比重虽有下降，但近年仍过半数，水产品加工业还占据第二产业相当大的比重，海洋经济仍以资源型为特征。我国海洋产业产值主要由几个海洋大省创造，环渤海、长三角、珠三角地区海洋产业产值占全国的 80% 以上。我国海洋产业结构正由传统海洋产业为主向海洋高新技术产业逐步崛起与传统海洋产业改造相结合的态势发展。现阶段我国海洋经济在国际上还处于低水平地位，海洋科技对海洋经济的贡献率仅为 30%，而国际先进国家达到了 70% ~ 80%。

在海洋产业优化的过程中，我们还应该看到这样一个问题，譬如上文提到的，我国海洋渔业捕捞技术还比较落后，仍是传统的渔具，渔船未全部机动化，那么如果引进自动化程度很高的渔船和一些高新技术设备，势必会对沿海地区的就业有"挤出"作用，大量的传统渔民要面临无业，那这些昔日以打鱼为生的人将如何安置呢？这似乎成为海洋经济发展中的一个悖论。但是笔者认为，这不是一个悖论，

这一矛盾只是暂时的。海洋的高科技发展是第一位的，只有海洋高新技术的大力迈进才能带来海洋经济的繁荣、带来更多的海洋产出，才能对海洋资源进行更好的开发与利用。那些失业者只会经历暂时的失业，在长期看来，是他们对自身更好的调整，能够掌握更多的技能，也可以对社会更好的适应。因此，我们不能也不会因为这些失业就放弃海洋产业结构的优化、放弃对发达国家的追赶。

（四）海洋产业发展存在的问题

目前我国发展海洋产业振兴海洋经济还面临着一些很严峻的问题。

1. 海洋经济发展缺乏宏观指导、协调和规划，海洋资源开发管理体制不够完善。

2. 部分海域生态环境恶化的趋势还没有得到有效遏制，近海渔业资源破坏严重，主要是海洋渔业资源捕捞强度过大，致使近海渔业资源捕捞过度，养殖水域水质退化，造成渔业资源和海洋资源枯竭，一些海洋珍稀物种濒临灭绝；沿海海域环境质量普遍下降，突发性污损事件频发，海洋生态环境被破坏的情况在各海区均不同程度地存在。

3. 部分海域和海岛开发秩序混乱，主要是对沙滩、海岸等盲目的开发利用与沿海建筑的大量兴建，造成了海洋自然景观的极大破坏滨海旅游资源整体发展水平仍处于以"数量扩张、粗放经营"为特征的过渡阶段。

4. 违法填海建造海岸工程，改变水流方向，阻断鱼类洄游通道，引发原有生态系统的破坏，等等；用海矛盾突出，海域使用无序、无度，非法围栏、高密度网箱养鱼现象严重，海水养殖品种单一，破坏了物种间的结构平衡，阻碍和损害了生物资源的再生能力和过程，引发海洋生态灾害；海洋调查勘探程度低，可开发的重要资源底数不清。

5. 海洋经济发展的基础设施和技术装备相对落后。海洋矿产资源的调查勘探程度远低于陆地，海洋石油和天然气的产量在全国油气总产量中的比重不高。海洋可再生能源利用程度较低，目前我国只开发了潮汐能，年发电量仅占可发电量的0.01%。

二、国外海洋产业发展概况

世界上3/4的大城市，70%的工业资本和人口集中在距海岸100千米的海岸带地区。保护海洋环境、合理开发海洋资源、发展海洋经济并将海洋经济作为新的增

长点已成为当今许多国家的发展战略。随着海洋科学和海洋工程的发展，沿海各国开发利用海洋的规模日益扩大，海洋产业迅速发展。一些新兴的海洋产业海洋化工、海水淡化等产业也已初具规模，海洋生物工程、深海采矿等高新技术产业也在迅速崛起。统计显示，20 世纪 60 年代末，世界海洋产业的产值为 130 亿美元。到了 70 年代，进入了高速发展的时期，每 10 年就翻一番：70 年代初为 1 100 亿美元，1980 年为 3 400 亿美元，1992 年达 6 700 亿美元，2002 年约为 1.3 万亿美元，占世界经济总量的 4%，年平均递增率 8.6%。海洋产业已成为各国国民经济的重要组成部分。

（一）美国

美国是海洋大国，也是世界上开发利用海洋资源最早、开发程度最高的国家，有 75% 以上的人口居住在沿海地带和五大湖区域。美国政府非常重视海洋产业的发展，增加其投入，使海洋产业特别是新兴海洋产业迅速发展起来。现在约有 52% 的美国人口居住在占全国面积 20% 的沿海流域。2000 年美国海洋产业产值达到了 2 340 亿美元，相当于全国的制造业、运输业、通讯业的水平，约占国民生产总值的 5%，就业人口达 230 万人。1990～2000 年就业增长大约 18%，而人口增长大约 13%；近海岸地区就业增长了 34%，而人口增长仅为 10%。美国就业的 74.6% 是在沿海州，47.9% 的就业在沿海流域的县，34.7% 的就业在沿海地带的县，11.20% 是在近岸地带。尽管美国沿海县人口占全国人口的比重从 1970 年的 38.0% 增长到 2000 年 38.2%，增长的不是很大，但居住和人口密度却增加得很巨大，人口密度从 1970 年的 116 人/平方千米增加到 162 人/平方千米；住宅从 39.4% 增加到 65.3%。

目前，美国主要海洋产业有近海石油业、海洋渔业、海洋交通运输业、滨海旅游业，以及海洋高新技术产业等。美国拥有丰富的海洋油气资源和先进的开采技术，目前海洋油气产量大致维持在石油 5 000 万吨，天然气 1 300 亿立方米左右，年创产值 220 亿～260 亿美元。海洋油气业是美国的海洋支柱产业。美国 200 海里专属经济区范围内的渔业资源占世界的 20%，目前年捕获量约 590 多万吨，占世界渔获量的 5.9%，居第五位。捕捞产值 200 亿～300 亿美元。美国的海水养殖业也比较发达，养殖种类主要有鲇鱼、鲑、大麻哈鱼和贝类等，目前年产量约为几十万吨，产值约 80 亿美元。从事海洋渔业有 30 多万人。美国有 190 多个深水港，其中年吞吐量在 100 万吨以上的港口有 149 个，吞吐量超 1 亿吨的特大港口有 3 个。港口年运营收入达 660 亿美元。美国曾是海上运输大国，1950 年其海运量居世界

第一位，但是后来下降到第三位，近年来虽有所恢复，但仍未达到历史最好水平。海运业每年运营收入约几百亿美元。滨海旅游业得到了美国政府的积极支持和鼓励。因此，美国的旅游业发达，美国人在旅游娱乐上的消费居世界第一位，每年约有 3 000 万人到海滨游泳，1 100 万人从事游乐钓鱼活动，4 400 万人参加航海和游艇活动，250 万人次乘船海上旅游，全国有 1 600 万艘私人游艇，数千个系船池为游艇提供庇护，还在许多沿海地区建立了海洋公园，可以观赏海洋动物表演、下海潜水、领略水下自然风光等。美国的海洋工程技术、海洋生物技术、海水淡化技术、海洋能发电技术等高新技术居世界领先地位。美国建造了纽约拉瓜迪亚海上机场，在迪科建造了海上储油库，在新泽西州大西洋近岸建设海上核电厂等，据估计，美国的海洋工程开发每年为国家创造上百亿美元的产值。美国的海洋生物技术某些领域走在世界前列，例如，它将虹鳟的生长激素基因转移到鲇鱼体内，使鲇鱼养殖时间缩短了半年；采用 DNA 重组技术使贝类、鲍鱼产量提高 25%，并成功地将抗冻基因转移到大麻哈鱼体中。在海洋药物方面，从各种海洋生物体中提取一些活性物质，用于制作抗生素和抗病毒、抗肿瘤药物。

（二）日本

日本政府很重视海洋产业的发展，尤其是 20 世纪 60 年代以来，日本政府把经济的发展重心向海洋产业转移，以高新技术为依托的像海洋生物资源开发、海洋空间利用、海洋工程等产业迅速成长起来。日本是由多个群岛组成的，陆地资源贫乏而海洋资源丰富，其海洋经济的发展关系着人民的经济水平和社会生活。充分利用靠海优势是它取得成功的重要因素之一。日本政府从 60 年代开始，把经济发展的重心，从重工业、化学工业逐步向发展海洋产业转移，是最早制定海洋经济发展战略的国家之一，迅速形成了以海洋渔业、海洋交通运输业、海洋工程等高新技术产业为支柱的现代海洋经济结构，其主要海洋产业总产值迅速增长，取得了举世瞩目的成就。1980 年，日本海洋产值占 GDP 的比重就达到了 10.6%。2000 年，日本海洋产业产值约达 1 690 亿美元。据研究，如果把沿海产业都加上，其总产值约占日本国内生产总值的一半。

海洋渔业一直是日本的主要海洋产业之一。在 20 世纪 80 年代，日本海洋渔获量维持在 1 000 万吨以上的水平，但是从 1989 年以后，由于主要渔业资源减少，其渔获量开始逐年下降，1992 年已被我国超过，位居第二位。为此，日本加强了主要是放流增殖的海水增养殖的研究与开发，现今又在放流增殖的基础上发展海洋牧场。目前，日本的海水养殖产量约为 180 万吨，占渔业总产量的 15%，但其产

值却很高，约占渔业总产值的 25%。海洋交通运输业是日本的另一支柱海洋产业。日本现有海港 1 094 个，密度居世界首位。已形成以东京、大阪、神户、京都、名古屋等国际贸易港为中心的港口城市群。与海运业密切相关的造船业得到日本政府的大力扶持，发展迅速，近几十年来日本已成为世界造船大国，每年接收的造船订单，占世界造船市场额的 30%，造船技术也居世界领先，已率先开发了些新型船舶技术，如超导电磁推进船、超高速客船、无人驾驶船舶（全自动化船舶）等。由于日本陆地狭小，因此日本很重视开发海洋空间资源，并已形成一系列海洋高新技术产业。从 70 年代以来，日本先后开发了 5 个海上人工岛，以建设海上工厂，其中 80 年代建成的神户人工岛是日本海洋工程技术的重要标志，它经历了 1994 年神户大地震的考验，安然无恙，施工技术达到国际一流水平。日本从 1972 年开始用了 15 年时间建设了世界上最长的海底隧道，全长 54 千米，其中有 23 千米在海底。目前正在规划搞两项 21 世纪的海洋工程：一项是建设日本到韩国的海底隧道，全长 250 千米，在海底下 80～300 米深处穿过；另一项是打算在东京以南 80～160 千米的海上建造一座 25 平方千米的海上城市，容纳 100 万人口。

（三）英国

英国是个古老的海洋国家，海洋运输、造船和海洋渔业是其传统产业。1994 年英国主要海洋产业总产值已达 662 亿美元，约占国内生产总值的 7%。海洋石油和天然气开发是新兴的海洋产业，它对英国国民经济和产业结构产生了很大影响。在北海油田开发以前，英国的石油和天然气主要依靠进口，北海油田开发以后，使英国由石油进口国一下子变成石油输出国，1994 年英国石油及石油产品出口额达 90 多亿英镑。滨海旅游业是英国的第二大海洋产业。据英国旅游局统计，1994 年英国居民用于旅游的费用为 144.95 亿英镑，其中 45% 为滨海旅游，估计为 62.3 亿英镑，加上来英国的海外游客的旅游收入，两项合计，1994 年英国的滨海旅游业总收入达 101 亿英镑。海运业在英国的海洋产业中居第三位。1994 年，英国海运企业的国际创收为 43.54 亿英镑，主要是货运收入。但是英国的海运无形贸易收入却大大超过海运本身，据估计为 55.8 亿英镑。英国拥有世界造船能力的 1%，1994 年修造船总计营业额为 34.8 亿英镑。海洋渔业也是英国的重要海洋产业。据英国海洋渔业统计资料，1994 年共有渔船 10 645 艘，其中绝大部分为近岸小型渔船，1994 年渔业收入约为 12 亿英镑。但是近 10 年英国的海水养殖业得到发展，主要养殖对象为鲑、鳟和贝类（包括贻贝、牡蛎、扇贝等）。1994 年海水养殖产量

约 7 万～8 万吨，营业额为 2.6 亿英镑。英国水产品工业创造了 12.69 亿英镑的产值。因此，整个海洋渔业的总收益为 20.8 亿英镑。英国的海洋设备和材料工业，据粗略估计每年营业额为 30 多亿英镑。①

（四）澳大利亚

在海洋产业的许多方面，澳大利亚均处于世界领先地位，具有世界竞争力。早在 20 世纪末期，澳大利亚沿海造船业的科技水平就比较高了，在海洋石油与天然气、海藻养殖、环境管理、农牧化渔业及渔业管理等产业上也具有很大的优势。澳大利亚政府和半官方部门在海洋产业管理、研究、教育和培训等方面也具有很强的技术基础。据《澳大利亚海洋产业经济贡献：1995～2003 年》研究报告，2002～2003 年，澳大利亚海洋产业的直接经济贡献：海洋产业增加值约 267 亿澳元，占国内生产总值的 3.6%；海洋产业提供了 253 130 个就业岗位；海洋产业出口额为 145 亿澳元；海洋产业向联邦政府和州政府共缴税额 41 亿澳元。另外，海洋相关产业的增加值为 46 亿澳元，提供就业岗位 690 890 个。海洋旅游业是澳大利亚最大的海洋产业，增加值占海洋产业总增加值的 42.3%，就业人数占海洋产业总就业总人数的 75.3%。

（五）加拿大

加拿大的海岸线长达 243 389 千米，居世界之首，近海区域也很广阔，有 1 680 万平方千米。加拿大政府非常重视海洋产业的发展，鼓励民间企业向海洋科学的高投入，海洋高新技术迅速崛起，对海洋经济的贡献率不断提高。1988～1998 年，加拿大海洋产业的年均增长率为 11%，1998 年加拿大海洋产值为 105 亿加元，占国内生产总值的 1.4%，就业人口约为 12 万人。②

表 3－4　　　　　　　我国主要海洋产业收入与世界发达国家的比较　　　　单位：亿美元

年份 国家	1980	1985	1990	1995	2000
世界	2 500	3 500	5 400	9 600	14 000
美国	897	1 030	820	1 400	1 690
日本	330	360	820	1 400	1 690
英国	170	240	680	760	970

---

① 许启望：《国外海洋经济发展概况》，载《海洋信息》1998 年第 16 期。
② 于保华、胥宁：《国外海洋资源开发和利用现状》，载《国外海洋管理与开发》2003 年第 2 期。

年份 国家	1980	1985	1990	1995	2000
澳大利亚	110	130	240	270	360
加拿大	70	80	130	130	160
中国				290	568

资料来源：据《海洋统计年鉴（2002）》数据整理而得。

三、我国海洋经济发展趋势与预测

（一）海洋产业收入高速增长

根据皮尔模型预测，我国海洋经济发展将经历四个发展阶段。1998 年以前处于孕育期；1999～2015 年为成长期；2016～2033 年为全盛期；2034 年之后为成熟期。当前我国海洋经济已发展到成长期，今后将保持较高的发展速度。"十五"期间，我国海洋经济以年均 11.1% 的速度稳步增长，高于同期国民经济增长幅度，累计总产值比"九五"时期翻了一番，海洋产业增加值占国民经济的比重已达 4%，实现了《纲要》确定的同期发展目标。包括海洋渔业、海洋交通运输、海洋石油天然气、滨海旅游、船舶工业、海盐及海洋化工、海水利用和海洋生物医药等在内的我国海洋产业取得了一系列成就，海洋经济在国民经济中的地位日益提高。

今后 20～30 年内，我国海洋经济将继续保持高速增长势头：从现在到 2010 年，年平均增长 10%，在《中国海洋资源现状及海洋产业发展趋势分析》中笔者运用 GM（1.1）预测 2010 年前后我国海洋主要产业经济产值将达 15 000 亿元以上（传统统计口径，2000 年标准价），届时海洋水产业产值仍将占到 40% 以上，沿海地区的海洋产业增加值在当地 GDP 中的比重达到 10% 以上；2011～2020 年年平均增长 8%～10%；2010 年总产值达 14 000 亿元人民币，2020 年达到 30 000 亿元人民币，海洋产业增加值占全国国内生产总值的 5%，到 21 世纪中叶，海洋产业增加值占国内生产总值的比重将达到 8% 左右。

另外，滨海海外旅游业、海洋交通运输、海洋石油天然气等也将在我国具有重要地位，其他传统产业则相对产值不高。

（二）海洋产业就业人数逐年增多

我国现有独立海洋研究机构 100 多个，专业技术人员万余人，还有其他隶属于

有关部门的海洋科技人员，共约 3 万人。此外，我国还有海洋高等院校和海洋专业，每年向社会输送海洋专业人才近千名。我国已形成了学科比较齐全、有一定研发能力的海洋科技队伍，但我国海洋科技整体水平还落后于海洋发达国家。在今后几十年的发展中，我国将会加大在海洋方面的科研人员培养力度，更多的高科技人才将投身海洋研究。

国家海洋局预计，随着国民经济持续快速平稳发展，海洋经济将继续保持良好的发展态势，预计 2006 年主要海洋产业总产值将突破 20 000 亿元。在海洋经济发展的带动下，年末涉海就业人员总量预计将接近 3 000 万人。2006～2010 年，将新创造直接就业机会 230 万个。

全国海洋产业良好的经济发展趋势不仅扩大了自身对劳动力的需求，还将刺激其他产业对劳动力的需求，这将增加就业机会，为吸纳劳动力奠定基础。

（三）人口趋海移动加速

我国东部沿海地区是我国的城市密集区，它占 14.2% 的国土面积，却分布着 44.74% 的城市数和 51.44% 的城市人口，是中国城市分布最密集的地带。东部沿海地带的特大城市和大城市人口分别占全国的 59.81% 和 47.44%。研究预测表明，到 2020 年或 21 世纪中叶，60% 的人口将居住在沿海地区。随着小城镇建设的兴起，我国城市人口占总人口的比例将每年保持提高 0.63 个百分点，2002 年全国城市人口比例达到 34%，而东部沿海地区城市化现状水平已经高于世界平均水平的 47%。预计未来 20 年我国将达到或接近世界平均城市化水平，东部沿海地区的城市化水平还将有较大幅度的提高。①

四、和谐发展海洋产业经济的策略

为了加快海洋产业发展，增加海洋产业收入，形成国民经济新的增长点，保持我国国民经济持续健康快速发展，全面建设小康社会的目标，2003 年 5 月 9 日，国务院印发了《全国海洋经济发展规划纲要》（国发〔2003〕13 号）（以下简称《纲要》），规划期为 2001～2010 年。《纲要》中明确了我国发展海洋经济的指导原则：坚持发展速度和效益的统一，提高海洋经济的总体发展水平；坚持经济发展与资源、环境保护并举，保障海洋经济的可持续发展；坚持科技兴海，加强科技进步

---

① 刘容子：《我国海洋经济发展现状和特点》，载《今日浙江》2003 年第 16 期。

对海洋经济发展的带动作用；坚持有进有退，调整海洋经济结构；坚持突出重点，大力发展支柱产业；坚持海洋经济发展与国防建设统筹兼顾，保证国防安全。《纲要》中确定的我国海洋经济发展的总体目标是：海洋经济在国民经济中所占比重进一步提高，海洋经济结构和产业布局得到优化，海洋科学技术贡献率显著加大，海洋支柱产业、新兴产业快速发展，海洋产业国际竞争能力进一步加强，海洋生态环境质量明显改善。形成各具特色的海洋经济区域，海洋经济成为国民经济新的增长点，逐步把我国建设成为海洋强国。全国海洋经济增长目标：到 2005 年，海洋产业增加值占国内生产总值的 4% 左右（这一目标已经达到）；2010 年达到 5% 以上，逐步使海洋产业成为国民经济的支柱产业。

要加快发展海洋经济的发展，并使其和谐发展，要做好以下方面：

（一）完善法律法规体系，加大执法力度，理顺海洋管理体制

各级海洋管理部门应进一步规范海洋开发秩序，特别是对近年来出台的许多有关海域开发的法律法规，要加强执法监督，加大执法力度，使之落到实处。近年来我国连续出台了一些海洋开发的法律法规，如《中华人民共和国海域使用管理法》、《中华人民共和国海洋环境保护法》、《中华人民共和国海上交通安全法》、《中华人民共和国矿产资源法》、《中华人民共和国渔业法》等，但有法不依、执法不严的现象时有发生。就海滨取砂来说，有些海域（如南海）滥采乱挖的现象屡屡发生。更有甚者，一些开采者对所取砂的矿物成分未经考证就肆意作建筑材料而耗费掉，这着实是对资源的一种巨大浪费。还有一些开采者，在一个区域过量取砂，不但引起了海水入侵、海岸侵蚀，还给当地的海洋生态环境带来了严重影响。鉴于这种情况，建议有关部门必须加大执法力度，以保证海洋资源的合理开发利用。必须加大这些法律法规的执法力度。另一方面还要继续完善相关法律法规体系，抓紧制定和组织实施海域权属管理制度、海域有偿使用制度、海洋功能区划制度，完善海洋经济统计制度。加强海上执法队伍的建设、协调与统一。

理顺海洋管理体制，加强各级海洋行政管理机构建设，明确中央和地方、各有关部门在海洋管理中的工作职责，建立适应海洋经济发展要求的行政协调机制，维护海洋经济领域的市场秩序，改革和完善行政审批制度，为国内外企业进入海洋经济领域创造良好的投资环境。

（二）实施科技兴海，提高海洋产业竞争力

要提高我国海洋经济在世界上的竞争力，增加海洋产业收入，提高其在我国国

民经济生产中的贡献率，必须以科学技术为纽带，立足于调整海洋产业结构，发展新兴海洋产业，加速新技术产业化进程，构建海洋创新技术研究体系，推进海水综合利用、海洋化工、海洋药物、海洋环保等新兴海洋产业的形成和发展，扩大海洋支柱产业集群。

在实施科技兴海战略时要立足于市场、立足于提高海洋收入并带动海洋就业，建立起以市场为导向的研究、开发和经营一条龙的海洋开发体系，使海洋经济上质量、上效益、上规模、上水平，海洋的高科技发展会壮大一批新兴海洋产业进而又带动了其他相关产业的发展，这可以带动更多的人就业，更多的人参与到海洋产业中来又能更快地促进海洋产业的发展，从而形成一个良性循环，成为我国和沿海地区新的经济增长点，使得海洋高科技对海洋经济的增长贡献率不断提高。

但是，现阶段我国海洋资源的开发、利用与发达国家相比总体水平还比较落后，目前中国海洋开发的综合指标仅为 3.14%，这不仅低于海洋经济发达国家 14%～17% 的水平，而且低于 5% 的世界平均水平。对海洋资源的开发及有效利用无论在思想认识上、技术装备上、经济效益上还是在科学管理上都还存在着较大的差距和不足，这已经成为阻碍我国海洋经济可持续发展的制约因素。因此，加强对海洋资源的开发力度、科技兴海已成为我国缓解人口、资源和环境压力，加快经济发展，增强国家实力的战略选择。

为此，各级人民政府要加强对海洋科技能力建设的投入，特别是要重点支持对海洋经济有重大带动作用的海洋生物、海洋油气勘探开发、海水利用、海洋监测、深海探测等技术的研究开发。提高海洋科技创新能力，力争在若干海洋科技领域有所突破。实施海洋人才战略，加快培养海洋科技和经营管理人才。

（三）不断优化海洋产业结构，大力扶持新兴产业

要使海洋资源得以持续利用，海洋经济持续增长，社会经济和谐发展，应不断优化海洋产业结构，扶持新兴海洋产业，加大海洋产业开发的投资力度，继续加快调整主要海洋产业布局的步伐，突出重点，大力发展支柱产业，把海洋资源优势和陆域经济优势结合起来，对海洋高新技术产业多些倾斜政策，重点建设一批海洋产业区和新兴海洋项目，并以此来带动海洋其他产业的发展，逐步形成各具特色、优势明显的海洋产业带和块状海洋经济，提升海洋经济整体竞争力。

对新型海洋能源的开发利用、海洋油气资源的开发、海水直接利用、海洋化工、海洋制药业等新兴海洋产业，国家应在资金投入、税收优惠、区域协作等方面提供支持，以推动海洋经济结构调整和结构升级。对海洋第一产业，在积极保护天

然渔业资源的同时，合理开发利用，使海洋捕捞业定产定量，逐步改善产品结构。大力发展海水养殖业，要稳定藻类，积极发展贝类，稳步扩大对虾养殖规模，突破鱼蟹养殖难点，加速海珍品养殖。要特别防治虾病及开展其他养殖品病害的研究，提倡精养和提高质量。海洋捕捞渔业要控制近海捕捞，努力保护近海资源，积极发展远洋和外海渔业，调查开发新的资源。要加强海洋生物技术开发研究，逐步向海洋农牧化发展。积极调整并发展海洋第二产业。坚持以结构调整为主线、以市场为导向、以高新技术为支撑、以产业转型升级为重点，着力培育港口运输、邻港工业、船舶修造、海洋能源及其利用等主导产业。扩大海洋油气勘探的范围和勘探的深度，更多地探明油气储量，发现更多的大型油气田。坚持对外合作和自营勘探开发并举的方针，适当加快海洋油气生产的步伐，生产更多的石油和天然气，进一步缓解我国能源短缺的压力。大力发展海洋第三产业。要建立具有海洋特色的多功能的旅游区，包括海上浴场、冲浪、滑水、海上观光、游艇、水下公园、海洋公园、钓鱼和海洋博物馆等。扩大旅游品种与范围，大力吸引海内外游客，发展海洋旅游。通过海洋产业结构的逐步优化，使海洋经济进入可持续发展的良性循环轨道。

（四）发挥沿海地区自身优势，打造一批劳动力密集型海洋产业

现在我国的海洋产业正处于成长期，在这个成长阶段，我们应该充分发挥我国的比较优势，尤其是发挥劳动力相对廉价的优势。

沿海地区人口密集，又不断地有劳动力从内陆迁入，造成了沿海地区劳动力过剩的局面。如何解决这一问题，我国海洋产业的发展给我们提供了一个很好的解决途径。我国海洋产业结构正由传统海洋产业为主向海洋高新技术产业逐步崛起与传统海洋产业改造相结合的态势发展。在发展高科技海洋产业的同时，我们还应着力发展一批劳动力密集的产业，如海洋水产业，沿海造船业，海洋建筑工程业，滨海旅游业，等等。

为此，沿海地区各级人民政府要把劳动力密集型的海洋产业作为重要的支柱产业加以培植，并发挥各地区比较优势，打破行政分割和市场封锁，努力形成资源配置合理、各具特色的海洋经济区域。

（五）加大海洋环境保护投入，保障海洋经济可持续发展

发展海洋产业必须有循环经济的理念作指导。循环经济是以产品清洁生产、资源循环利用、低排放废弃物和资源二次利用为特征的生态经济发展形态。实现海洋

经济的健康、可持续发展的核心就是提高海洋资源的利用率、减少污染物的排放从而减小对环境的压力。为此，政府必须倡导海洋产业的各级生产部门加强这种生产、消费理念，并相应出台一些法律法规，以切实保证海洋经济的健康发展。

重点加强污染源治理，加快建设沿海城市、江河沿岸城市污水和固体废弃物处理设施；完善海洋生态环境监测系统与评价体系；加强赤潮研究、监控和预报，建立赤潮监控区；鼓励非政府组织开展海洋生态环境保护活动；加强海洋环境保护的国际合作。

（六）加大扶持力度，促进海岛的建设和发展

各级人民政府对海洋基础设施建设的投入，要重点支持海岛交通、电力、水利等项目建设；沿海地方各级人民政府要逐步提高对贫困海岛的财政转移支付力度；逐步扩大沿海岛屿对外开放领域，多渠道吸引资金参与海岛建设。

（七）提高海洋防灾减灾能力，完善海洋服务体系

建设海洋立体观测预报网络系统，开展大范围、长时效、高精度预报服务，形成有效的监测、评价和预警能力，完善沿海防潮工程，减少风暴潮、巨浪等海洋灾害损失。努力发展海洋信息技术，建立海洋空间基础地理信息系统，大力推进海洋政务信息化工作。加强船舶安全管理，整顿、维护航行秩序，完善海上交通安全管理和应急救助系统，不断提高航海保障、海上救生和救助服务水平。

（八）陆地产业和海洋产业共同发展

我国经济发展由海陆两大部分组成，发展海洋产业的同时必须发展与之相关联的陆地产业。现在沿海经济已经从单纯的陆域开发逐步转到海陆整体开发，一方面陆域经济向海上延伸，另一方面海洋资源加工"陆地化"。例如，海洋渔业和与之相关的陆上加工业密不可分，海产品捕捞上来必须在陆上进行深加工。所以，在提高海洋捕捞技术的同时，相应的海产品加工技术必须同步发展起来，这样才能保证海洋渔业的发展处于一个良性循环的状态，进而促进海洋经济的健康、协调发展。海陆经济一体化发展有利于国民经济的发展，有利于资金、技术、人才和资源的合理优化配置，有利于产业发展空间效应的发挥，使陆地资源开发和海洋资源开发获得双重效益。因此，海陆经济一体化的发展是保持海洋经济可持续发展的必然趋势。

第三节　海洋灾害对海洋产业的影响

一、海洋产业发展对海洋环境的影响

我国海洋经济的快速发展是建立在对资源的过度消耗和以牺牲海洋环境为代价的。在第二节中我们也谈到了我国海洋产业发展所面临的严峻问题，这些问题会对环境造成一系列的影响，进而引发海洋灾害。如海洋水产业中的填海造田、沿海养殖以及海洋油气业中的近海石油开发等人为活动导致我国滨海湿地丧失严重。据初步估算，我国累计丧失滨海湿地面积约 219 万公顷，占滨海湿地总面积的 50%。滨海湿地是地球上面积最大，最具有生态功能的一种湿地。因为它能调蓄洪水，净化水质，调节气候，防止盐水入侵陆地等多种功能，被称为"地球之肾"。海洋工程建筑业、滨海矿砂业的盲目发展造成了不合理的砍伐、挖礁、挖砂，80% 的珊瑚礁遭到破坏，使得我国珊瑚礁的分布面积逐年退减，比 20 世纪 50 年代减少了80%，另外，80% 的红树林被砍伐，70% 的沙质海岸受到侵蚀。再就是海域污染比较严重，人为破坏海洋生态的违法行为仍未得到有效遏制。由于对陆地排污源监管不力，工业污水和生活用水超标排放，以及海上船舶排放的废油、海上石油开采以及海难事故所造成的漏油等，使得我国近海域污染严重，海域污染诱发赤潮发生频率不断增加。特别是随着海洋石油开发、海洋运输和沿海工业的发展，海洋污染事件呈上升趋势，海运业的发展也导致外来有害赤潮种类的引入。目前我国近岸海域的水质污染相当严重，超三类海水在 50% 以上，四大海域的超标率分别是渤海44%、黄海46%、东海81%、南海38%，主要污染指标是无机氮和无机磷。这极易导致海洋生物赖以栖息繁衍的生态环境发生非自然的变化，从而影响到海洋生物资源的种类、质量和数量。据 2003 年国家海洋局发布的《2002 年中国海洋环境公报》显示，虽然我国大部分海域环境质量良好，但全海域未达到清洁水质标准的面积约为 17.4 万平方千米，比上年增加了 0.1 万平方千米。2005 年国家海洋局发布的《2004 年中国海洋环境质量公报》显示，2004 年，我国全海域未达到清洁海域水质、标准的面积约 16.9 万平方千米，较上年增加约 2.7 万平方千米。2001～2006 年未达到清洁水质标准的海域面积见图 3 - 5。

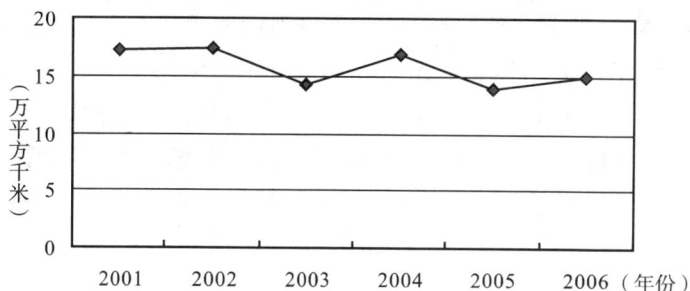

图3－5 2001～2006年未达到清洁水质标准的海域面积

数据来源：2001～2006年海洋灾害公报。

随着海洋经济的发展，海洋开发力度的加大，大规模高强度的海洋开发加速了我国海洋环境和生态的恶化，以及全球气候变暖对海洋环境的影响，致使海洋灾害频繁发生，每年都有多次台风、赤潮影响我国，给国民经济和人民生命财产造成重大损失。

近几年来，由于海洋环境保护工作不断加强，污染严重、环境恶化的势头得到一定程度的缓解，局部海区环境质量有所改善，但海洋环境质量恶化的总趋势还未得到有效遏制，大部分河口、海湾以及大中城市邻近海域污染日趋严重。近岸海域海水污染范围有所扩大，渤海、长江口、珠江口、辽河口等局部海域污染依然严重。

二、海洋灾害造成的海洋产业收入损失

我国是世界上海洋灾害最严重的国家之一。20世纪80年代我国每年海洋灾害造成的经济损失达十几亿元，90年代以后增至100亿元左右。海洋灾害已成为制约我国海洋产业和沿海经济持续稳定发展的重要因素。

现在海洋灾害造成的经济损失仅次于内陆的洪涝和风沙等灾害。1980～2002年的22年中，海洋灾害的经济损失大约增长了30倍，高于沿海经济的增长速度，已成为我国海洋开发和海洋经济发展的重要制约因素，如果一年中灾害过于频繁会严重影响海洋产业产出和就业。海洋防灾减灾直接关系到国家的社会安定、经济安全和沿岸人民的生命财产。

在各类灾害中，风暴潮、海上巨浪、海冰等灾害中由自然环境引发的较多，人为可控性较小，而溢油、赤潮等灾害大部分由人为因素造成。附近海域连续发生赤

潮事件会使当地的养殖业受到严重影响，部分滩涂养殖死亡率急剧上升，沿海养殖贝类和虾类大量死亡，以及网箱养殖鱼类和部分底栖生物大量死亡。有些海域赤潮影响范围巨大，大面积水域长时间不能进行捕捞作业，受赤潮影响渔业损失上亿元。如果海上发生溢油事故，在一定时期内，溢油将对海洋的环境（海表面及水体，甚至于海底沉积物）产生影响。如果溢油抵岸，将污染沿岸海域，造成巨大的经济损失。每次重大事故造成的直接经济损失达几百万元至上千万元，导致一些以水产养殖、捕捞渔具、网箱养鱼为生的渔民破产。多达几十万吨的溢油，一旦进入海洋将形成大片油膜，这层油膜将大气与海水隔开，减弱了海面的风浪，妨碍空气中的氧溶解到海水中，使水中的氧减少，同时有相当部分的原油，将被海洋微生物消化分解成无机物，或者由海水中的氧进行氧化分解，这样，海水中的氧被大量消耗，使沿海养殖的鱼类和贝类难以生存，渔民在收获季节往往会颗粒无收，尤其是海参等高档养殖类损失更为严重。溢油还会通过对浅水域及岸线污染威胁沿海靠海滨浴场、沙滩发展的旅游业为生的渔民的生计。

据《2001年中国海洋灾害公报》显示，2001年我国海洋灾害属中等偏重年份。全年共发生严重的风暴潮灾害6次，赤潮77次，死亡、失踪人数共计401人，总经济损失约100.1亿元，受灾人口1 400多万人。福建、广东两省受灾严重，福建省经济损失约57.9亿元；广东省经济损失约29.1亿元。2001年，海上巨浪给浙江、山东等省造成了较为严重的损失，损坏船只618艘，死亡、失踪265人，海洋产业收入损失3.1亿元。2001年11月到今年3月，渤海和黄海北部发生了近20年来最为严重的海冰灾害。

2002年我国海洋灾害属常年偏轻年份。全年因海洋灾害造成的海洋产业收入损失约66亿元，死亡、失踪人数共计124人，受灾人口约1 000万人。

2002年我国因风暴潮、海浪和赤潮等造成的灾害损失比2001年减少约35%，但是死亡和失踪人数则有所上升。风暴潮灾害造成海洋产业收入损失63.1亿元，死亡、失踪30人，其中"黄蜂"和"森拉克"风暴潮在浙江和福建沿海造成重大灾害，浙江死亡29人，海洋产业收入损失近30亿元，福建死亡1人，海洋产业收入损失32亿元以上。海浪灾害造成海洋产业收入损失约2.5亿元，死亡、失踪94人；2002年中国海域共发现赤潮79次，累计面积超过1万平方千米，海洋产业收入损失2 300万元；海上溢油造成海洋产业收入损失460万元；海冰未造成明显灾害。

2003年我国海洋灾害属正常年份。全年因海洋灾害造成的海洋产业收入损失约80.5亿元，死亡、失踪128人，受灾人口2 000多万人。

2003 年我国因风暴潮、赤潮和海浪等造成的灾害损失较上年增加约 22%。风暴潮灾害造成海洋产业收入损失 78.77 亿元，死亡、失踪 25 人，是 2003 年的主要海洋灾害；赤潮灾害造成海洋产业收入损失约 0.43 亿元；海浪灾害造成海洋产业收入损失约 1.15 亿元，死亡、失踪 103 人；海上溢油造成海洋产业收入损失约 0.17 亿元；海冰未造成明显损失。

2004 年我国海洋灾害属正常年份。风暴潮、赤潮、海浪、溢油等灾害共发生 155 次，造成海洋产业收入损失约 54 亿元，死亡（含失踪）140 人。2004 年我国因风暴潮、赤潮和海浪等灾害造成的海洋产业收入损失较上年减少约 33%。风暴潮灾害造成海洋产业收入损失 52.15 亿元，死亡（含失踪）49 人，为 2004 年的主要海洋灾害；海浪灾害造成海洋产业损失 2.07 亿元。赤潮和溢油也造成一定经济损失；海冰未造成明显直接经济损失。

2005 年我国海洋灾害频发，影响范围广，沿海 11 个省（直辖市、自治区）全部受灾，造成经济损失为 1949 年以来最严重的一年。风暴潮、赤潮、海浪、溢油等灾害共计 176 次，造成海洋产业收入损失 332.4 亿元，死亡（含失踪）371 人。

2005 年，我国因风暴潮、赤潮和海浪等灾害造成的海洋产业收入损失较上年增加约 5 倍。风暴潮灾害（含近岸台风浪）造成海洋产业收入损失 329.8 亿元，死亡（含失踪）137 人，为 2005 年的主要海洋灾害；近海共发生 66 起因冷空气浪与气旋浪造成的沉船与人员死亡海难事故，死亡（含失踪）234 人，海洋产业收入损失 1.91 亿元；赤潮海洋产业收入损失 0.69 亿元；海冰未造成明显海洋产业收入损失。

2006 年为我国海洋灾害的重灾年，风暴潮、海浪、海冰、赤潮和海啸等灾害性海洋过程共发生 179 次，造成海洋产业收入损失 218.45 亿元，死亡（含失踪）492 人。

风暴潮灾害（含近岸台风浪）造成的海洋产业收入损失为 217.11 亿元，死亡（含失踪）327 人，为 2006 年的主要海洋灾害；海浪灾害造成的海洋产业收入损失为 1.34 亿元，死亡（含失踪）165 人；海啸事件未造成经济损失和人员伤亡。[1]

①　数据来源：2001~2006 年海洋灾害公报。

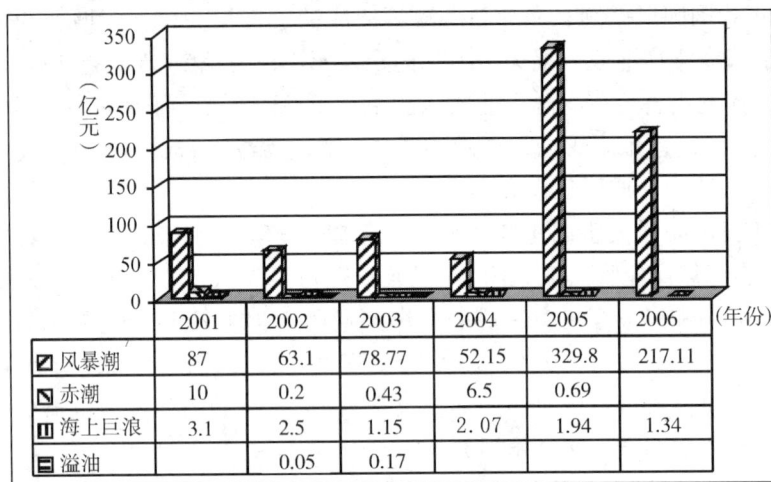

图 3 - 6 2001～2006 年海洋灾害对海洋产业收入损失统计

资料来源：据 2001～2006 年海洋灾害公报数据整理。

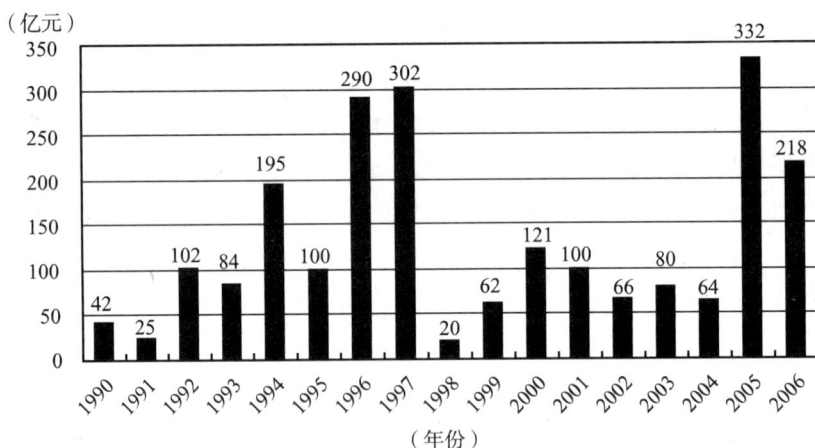

图 3 - 7 1990～2006 年海洋灾害经济损失

资料来源：1990～2006 年中国海洋灾害公报。

三、国内外应对海洋灾害对海洋产业收入损失的措施

开发海洋和保护海洋，是人类面临的双重使命。我国海洋经济在保持连续 20 多年高速发展的同时，海洋生态环境也付出了沉重的代价。景观破坏、海岸侵蚀、

港湾淤积、近岸低洼地区盐渍化、近岸海域富营养化、围垦造成的海岸平直化，等等，这些日益严重的生态环境问题，严重影响了海洋经济的可持续发展、海洋资源的可持续利用，并最终导致海洋灾害频繁暴发，使沿海地区经济发展和人民收入水平提高遭受重大损失。

（一）国外措施

1. 海洋综合管理。当今世界各国都不断加强海洋综合管理。为适应海洋形势的新发展，许多沿海国家重新审视本国海洋政策，制定新的海洋开发战略，加强海洋综合管理。特别是美国、加拿大、澳大利亚和韩国，在海洋全面一体化管理方面走在了前面。美国召开全国性海洋工作会议，制定了目的在于保持美国在世界海洋领域领导地位的21世纪海洋议程；澳大利亚拟定海洋政策并通过综合海洋规划来实施综合管理；加拿大沿着立法的道路，制定综合性海洋法，对影响海洋的开发活动进行综合管理；韩国是以机构改革的方式，将10个政府机构中与海洋有关的职能合并在一起，以确保海洋综合管理的实施。世界各国发展海洋事业的实践和经验证明，对海洋实施统一、综合的管理正在成为实施海洋开发、保护海洋环境、保证海洋可持续发展的主要手段。

2. 大力发展高科技。现在国外在应用卫星遥感技术监测海洋环境污染、溢油和赤潮等环境灾害取得了卓有成效的进展。一是许多海洋观测卫星陆续升空，获取了大量的水温、海流、海冰、海浪、叶绿素、海水污染、溢油、泥沙等信息；二是形成了以卫星遥感数据为更新手段、以地理信息系统技术为平台、以海上自动浮标和海洋站为数据源的多方位立体海洋环境监测网，并形成了世界范围的全球海洋观测系统（Global Ocean Observation System，GOOS）。此系统不仅在美国、西欧国家，即使在亚洲如泰国、印度尼西亚等国也得到了应用，使海洋监测步入了观测自动化、数据传输卫星化、数据处理计算机化、站台网络化的新时期。美国、日本、加拿大、俄罗斯等国采用遥感技术监测赤潮取得了一些成果和经验，加拿大用气象卫星 NOAA 的 AVHRR 短波波段建立了近海水域赤潮监测系统。由于赤潮现象持续时间、发生面积大小不一，对卫星的覆盖周期、空间分辨率、光谱分辨率要求较高，在目前的技术条件下，美国 NOAA 系列气象卫星被选为主要遥感信息源，Landsat 的 TM 则作为补充手段。另外，美国水色卫星 SeaWiFS 的发射，为赤潮遥感监测提供了一种更有效的手段。

3. 完善海洋信息。世界一些发达国家在加强海洋调查、观测的基础上，以国家为主导，地方公共团体、大学、实验研究机关、产业界和国民互相认识到各自的

作用，相互之间密切合作完善海洋信息系统，为防灾减灾、海洋综合管理服务。具体措施包括海洋信息收集协调、强化海洋信息管理机能、建立统一的海洋调查、观测、监视系统、构建地域海洋信息网络，等等。

（二）我国措施

1. 海洋环境保护。要减少海洋灾害对海洋产业经济的影响，首先要做好海洋环境保护工作。海洋环境问题可分为海洋环境污染和海洋生态破坏两大类。这两大类问题常常交织在一起，相互影响、相互作用。因此，海洋环境保护，既要重视污染防治，又要重视生态建设。只有创造一个良好的海洋环境才能保证海洋产业收入的稳定增长。

（1）以科技进步为动力，大力发展海洋环境保护技术和海洋高新技术产业，大力提倡清洁生产。海洋环境保护技术和高新技术产业虽然在短期内可能会投入大收益小，但是从长期看，不但会实现海洋环境的良性循环，还会为其他海洋产业的发展提供良好的外部条件，海洋产业收入会实现快速增长。

（2）不断完善保护海洋的规章制度，加强对海洋环境的监测、监视和执法管理，重点监控陆源污染物排海，对污水的排放必须经过达标后方可排放，要建立严格的控制排污制度。不达标的污水排放到海里，会严重危害沿海居民的利益，渔业、海水养殖业等海洋产业的产值将受到严重威胁，渔民收入更会减少而影响他们正常生活。

（3）抓紧制定并实施渤海、长江口、珠江口、胶州湾、大连湾、杭州湾等重点海域的综合整治方案。完善海洋环境突发事件应急反应机制。重视海洋自然保护区和特别保护区建设。在审批海洋使用或开发权时，应兼顾保护海洋环境，保持海洋生态链的均衡水平。

（4）要逐步建立海洋环境宏观调控机制，实施生态环境分类管理制度。对各类典型珍稀的海洋生态区域实行严格保护与生态涵养相结合的环境政策，对脆弱敏感的海洋生态区域实行限制开发与生态保护相结合的环境政策，对已受损破坏的海洋生态环境实施生态建设与综合整治相结合的环境政策，对全海域的生态环境实行综合管理与协调开发相结合的环境政策。

2. 政府防灾减灾。为减少海洋灾害给沿海经济造成的巨大损失，保障人民生命财产安全，保证海洋各个产业的稳定健康发展，各级海洋行政主管部门应该在海洋防灾减灾方面投入较大的人力和物力，加强海洋灾害预警、预报系统基础建设，进一步完善由国家海洋环境预报中心、区域海洋环境预报中心、沿海地方各级海洋

预报台组成的海洋环境预报网络，对我国海域的风暴潮、巨浪、海冰等海洋灾害做出及时、准确的预测预报，为防灾减灾提供决策依据，可以有效地减少灾害造成的损失。由国家海洋局组织专家按照"统一领导，分级负责"、"加强监测，及时预警"、"预防与救护并重"的原则，历时1年编制完成的《风暴潮、海啸、海冰灾害应急预案》和《赤潮灾害应急预案》，顺利通过了国务院的审议，2005年11月15日正式印发，并被确定为《国家突发公共事件总体应急预案》的部门预案之一。预案明确了海洋灾害应急的目的、组织体系和职责、灾害预警启动标准、监测预警系统能力建设、灾害调查评估、保障措施等，重点突出了风暴潮、海啸、海冰和赤潮灾害的监测、预警，还详尽规定了灾害的分级处置标准及程序，建立了预警响应和应急响应机制，细化了预警响应与应急响应的具体措施和流程，明确了有关工作单位的职责和责任人等，具有很强的可操作性。

预防减轻海洋灾害的措施方面，概括起来主要有：

（1）工程性措施。依据海洋灾害的长期预测，修建防潮海堤、海塘、护岸工程、分洪分潮工程等，对易受灾地区和岸段做工程防护。建造抗浪抗风能力更强的船舶、海上钻井平台、海上构筑物等。

（2）规划性措施。包括沿海占地规划、防灾规划的准备和制定。后者又往往包括灾时人员撤退疏散计划方案、后勤供应计划、安全标准及安全措施的拟订，以及教育与培训计划等。

（3）科学技术性措施。主要包括建立和发展海洋环境及海洋灾害监测网，扩充海洋灾害警报数据库，建立和发展灾害分析和预报系统，早期灾害警报系统和灾情评估技术，以及开展上述科技系统的建立和发展有关的，涉及计算机科学、电子及信息科学、海洋气象科学领域广泛的科学技术研究项目。

（4）行政性措施。包括设立全国及地方各级防灾指挥调度系统、紧急救援工作组织（如医疗防疫、慈善、社会治安等），以及社会经济方面的恢复重建计划等。

力争到2020年，使我国海洋生态破坏和环境污染加剧的趋势得到遏制，重点河口、海湾环境质量得以根本好转，生物资源和生态系统功能得到有效保护和恢复，溢油、赤潮等环境灾害明显减少，渔业、养殖业、滨海旅游业收入损失大量减少，并呈现出持续稳定增加的良好势头。

参考文献

1. 何广顺、王晓惠：《海洋及相关产业分类研究》，载《海洋科学进展》2006年第7期。

2. 车军、寿建敏：《发展海洋经济构筑上海可持续发展新的支撑点》，载《港口纵横》2006 年第 3 期。

3. 任勤福：《保护海洋环境，实现海洋经济可持续发展》，载《齐鲁渔业》2006年第 23 期。

4. 刘洋、丰爱平：《海洋产业经济的定量分析技术研究》，载《海洋开发与管理》2005 年第 6 期。

5. 楼东：《中国海洋资源现状及海洋产业发展趋势分析》，载《资源科学》2005 年第 9 期。

6. 蒋正华：《在 2005 年中国海洋论坛开幕式上的讲话》，载《Pacific Journal》2005 年第 10 期。

7. 刘容子：《我国海洋经济发展现状和特点》，载《今日浙江》2003 年第 16 期。

8. 于保华、胥宁：《国外海洋资源开发和利用现状》，载《国外海洋管理与开发》2003 年第 2 期。

9. 许启望：《国外海洋经济发展概况》，载《海洋信息》1998 年第 1 期。

10. 刘康、姜国建：《海洋产业界定与海洋经济统计分析》，载《中国海洋大学学报》2006 年第 3 期。

11. 《全国海洋经济发展规划纲要》（国发〔2003〕13 号），载《中国海洋报》2003 年第 1281 期。

12. 2001～2006 年中国海洋灾害公报。

13. 2000～2005 年中国海洋经济统计公报。

14. 《如何预防海洋灾害》，2006 – 7 – 1，http：//www. oceancentury. cn/yunshu/ShowArticle. asp？ArticleID = 398。

15. 刘岩、李明杰：《21 世纪的日本海洋政策建议》，2006 – 4 – 7，http：//www. soa. gov. cn/oceannews/hyb1496/41. htm。

16. 《中国出台实施海洋灾害应急预案预防与救护并重》，http：//news. sohu. com/20051207/n240901147. shtml：2005 – 12 – 07。

17. The Economic Contribution of Australia's Marine Industries 1995 – 96 to 2002 – 03，载《国外海洋开发与管理》。

第四章　海洋灾害及海洋劳动者就业与收入

古人说"靠山吃山，靠水吃水"，意思是每一个群体都有自己特定的资源，正是这些赖以生存的资源形成了不同的行业，产生了不同的劳动者。海洋劳动者就是一个以海洋作为自己生存资源的群体。按照古人的意思"靠海吃海"，这是天经地义的，占地球面积70%的海洋曾经养育了亿万人民，海洋创造了现代文明，可海洋并不像山和水那样，它既没有山的稳固也没有水的柔软，发生灾害的海洋给我们带来的是破坏甚至是毁灭。请看下面几个真实的例子：

1985年9月19日早晨，墨西哥西南岸外太平洋底发生8.1级地震，靠近震中的米却肯州、格雷罗州损失不大，虽有少数房屋倒塌，伤亡不到千人，而远离震中400千米的首都墨西哥城却遭到严重破坏，破坏最重的地方，正是过量开采地下水的地方。300多栋楼房全部倒塌，8 000多栋楼房不同程度受损，死亡3.5万人，受伤4万多人，经济损失50亿美元。

1982年2月15日在加拿大纽芬兰海域，风暴掀翻半潜式钻井平台，死亡84人。

1983年10月25日，美国"爪哇海"号钻井平台在莺歌海作业时，遭台风袭击而沉没，船上81人全部遇难。

2004年12月26日发生的印度洋大海啸，造成至少21.6万人死亡。

2005年中国海洋灾害频发，影响范围广，造成直接经济损失332.4亿元，死亡、失踪人数共计371人。风暴潮、赤潮、海浪、溢油等灾害共计176次，沿海11个省、直辖市、自治区全部受灾。其中，风暴潮灾害——包括近岸台风浪——发生20次，造成直接经济损失329.8亿元，死亡、失踪139人，为2005年的主要海洋灾害；近海共发生66起因冷空气浪与气旋浪造成的沉船与人员死亡海难事故，死亡、失踪234人，直接经济损失1.91亿元；赤潮发生82次，直接经济损失0.69亿元。

从上述我们看出，海洋灾害分为人为海洋灾害和自然海洋灾害。其中因为人类活动导致海洋自然条件改变所发生的灾害，称为人为海洋灾害，包括海水侵蚀、溢

油、赤潮、外来物种入侵及其他污染事件；自然海洋灾害则包括风暴潮、海岸侵蚀、海浪、海雾、海冰等。不管何种形式的海洋灾害带给人类的威胁都是巨大的，不仅威胁人类的财产安全，而且可能会直接夺走人类的生命。

但是对于我们世界的发展现状来说，广阔的海洋是各个国家存在与发展的资源宝库和最后空间，开发蓝色国土、拓展生存和发展空间，已成为当今世界的潮流。随着《联合国海洋法公约》正式生效，国际海洋新秩序逐步开始建立，占全球海洋35.8%的1.3亿千米的近海将被沿海国家划为管辖海域。海洋将成为国际政治、经济、军事、文化发展的争夺焦点。面向21世纪海洋经济发展的新时代，进一步加大海洋开发力度，努力实施中国的海洋强国战略，是拓展经济发展空间，培育新的经济增长点，实现中国经济社会可持续发展的必然选择。

虽然海洋灾害的发生会给人类带来严重的负面影响，但是随着科技的不断发展、海洋新兴产业的开发和完善，海洋会通过海洋产业带给我们很多好处，与我们生活密切相关的就是海洋新兴产业的不断发展，会创造许多新的经济增长的空间，也就势必会创造出很多新的就业岗位。但是海洋灾害会破坏我们的生活这也是一种客观存在，我们要避开海洋灾害的影响，发展一些受灾害影响小的产业即海洋第二、三产业，以保证就业量的稳定增长。人们只有有了工作，才能有稳定的生活来源，才有可能提高人民的生活水平。因此产业的发展会增加整个产业的收入，会提高我们国家的GDP，而产业收入的增加也势必会惠及该产业的从业劳动者，带动劳动者收入的增长。

那么，如何避免海洋灾害对我国经济发展和人民生活的负面影响，充分利用海洋资源，发展海洋各个产业就成为目前我们国家面临的最重要课题。下面我们就要分析如何避免海洋灾害，充分开发海洋产业，增加我国劳动者的就业量，增加劳动者收入。

第一节 海洋灾害影响下海洋产业吸纳劳动力就业的潜力

一、我国海洋产业吸纳劳动力就业的现状

（一）我国海洋产业的分类

我国海域辽阔，海洋资源丰富，开发潜力巨大。其中海洋生物2万多种，海洋

鱼类 3 000 多种，海洋石油资源量约为 250 亿吨，天然气资源量约 140 000 亿立方米，滨海砂矿资源量约 31 亿吨，海洋可再生能源理论蕴藏量约 6.3 亿千瓦。浅海和滩涂总面积约 1 333 万公顷，此外，我国在国际海底区域拥有 7.5 万平方千米多金属结核矿区。丰富的海洋资源使我国具备开发海洋资源的可能，合理开发利用这些海洋资源，可缓解我国人多地少、资源缺乏的矛盾，促进国民经济的持续增长。此外海洋资源不仅能在解决我国食品、能源、资源和环境等问题上做出较大的贡献，而且可以创造较大的就业空间。我国必须要充分利用丰富的海洋资源，实现国家的繁荣富强。

海洋产业是相对于陆域产业而言的，是指投入与产出、需求和供给以及生产作业与海洋资源、海洋空间密切相连的一系列产业个体的集合。我国的海洋产业分类包括：第一产业：海洋水产；第二产业：海盐、油气、造船、化工、砂矿、工程建筑、生物制药、电力和海水利用等产业；第三产业：交通运输、滨海旅游业、海洋科学研究、教育、社会服务业等。具体包括如下内容：

（1）海洋水产业：海洋渔业、海洋渔业服务、海洋水产品加工；

（2）海洋油气业：海洋石油和天然气开采、海洋石油和天然气开采服务；

（3）海洋矿业：海滨砂矿采选和土砂石开采、海底地热和煤矿开采、深海采矿；

（4）海洋船舶工业：海洋船舶制造、海洋固定及浮动装置制造；

（5）海洋盐业：海水制盐、海盐加工；

（6）海洋化工业：海盐化工、海藻化工、海水化工、海洋石油化工等制造业；

（7）海洋生物医药业：海洋保健品制造、海洋药品制造；

（8）海洋工程业：海上工程、海底工程、海岸工程；

（9）海洋电力业：海洋电力生产、海滨电力生产、海洋电力供应；

（10）海水淡化与综合利用业：海水淡化、海水直接利用；

（11）海洋交通运输业：海洋旅客运输、海洋货物运输、海洋港口运输、海洋管道运输、海洋运输辅助活动；

（12）滨海旅游业：滨海旅游住宿、滨海旅游经营服务、滨海旅游与娱乐、滨海旅游文化服务。

（二）海洋第一产业吸纳劳动力就业的现状

以我国的产业现状分析，海洋第一产业——渔业大多仍处于粗放型发展阶段，海洋渔业是劳动密集型产业，其吸纳的大部分劳动者——渔民也主要以捕鱼为生，这部分劳动者的特点是以捕鱼为生，除了靠海以外，基本上无土地和其他资源，劳

动者技能单一。世代生存在海岛和大海的渔民熟练掌握的是海洋捕鱼；技能大部分渔民都带有陈旧、保守、缺乏闯劲的心态，对以捕捞为生的传统生活方式有着较强的依赖性；外部信息闭塞，经济、社会、人文环境等条件相对较差；文化水平低，我国渔民中小学文化程度的从业人员占据了相当大的比例，文化水平是衡量劳动力的知识存量和渔民素质高低的主要指标。这些因素就在较大程度上限制了我国渔业的发展和渔民收入水平的提高。

我国海洋第一产业面临的外部环境如下：

1. 经济发展与资源和生态环境保护之间的矛盾仍相当突出。由于陆源污染依然严重，一些鱼虾生长繁殖和水生野生动物栖息场所被严重破坏，部分水域渔场出现"荒漠化"现象。虽然近年来我国采取许多控制捕捞强度、保护渔业资源的措施，但非法建造捕捞渔船的现象仍时有发生，捕捞强度并未得到根本控制。在资源和渔船管理方面我国还缺乏有效的管理手段，产业结构深层次的问题仍十分尖锐。

2. 水产品质量管理体系不健全。随着我国与世界接轨的程度越来越高，我国海产品出口贸易壁垒增多，影响了我国水产品市场开拓。近年来，一些国家采取了许多针对我国水产品的贸易壁垒措施，贸易纠纷增多，而我国由于企业的组织化程度不高，处理贸易纠纷的机制不成熟，使水产品出口受到了很大的制约；加之我国水产品质量安全监测和管理体系尚不健全，质量安全监控手段薄弱，也就制约了水产品国际和国内市场的开拓。海洋水产业要想持续增收还有很多工作要做。

根据海洋年鉴的统计资料，1998 年我国海洋第一产业吸纳劳动力就业人数为 2 855 万人；1999 年吸纳劳动力人数为 2 413.1 万人；2000 年从业人数达到 2 878.47 万人；2001 年海洋第一产业从业人数达到 2 949.84 万人，从这些数据的变化中我们可以看出，海洋第一产业每年吸纳劳动力就业人数变化不大，并没有随着海洋产业的不断开发而扩大。海洋第一产业发展到现阶段，由于资源的开发利用已经基本达到饱和，其吸纳劳动力的潜力也已达到最大化，继续扩大就业的潜力不大。因此从以上的分析我们可以得出，对于海洋第一产业渔业来说，由于受到资源开发利用过度，继续开发能力不足的限制、继续扩大该产业开发不符合产业的现状，也不符合我国可持续发展的国情，通过此途径增加渔民收入困难也较大。因此，我们应该做好渔民的培训、转产，促进海洋第二、三产业的发展，通过这两个产业发展增加劳动者就业量、增加渔民收入。

（三）海洋第二、三产业吸纳劳动力就业的现状

我国海洋第二产业总的情况是：门类较为齐全，但规模膨胀缓慢，技术水平不

高。其中，海洋油气开采业、盐业和盐化工业、海洋科研教育、海洋旅游业、船舶制造业，在全国沿海产业中均具有举足轻重的地位。但这些产业中有的产业的规模较小，如海洋药物、油气开采业，虽然已显示出良好的发展势头，但它们所占比重较小，远远跟不上世界海洋经济发展的形势。再比如海洋药物和保健食品业、海洋信息、海水综合利用、海洋精细化工、海洋旅游业等新兴产业尚处于幼稚阶段，距离产业的成熟还有较长一段距离。因此，加快对我国海洋第二产业的政策倾斜，重点开发符合各个地方特点的产业，因地、因时制宜的开发，这些产业还是有相当大的潜力的。因此，我们国家应该集中精力、突出重点、努力培植骨干企业和拳头产品；及时抓住有广阔前途的新技术项目，组织多方面协同，尽快形成产业和规模；组织攻关试验，提高生产力，挖掘潜力，不断为21世纪的海洋经济发展注入新的生机活力。

我国海洋第二产业中比如海洋科研教育、船舶制造业、油气开采业等虽然属于技术密集型产业，但是对劳动力的需求也是非常大的，这些劳动力需求包括产业从业工人、技术人员还有管理人员，对解决我国现阶段就业难问题会起到很大的促进作用。此外，由于我国目前技术水平与世界先进国家相比还有较大的差距，在产业发展初期就会需要更大的劳动力要素投入。据海洋年鉴统计资料显示，海洋第二产业（海洋油气业、海洋矿砂业、海洋盐业、海洋造船以及环保、科研等产业）和第三产业近年来吸纳劳动力就业人数如表4-1所示。从表4-1中，我们可以看出在海洋产业发展初期有吸纳劳动力就业的巨大空间，但是由于第二产业多属工业化产业，为资本密集型或技术密集型，随着产业的不断完善，高科技技术的使用，海洋第二产业将越来越多地需要有技术，懂管理的从业人员。

表4-1 　　　　　　　　　　海洋各产业从业人数分析 　　　　　　　　单位：万人

项目 ＼ 年份	1998	1999	2000	2001	2002
海洋第一产业从业人数	2 855	2 413.1	2 878.47	2 949.84	2 848.11
海洋第二产业从业人数	40.48	44.64	40.25	38.63	38.55
海洋第三产业从业人数	42.30	51.10	64.65	64.26	94.88

资料来源：据《中国海洋年鉴》统计资料整理而得。

海洋旅游业作为劳动密集型产业，在吸纳劳动力就业方面有非常明显的优势：如表4-1所示1998年海洋旅游业吸纳劳动力就业42.30万人；到2001年从业人数则为64.26万人，劳动力就业人数有较大增长。海洋旅游业虽然起步较晚，发展

时间较短，但是由于其自身的优势，在吸纳劳动力就业，提高劳动者收入方面，有着巨大的潜力。随着我国和世界各国人民生活水平的普遍提高，在假期选择旅游的人数不断增加，沿海地区由于其完善的旅游配套服务设施和沿海的天然旅游优势，必将吸引大多数旅游的人群，这将在很大程度上带动劳动者的就业。结合海洋第二、三产业的特点，培养适合产业发展的劳动力，充分开发海洋第二、三产业，会在很大程度上提高我国海洋产业的就业量。

二、我国海洋产业吸纳劳动力就业的优势

我国的海洋产业拥有巨大的发展空间，是吸纳劳动力的一个崭新磁场。2006年我国涉海就业人数为 2 960.3 万人，比上年增加 180 万个岗位。海洋产业的发展以沿海地区为主要的依托空间，这种区位优势本身就对劳动力构成了一个强大的吸引磁场，具有吸引劳动力的内在动力。沿海地区是海洋产业发展的空间基地，我国人口具有向沿海地区集聚的规律，并且经济、社会发达程度越高，这一集聚趋势表现得越为明显。中国近十几年的发展表明，中西部地区人口大量向沿海地区流动，沿海地区已吸引了上亿的内地劳动力。

经过分析我们会发现，海洋产业在吸纳劳动力方面的优势主要表现在两方面：一是海洋产业的劳动生产率高于陆域产业；二是海洋产业的发展速度高于陆域产业。

（一）海洋产业的劳动生产率高于陆域产业

劳动生产率是指某一产业实现的产值与该产业所吸纳的劳动力数量的比值，用公式表示为：劳动生产率 = 产值（元）/劳动力数量（人），劳动生产率的高低是一个地区产业结构、管理方式、科技水平等各种因素综合运行的结果，是地区比较优势的一项重要内容，也是产业比较优势的重要内容。表 4－2 显示了各年海洋劳动生产率与陆域生产率方面的数据。

表 4－2　　　　　　　1996～2005 年度产业劳动生产率对比分析　　　　单位：元/每人

年份\项目	1996	1997	1998	1999	2001	2004	2005
海洋产业劳动生产率	32 500	37 600	39 500	54 700	38 928	65 268	74 233
陆域产业劳动生产率	9 370	10 500	11 000	11 400	14 446	20 117	22 821
全国平均劳动生产率	10 337	11 347	12 065	12 705	15 021	21 260	24 248

资料来源：据各年度《中国海洋经济统计公报》资料计算而得。

从表4－2中我们可以得出：在全国和东部沿海范围内，海洋产业的劳动生产率都远远大于陆域产业的劳动生产率，也远远大于全国的平均劳动生产率。因此海洋产业可以有效地提高生产率，提高产业经济效益，海洋产业的不断发展对于吸纳新的劳动力就业也有很大帮助，这对于增强我国的经济实力，拓宽经济发展空间方面都将起到非常重要的作用。

此外，由于海洋产业的劳动生产率都高于同期的陆域产业的劳动生产率，并且二者之间的差距十分明显。这说明在海、陆产业两个子系统之间存在着生产要素的流动，且流动方向为由陆域产业流入海洋产业，这种流动当然包括劳动力在海、陆产业之间的流动。[①] 因此海洋产业作为劳动力的流入部门在吸纳劳动力方面具有更大的潜力。随着近些年海洋产业生产率的不断提高，海洋产业作为劳动力的流入部门，其吸引力在不断扩大。在同一时间段内，陆域产业的劳动力有加速向海洋产业流入的现象出现。而且由于沿海地区的海洋产业相对于内地来说更有比较优势，所以上述现象在沿海地区比在内陆地区更为明显。

（二）海洋产业的发展速度高于陆域产业

从20世纪90年代以来，我国海洋产业增加值以平均每年28.36％的速度递增，超过了世界海洋经济发展的平均速度。到1999年，我国海洋产业总增加值已达2 022.2亿元，占全国GDP的2.51％，占沿海地区总GDP的4.09％。而同期，全国陆域产业GDP的增长速度为17.77％；东部沿海地区陆域产业GDP的增长速度为20.99％；全国GDP的年平均发展速度为17.94％；沿海地区GDP的年平均发展速度为21.22％。2001～2005年海洋经济的预期增长速度每年平均为12％～14％。2006～2010年海洋经济的预期增长速度为年平均10％～11％，2010年海洋产业增加值预期会占国内生产总值的5％左右。到21世纪中叶，海洋产业增加值占国内生产总值的比重将达到8％左右。全国海洋产业良好的经济发展趋势不仅扩大了自身对劳动力的需求，还将刺激其他产业对劳动力的需求，这将增加就业机会，为吸纳劳动力奠定基础。

所以，无论从海洋产业和陆域产业的生产率对比情况，还是从海洋产业现阶段的发展速度来看，海洋产业都具有继续吸纳劳动力的潜力，这就可以增加就业量，提高就业水平和人民的生活水平。所以，我国应该重视海洋产业的持续、深入开发，继续发挥海洋产业吸纳劳动力就业的优势，促进我国的充分就业和行业的深入

---

① 栾维新、宋薇：《我国海洋产业吸纳劳动力潜力分析》，载《经济地理》2003年第7期。

发展，促进海洋资源的有效利用。

三、我国海洋产业吸纳劳动力就业的潜力

我国现有的产业结构由于受市场容量的限制，就业岗位已趋饱和。因此，根据市场需求，开拓新的产业，创造新型企业，寻找新的经济增长点，是扩大劳动力需求的一个有效途径。相对于陆域产业而言，海洋产业以海洋这个巨大的资源宝库为依托，与科技结合得更为紧密，可以吸收和应用海洋科技新成果，发挥海洋高新技术的导向带动作用，更好地开拓新兴海洋高技术产业，成为国民经济的重要组成部分和新的增长点，扩大就业需求。20世纪60年代以前，海洋产业主要是渔业、盐业、海洋货物、旅客运输业；进入90年代，新技术的大量产生，新兴海洋产业不断出现。当前，新兴海洋产业主要有：海水养殖、水产加工、海洋化工、滨海旅游、海洋装备制造、海洋矿产、海洋服务、海洋油气、海洋工程建设、海水综合利用、海洋制药，等等，而且这些产业的规模正在不断扩大，在成为国民经济重要的推动力量的同时，将创造更多的就业机会，为吸纳劳动力提供条件。

陆域产业的发展历史较长，而海洋产业的发展史则相对较为短暂。海洋产业可以充分利用这种后发优势，以高科技为基础，在较高的起点上开始发展，走可持续的发展道路，将经济发展与环境保护同时进行，建立一整套生态、经济配套产业，为扩大就业提供机遇。

海洋产业之间相关程度高，发展某类海洋产业，可以促进和带动其他产业的发展。例如，海洋石油工业的兴起，会影响和推动钢铁、冶金、土木工程、造船、运输、化工、机械、仪表、电子、深海工程、海洋调查、盐业、海水淡化、海洋能发电等产业的兴起，也会影响和推动一系列工程技术的发展。同样，海洋第二产业的发展会与陆域相关的第一、二、三产业之间通过生产要素流通建立起的复杂产业体系。大批海洋产业的兴起，势必会提供更多的就业机会，解决劳动力的就业问题。下面我们按照产业的划分来具体分析海洋产业吸纳劳动力的潜力。

（一）海洋第一产业吸纳劳动力潜力分析

随着社会劳动效率的提高使生产同样多的商品所需要的社会总劳动时间越来越少。而资本有机构成的提高，会导致总劳动时间或就业总岗位的增加速度远远低于因劳动效率提高而导致的对劳动力需求减少的速度，这就不可避免地形成劳动力的绝对过剩。20世纪80年代以前海洋渔业还是以原始的"精耕"为主，海洋捕捞主

要靠渔民的手工劳动，这种模式下的海洋渔业及其劳动者的生存和发展在很大程度上取决于"老天的心情"，心情好时海洋与渔民和谐相处，心情不好时海洋会破坏渔民的生活，严重时会毁掉整个渔村。正是由于这种模式下渔民对灾害毫无抵抗能力，才使人们有了改变原始的手工劳动的需求，20 世纪 80 年代以来，渔业科技取得了很大的进步和发展。海洋捕捞业的技术装备水平也日益现代化，例如，动力机械化、网具化纤化、操作机械化，极大地提高了渔业捕捞能力。另一方面，作业海域由沿岸内海拓展到外海远洋，作业时间由季节性转向常年性，抗风浪能力也大为提高，作业时间和空间大幅扩大。现在，一艘一般的钢质渔轮的生产水平相当于 3 艘中小型帆船、10 艘木帆渔船。[①] 科技最先是"以人为本，因人而生"，但科技的发展最终导致的结果是挤占了劳动者的就业，自海洋科技大力发展以来，海洋渔业的劳动生产率提高了很多，可劳动力的使用数量却减少了 30%，这就意味着，有 30% 的渔民失去了工作，没有了收入。

图 4-1 海洋灾害影响

资料来源：http://www.bbker.com。

上述图 4-1 三幅图片告诉我们海洋灾害影响下的海洋渔业必定承担不起解决劳动者就业的重担。再加上过度捕捞的问题日益凸显、工业和生活污水的大量排放、突发性的污染事故、工程建设项目对鱼类栖息地的严重破坏，渔业水域生态环

① 杨黎明：《绍兴海洋捕捞渔民转产转业调查与研究》，载《中国渔业经济》2005 年第 2 期。

境受到严重污染和损害，天然渔业资源和养殖业面临威胁，特别是污染破坏了部分经济鱼类的近岸产卵场和养殖水域，鱼类繁殖能力严重下降，加剧了渔业资源的衰退。这些都会限制第一产业对劳动力的吸纳能力。

（二）海洋第二产业吸纳劳动力潜力分析

以前在技术、资金的制约下，虽然一些海洋自然灾害客观存在，但人们不得不从事海洋捕捞等第一产业的劳动。现在，随着技术的不断进步、资金的不断积累，面对海洋自然灾害客观影响，人们更愿意从事受海洋灾害影响相对较小、抵御海洋灾害能力较强的海洋第二产业的劳动。随着海洋环境的日益恶化，海洋人为灾害后果的日益严重，原有那种渔民传统的、相对固定的就业途径，受到严重挑战，不得不放弃，选择转产转业。而本身受海洋灾害影响相对较小、有着较大发展前途、尚未得到充分发展的海洋第二产业在解决劳动者就业上则有很大的潜力。

正如图 4－1 所示，海洋灾害和科技的发展最终把劳动者挤出了就业岗位，大量的渔民无法再过"靠海吃海"的生活。在这样的情况下，把原有渔民向海洋第二、三产业转移就成了当务之急。

海洋第二产业主要包括海盐、油气、造船、化工、砂矿、工程建筑、生物制药、电力和海水利用等产业。我国的海洋矿产资源和海盐资源非常丰富，而且随着科学技术的发展，可供利用和开采的资源量呈增长的趋势。近二三十年来，随着社会生产力的不断进步，海洋渔业，海洋运输和制盐业等传统产业在海洋经济中的比重逐步降低，海洋新兴产业成为海洋经济发展的大趋势和基本走向。海洋新兴产业，是以海洋高新技术发展和海洋资源大规模开发为背景的，由产业演化形成期进入成长期的海洋产业，它既是指按照海洋产业形成规模开发的海洋产业群体，又是指依据海洋资源开发在相同或相关价值链上活动的各类企业所构成的企业集合。

相比较其他产业而言，我国海洋第二产业具有如下特点：

1. 产业增长率高。1978～2002 年，我国海洋经济年均增长 22.2%，约为同期国民经济年均增长的 3 倍。2002 年，我国海洋产业总产值达到 4 300 亿元，占 GDP 的比重由 2000 年的 2.6% 提高到 3.8%；2004 年全国主要海洋产业总产值为 12 841 亿元，海洋产业增加值达到 5 268 亿元，占 GDP 的 3.9%。2005 年，以海洋资源开发为对象的直接海洋产业所生产的价值继续增长，以服务业为基础的间接海洋产业发展更为迅速。海洋产业总产值当年达到 16 987 亿元，占国内生产总值的 4%。其中，海洋石油与海洋造船业也超越海洋盐业，迅速形成较大规模。尤其是海洋造船业，自身抵御海洋灾害的能力非常强，并且需要大量劳动者，这就为渔民转产增收

提供了良好的去路。

2. 内部产业结构日趋合理。"九五"与"八五"相比,海洋传统产业与新兴产业的比例由 73.3:26.7 调整为 69.8:30.2。2005 年,海洋新兴产业在海洋经济系统中的比重迅速增加,推动产业结构升级的作用日益扩大。海洋三次产业结构为 28:29:43,海洋第一产业增加值为 1 206 亿元,第二产业增加值为 2 232 亿元,第三产业增加值为 3 764 亿元。产业结构日趋优化,新的产业体系已经形成。

2005 年我国海洋第二产业产值具体情况如下:我国的海洋石油业已跨入世界先进行列;海洋电力生产逐步形成规模,呈现良好的发展态势,全年总产值首次突破 1 000 亿元,达到 1 090 亿元,占全国主要海洋产业总产值的 6.4%;海洋船舶工业造船完工量继续保持世界第三位,造船完工量首次突破 1 000 万综合吨,海洋船舶工业总产值 817 亿元,增加值 176 亿元,比上年增长 11.8%;海洋油气业继续保持快速发展,总产值 739 亿元,增加值为 467 亿元,比上年增长 17.9%;海洋工程建筑业总产值 367 亿元,比上年增加 68 亿元;增加值 103 亿元,比上年增长 17.2%;海洋化工产业总产值 293 亿元,占全国主要海洋产业总产值的 1.7%,增加值 79 亿元,比上年降低 19.8%;海水综合利用业具有良好的发展前景,2005 年海水综合利用业总产值 204 亿元,比上年增加约 28 亿元,增加值 113 亿元;我国海盐产量已连续多年居世界第一,2005 年海盐产量继续稳步增长,海洋盐业总产值 124 亿元,增加值 52 亿元,比上年增长 22.7%;海洋生物医药产业化进程逐渐加快,海洋生物医药业总产值 48 亿元,增加值 17 亿元,比上年增长 15.6%。[①]

从上述数据中我们可以看出,新兴海洋产业发展迅速,除了海洋化工产业比上年有少量降低以外,其他海洋第二产业都有较大规模的增长,发展比较迅速。海洋电力业、海水综合利用业等新兴海洋产业在海洋经济中的地位逐步提高。海洋第二产业内部产业结构不断完善,这就为不断发挥第二产业自身优势,吸纳劳动力就业提供了前提条件。

3. 产业收入增长快。"九五"期间,沿海地区主要海洋产业总产值累计达到 1.7 万亿元,比"八五"时期翻了一番半,年均增长 16.2%,高于同期国民经济增长速度。进入 21 世纪,海洋经济进入持续快速增长期,发展速度更快。2001 年,以海洋经济为依托的沿海 11 个省(市、区),其 GDP 总量达 60 208.67 亿元,占全国 GDP 的 62.8%。

从前面的分析我们知道,海洋第一产业已经不能解决劳动者就业问题,海洋灾

---

① 资料来源:《海洋经济统计年鉴(2005)》。

害的存在使原有劳动者转移成为当务之急，而海洋第二产业则可以很好地利用自己的优势，发挥自身潜力，解决劳动者就业。

（三）海洋第三产业吸纳劳动力潜力分析

海洋第三产业中海洋运输业历史比较悠久，海洋以其独到的优势成为国际运输不可缺少的一个环节。据 2006 年我国的资料，我国海洋交通运输业继续保持良好的发展态势，全年营运收入达 2 585 亿元，占全国海洋产业总产值的 14.1%，产业收入比上年增长 10.4%。其中沿海主要港口货物吞吐量持续稳步上升。上海、宁波、广州、天津、青岛、大连、秦皇岛、深圳 8 个沿海港口的全年货物吞吐量超过亿吨。港口运输也因此吸纳了大量的劳动力，以海洋为依托的国际物流业也因此发展迅速，并成为当今就业市场的主力军。仅以青岛为例，青岛某大学外贸和英语专业毕业生几乎全部供职于青岛的远洋物流业。不断的海洋开发给海洋运输业赋予了很多新的内容，除去历史较久的海洋旅客运输和货物运输，在当代重点发展的还有海洋港口运输、海洋管道运输、海洋运输辅助活动。因此，这个行业将会以更大的容量吸纳更多的层次较高的人才。

在海洋第三产业中，旅游业是受海洋灾害影响最大的产业之一。一旦发生海洋灾害，不管是人为灾害还是自然灾害，对该地区的海洋旅游业的影响都是巨大的。海洋灾害一方面会直接造成人员的伤亡，给人们带来旅游有危险的心理预期。从短期来看该地区游客人数会急剧减少，对长期的影响还要看该地区的外部环境的恢复状况。海洋灾害另一方面还会直接造成旅游设施的破坏，这也就直接破坏了该地区游客的接待能力和旅游景区的观赏价值。这些因素都会直接减少旅游业收入，而游客的消费支出每减少一个单位，也会造成就业量的减少。所以，海洋灾害对劳动者就业的负面影响是巨大的。我们看一下海啸的例子：2004 年 12 月 26 日发生的印度洋大海啸造成了重大的人员伤亡，这是 40 年来的最强地震——九级地震，在苏门答腊岛附近海底爆发，并引发海啸。数十亿吨重海水，高达 10 米的海浪，以喷气式飞机的速度在印度洋扩散。海啸波及分布在两大洲的 12 个国家：印度尼西亚、斯里兰卡、印度、泰国、马尔代夫、马来西亚、孟加拉、缅甸、索马里、坦桑尼亚、塞吉尔、肯尼亚。至少 21.6 万人在这场灾难中丧生或失踪。亚太地区的旅游收入因为受到海啸的影响，损失将达到 30 亿美元。受灾害影响较大的马尔代夫是世界上著名的度假胜地，在受灾一年后其旅游业仍然尚未恢复。2005 年马尔代夫的经济倒退 5%，到 2006 年甚至 2007 年，马尔代夫的经济才可能恢复增长。尽管政府采取了在各大媒体投放广告，以及前往各主要旅游市场国进行宣传等措施，海

啸带给全世界人民的阴影还是很难在短时期内消除，2006 年马尔代夫旅游的游客数量还是大大少于往年，马尔代夫的支柱产业旅游业也尚未从海啸的打击中恢复。对马尔代夫而言，旅游及相关产业大约占国内生产总值的 80%，旅游业恢复不了，经济就难以真正恢复。

对我国而言，要想尽量减少海洋灾害对我国海洋旅游业造成的损失，首要问题要做好对海洋灾害的预报和预警，防止并尽量减少可能发生的海洋灾害给沿海人民带来的损失。这一工作包括在海洋灾害到来之前提前组织船只及其他可移动资产转移到安全区域，组织人畜按照国家制定的方案撤离到避难所或安全地带。但是以当前的技术，我国对海洋灾害的预报在准确性和时效性上都会受到一定的限制。如对风暴巨浪的预报一般只在 48 小时内相对准确，超过 48 小时预报的有用性则相对较差，而对本地海啸发生可能性的预报时效性基本为零。因此，如果要做好海洋灾害的预报工作，我们还有很长的路要走。此外在灾害发生后，我们还要保证救灾人员、装备的安全，以减少间接的损失。

为了做好海洋灾害的预报工作，防止人们的生命和财产在海洋灾害中化为乌有，保证人民基本收入的稳定。确保人民的生命财产安全，以便把损失降低到最小，我们国家应该做好以下方面的工作：

1. 完善海洋灾害的预报系统，减少海洋灾害造成的损失。我国要继续坚持对海洋环境状况进行多期、连续的监测，以便获取各类海洋环境资料，进而进行分析、评价，掌握海洋灾害的变化规律和特点，这是做好海洋灾害预报的基础。为此，海洋局应加大对海洋灾害监测网络的建设力度，不断壮大海洋灾害监测能力，健全国家和地方相结合，由岸基、浮标、调查船、卫星、飞机等为监测平台的立体海洋环境监测网络。不断完善对我国海域进行定点、连续、自动监测和数据传输网络化建设，形成监测功能齐全、性能可靠的开放式海洋环境监测站业务运行系统。这样可以防止海洋灾害的突发给沿海人民带来的严重损失，事先采取防灾、减灾的措施，尽量减少海洋灾害给涉海人民带来的损失，稳定人民的收入。

2. 改变海洋灾害预报的服务方式，稳定涉海人民的就业和收入。各级海洋站要进一步改进海洋观测资料的服务方式，逐步将海洋观测资料向社会公开发布。以便为沿海经济和社会发展服务，尤其是关系到人民生命财产安全的资料。例如，海洋灾害发生的可能性资料、海洋污染资料等；各级海洋预报台要扩大海洋预报项目。如与沿海经济和社会发展密切相关的海平面上升、海岸侵蚀、赤潮、海洋环境污染扩散以及海洋生态变化等情况；进一步加强沿海经济开发区、海洋油气开发区、船舶运输航线、海洋渔场及养殖区和旅游区的预报。提高预报质量，改变预报

服务方式，使预报信息及海洋灾害可能产生的后果浅显易懂，扩大各类海洋预报信息在宣传媒体上的发放能力和播放频次，及时将海洋预报信息传输到沿海各级政府和广大公众。[①] 这也是有效防止小道消息蔓延造成不必要恐慌的可行性措施。准确及时地预报服务方式可以减少人民对突然发生的海洋灾害的恐惧感，争取帮助人们做到灾害来临之前不恐慌，能够积极采取行之有效的措施，尽量减少海洋灾害的突然袭击给我们国家和人民造成的损失。

如果能做好海洋灾害的预防和预警工作，就更能发挥海洋旅游业吸纳劳动力就业的潜力。滨海旅游业是一个"黄金产业"，我国有非常丰富的滨海旅游资源。以东海为例，东海沿岸大部分地带处在亚热带邻近热带，兼有阳光、沙滩、海水、空气、绿色等旅游资源的基本要素，加之该地区开发历史悠久，保存有丰富的历史文化遗迹，旅游资源种类繁多、数量丰富。仅东海区目前就划出 30 个旅游区，其中杭州西湖、舟山普陀山、温州雁荡山、福建福鼎、太老山、厦门鼓浪屿为国家级风景旅游区。2006 年我国滨海旅游业继续保持强劲的增长态势，全年滨海旅游收入 4 706 亿元，占全国主要海洋产业总产值 25.6%，增加值为 2 400 亿元。此外据不完全统计，东海滨海旅游业直接带来的就业岗位就有数百万。中国丰富的海洋资源将来肯定会成为吸纳劳动力的高地。

从近期甚为流行的"渔家游"，我们就可以看出海洋第三产业在解决劳动者就业提高劳动者收入上的潜力。青岛市城阳区的红岛街道原先就是一个普普通通的小渔村，村里的人们过着捕鱼的生活，由于厌烦了海洋灾害的肆意袭击，该村决定使渔民转产。经过研究发现该村具有得天独厚的旅游优势，海洋资源丰富充足、自然风光秀美多姿、人文景观历史悠久，这都使红岛发展特色旅游成为可能。经过几年的探索，该村找到了正确的定位和方向。现今，该村已连续 3 年成功举办了青岛红岛蛤蜊节，红岛的滨海旅游业已成为青岛市旅游发展的一大特色。目前，红岛滨海旅游业发展形成了以红岛休闲渔村、赶海观光园、黄澜海韵苑、韩家民俗村和青云宫五大旅游景区为载体，以蛤蜊节、金秋渔家游两大活动为依托，以"海文化"为主题，以休闲渔业、渔家民俗、娱乐为主线，以赶海、耕海、吃海、游海、住海、购海六大旅游板块为主要特色的综合性滨海旅游产业，整体思路突出"民俗"的特色、"渔"的内涵及"海鲜美食"文化，充分体现海岛人文、民俗、资源、景观、美食等多方面魅力。特色的渔家游吸引了全省乃至全国的游客前来体验，"渔家游"也成为当地城里人近郊旅游的首选。现在该村渔民每年每户都可实现增收。

---

① 许林之：《我国海洋灾害状况及防御对策》，载《海洋预报》1998 年第 8 期。

红岛的发展可以为我们更好的利用海洋资源提供宝贵的经验。

综观近年来我国海洋旅游业的发展情况，我国沿海地区接待的游客人数每年以20%～30%的速度递增，现代海洋旅游业蒸蒸日上，发展潜力巨大。海洋旅游业由于其自身服务于游客需求的特点，不仅可以带动旅游区的门票收入，还可以带动与旅游相关的产业如造船、运输、捕捞、工程、贸易等产业的发展，这就创造了很多劳动力就业的岗位。海洋旅游业是劳动密集型的产业，很多工作都需要人工完成。据有关部门推算，旅游消费支出每增加一个单位，在发展中国家就业可扩大 0.92倍。我国每年新增庞大的游客人数，新创造的就业量也是十分庞大的。

综上所述，海洋第二、三产业具有资金投入多、技术难度大、增值快、经济效益好、市场占有率高、产业关联性大、带动性强的发展特点，这两个产业的发展关系到我国海洋资源利用有效性问题，已显示出成为 21 世纪全球性主导产业的端倪，具有巨大的开发潜力。只有很好的解决了海洋第二、三产业面临的问题，才能在促进产业不断完善的同时，发挥了产业吸纳劳动力的优势，促进我国劳动力就业的不断稳定增长，实现充分就业的目标。此外，由于海洋经济的关联性、海洋资源的特殊性、海洋开发的风险性，客观上要求在海洋开发上三次产业必须保持相互协调、相互促进，以求得较高的结构效益。从海洋产业的这一特点出发，在我国海洋产业结构优化中应优选战略产业，适当减少低水平重复建设的海洋水产捕捞业所占的比重，引导渔民提高自身素质，自愿从事风险较小，收入稳定的海洋第二、三产业。努力培植新的海洋经济长远增长点，从而带动海洋经济的长足发展。据对海洋各产业技术进步、产业关联、产业贡献等方面的分析，海水利用、海洋油气、海洋能源、海洋化工、海洋船舶、滨海旅游、海洋科研教育和综合服务、海洋生物工程（医药和保健）应作为战略产业加以对待，促进海洋高新技术产业的发展，培养一批适应海洋高新技术产业发展的高素质劳动者。我国应该保持合理的产业结构比例，重点发展那些能够惠及劳动者，可以增加就业，提高劳动者收入的海洋第二、三产业，不断促使海洋产业的发展以谋求动态的平衡。

第二节　海洋灾害制约下海洋劳动者就业的扩大

从上面的分析中我们已经了解到了，不论从劳动力就业现状分析还是从未来吸纳潜力来说，海洋产业的发展对吸纳劳动力就业都具有重要的意义。而众所周知，海洋灾害对全人类的影响都是巨大的。同样，其对海洋产业的制约和破坏都是非常

严重的。现阶段，我们必须贯彻可持续发展战略。具体到海洋开发方面，意味着在加大海洋资源利用力度的同时，要保证海洋资源的可持续发展，以确保子孙后代同样拥有美丽的海洋和丰富的资源。促进海洋的可持续发展，具体就要落实到海洋产业的可持续发展和不断的完善上来。此外，如果我们仅仅注意了海洋产业的发展，而没有把落脚点放在维护海洋产业从业劳动者利益的角度上来，一项政策的实施，如果不能惠及其劳动者，那么这项政策则不具有真正的可实施性。因此，我们必须解决如何在可持续发展战略下，避免或尽量减少海洋灾害的影响，不断完善海洋三次产业，促进产业劳动者收入提高的问题。这就要求我们不断促进海洋资源的充分利用，利用高科技技术，提高海洋资源利用率，针对海洋各产业的特点，正视其存在的问题，协调发展海洋三次产业，并结合我国各地的实际，发挥各产业的比较优势，促进劳动者就业的增加，提高劳动者收入。

一、我国海洋三次产业普遍存在的问题

1. 国家从整体上对海洋产业的宏观指导、协调和规划不够。如海洋第一产业——渔业大多仍处于粗放型发展阶段，急需国家在政策导向上予以引导与扶持。同时，有些海洋资源开发利用程度明显不高（如海水综合和循环利用、海洋资源利用等方面），还有一些可开发的重要资源（如海滨砂矿、海底矿产等）的储存数量不明，严重影响了海洋经济的整体协调、健康的发展。

2. 我国的海洋开发水平、海洋产业结构和布局与发达国家相比还有一定的差距。从总体来看，我国的海洋开发水平与世界海洋开发水平相比而言，我国海洋资源的总体开发程度仍然比较低，近海海洋资源的平均开发系数仅为 0.2，主要海洋产业的产值仅占国内 GDP 的 4%，而世界平均水平为 5%，这一数据与我国拥有的资源量极不相符；从结构上看，在发达国家海洋经济中，第一产业所占比重一般在 8% 以内，第二产业一般都在 40% 甚至 50% 以上，我国虽然在海洋第二、三产业的比例有所增加，但与发达国家相比，还有一定的差距。

3. 知识结构和人才结构的不合理。这使得新技术商业化、产业化和国际化存在着困难。像海洋药物的迅速崛起，使社会来不及设置相应专业、培养专门人才，所以具有雄厚的海洋生物学基础、医学专长的人可谓凤毛麟角。这就制约了海洋资源的开发及开发成果向产业化快速转化。许多海洋高新技术及其产品的开发长期处于研究试验阶段和待开发状态（如海洋生物医药业、深海采矿业等），且相应成果的转化率也较低，投入实际应用的比例也偏低。

4. 海洋开发风险大，难以产业化。海洋产业是投资大、时间长、要求技术高的产业部门。由于企业的研究开发力量薄弱、资金短缺，对新技术、新产品的开发无能为力，就导致了科学与经济的断层。即使有些企业成功地研制出某种新产品，由于风险太大，企业也不想涉足其中，这也使得研究成果，被束之高阁，难以产业化。

5. 海洋灾害不断发生，阻碍海洋产业的可持续发展。全球海洋灾害的频繁发生，严重影响了世界各国包括我国海洋产业的正常发展速度，打乱了我国海洋产业的发展计划，给我国海洋产业的持续开发带来了困难，影响了我国海洋产业劳动者的人身、财产安全，也会在一定程度上影响人们进入海洋产业工作的积极性。

如果国家想要从根本上提高海洋产业劳动者的收入，保障劳动者的长远权益，那么就必须要从根本上解决海洋产业存在的上述问题，只有从源头上解决了制约劳动者收入保持稳步提高的因素，才能实现海洋产业的长足发展和劳动者生存状况的改善。

二、以转产转业保障渔民的就业和收入

（一）第一产业渔民面临的新问题

1. 渔业资源不断枯竭，海洋捕捞能力过剩。进入 20 世纪后，随着人类工业化进程的不断加快，认识世界能力的不断提高，海洋资源的不断大规模开发利用，人们认识到海洋渔业资源不是可以无限制的开发利用的。而且随着人类的捕捞技术的迅速发展，捕捞劳动力也迅速扩张，到了 20 世纪 60 年代后期和 70 年代早期，全球总渔获量水平已趋近高峰。此后，捕捞业投资继续扩增。过度捕捞的问题日益凸显，海洋渔业资源日趋衰退，许多地区的渔业生产开始下滑。目前捕捞的海洋经济鱼类中已经有60％的种类达到捕捞的极限或过度，甚至枯竭。另外，由于近年来工业和生活污水大量排放、突发性污染事故、工程建设项目对鱼类栖息地的严重破坏，渔业水域生态环境受到严重污染和损害，天然渔业资源和养殖业面临威胁，特别是污染破坏了部分经济鱼类的近岸产卵场和养殖水域，鱼类繁殖能力严重下降，加剧了渔业资源的衰退。我国近海渔业资源迅速减少，也就突出的表现为我国的捕捞能力出现了过剩。这种情况势必要求我国要调减捕捞渔船，转作他业或淘汰报废，把渔业过剩劳动力转移出来。

2. 渔业生产率提高，渔民就业量增加速度减缓。社会劳动效率的不断提高使

生产商品所需要的社会必要劳动时间越来越少；机器大工业的不断发展，科技水平的不断提高，体力劳动越来越多地被机器所取代。对于渔业这一靠天吃饭的产业来说，就更不可避免地会形成劳动力的绝对过剩。虽然海洋捕捞仍是劳动密集型产业，但在科技进步的巨大替代作用下，其劳动密集度不可避免的大大下降了，这就使得海洋捕捞渔民的转产转业成为经济结构调整的客观要求，科技进步的历史必然。

3. 渔民思想观念保守，综合素质较低。我国大部分渔民都带有陈旧、保守、缺乏闯劲的心态，对以捕捞为生的传统生活方式有着较强的依赖性。有相当一部分渔民对退出捕捞后的就业出路存有种种顾虑，认为还是捕鱼最保险。渔民对转产转业普遍持消极等待态度，缺乏积极性、主动性。此外由于自然生存条件较差，渔民除了靠海以外，基本上无土地和其他资源。近几年来，尤其受涉海项目占用和发展沿海旅游业的影响，近海养殖水产受限，发展空间狭小。再加上信息闭塞，经济、社会、人文环境等条件相对较差，导致渔民转产转业空间非常狭窄，渔民进入其他产业难度很大；渔民整体综合素质较低。文化水平低、技能单一。世代生存在海岛和大海的渔民熟练掌握的是海洋捕鱼技能，生活、生存的本领大多只有海洋捕捞这一技之长，技术单一，要想较快的掌握新的谋生技能存在较大的局限性。

4. 渔区社会保障体系建设问题尚未引起重视。渔民的社会保障问题一直是困扰我们国家的一个重大问题，当前我国的现实是渔民社会保障水平基本处于最落后的状况，至今没有起码的社会保障制度安排：没有医疗保障、没有养老保险也没有失业保障。随着转产转业工作的深入，失海渔民及老年渔民生活困难问题更加凸显，在一部分偏远的海岛渔区，问题更加严重。一方面，由于渔船的报废减少，渔民的直接生活来源会明显的减少，与之相关的如退休渔民养老补助的发放得不到保障，就会给渔民以后的生活带来严峻的考验；另一方面，国家发放的补助是发给渔船的所有权人，大部分转产转业渔民由于不具有对渔船的所有权而得不到任何补助，成了一无所有的"失海渔民"，这就会激化涉海各方面的矛盾。这对我国国家政策的顺利实施和维护国家的安定团结提出了一个严峻的考验。

（二）以转产转业保障渔民的就业和收入

通过对渔民面临问题的分析，现阶段我国要想通过海洋第一产业渔业的发展，来增加渔民的就业量或者提高广大渔民的收入，具有较大的难度。因此，只有政府通过积极的政策引导和扶持，才有可能实现现有渔民收入的稳步提高。政府一方面要完善各项补助政策，解除渔民的后顾之忧，鼓励有条件的渔民转产转业，从事收

入增长潜力较大的海洋第二、三产业；另一方面，要解决现有渔民社会保障不健全的问题，保障那些没有条件转产的渔民收入的稳定。

1. 完善各项补助政策。

（1）增加钢质捕捞渔船报废补助标准。从 2002 年 7 月开始实施的渔船报废补助的实践，充分证明了这一政策对渔民转产转业的重大推动作用以及渔民转产转业对船网工具指标和海洋捕捞强度的控制作用。近几年，报废的捕捞渔船绝大多数为木质机动渔船，但随着渔民转产转业的深入，一批钢质捕捞渔船也逐渐列入报废拆解范围。由于钢质渔船成本较高，如果仍然以木质渔船的标准给予报废钢质渔船所有者补助，不能弥补渔民的经济损失，渔民的心理上会产生抵触情绪，就违背了我国开展渔民转产转业政策的初衷。因此，为推动钢质捕捞渔船的报废工作，国家应及早确定合理的报废钢质捕捞渔船的补助标准。

（2）给予非船东渔民经济补助。针对渔村经济体制的实际情况，为缓解渔区各方面的矛盾，体现政策的普遍性，建议除对报废的捕捞渔船所有人继续按原补助政策实施外，同时对报废渔船上的其他非船东且持证渔民，可考虑给予一定金额的一次性转产转业补助。这就可以在一定程度上平衡渔区船东和非船东渔民的收入，提高渔民转产转业的积极性。

（3）完善渔民培训补助政策。政府在组织转产转业渔民参加技术培训的同时，还要考虑将渔民子女纳入培训工程，对那些经政府确认的临界补助和低补对象，其子女的教育费用可以由地方财政补助到学校，减免生活困难的渔民子女学生学杂费。此外，各地方政府可以牵头用人单位对渔民进行针对性的培训。对培训合格人员，用人单位如果予以接收并签订长期、稳定的劳动合同，各地政府可以在税费的征收以及地、水、电等方面给予一定的优惠。以形成用人单位、转产渔民双赢的格局。

2. 健全渔民社会保障制度。渔民是一个特殊的群体，既无土地依靠，又无稳定的海洋资源可以依靠，特别是因专属经济区制度的实施而失去原有生产和生存空间的失海渔民以及生活困难的老年渔民，更是社会的弱势群体。建立渔区社会保障制度关系渔区社会稳定和全面建设小康社会的进程。我国应该尽快建立渔区社会保障制度，并把这项工作作为今后国家制定有关渔业政策的重中之重，努力加以突破。可以先将符合"低保"条件的失海渔民或老年渔民家庭纳入最低生活保障范围；其次，各政府还可以设立渔民转产转业基金或渔民再就业基金，通过金融机构提供无息、低息贷款，帮助解决转产渔民再就业的资金问题，鼓励渔民转产转业和创业；最后，逐步把渔民纳入养老保险和医疗保险范围，实施渔民最低生活保障制

度，使渔村所有劳动者不分身份都能享受养老保险的保障。

在目前渔村的集体积累越来越少，渔民整体收入趋缓且偏低的情况下，建议国家首先尽快制定渔民养老保险的专项补助。其次，探索失海渔民和困难（老年）渔民养老保障制度；最后，逐步建立捕捞渔民养老、医疗等社会保障制度。[①] 通过以上措施，为转产转业做好配套辅助工作，保持我国社会的稳定，以最终达到稳步提高渔民收入的目的。

3. 注重发展渔港经济区。为增加渔民和渔业企业的经济效益，沿海各地应积极挖掘区域潜力。通过实践，我国总结出大力发展渔港经济是拓展沿海渔业经济的重要途径。主要做法是：加快水产码头建设，改善港口基础设施；加强渔船基地以及渔货批发市场、水产品交易市场、休闲中心建设，为城市居民提供一个以海洋和渔业为中心的休闲基地。这对促进渔民的转产转业、活跃渔业经济、推动渔港改造、形成现代渔港经济区、增加企业和渔民收入、发挥渔港的巨大潜力都有很大的促进作用。

近年来，沿海海洋与渔业系统把沿海捕捞渔民的转产转业工作继续作为重点来抓，主要做好减船转产和渔民重新就业技能培训两方面工作。各地相继出台了一些扶持政策。2004 年全国沿海总计拆解渔船 8 000 多艘，转产转业渔民近 5 万人，培训转产渔民 3 万多人。海洋机动渔船因转产拆解、自然报废、转作运输、销毁"三无"渔船等减少 10 100 艘，减幅为 3%，减少的船只 80% 为转产拆解。2004 年海洋捕捞渔船比 2003 年减少了 5 000 多艘，减幅为 2.2%。渔民转产转业工作取得了较大成效。

三、以海洋第二产业自身优势增加劳动者的就业和收入

由于海洋第二产业具有产业增长率高、产业收入增长快的特点，发展的充分与否直接关系到国家在未来社会国际竞争力的强弱，因此海洋第二产业势必将会在国家的重点扶持下蓬勃发展。第二产业规模的扩张以及收入的增加，一方面对产业劳动者的需求会不断增加，增加劳动就业量。另一方面产业的繁荣会使该产业劳动者收入不断提高，那么愿意从事该产业的劳动力数量也会不断扩大。因此，海洋第二产业的发展会在实践中直接提高劳动者收入，不断扩大劳动者的就业规模。下面我们将着重阐述如何使海洋第二产业吸纳劳动力就业、增加劳动者收入的优势得以充

---

① 方佩儿：《沿海捕捞渔民转产转业工作的思考》，载《中国水产》2005 年第 5 期。

分发挥。

（一）培养专业人才增加劳动力就业量

随着人类社会的不断进步，人类越来越认识到海洋蕴含着众多具有独特功效的生物活性物质，如何真正利用这些宝贵资源为人类服务，克服人类尚无方法解决的疾病，发挥其经济和社会效益就成为人们非常关注的问题。因此，海洋药物产业就成了人们亟待开发的领域。海洋生物医药业是指从海洋生物中提取有效成分，利用生物技术生产生物化学药品、保健品和基因工程药物的生产活动。当前，海洋药物产业由于缺乏高技术人才而尚未形成完善的产业。2005 年海洋产业从业人员为 2 700 万人，但是其中的专业人才还不足 1%。而其中有关海洋药学方面的专家则少之更少，我国高校中极少有学校开设海洋药学专业，所以海洋药学产业的专业人才储备也成了制约海洋药学产业发展的"瓶颈"。

针对这种情况，我们要加强对海洋药物高级人才的培养，同时也可以改变我国高校专业设置盲目跟风，滞后于社会需求的问题，增加毕业生的就业量。我们可采取如下措施：

1. 做好在职人员的培训工作。我国要把人才队伍自身建设和引进国内外优秀人才作为制定和实施海洋人才发展战略的出发点。从现有国家从事海洋产业的人才队伍的实际情况出发，通过多种方式和途径，重点培养和锻炼现有广大干部职工的积极性和创造性，不断从中发现、培养和使用人才。同时，也要不断创造条件，积极引进国内外海洋工作领域的优秀人才，特别是各类急需的海洋高新技术人才。以建设一支具备丰富的实践经验、扎实的知识基础和饱满的创新精神的海洋人才队伍。

2. 根据社会需求培养专业人才。我国有条件的高校要改善专业设置，调整海洋类人才的培养结构，做到既要满足社会需求，又不造成人才的浪费。21 世纪高等海洋教育的改革与发展，应充分发挥海洋科学教学指导委员会的咨询和指导作用，结合经济全球化对高等教育提出的新的要求，深化海洋科学人才培养模式的改革，增强海洋科学的发展实力。[①] 如果能够按照产业的需要培养专业的对口人才，就可以很大程度上解决毕业生就业难的问题，一方面提高我国劳动者的就业量，另一方面可以促进产业收入的增加，这就会在很大程度上增加我国国民和家庭收入。

一个产业只有具备相关人才才能完成产业的技术开发和创新，才会在国际竞争

---

① 叶强：《实施海洋人才战略，加强海洋科技人才需求预测》，中国海洋大学 2004 年。

中形成自己的优势，保持不败之地。而在职人员的培养会提升工作人员的整体素质；对口专业的设置为以后产业的长远发展提供了储备人才。如果能够做好以上两点，将会促进我国海洋第二产业的长远发展，这也就必然会促进劳动者就业量的增加和收入的提高。

（二）综合利用资源扩展劳动者增收领域

海洋里蕴含着丰富的矿产资源，对砂质海岸或近岸海底开采金属砂矿和非金属砂矿的活动我们称为海滨砂矿业。在对矿产资源的开发利用中，不仅要提炼利用矿物中某种主要有用的材料，还要对其中所含其他共生有用材料进行提炼，这种做法可以提高资源的利用效率，防止资源的无意识浪费。而对矿产资源的综合开发利用会带动海洋各产业的综合发展。产业的发展会以各种形式惠及其从业者。

对于海洋石油工业来说，目前存在的问题是采收率较低，生产时间长，获得的原油总量少，每年产量不高。如果要提高海洋石油的开发效率，将更多的原油经济快速地开采出来，要做好以下几点：

1. 最大限度地利用已开发资源，开拓增收领域。要充分利用先进的原油开发技术，打破现有模式，带来开发观念的更新。根据目前石油开采的最新技术成果和油藏条件，先制定原油采收率目标（特别是在目前，大幅度提高采收率的三次采油技术将有可能有所突破和发展的时候，这一点更为重要），再根据海洋油田开发的特点（时间限制）和开发技术现状，反过来制定开发模式、进行经济评价、制定开发方案。这就可以最大限度利用石油资源，在提高经济效益的同时，起到保护资源、合理利用资源的作用，带来更大的经济效益和社会效益。在同时考虑最大经济效益和最高原油采收率前提下，快速、高效地开发油田，一方面可以防止石油开采度过低，其他资源浪费严重；另一方面可以促进与石油开采相关产业的发展，为其他产业提供原材料，这就不仅可以促进石油开采业的发展，还可以带动相关产业，促进相关产业效益的提高，实现各产业劳动者收入的提高。①

2. 开发利用远海、大洋的资源，实现劳动者增收。到目前为止，人类对海洋的开发利用活动主要是在近海进行，但近海资源是有限的，远海、大洋富含丰富的，不为人类所熟知的各类资源。随着海洋经济规模的不断扩大，近海资源衰退的问题的日益显现，这就需要人们将开发领域由近海向远海及大洋拓展。一方面可以满足产业发展需要的资源要求，另一方面可以维护近海资源的可持续发展，防止过

---

① 周守为：《中国海洋石油开发战略与管理研究》，西南石油学院 2002 年。

度使用造成的严重海洋灾害后果。但是由于远海和大洋的海洋状况和条件比近海要复杂恶劣得多，开发的风险和投资比近海大许多。因此，必须要通过对高新技术的利用，降低风险和投资，实现对远海和大洋资源的开发利用。在海洋资源的开发利用活动中，只有对海洋资源进行多层次开发和综合利用，才可能提高海洋资源的利用率，并促进与之相关产业的发展与完善，最终促使产业劳动者的收入水平不断提高。

（三）促进产业完善增加劳动者就业和收入

1. 以自主创新保持船舶业优势，增加劳动者就业与收入。海洋船舶工业指各种航海船舶（含渔轮）的制造和修理活动。属于制造业范畴，一般属劳动和资本密集型产业。因此该产业对吸纳劳动力就业来说具有较大优势，2005 年我国造船量占世界的 18%，中国造船能力以年平均 40% 的速度递增。继续保持我国的产业优势，对吸纳劳动力就业并增加就业劳动者的收入有很大的促进作用。要想继续发挥并突出我国海洋船舶工业在世界上的优势，则应该在借鉴国外先进技术和经验的同时，增进我国造船企业的自主创新能力、提高我国国内设备的配套率、优化造船模式、提高技术含量。具体措施包括：

（1）要转变传统、落后的产业发展观念。我国的海洋船舶业要抢抓机遇，按现代总装造船模式对企业传统的工艺流程进行再造。有条件的企业要把产品目标定位为大型客滚船、海洋石油工程船舶、出口集装箱船和大洋渔业船舶等高技术含量、高附加值船舶。突出主业、多元经营、军民结合，推动我国由造船大国向造船强国稳步发展。

（2）要形成产业规模集群化生产，实现规模经济。我国可以建成环渤海船舶工业带和以上海为中心的东海地区船舶工业基地、以广州为中心的南海地区船舶工业基地。重点发展超大型油轮、液化天然气船、液化石油气船、大型滚装船等高技术、高附加值船舶产品及船用配套设备，同时稳步提高修船能力。

（3）对从业人员进行在职培训，适应新技术。首先，要进一步落实专业技术人员定期进修、在职进修、工作实践、交流等多途径的培训制度。根据需要和可能，尽量选派一些业务水平高、思想好的人才出国学习和培训，开展国际间的学术交流和合作，促进技术创新，提高专业技术人才水平，参与国际海洋竞争。其次，还要针对非技术类员工制定比较完善的培训体系，使他们能够不断适应产业发展变更的需要，提高工作的熟练程度，掌握必要的技能，以实现从业者工作的稳定和收入的稳定提高。

2. 以高新技术开发海水淡化业，增加劳动者就业与收入。海水淡化和综合服务业的开发要以发展高技术、先进技术为主导。海水淡化和综合服务业所使用的现代海洋技术，大部分属于尖端技术。如果在现代海洋开发中没有高技术、先进技术来支持，海水淡化就不可能实现大规模利用，其他海洋经济活动也不可能得到大规模的拓展，也不可能朝着纵深方向发展，那么我国海洋高端产业的发展就遥遥无期，以产业开发促进劳动者就业，增加收入的目的就无从实现。

3. 以新装备提升工程建设业，增加劳动者就业与收入。在海洋工程建设业中，越来越多地要应用微型计算机、激光、光导纤维和机器人等先进技术，来提高开发效益。所以，发展海洋技术必须以发展高技术、先进技术为主导。海洋工程装备制造要重点发展海洋钻井平台、移动式多功能修井平台、海洋平台生产和生活模块、从浅海到深水区导管架和采油气综合模块、大型工程船舶、浮式储油生产轮。

只有通过采用高科技技术，加大对海洋资源的充分并合理的使用，扩大海洋产业增值的空间，促进海洋产业的不断发展和进步，才能拉动就业量的增长。这样也就可以通过海洋产业的发展促进劳动者收入的提高。结合我们上面提到的海洋产业吸纳劳动力的潜力，产业的发展可以在很大程度上促进劳动者就业，提高劳动者收入的增长。

总的来看，只有从根本上解决了海洋产业人才缺乏，科学技术水平亟待提高的问题，才能从长远上促进我国海洋产业特别是高科技产业的不断发展。从现在资源短缺的条件下看，科学技术在实践中的应用是提高劳动者收入的惟一途径。因此解决人才和科学技术问题也就会从根本上不断促进我国海洋产业从业劳动者的收入水平。

四、以海洋第三产业特有潜力增加劳动者就业和收入

海洋第三产业包括海洋旅游业和海洋运输业，这两个行业在吸纳劳动者就业上均有很大的潜力，潜力在多大程度上可以发挥出来主要取决于我们对行业的认识。下面我们以海洋旅游业为例分析海洋第三产业如何才能最大限度的吸纳劳动者就业，增加收入。海洋旅游业不仅包括海滨观光、海水浴场、还包括像海滨休憩、消闲、度假、疗养、海上体育、海上娱乐、海底探险、海洋博物馆等很多领域，发挥海洋旅游业的潜力就是要在"风平浪静"的时期充分发展挖掘，最大限度的获得收入；在灾难来临的时候休养生息，以平静时期的盈余弥补灾难时期的不足，从而实现总量的增长。在灾害面前我们最大的能力就是减少损失，而增加收入只能在灾

害不发生的时候完成。

　　发展海洋旅游业从总体上说可以增加一个国家的总收入与国内总产值，能够给东道主国家或地区的政府和人们带来巨大的经济收入。而且由于海洋旅游活动以海洋旅游资源为基础、以知识和高科技为依托、以雄厚的资金为支撑，依赖交通运输业、建筑业、海洋环保业、工业、商业等许多经济产业的协作和配合。要想旅游业离不开其他很多产业的配合，同样海洋旅游业的发展会带来大量旅客、促进货币和信息的加速流动。这也必然会给其他相关产业带来活力，发挥产业间的相关性，相互促进。因此海洋旅游业的发展不仅可以直接增加海洋旅游方面的经济收入，发挥海洋旅游业劳动密集型产业的优势，促进雇员的增加，减少失业率。还会产生更大规模的间接效应，实现多产业增收，并带动与旅游行业有关联的产业的就业增加。

　　海洋旅游娱乐业发达的西方国家的成功经验已充分证实了海洋旅游业的这一功能。美国夏威夷的海洋旅游娱乐业成为该州第一大海洋经济产业；西班牙海洋旅游娱乐业已成为该国国民经济最大的支柱产业；地中海沿岸国家无不仰仗海洋旅游娱乐业去发展本国经济。因此，我国要重视目前发展海洋旅游业过程中面临的问题，提出并实施相应的对策，真正发挥我国海洋旅游业增加收入和就业的优势。

　　就目前来看，我国海洋旅游业发展主要存在下面几个问题：第一，对海洋旅游业发展重视不足。受我国现阶段经济发展水平的制约，有关部门对海洋旅游业的认识不足，忽视了海洋第三产业的巨大潜力，海洋旅游项目不够丰富。尽管国内一些发达沿海省市已经将海洋旅游业视为经济先导产业，但目前，各地政府、旅游、渔业等相关部门依然没有形成共识，缺乏相互之间的互通有无，协调发展更是难以企及。这对于我国海洋旅游业的整体协调发展，早日形成规模产生了很大的负面影响，无法发挥海洋旅游业巨大的增收优势。第二，部分地方盲目开发，资源破坏严重。与我国经济不断发展相伴随的是资源的浪费和过度利用。海洋旅游经济的发展中这种现象也屡见不鲜。某些地方政府"目光短浅"，不顾实际情况、市场规律，盲目开发海洋旅游项目，为了眼前的经济利益不顾一切。有的地方一味扩大景区规模，致使游客数量大大超出环境的科学承载量。因为某个项目、某个产品而不惜严重破坏渔业资源和海洋环境资源的状况时有发生。这些做法不仅降低了旅游质量，也给海洋和周边环境造成了极大的污染，很不利于实现海洋旅游业的可持续发展。长此下去，会破坏整个海洋生态环境，我国再无可以利用的自然资源，子孙后代的生命财产安全会受到威胁。第三，各地海洋旅游业没能形成真正的特色。我国目前的海洋旅游项目和景区大同小异。很多地区设置景点时盲目跟风，没有根据自己地区的实际特色发展旅游项目，没有打出属于自己的品牌吸引游客。这些因素都制约

了平静时期我国海洋旅游业的发展，这就会从根本上制约海洋旅游业的长远发展和收入增加。从而影响海洋旅游业从业人员的收入增长甚至无法发挥其吸纳劳动力的优势。

要解决我国海洋旅游业目前存在的上述问题，充分发挥海洋第三产业增加劳动者就业和收入的特有潜力，必须努力做好以下几方面工作：

1. 深入挖掘，丰富海洋旅游项目。全面开发海洋旅游资源，做到"四向"：向海岸景观要效益、向海岛景观要效益、向海上景观要效益、向海底景观要效益。全方位、立体化地利用好各种海洋资源，最大限度地发挥资源优势，创造海洋旅游经济的规模效益。以蓬莱为例，我国北方的蓬莱在深入挖掘海洋旅游资源方面就做足了文章。20世纪90年代蓬莱海洋旅游项目主要有蓬莱水城、海洋极地世界、八仙过海口等景区（点），以及部分海上观光和沙滩休闲娱乐等一些小项目。这些项目的成功开发在很大程度上丰富了当地的海洋文化内涵，促进了当地旅游业的快速发展。但蓬莱并没有满足于这些成绩，他们认为海洋旅游经济要想达到一定的规模，仅靠这几个项目是不够的，在海洋旅游资源开发方面必须进一步加大力度，必须深入挖掘，向高附加值项目要效益。正是在这个思路的指引下，经过深入挖掘，这个北方县级市成为我国最大的海上园林、最大的海上奇石林、最长的海上游廊、最高的海上楼阁的八仙过海景区的主人；它还拥有世界最大的展示圆柱缸、亚洲最大的热带雨林馆、国内最大的鲨鱼馆和海龟馆、亚洲展示面积最大的海洋极地世界；国内现存最完整的古军港——蓬莱水城，明代古军港保护性修复工程于2006年底全部完工并对外开放；国电聂家沙滩室内海水浴场项目开发工作于2006年底投入运营。这些项目的推出为当地从业者带来了巨大的经济效益和长远的社会效益。这些闪光点正是挖掘的结果，面对海洋反复无常的性格，只要向纵深处寻找，总能找到好的项目。好的项目就意味着高的旅游收入，那么劳动者的收入也会随着好项目的繁荣不断提高。

2. 保护海洋环境，实现可持续发展。面对"先污染、后治理"的传统模式对我国现有海洋、陆地资源的破坏，在以后年度的海洋旅游业开发中，我们必须要坚持严格保护、科学管理、合理开发、永续利用的方针，加强对海洋旅游资源开发的宏观管理。建立沿海旅游区的环境质量标准，控制环境容量，促使滨海旅游环境的良性循环。对旅游资源的开发要有重点、分层次地逐步展开，避免不分主次、一哄而上的开发现状；对于稀有的和可再生的海洋旅游资源，应以保护为主，严格控制开发力度；积极倡导生态旅游，调整布局，分流客源，满足旅游者多样化需求，减缓重点海洋景区的压力。

此外可以通过扩大的海洋旅游提高全民的海洋意识，加大海洋意识的宣传力度，从而树立起海洋的经济观念和海洋的保护观念。一方面实现海洋旅游资源的可持续发展；另一方面发挥海洋旅游业巨大的发展增收潜力，真正达到经济效益和社会效益的统一，使我国的旅游业持续不断的发展下去，实现沿海地区涉海人员的整体收入增加，增加我国的国民收入，减少沿海地区的失业人数。

3. 突出地方特色，重视旅游产品的文化内涵。要避免我国海洋旅游资源开发无显著特色的问题，各地海洋旅游的开发必须突出本地方特色。在对当地文化内涵深入挖掘的基础上，开发特色鲜明，高层次的海洋旅游产品，加强产品的组合。只有结合各地的海洋渔业文化、历史文化、民俗文化资源，不断开发新产品，以丰富、高层次的海洋旅游产品，满足旅游者的猎奇心理，游客和市民认可了感兴趣了，一个项目才能长久地发展下去，才能成为收入的持续来源。只有这样才能从根本上增强一个地方海洋旅游业的竞争力。

各个地区之所以能够形成自己不同的特色，是由于我国漫长的历史积淀，形成的各具特色的文化内涵。在我国居民生活基本达到小康之后，精神文明就成了人们更加重视的内容。因此各个地方要重视旅游产品的文化内涵，这样一方面可以提高旅游产品的品位，另一方面创造经济价值的核心要素。这样在旅游产品的开发中应突破纯粹的观光、度假、休闲模式，要充分利用丰富的海洋旅游文化内涵，挖掘沿海地区的渔家民俗文化、宗教文化（道教、佛教、妈祖等）、海洋科学文化等内涵，形成形式多样的海洋文化旅游产品，增加本地区对游客的吸引力，提高项目投入资金的收益率，增加产业收入，带动就业扩张。

以青岛为例，青岛的海洋旅游业早就确定了以"山、海、城、文、商"为特色的发展之路，"山"，就是依托崂山和青岛近郊的生态山林，将崂山的道教文化充分挖掘、拓展，打造青岛独具特色的旅游文化品牌；"城"，就是依托欧陆建筑和现代都市相互融合的城市风貌，充分发挥老城风貌保护区所形成的都市旅游特色，加快老城区旅游资源的保护、挖掘和与东部新城区的贯通，充分地展示海滨城市的休闲度假特色；"文"，就是要依托古老的历史积淀和在中国近现代史上的地位，继承东西方文化交融的传统，发挥青岛历史名人、名士众多的优势，开发历史文化内涵；"商"，就是要依托对外开放的综合优势，积极承办各种商务、经贸、节庆、会展活动，积极打造青岛海洋餐饮文化品牌，大力发展商务旅游，以商促旅。此外，青岛还有许多特色尚待挖掘开发，要通过不断地创新包装，赋予这些资源以更丰富的海洋文化内涵。如青岛的海洋节，尽管已举办了几届，但知名度仍有待提高。要想把海洋节打造成一个著名的节庆品牌，还需要进一步挖掘青岛独特的

海洋文化内涵，精心策划、组织，将这一节庆做新、做精、做大。

4. 有效解决旅游淡季、旺季问题。要做到"淡季有活动，旺季有高潮"。由于海洋文化与大陆文化存在较大差别，这种差别强烈地吸引着久居大陆和城市的人们，纷纷走近大海，分享大海带来的无穷乐趣。由于气候方面的原因，游客一般会在 4~10 月份集中到海边游玩，其他月份的旅游淡季游客数量相对较少，解决好这个问题就可以在淡季时多一些收入，从而增加总收入。还以蓬莱为例，蓬莱具有丰富的海洋旅游资源，既有适合夏季海洋旅游的海岸和海岛自然景观资源，又有适合冬季海洋旅游的室内人文海洋景观资源。旅游旺季时内陆地区的人纷纷来到这里享受着海风的吹拂，海浪的拍击，久居内陆的人们亲身体会大海带来的无穷的乐趣；而旅游淡季的游客大都来自沿海地区，这些常年生活在海边的人们可以体验到冬季在海水中嬉戏的享受和观赏海洋极地动物带来的乐趣，真正做到了"淡季有活动、旺季有高潮、年年有创新"，有效地解决淡旺季海洋旅游严重失衡的问题，在总量上增加劳动者的就业。

5. 做好各地区的统筹开发，增强整体竞争力。我们都知道，没有部分就没有整体，但是整体的作用要大于各个单独的部分。在国际竞争日趋激烈的前提下，我国要想适应时代潮流，创造具有我国特色的海洋旅游经济增长点，就必须促进我国海洋旅游资源特性相近或相似的地区以及地理位置相近的地区进行区域合作。通过这一策略对区域内相似的旅游资源进行整合开发，丰富旅游项目；通过地区联合增强各地的市场营销能力，突出地方优势、树立鲜明旅游形象、克服某些地区区位偏远的弊端，增强我国海洋旅游业的整体竞争力。如果沿海各个有条件的地区联合起来实现优势互补，就可能吸引更多的游客到该地区游玩，那么整体的营销策略就会带动其周边地区游客数量的增加。实现区域旅游业的不断发展壮大，吸纳更大的劳动力服务于该地区旅游业的完善，实现劳动者收入的不断增加。

参考文献

1. 曾横一：《影响我国海洋油气开发的海洋灾害》，载《海洋预报》1998 年第 8 期。

2. 许林之：《我国海洋灾害状况及防御对策》，载《海洋预报》1998 年第 8 期。

3. 刘纪元：《我国的海洋监测与海洋防灾减灾》，载《科学中国人》1998 年第 10 期。

4. 许林之：《加强海洋观测预报工作的几点建议》，载《海洋技术》1999 年第 6 期。

5. 郑培昕、李亚利：《关于大力发展山东省海洋旅游娱乐业的策略研究》，载《海洋工程》1999 年第 6 期。

6. 常敏毅：《要加快我国海洋药物的研究与开发》，载《前进论坛》2001 年第 1 期。

7. 郑贵斌：《新兴海洋产业可持续发展机理与对策》，载《海洋开发》2003 年第 6 期。

8. 栾维新、宋薇：《我国海洋产业吸纳劳动力潜力分析》，载《经济地理》2003 年第 7 期。

9. 郑贵斌：《海洋产业国民经济中的战略产业与增长点》，载《发展论坛》2003 年第 12 期。

10. 郑贵斌、姚海燕：《我国海洋药物产业的发展状况展望和对策》，载《经济研究参考》2003 年第 33 期。

11. 国家海洋局：《建设海洋灾害预报系统》，载《中国减灾》2004 年第 1 期。

12. 杨同玉、李文鹏：《渔民转产转业问题与对策》，载《渔政》2004 年第 4 期。

13. 杨俐、乔智芳：《山东省海洋旅游业发展探讨》，载《齐鲁渔业》2004 年第 4 期。

14. 郑贵斌：《海洋新兴产业演进趋势机理与政策》，载《山东社会科学》2004 年第 6 期。

15. 杨黎明：《绍兴海洋捕捞渔民转产转业调查与研究》，载《中国渔业经济》2005 年第 2 期。

16. 张红智、张静：《论我国海洋产业及其优化》，载《海洋科学进展》2005 年第 4 期。

17. 马志荣：《新世纪实行实施科技兴海战略的思考》，载《科技进步与对策》2005 年第 5 期。

18. 方佩儿：《沿海捕捞渔民转产转业工作的思考》，载《中国水产》2005 年第 5 期。

19. 宋立清：《我国沿海渔民转产转业问题的成因分析》，载《中国渔业经济》2005 年第 6 期。

20. 黄颖：《休闲渔业的现状与在我国的发展对策》，载《福建水产》2005 年第 6 期。

21. 黄颖：《休闲渔业的现状与在我国的发展对策》，载《福建水产》2005 年第 6 期。

22. 郭鲁芳:《浙江海洋旅游可持续发展对策研究》,载《江苏商论》2005 年第 12 期。

23. 崔木花、崔彬、左文喆:《我国海洋资源、产业的现状及发展对策》,载《资源与产业》2006 年第 4 期。

24. 苏纪兰、黄大吉:《我国的海洋环境科技需求》,载《海洋开发与管理》2006 年第 5 期。

25. 何广顺、王晓惠:《海洋及相关产业分类研究》,载《海洋科学进展》2006 年第 7 期。

26. 董玉明:《海洋旅游业在海洋产业中的地位和管理对策》,载《中国海洋大学学报》2001 年第 3 期。

27. 陈鹏、黄硕琳、陈锦辉:《沿海捕捞渔民转产转业政策的分析》,载《上海水产大学学报》2005 年第 12 期。

28.《自主创新是船舶工业发展的推动力》,载《中国海洋报》2006 年第 3 期。

29.《中国海洋经济统计公报 (2003)》。

30.《中国海洋经济统计公报 (2005)》。

31. 周守为:《中国海洋石油开发战略与管理研究》,西南石油学院 2002 年。

32. 叶强:《实施海洋人才战略,加强海洋科技人才需求预测》,中国海洋大学 2004 年。

33. 田东娜:《知识经济下区域海洋经济可持续发展研究》,辽宁师范大学 2004 年。

34. 刘文剑:《环境压力下海洋经济可持续发展研究》,中国海洋大学 2004 年。

第五章 海洋灾害、政府作为和 海洋经济收入

第一节 海洋灾害与政府作为

我国是一个海洋大国，大陆岸线长达 18 000 多千米，岛屿岸线长达 14 000 多千米，海区总面积约 470 万千米。由于其地理位置的特殊性，各种海洋灾害的经常发生给沿海经济发展和人民生命财产安全带来了巨大威胁，沿海地区是我国城镇、人口、财产密度最高，社会经济最发达的地区，所以尽管海洋灾害危害范围不如洪水、旱灾那样广阔，但对人民生命财产和社会经济发展仍具有重要影响。特别是近几十年来，不但沿海地区社会经济持续高速发展，而且伴随海上运输、海洋资源开发利用等的蓬勃兴起，一方面，使各类海洋灾害的破坏作用越来越广泛、造成的危害损失越来越严重；另一方面，由于人类活动影响，也使海洋污染和海洋环境的异常变化加剧，并导致赤潮等灾害日趋严重。

在这种情况下，近年来，海洋灾害已成为损失增长最快、对沿海地区未来社会经济发展影响最大的自然灾害之一。据粗略统计，各种海洋灾害在 20 世纪 50 年代平均每年造成的经济损失约 1 亿元左右；60 年代为 1 亿～2 亿元；70 年代为 2 亿～4 亿元；80 年代前期为 5 亿～10 亿元，后期为 10 亿元以上；90 年代以来有所增长，1990 年为 92.7 亿元，1991 年为 20 亿元左右，1992 年为 102 亿元，1993 年为 84 亿元，1994 年为 174 亿元左右，1997 年超过了 500 亿元。90 年代的年平均损失为 140 多亿元，90 年代的 10 年间死亡和失踪总人数达 3 919 人，严重年份甚至超过 1 000 人[①]。各种海洋灾害之间再加上人类活动的影响不仅破坏海洋环境，造成大

---

① 孙吉亭：《关于我国海洋第一产业发展的几个问题》，载《东岳论丛》2002 年第 3 期。

量海洋生物和海水养殖生物死亡，还破坏了渔业、养殖业等海洋产业的发展，给我国沿海带来巨大的经济损失。

一、历史上的风暴潮灾害

（一）风暴潮灾害概况

海洋自然环境发生异常或激烈变化，导致在海上或沿岸地区发生的灾害，称为海洋灾害。海洋灾害主要分为两种，一种是自然因素引起的灾害称为海洋自然灾害，主要指风暴潮灾害、巨浪灾害、海冰灾害、海雾灾害、大风灾害及地震海啸灾害等突发性的自然灾害；另一种是人为因素结合自然方面的原因引起的统称为人为海洋灾害如赤潮、污染等。这些海洋灾害还会在受灾地区引起许多次生灾害和衍生灾害。风暴潮、风暴巨浪会引起海岸侵蚀、土地盐碱化，海洋污染会引起生物毒素灾害并引起人畜中毒等。下面以位居众多海洋灾害之首的风暴潮为例介绍历史上海洋自然灾害造成的经济危害，政府必须出面建立国家统一的海洋预警系统和海洋监测系统以减少对海洋经济收入的损害。

风暴潮是由强风引起的剧烈增水现象，致使海面异常升高，造成大量海水漫溢，席卷码头、仓库、城镇街道和村庄。关于风暴潮的记载我国从汉代就已经开始，下面是汉代至民国时期的风暴潮灾害记录：自公元前48年至1940年，我国各种史书、地方志记载的风暴潮灾有570多次，造成的灾害极其严重。表5-1列举了其中死亡人数较多的26次特大风暴潮灾。地方志虽仅反映了某一地区局部的受灾情况，但我国沿海风暴潮灾的频繁性及其破坏力由此可见一斑。在历史时期中，我国的风暴潮主要发生在渤海湾沿岸、苏北沿岸、杭州湾附近和华南沿岸。

表5-1　　　　　　　汉代至民国末期我国沿海的特大风暴潮灾

时间	死亡人数	时间	死亡人数
公元 392 年	40 000	公元 1329 年	18 000
公元 656 年	7 000	公元 1357 年	10 000
公元 669 年	9 070	公元 1389 年	30 000
公元 1045 年	10 000	公元 1390 年	30 000
公元 1229 年	20 000	公元 1458 年	10 000
公元 1301 年	17 000	公元 1461 年	12 500

时间	死亡人数	时间	死亡人数
公元 1466 年	18 000	公元 1724 年	50 000
公元 1472 年	10 000	公元 1731 年	80 000
公元 1569 年	10 000	公元 1747 年	20 000
公元 1575 年	50 000	公元 1848 年	13 000
公元 1628 年	50 000	公元 1854 年	60 000
公元 1656 年	10 000	公元 1874 年	10 000
公元 1696 年	100 000	公元 1922 年	34 500

　　1949～2000 年间，我国沿海发生的特大、严重风暴潮灾害共有 60 次，潮灾的严重岸段为渤海湾至莱州湾沿岸、江苏小洋口到浙江台州及温州地区、福建的沙埕至闽江口、广东的汕头到雷州半岛东岸、海南岛东北部沿海，其中有 5 次特大灾难性潮灾。（1）1956 年第 12 号台风 8 月 1 日 24 时在浙江象山登陆，仅象山就死亡 3 400 人，冲毁房屋 7 万多间，淹没良田 11 万亩，全省伤亡 2 万多人。（2）1980 年第 8 号台风在广东徐闻登陆，湛江和海南死亡 414 人，伤 645 人，沉船 3 133 艘。（3）1992 年 8 月 31 日第 9216 号强热带风暴在福建长乐县登陆后，一路北上，受其影响，我国东部沿海近万千米的海岸线普遍出现高潮位，其中 11 个站位超过历史最高潮位，这次风暴潮共毁坏海堤、海挡、海闸 12 256 处，冲坏公路、桥梁 1 508 处，淹没农田 2 971 万亩，倒塌房屋 9.9 万间、损坏 36 万间，沉损船只 5 258 艘，淹没盐田 227.9 万亩，死亡 193 人，失踪 87 人，直接经济损失达 92 亿多元，这是我国北自辽宁、南至福建六省二市建国以来范围最广、损失最严重的一次特大风暴潮。（4）1994 年 8 月 21 日的 9417 号台风在浙江登陆，给浙江省带来的经济损失是有史以来最严重的，全省有 10 个地市、48 个县区、735 个乡镇、1 150 万人口受灾，死亡 1 216 人，直接经济损失 124.4 亿元，而其中温州市的损失为最大。（5）1997 年 8 月的 9711 号台风风暴潮，造成了建国以来经济损失最大的风暴潮灾害，在 9711 号台风风暴潮期间，据不完全统计，沿海有 18 个海洋站的高潮位超过当地警戒水位，其中，有 9 个站的潮位记录超过历史极限。9711 号台风风暴潮共袭击了浙江、福建、上海、江苏、山东、河北等 6 个沿海省、市。受此次台风风暴潮和台风浪的共同影响，我国沿海直接经济损失约 270 亿元，死亡 214 人，失踪 115 人。浙江省沿海遭受了 1949 年以来最严重的海洋灾害，直接经济损失约 193 亿元。

表 5-2　　　　　　　中国重大风暴潮灾害（1949~2004 年）

潮灾序号	发生时间	潮灾种类	成灾地区	受灾人数（万人）	死亡人数（人）	受伤人数（人）	直接损失（万元）	灾度评估
1	1949 年 7 月 24~26 日	台风风暴潮	浙江沿海上海地区	4.2	2 057	—	—	严重潮灾
2	1956 年 8 月 1~2 日	台风风暴潮	浙江沿海一带	—	4 629	2 万多人	—	特大潮灾
3	1959 年 8 月 23 日	台风风暴潮	福建厦门漳州地区	—	583	—	1 572	严重潮灾
4	1961 年 10 月 4 日	台风风暴潮	浙江临海三门	—	556	1 353	—	严重潮灾
5	1962 年 8 月 1~2 日	台风风暴潮	上海市	—	2	18	50 000	严重潮灾
6	1963 年 8 月 16 日	台风风暴潮	广州徐闻海南文昌、东方	—	—	—	10 000以上	严重潮灾
7	1964 年 7 月 2 日	台风风暴灾	海南靖海、东方广东雷州半岛	5.4	21	148	—	严重潮灾
8	1965 年 7 月 15 日	台风风暴潮	广东湛江、海康广西和浦	60	—	—	10 000	特大潮灾
9	1969 年 7 月 28~29 日	台风风暴潮	广东沿海地区	—	1 554	—	—	特大潮灾
10	1969 年 9 月 27 日	台风风暴潮	福建沿海地区	—	—	7 770	—	严重潮灾
11	1971 年 9 月 23 日	台风风暴潮	浙江温州福建福鼎、连江	—	216	—	—	严重潮灾
12	1974 年 8 月 18~21 日	台风风暴潮	上海市，浙江北部杭州湾沿岸福建沿岸	—	137失踪53 人	5	30 000	特大潮灾
13	1979 年 8 月 1~3 日	台风风暴潮	广东沿海一带	—	93失踪12 人	1 386	—	严重潮灾
14	1979 年 8 月 22~25 日	台风风暴潮	浙江，上海江苏启东县	—	—	—	10 000	严重潮灾
15	1980 年 7 月 20~23 日	台风风暴潮	广东雷州半岛沿岸海南岛东北部	—	414	645	40 000	特大潮灾
16	1981 年 8 月 30~9 月 3 日	台风风暴潮灾	江苏南部至杭州湾沿岸	0.3	52	103	—	特大潮灾
17	1985 年 7~8 月	台风风暴潮	浙江温州	—	312	1 524	30 000	严重潮灾
18	1985 年 8 月 16~20 日	台风风暴潮	江苏、山东、辽宁沿海及天津塘沽	—	92失踪37 人	368	64 200	严重潮灾
19	1986 年 7 月 19~22 日	台风风暴潮	广西沿海	202.7	37	700	39 000	特大潮灾

潮灾序号	发生时间	潮灾种类	成灾地区	受灾人数（万人）	死亡人数（人）	受伤人数（人）	直接损失（万元）	灾度评估
20	1986 年 9 月 5 日	台风风暴潮潮灾	广东雷州半岛东海南东北部	0.3	20 失踪 2 人	363	47 000	特大潮灾
21	1989 年 7 月 17～18 日	台风风暴潮	粤西沿海等地	332.33	30	145	111 390	特大潮灾
22	1989 年 7 月 20 日	台风风暴潮	浙江宁波，台州	560	122 失踪 21 人	901	105 000	严重潮灾
23	1989 年 8 月 4 日	台风风暴潮	上海市浙江北部	—	—	—	8 985.8	严重潮灾
24	1989 年 9 月 15～18 日	台风风暴潮	浙江中部	681.29	175 失踪 28 人	696	132 300	特大潮灾
25	1990 年 6 月 22～26 日	台风风暴潮	福建中部到浙江南部	13	12	20	15 300	严重潮灾
26	1990 年 8 月 19～23 日	台风风暴潮	福建闽江口沿岸浙江南部	414.45	121	—	62 620	严重潮灾
27	1990 年 9 月 7～10 日	台风风暴潮	福建厦门到浙江温州沿岸	809.13	132	240	158 000	特大潮灾
28	1991 年 7 月 13 日	台风风暴潮	海南沿海广东珠江口西部	—	4	—	52 000	特大潮灾
29	1991 年 8 月 16 日	台风风暴潮	海南省临高县	—	16	—	59 000	特大潮灾
30	1991 年 7 月 24 日	台风风暴潮	广东省珠江口西部	—	0	0	47 000	特大潮灾
31	1992 年 6 月 28 日	台风风暴潮	海南省凌水县	—	—	—	7 671.8	严重潮灾
32	1992 年 7 月 13 日	台风风暴潮	海南省靖海县	—	—	—	4 494.91	严重潮灾
33	1992 年 8 月 13 日	台风风暴潮	福建、浙江、山东	—	193 失踪 87 人	—	920 000	特大潮灾
34	1993 年 6 月 27 日	台风风暴潮	广东沿海	525	10	—	126 800	特大潮灾
35	1993 年 8 月 21 日	台风风暴潮	广东沿海	328	3	—	237 000	特大潮灾
36	1993 年 9 月 14 日	台风风暴潮	广东惠来、潮阳等地	510	12	—	188 900	特大潮灾
37	1993 年 9 月 17 日	台风风暴潮	广东珠江口	—	7	—	152 200	特大潮灾
38	1994 年 8 月 21 日	台风风暴潮	浙江省	1 150	1 216	—	1 244 000	特大潮灾

续表

潮灾序号	发生时间	潮灾种类	成灾地区	受灾人数（万人）	死亡人数（人）	受伤人数（人）	直接损失（万元）	灾度评估
39	1994 年 7 月 10 日	台风风暴潮	福建沿海	423	17	—	230 000	特大潮灾
40	1994 年 8 月 20～21 日	台风风暴潮	福建沿海	—	—	—	108 000	特大潮灾
41	1994 年 9 月 1 日	台风风暴潮	福建沿海	198	7	—	205 000	特大潮灾
42	1994 年 8 月 15～16 日	台风风暴潮	渤海和黄海北部	—	—	—	130 000	特大潮灾
43	1995 年 7 月 31 日	台风风暴潮	福建和广东	486	11 失踪 2 人	—	172 400	特大潮灾
44	1995 年 8 月 12 日	台风风暴潮	广东沿海	503	23	—	133 000	特大潮灾
45	1996 年 9 月 9 日	台风风暴潮	广西沿海	166.48	—	—	255 500	特大潮灾
46	1996 年 8 月 22 日	台风风暴潮	海南东南沿海	—	1	—	3 000	严重潮灾
47	1996 年 9 月 20 日	台风风暴潮	海南省东北	301.64	100	—	425 800	特大潮灾
48	1997 年 8 月	台风风暴潮	浙江、福建、上海、江苏、山东、河北	—	214 失踪 115 人	—	2 700 000	特大潮灾
49	1996 年 8 月	台风风暴潮	湛江港和雷州半岛	—	6	—	210 000	特大潮灾
50	1998 年 8 月	台风风暴潮	广东，浙江	—	1	125	100 000	特大潮灾
51	1999 年 6 月 6 日	台风风暴潮	广东揭阳、汕尾、潮州	—	3	—	79 000	特大潮灾
52	1999 年 10 月 9 日	台风风暴潮	福建沿海	—	72	—	400 000	特大潮灾
53	2000 年 8 月 27 日	台风风暴潮	浙江、上海、江苏	—	—	—	677 800	特大潮灾
54	2000 年 9 月 11 日	台风风暴潮	浙江、上海、江苏	—	—	—	326 800	特大潮灾
55	2000 年 9 月 9 日	台风风暴潮	海南省东北部	—	—	—	30 000	严重潮灾
56	2000 年 8 月 19 日	台风风暴潮	福建闽江口	—	1	—	119 000	特大潮灾
57	2000 年 8 月 30 日	台风风暴潮	浙江舟山市	689.3	14	—	677 800	特大潮灾

潮灾序号	发生时间	潮灾种类	成灾地区	受灾人数（万人）	死亡人数（人）	受伤人数（人）	直接损失（万元）	灾度评估
58	2000 年 9 月 13 日	台风风暴潮	浙江舟山市外海	230.3	—	—	326 800	特大潮灾
59	2001 年 6 月 23 日	台风风暴潮	福建省福清市	520.7	122	—	452 000	特大潮灾
60	2001 年 7 月 5 日	台风风暴潮	广东省东部惠东沿海	727.58	10	344	314 000	特大潮灾
61	2002 年 8 月 29 日	台风风暴潮	浙江省温州市苍南县沿海	1 213.2	30	39	621 800	特大潮灾
62	2003 年 7 月 24 日	台风风暴潮	广东省阳西县至电白县沿海	516.76	3	—	215 400	特大潮灾
63	2003 年 8 月 25 日	台风风暴潮	广东省雷州半岛东岸、海南岛东北部、广西北部湾沿海	846.37	2	—	210 600	特大潮灾
64	2003 年 9 月 2 日	台风风暴潮	广东省珠江口沿岸	641	19	0	228 700	特大潮灾
65	2004 年 8 月 12 日	台风风暴潮	浙江省台州市	1 406.5	—	—	216 400	特大潮灾
66	2004 年 8 月 25 日	台风风暴潮	福建省沿海	348	—	—	248 500	严重潮灾
67	1964 年 4 月 6 日	寒潮风暴潮	山东莱州湾地区	10	24	1	2 406.8	严重潮灾
68	1969 年 4 月 23 日	寒潮风暴潮	山东莱州湾一带	20	4	不详	—	严重潮灾
69	1980 年 4 月 5 日	寒潮风暴潮	黄河口至昌邑县下营一带	—	—	—	4 450	严重潮灾
70	1983 年 7 月 14 日	寒潮风暴潮	辽东半岛南部及辽东湾沿岸	—	2	—	2 404	严重潮灾
71	2003 年 10 月 11 日	温带风暴潮	河北、天津、山东沿海	43.2	1	—	131 000	特大潮灾
72	2003 年 11 月 26 日	罕见高潮潮灾	海南岛北部儋州市至临高县沿海	3.2	—	—	2 000	严重潮灾

注：特大潮灾：死亡千人以上或经济损失数亿元。

严重潮灾：死亡数百人或经济损失 0.2 亿～1 亿元左右。

资料来源：历年中国沿海风暴潮灾概况，国家海洋局海洋环境预报中心。中国可持续发展信息网自然灾害网站，http：//210.72.100.6/海洋灾害/风暴潮灾害 05.htm。

（二）风暴潮灾害的特点及趋势

20 世纪后半叶，中国沿海的风暴潮灾害主要表现为台风风暴潮灾，寒潮风暴

潮灾所造成的影响并不是十分大。通过表 5 - 2，可分析得出中国沿海风暴潮灾害的如下一些特征。

1. 就各个年代来看：

（1）发生次数呈整体日增之趋势。20 世纪 50～90 年代，特大、严重风暴潮的发生次数，分别为 2 次、7 次、4 次、10 次、28 次。除 70 年代略有下降外，整体上看风暴潮的发生次数呈现出日益增多的趋势，特别是进入 90 年代后，发生次数表现为急剧增多。见图 5 - 1。

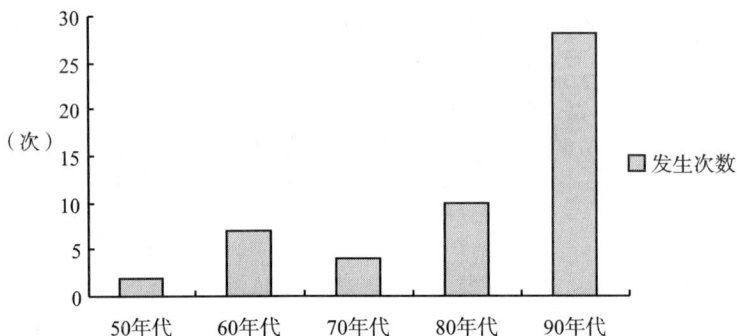

图 5 - 1 20 世纪 50～90 年代风暴潮发生次数

（2）死亡人数呈整体由增到降、由降到增的趋势。20 世纪 50 年代至 2004 年，特大、严重风暴潮造成的死亡人数，分别为 5 212 人、2 133 人、446 人、1 254 人、2 181 人和 384 人，整体呈现出由增到降、由降到增的发展趋势。见图 5 - 2。

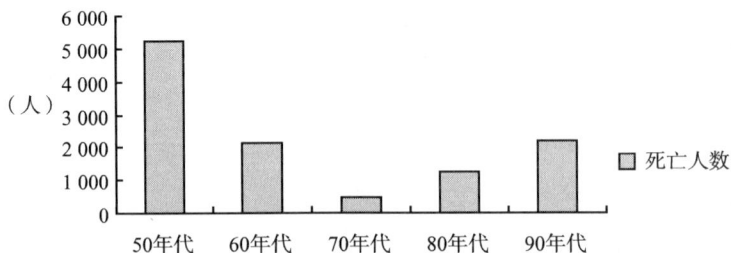

图 5 - 2 20 世纪 50～90 年代风暴潮死亡人数

（3）直接损失呈整体日增之趋势。20 世纪 50 年代至 2004 年，特大、严重风暴潮造成的直接损失，分别为 0.1572 亿元、7 亿元、4 亿元、55.27758 亿元、

802.6687亿元和264.04亿元，除70年代略有下降外，整体呈现出日益增长、特别是进入90年代损失数额急剧增长的趋势。见图5-3。

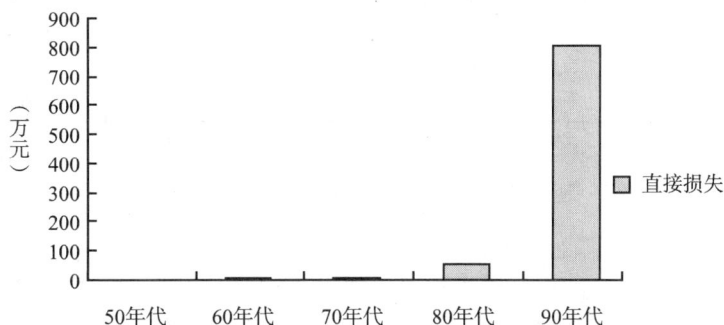

图5-3 20世纪50~90年代风暴潮造成的直接损失

2. 就各次台风风暴潮灾害来看：

（1）各次台风风暴潮灾的死亡人数呈波动状态下的整体减少之趋势。20世纪50年代至2004年，综观72次特大、严重台风风暴潮灾害，所造成的死亡人数，呈现出波动状态下的整体减少趋势。见图5-4。

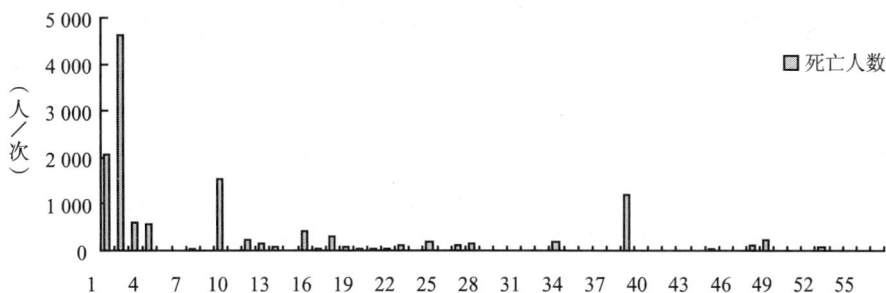

图5-4 各次台风风暴潮灾的死亡人数

（2）各次台风风暴潮灾的直接损失呈起伏状态下的整体增长之趋势。20世纪50年代至2004年，综观72次特大、严重台风风暴潮灾害，所造成的直接损失，呈现出起伏状态下的整体增长趋势。见图5-5。

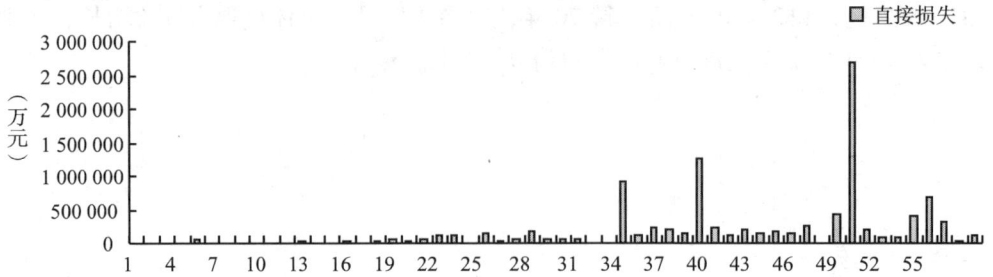

图 5 – 5 各次台风风暴潮灾的直接损失

就各次风暴潮灾害来看，各次台风风暴潮灾的死亡人数呈波动状态下的整体减少之趋势，特别是 70 年代的发生次数、死亡人数和直接损失都有所下降。风暴潮作为影响最大、造成灾害最严重的自然海洋灾害，之所以呈现如此良好趋势，与我国一系列的政府行为紧密相连。随着新中国的成立，1964 年 2 月 11 日中共中央正式批准成立了专门的政府部门——国家海洋局，它是监督管理海域使用和海洋环境保护、依法维护海洋权益、组织海洋科技研究的行政机构，下设不同的部门对海洋进行全面综合管理：（1）海域管理司，负责组织海域勘界，组织监视涉外的海洋科学调查研究、海洋设施建造、海底工程和其他开发活动，审核并监督海底电缆、管道的铺设，审核新建、改建、扩建海岸和海洋工程项目的环境影响报告书和联系"中国海监"队伍。（2）海洋环境保护司，负责组织海洋环境的调查、监测、监视和评价，组织监测监视海洋石油勘探开发、海洋倾废、海洋工程造成污染损害环境的情况，草拟海洋环境保护与整治规划、规范标准和污染物排海标准和总量控制制度，并按照国家标准监测陆源污染物排海，组织海洋环境观测监测、灾害预报警报。（3）政策法规与规划司，负责起草我国沿海及其管辖海域的海洋规划和基本法律法规，协助编制全国海洋经济发展规划，指导地方海洋经济发展规划编制工作并监督实施，并且组织有关法律法规的宣传教育等。（4）科学技术司，负责草拟海洋科技规划和科技兴海战略，组织海洋基础与综合调查、国家海洋重大科技攻关和高新技术研究等科学研究工作。（5）国际合作司，负责组织研究维护国家海洋权益的政策和措施及履行有关国际海洋公约，承办、组织对外合作与交流工作。（6）其他如财务司、人事司等负责管理协调海洋局内部的相关事宜。各个部门互相配合从整体上监控海洋灾害的发生，颁布的一系列海洋政策法规起到了保护人民安全的减灾作用。

在海洋灾害监测预报方面，20 世纪 70 年代初国家海洋局建成了我国风暴潮预

报业务系统，提供我国海区、远洋三天天气预报，台风警报和海浪等海洋预报。国家海洋水文气象预报总台（现为国家海洋环境预报中心）于 1974 年 7 月 17 日正式向全国发布风暴潮预报，发布预报的方式，从最初的电报、电话，发展到目前的电视广播、传真电报和电话等传媒手段，经长期统计其平均时效为 12.4 小时，高潮位预报误差为 25.5 厘米，高潮时平均误差为 19.8 分钟。随后，国家海洋局所属三个分局预报区台、海南省海洋局预报区台以及部分海洋站、水利部所属的沿海部分省市水文总站和水文、海军气象台等单位也相继开展了所辖省、地区和当地的风暴潮预报，至此一个全国性的预报网络已基本建成。海洋灾害监测和预报能力的加强避免了许多海上灾难的产生，极大地避免了人员伤亡和经济损失。

在加强灾害预报的同时，政府大力提倡支持风暴潮的研究，从事研究与预报的单位包括属于科学院系统的海洋研究所和南海所，属于国家海洋局系统的海洋环境预报中心和第一、二、三海洋研究所，属于教育部的青岛海洋大学和厦门大学等单位。到目前为止，海洋研究方面取得了可喜的成就。1978 年厦门大学的科研成果"台风风暴潮过程预报方法"获福建省科学大会奖，并完成了"台风风暴潮数值预报方法研究"，建立了相应的模型。1981 年海洋局三所完成了《台湾海峡台风风暴潮非线性数值计算》，青岛海洋大学在创建超浅海风暴潮理论的基础上建立了风暴潮的海—气耦合模型，1986 年将风暴潮数值预报模型研究投入到实际应用。

我国对风暴潮灾的防范工作，随着事业的发展和客观的需要，也日益得到重视和加强。目前，在沿海已建立了由 280 多个海洋站、验潮站组成的监测网络，配备比较先进的仪器和计算机设备，利用电话、无线电、电视和基层广播网等传媒手段，进行灾害信息的传输。风暴潮预报业务系统比较好地发布了特大风暴潮预报和警报，同时沿海省市有关部门和大中型企业也积极加强防范并制定了一些有效的对策，如一些低洼港口和城市根据当地社会经济发展状况结合历年来风暴潮侵袭资料，重新确定了警戒水位。位于黄河三角洲的胜利油田和东营市政府投入巨资，兴建几百千米的防潮海堤。随着沿海经济发展的需要，抗御潮灾已是实施未来发展的一项重要战略任务。

然而各个年代的风暴潮还呈现发生次数、死亡人数和直接损失呈整体日增的趋势。这是因为解放后，中国生产力得到了很大的解放和发展，沿海作为经济发展的重点地区，近 20 年来，人口和资产密度均急剧增长，因而遭受灾害的损失也随之加大。我国地处太平洋西岸，台风风暴潮和寒潮风暴潮都很频繁，不但发生频次高、灾害分布广，而且强度比较大，常造成大量人口伤亡和经济损失。风暴潮不但损毁船只，而且还破坏房屋、农田、海堤以及码头、港口等工程设施，并造成不同

程度的人员伤亡。新中国成立以来到 1990 年，全国平均每年因风暴潮而受灾人口 340 万、死亡 665 人、倒塌房屋 19 万间、损坏船只 1 778 艘、溃决海堤 438 千米、受灾农作物 119 万公顷。1949 年以来，全国风暴潮所造成的破坏损失在波动中不断增长，特别是 20 世纪 80 年代以后，各种破坏数量急剧上升，到 20 世纪 90 年代，每年受灾人口达 2 000 万人以上，经济损失超过 100 亿元。这种趋势说明，虽然目前对风暴潮的影响已经取得了一些成绩，但对渐增的灾害损失仍不能掉以轻心，政府还需进一步加强对风暴潮的监测研究。

风暴潮之所以造成如此严重损失还跟我国的经济结构地区分布不平衡有关。东部沿海地区主要以参与国际竞争为主线，工业化正在向后期阶段过渡，在继续带动全国国民经济发展的基础上率先实现了工业现代化和率先基本实现了全面的现代化。这是我国主要的工商业集中地，整体人口也呈由西到东的流动趋势，当每次风暴潮来袭时，人口和资产集中的东部首当其冲，随着经济的发展不可避免地造成的损失也越来越严重。从这点出发，解决措施之一就是把经济重心往中西部地区渐渐转移，调整经济结构，科学化东中西部经济分布的比例，加强区域经济统筹，促进地区经济全面协调可持续发展。政府应该从宏观上采取相应的经济管理手段对区域间的经济发展进行调整平衡地区差异。

二、赤潮灾害和政府作为演变

(一) 赤潮灾害概况

赤潮是一种由于水体富营养化引起的严重的海洋灾害，它不仅污染海洋生态环境，更会给海洋经济造成严重损失。赤潮对海洋生态环境的不良影响最直观地表现在对渔业的危害上，特别是对海产养殖业构成严重威胁。赤潮发生时可使养殖的鱼、虾、贝类等大量死亡，在封闭性较强的海湾，甚至可以造成养殖生物的全军覆没。由于赤潮导致鱼、虾、贝类死亡，造成严重损失的具体事例，在国内外均不胜枚举。1973 年 8 月美国新英格兰沿岸发生赤潮，造成附近海域养殖贝类全部死亡，一周内损失达 3 400 万美元。日本濑户内海的播海滩，1972 年、1978 年和 1987 年三年发生 Chattoneua 赤潮，造成 1 820 万尾养殖狮鱼死亡，经济损失达 125.5 亿日元。1980 ~ 1984 年中国香港地区共发赤潮 11 次，造成 86 吨养殖鱼类的死亡，经济损失达 420 万港元，损失量占养殖总量的 35%。近几年来，在我国沿海由于发生赤潮造成的损失更为严重。1977 年 8 月在天津北塘口和大沽口海域数百平方千

米内发生赤潮，造成大量鱼类死亡，赤潮区内张网作业无渔获物。1981 年 9 月下旬在福建闽东三沙湾海区发生夜光藻引起的赤潮，使当地几十亩养殖牡蛎死亡。1983 年 3 月广东大亚湾和大鹏湾发生的赤潮造成 20 余种鱼类死亡。1986 年 2 月在广东深圳湾发生的夜光藻赤潮，造成养殖牡蛎 50% 以上死亡，损失十几万元。1989 年我国沿海遭受赤潮灾害最为严重，造成的直接经济损失达 3 亿多元。1990 年我国沿海发生赤潮 34 起，造成大量鱼、虾、贝类死亡，造成的直接经济损失约 2 亿元。我国从 20 世纪 70 年代到 2004 年的有关赤潮灾害数据摘录如表 5 - 3 所示。

表 5 - 3　　　　　　　中国重大的赤潮灾害（1972 ~ 2004 年）

潮灾序号	发生时间	成灾地区	受灾面积（平方千米）	直接损失（万元）	灾度评估
1	1972 年 8 ~ 11 月	长江口、江苏沿海	24	—	轻微赤潮
2	1977 年 8 月	天津大沽口	560	—	较重赤潮
3	1979 年 9 月	福建东部	—	—	轻微赤潮
4	1980 年 5 月 17 日	广东湛江港	—	—	轻微赤潮
5	1980 年 9 月	中国香港吐露港	—	—	较重赤潮
6	1981 年 3 月	广东深圳湾	—	—	较重赤潮
7	1981 年 9 月 28 日	福建闽东三沙海区	—	—	较重赤潮
8	1983 年 4 月	广东大亚湾和大棚湾	—	—	较重赤潮
9	1986 年 1 月	中国台湾高屏沿海	—	—	较重赤潮
10	1986 年 5 月 24 日	浙江中部沿海水域	700	—	较重赤潮
11	1986 年 11 月 25 日	福建省东山县沿海	—	—	特大赤潮
12	1987 年 2 ~ 5 月	中国香港吐露港区	—	700 万港元	严重赤潮
13	1987 年 6 月 30 日	长江口外海域	1 000	—	较重赤潮
14	1987 年夏天	中国香港水域	—	4.2 万英镑	较重赤潮
15	1987 年 8 月	浙江嵊泗县枸杞海域	—	100 多	较重赤潮
16	1988 年 2 ~ 5 月	中国香港吐露港区	—	700 万港元	严重赤潮
17	1988 年 6 月 13 日	长江口外海域	1 400	—	较重赤潮
18	1988 年 7 月 17 日	长江口外海域	1 700	—	较重赤潮
19	1989 年 4 月 22 日	福建省沿岸海域	—	3 100	严重赤潮
20	1989 年 7 月 5 日	福建省东山县八尺门海域	—	280	严重赤潮
21	1989 年 8 月	河北黄骅沿岸海域	1 300	30 000	特大赤潮
22	1990 年 3 月 19 日	广东省大鹏湾、深圳赤湾附近海域	10.2	数千	较重赤潮
23	1990 年 5 月上旬	浙江省台州至桃花岛、长江口之绿化山附近海域	7 000	数千	严重赤潮
24	1990 年 8 月	辽宁省长海县近海	466.9	2 000	严重赤潮
25	1991 年 2 月	中国台湾西部沿岸水域	—	—	严重赤潮
26	1991 年 3 月 20 日	广东大棚湾盐田镇沿岸水域	—	5	较重赤潮
27	1991 年 7 月 4 日	渤海辽东湾盘锦市至营口沿岸水域	100	—	较重赤潮
28	1992 年 6 月 3 日	福建省沙埕附近海域	—	—	轻微赤潮

续表

潮灾序号	发生时间	成灾地区	受灾面积（平方千米）	直接损失（万元）	灾度评估
29	1992 年 8 月	中国香港东部水域	—	5 万多美元	严重赤潮
30	1993 年 6 月 13 日	海南省陵水县新村港港内	—		较重赤潮
31	1997 年 4 月 13 日	山东蓬莱与长岛之间海域	22.2	—	较重赤潮
32	1997 年 11 月 26 日	广东省饶平县柘林镇附近海域	1 690.3	18 000	特大赤潮
33	1998 年 3 月	珠江口及香港近海海域	—	35 000	特大赤潮
34	1998 年 8 月 15 日	山东烟台四十里湾扇贝养殖区	170	—	较重赤潮
35	1998 年 9 月 18 日	辽宁、河北、山东省及天津市沿海及近海	5 000	50 000	特大赤潮
36	1998 年 10 月 3 日	天津新港外沿海	800	—	轻微赤潮
37	1999 年 7 月	河北省沧州歧口、老黄河口附近海域	6 300	—	轻微赤潮
38	2000 年 5 月 12 日	浙江省台州附近海域	5 800	15 000	严重赤潮
39	2000 年 7 月	辽东湾附近海域	350～850	—	较重赤潮
40	2000 年 8 月 2 日	辽宁省东港、庄河附近沿海	800	12 000	严重赤潮
41	2000 年 8 月 17 日	广东省深圳坝光到惠阳附近沿海	20	200 多	较重赤潮
42	2000 年 9 月 3 日	广东省大亚湾海域	30	100 多	较重赤潮
43	2001 年 5 月 10 日	大亚湾附近沿海	3 800	3 000 多	严重赤潮
44	2001 年 6 月 8 日	福建沙埕海域	—	200 多	较重赤潮
45	2002 年 5 月 4 日	福建福鼎市和霞浦县东部海域	500	300 多	较重赤潮
46	2002 年 5 月 6 日	福建连江市黄岐半岛海域	30	40 多	轻微赤潮
47	2002 年 5 月 7 日	福建省罗源湾海域	30	60	轻微赤潮
48	2002 年 5 月中旬	浙江省乐清湾、隘顽湾海域	5	150	较重赤潮
49	2002 年 5 月 16 日	福建福鼎市和霞浦县东部海域	—	250 多	较重赤潮
50	2002 年 6 月 3 日	福建连江市附近海域	200	150 多	较重赤潮
51	2002 年 6 月 4 日	广东省深圳市附近海域	500	—	较重赤潮
52	2002 年 6 月 12 日	浙江省大陈岛附近海域	1 300	—	较重赤潮
53	2002 年 8 月 10 日	山东省近海	20	500	严重赤潮
54	2002 年 8 月 15 日	山东省近海	30	800	严重赤潮
55	2003 年 5 月 25 日	浙江省南麂周围海域	800	—	严重赤潮
56	2003 年 5 月 19 日	福建省平潭海坛湾海域	—	489	严重赤潮
57	2003 年 5 月 20 日	福建省连江黄岐半岛附近海域	100	2 500 多	特大赤潮
58	2003 年 5 月 30 日	福建省罗源湾附近海域	30	—	轻微赤潮
59	2003 年 8 月 12 日	广东省坝光和东升养殖区海域	15	33	轻微赤潮
60	2004 年 5 月 13 日	浙江省渔山列岛附近海域	1 000	—	严重赤潮
61	2004 年 5 月 15 日	浙江省中街山海域	2 000	—	特大赤潮
62	2004 年 5 月 26 日	浙江省苍南大渔湾以东海面	1 000	—	严重赤潮
63	2004 年 6 月 11 日	长江口外至花鸟山、嵊山海域	1 000	—	严重赤潮
64	2004 年 6 月 11 日	山东省黄河口附近海域	1 850	—	严重赤潮
65	2004 年 6 月 12 日	天津市附近海域	1 850	—	严重赤潮

注：轻微赤潮：四级赤潮灾害；较重赤潮：三级赤潮灾害；严重赤潮：二级赤潮灾害；特大赤潮：一级赤潮灾害。

资料来源：中国可持续发展信息网，自然灾害网站，http：//210.72.100.6/海洋灾害/赤潮灾害01.htm。

（二）赤潮灾害的特点及趋势

近些年来，随着海洋环境遭受进一步的破坏，赤潮灾害越来越为人们所关注。通过表5－3，可分析得出中国沿海赤潮灾害的一些特征如下。

1. 就各个年代来看。

（1）发生次数呈整体日增之趋势。20世纪70年代至2004年，特大、严重、轻微赤潮的发生次数，分别为3次、18次、15次、28次，除90年代略有下降外，整体呈现出日益增多的趋势，特别是进入21世纪，发生次数表现为急剧增多。见图5－6。

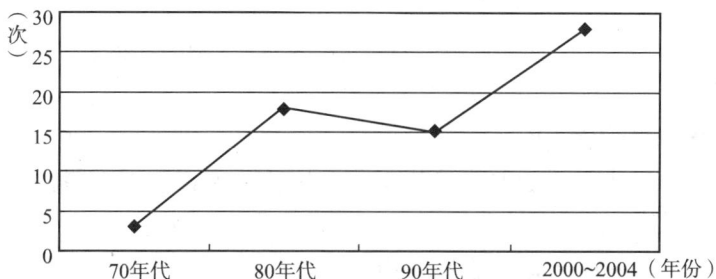

图5－6　20世纪70年代到2004年赤潮发生次数

（2）受灾面积呈整体由增到降的趋势。20世纪70年代至2004年，特大、严重赤潮造成的受灾面积，分别为584平方千米、4 800平方千米、16 599.6平方千米和6 995平方千米，整体呈现出由增到降的发展趋势。见图5－7。

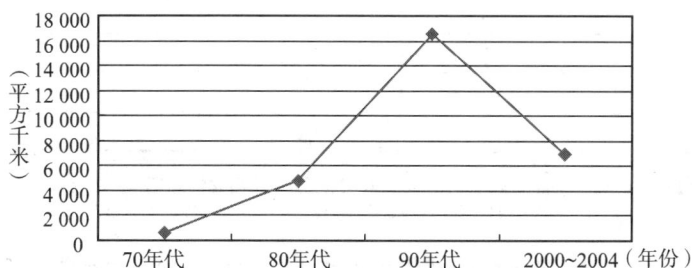

图5－7　20世纪70年代到2004年赤潮造成的受灾面积

（3）直接损失呈整体由增到降之趋势。20世纪80年代至2004年，特大、严重赤潮造成的直接损失，分别为0.3422亿元、13.7048亿元和2.9032亿元，90年

代直接损失达到最大，进入 21 世纪后损失数额急剧减少但仍高于 80 年代。见图 5 - 8。

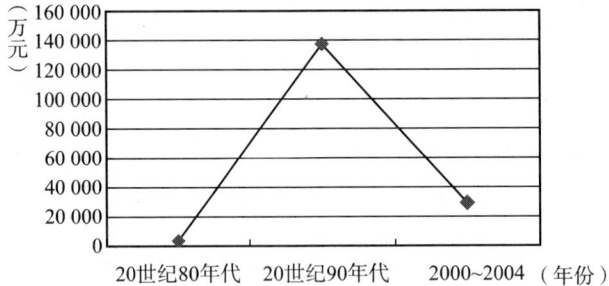

图 5 - 8　20 世纪 80 年代到 2004 年赤潮造成的直接损失

2. 就各次赤潮灾害来看。

（1）各次赤潮灾害的受灾面积呈波动状态下的整体增加之趋势。20 世纪 70 年代至 2004 年，综观 65 次特大、严重、轻微赤潮灾害，所造成的受灾面积，呈现出波动状态下的整体增加趋势。见图 5 - 9。

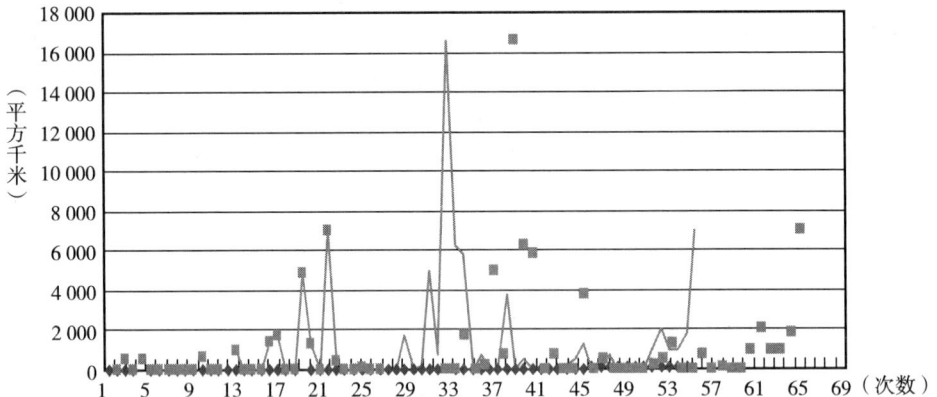

图 5 - 9　20 世纪 80 年代到 2004 年各次赤潮造成的受灾面积

（2）各次赤潮灾害的直接损失呈起伏状态下的整体增长之趋势。20 世纪 80 年代至 2004 年，综观 57 次特大、严重、轻微赤潮灾害，所造成的直接损失，呈现出起伏状态下的整体增长趋势。见图 5 - 10。

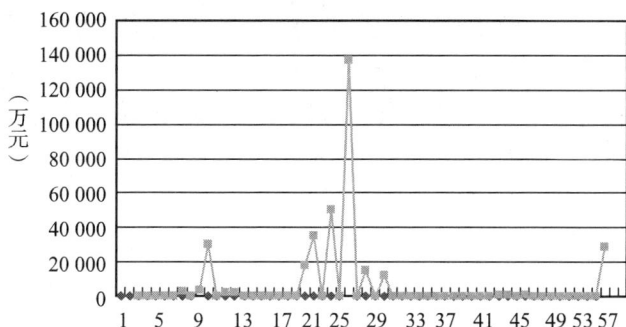

图 5 - 10　20 世纪 80 年代至 2004 年各次赤潮造成的直接损失

就赤潮发生的年代来看，随着经济的发展，赤潮的受灾面积和直接损失整体呈由增到降的趋势，特别是在 20 世纪 90 年代达到顶峰后急剧下降。这是因为政府颁布了一系列的政策法规引导海洋产业的科学发展以减少海水污染，从根本上抑制赤潮生物的增长来减少赤潮的形成。1982 年 8 月 23 日由全国人大常委会颁布了《中华人民共和国海洋环境保护法》（1999 年 12 月 25 日修订），分别对造成海洋环境污染的海岸工程、海洋石油勘探开发、陆源污染物和船舶等污染源进行了规定和限制，第五条明确规定了有关部门的相应职责，国家海洋管理部门的职责是组织海洋环境的调查、监测、监视，开展科学研究等，沿海省、自治区、直辖市环境保护部门负责组织协调、监督检查本行政区域的海洋环境保护工作，并主管防止海岸工程和陆源污染物污染损害的环境保护工作。同时第二十一条和第二十二条严令规定了含有机物和营养物质的工业废水、生活污水的海域排放，以及沿海农田施用化学农药的国家农药安全使用规定和标准，从而保护了海洋环境及资源，防止海水富营养化的污染损害，保护了生态平衡，进一步杜绝了形成赤潮的外部条件。1986 年 1 月 20 日由全国人民代表大会常务委员会颁布了《中华人民共和国渔业法》（2000 年 10 月 31 日修订），第十九条和第二十条规定了从事养殖生产不得使用含有毒有害物质的饵料、饲料，并且应当保护水域生态环境，科学确定养殖密度，合理投饵、施肥、使用药物，不得造成水域的环境污染。从而加强了渔业资源的保护、增殖、开发和合理利用，抑制了养殖业对赤潮的诱因。

虽然赤潮的发生次数呈整体日增趋势但政府仍在采取更多的行动来保护渔业经济的发展增加渔民的收入，特别是起始于 20 世纪 90 年代的渤海碧海行动计划，政府动员了沿岸各省市的人力、物力、财力和技术力量来共同行动保护治理

渤海的生态环境。由于不合理开发利用，近年来渤海近岸海域污染日趋严重，赤潮灾害频繁发生，渔业资源严重衰退，海洋生物种类减少，溢油污染事故不断，海洋生态环境恶化。2001 年 10 月 1 日国务院批复了国家环保总局联合国家海洋局、交通部、农业部和海军以及天津市、河北省、辽宁省、山东省共同编制的《渤海碧海行动计划》（以下简称《计划》）。《计划》的实施分为三个阶段：2001 ~ 2005 年为近期，2006 ~ 2010 年为中期，2011 ~ 2015 年为远期。《计划》的目标是：到 2005 年陆源 COD 入海量比 2000 年削减 10% 以上，磷酸盐、无机氮和石油类的入海量分别削减 20%。到 2010 年渤海海域环境质量得到初步改善，生态破坏得到有效控制；陆源 COD 入海量比 2005 年削减 10% 以上，磷酸盐、无机氮的入海量分别削减 15%，石油类的入海量削减 20%。到 2015 年，渤海海域环境质量明显好转，生态系统初步改善。政府和地方环保部门负责认真落实辽河流域、海河流域、黄河流域等重点流域的水污染防治规划，巩固工业污染源达标排放和重点城市水环境功能区达标的成果，推动工业企业实施清洁生产；建设、改造完成一批市政污水处理工程和设施；有效削减主要污染物的入海总量；研究并开展非点源污染控制和生态养殖的试点；初步建立进出渤海海域的船舶污染物排放监控系统和船舶压载水排放管理制度；启动渤海船舶油类物质污染物"零排放"计划；建成港口船舶水污染物接收处理设施；建立渤海海域溢油应急体系；完成环渤海环境监测站点系统建设①。根据规划，2001 ~ 2010 年计划总投资 555 亿元（其中含海河、辽河规划项目 41 项，计划投资 88.7 亿元），项目总数为 427 项。其中污染治理计划投资 215 亿元，主要用于城市污水治理、城镇垃圾处理、船舶污染治理、海上污染应急等 169 项工程；生态建设与恢复计划投资 208 亿元，主要用于海岸生态建设、水土保持、自然保护区和生态保护区等 102 项工程；改变传统生产方式计划投资 126 亿元，主要用于生态农业和生态渔业等建设项目 156 项；环境管理、监测和科研方面计划投资 6 亿元。"十五"期间，环渤海四省市"渤海计划"拟建设各类项目 265 项，需总投资约 276.6 亿元。从环保总局组织环渤海四省市对"渤海计划"完成情况进行的中期评估来看，截止到 2004 年底，已完成投资 163.9 亿元，占总投资的 59.30%，已完成各类项目 125 项，占总数的 47.2%；2004 年环渤海四省市陆源 COD 入渤海总量较 2000 年削减量在 7 万吨以上，约完成 COD 削减任务的 60% 以上，磷和石油类的排放总量有所削减，削减幅度大约在 20% ~ 30%，但氮排放总量基本与 2000 年持平或略有削减；经过几年不懈的努力，在环

---

① 引自《渤海碧海行动计划》。

渤海地区经济快速增长、人口增加的情况下，渤海近岸水质不断恶化的势头得到初步控制。

为了实现海域环境污染得到初步控制，生态破坏的趋势得到初步缓解的目标，渤海碧海行动计划还由一系列的国家有关文件和法律法规组成，包括《国务院关于环境保护若干问题的决定》、《国家环境保护"九五"计划和 2010 年远景目标》等和上面提到的《中华人民共和国海洋环境保护法》（1999 年 12 月 25 日修订）、《中华人民共和国渔业法》（2000 年 10 月 31 日修订）和《中华人民共和国防止船舶污染海域管理条例》（1983 年 12 月 29 日）、《中华人民共和国海洋倾废管理条例》（1985 年 3 月 6 日）、《中华人民共和国防治陆源污染物污染损害海洋环境管理条例》（1990 年 5 月 25 日）等法律行政法规，各个规章和标准互相协调补充，从宏观上加强了法制建设，强化了监督管理，从监测着手把握渤海碧海行动的实施效果，依靠科技进步保护海洋环境防治污染减少赤潮。

就各次赤潮灾害来看，随着经济的发展每次赤潮造成的受灾面积和直接损失整体呈日增之趋势。而海水养殖业引起的海水污染是诱发赤潮的重要诱因，这与我国政府对海洋养殖业的政策导向是分不开的。在改革开放以前，由于受到"左"的思想影响，加上工作中的失误，到 20 世纪 70 年代末，水产业面临着的问题和矛盾很多，严重阻碍了自身发展。1979 年全国水产工作会议上针对当前的状况认为水产工作重点转移，首先应从调整入手，贯彻执行"大力保护资源，积极发展养殖，调整近海作业，开辟外海渔场，采用先进技术，加强科学管理，提高产品质量，改善市场供应"的方针，实行新建商品鱼基地大力发展养殖生产的产业政策。到 80 年代，我国政府和水产主管部门逐渐明确了发展水产业必须实行"以养为主，养殖、捕捞、加工并举，因地制宜，各有侧重"的方针，仍是实施鼓励海、淡水养殖业要巩固提高老区积极开拓新区的产业政策。进入 90 年代以后，海洋捕捞形势日趋严峻，为缓解渔船压力，稳定捕捞渔民收入，近年来，政府以渔业增效、渔民增收为基本点，紧紧围绕建设海洋经济强省目标，狠抓渔业产业结构调整逐渐将海洋第一产业的重心移到了海水养殖方面，确定以养为主、捕养结合、减船转产、减捕增养、减员增收的决策大力发展海水养殖业，提出"发展两头，改善中间，突破加工，梳理流通"的方针。据国家海洋局 2002 年《海洋统计年鉴》和农业部渔业局 1999 年《水产品统计年鉴》，1961～2001 年间，中国的海水养殖产量逐年增加。20 世纪 60～70 年代，年最高养殖产量尚不足 800 000 吨。从 80 年代开始，传统的水产养殖业已由小规模、分散经营向规模化、集约化方向发展。1985 年产量达到 1 246 500 吨，1995 年增加到 7 215 100 吨，2001 年达到 11 315 000 吨。2001

年产量分别是 1961 年和 1985 年的 71.04 倍和 9.08 倍①。

海水养殖业既是制造"赤潮"的参与者，又是"赤潮"的受害者。海水养殖向水域中添加大量的饵料，导致在内湾、浅海区中无机态氮、磷酸盐和铁、锰等微量元素增多甚至超过海水渔业水质的 10 多倍，给赤潮生物的大量繁殖提供了丰富的营养物质。内湾、浅海区水体交换能力差，海水利用率高，封闭性强，水体循环速度慢，使水体富营养化比较严重，是赤潮生物滋生繁衍的优良环境，由此引发了赤潮和大规模的病害频繁发生。反过来，赤潮又对海产养殖业构成严重威胁，赤潮发生时可使养殖的鱼、虾、贝类等大量死亡，在封闭性较强的海湾，甚至可以造成养殖生物的全军覆没。由此可以看出，虽然渤海碧海行动计划和政府的一系列行政法规抑制了赤潮的发展，但政府仍需进一步采取行动从各个方面进行控制。

第二节　海洋经济收入与政府作为

一、国外政府作为借鉴

（一）美国政府作为简介

美国位于北美洲中部，东临大西洋，西濒太平洋，北为加拿大，南面墨西哥。还有阿拉斯加位于北美洲西北部，夏威夷州位于中太平洋北部。总面积为 937 万平方千米，海岸线长为 22 680 千米。20 世纪 60 年代以来，美国政府认识到海洋的新价值，对发展海洋产业非常重视，相继开展了海上油气、海底采矿、海水养殖、海水淡化等新兴产业。2000 年美国海洋产业产值约达 2 340 亿美元，约占其国民生产总值的 5%。

面对丰富的海洋资源，1999 年 9 月美国提出了 21 世纪海洋战略，其最核心的原则为四点：第一，维持海洋经济利益，为后代保护完整富饶的海洋；第二，加强全球规模的安全保障，海洋自由的原则是美国国力和安全保障的支柱；第三，保护海洋资源，用预防的方法和健全的管理，加强对海洋和沿岸环境的保护；第四，海洋的探求，了解海洋和探求海洋是我们繁荣和生存的需要。

---

① 引自《水产品统计年鉴（1999）》。

为了进一步开发海洋资源，提高海洋经济收入，美国政府制定了新的国家政策并且在行政上采取了相应的海洋综合管理体制：

1. 美国联邦政府中管理海洋资源的主要部门是商务部下属的国家海洋与大气局（NOAA）。NOAA 不仅负责海洋事务，同时还管理大气事务，其主要职责有：海洋及大气资料的监测及归档；海洋渔业及哺乳动物的管理；海岸带管理以及上述领域的研究与发展等工作。NOAA 下设五个中心：国家海洋渔业服务中心、国家海洋服务中心、海洋与大气研究中心、国家天气服务中心和国家环境卫星、数据及信息服务中心。每个中心由一名助理局长分管。NOAA 在全国范围内共约有 1.27 万名职员，2001 年的预算约为 32 亿美元。

2. 美国联邦政府的海洋渔业主要由 NOAA 下属的国家海洋渔业服务中心进行管理。该中心统管全国商业性渔业及海洋游钓鱼，包括渔业管理、渔业研究和计划。同时建立了大西洋、墨西哥湾和太平洋三个跨洲的洲际海洋渔业委员会，管理离海岸 3 英里的渔业资源。委员会的主要任务是在各自管辖的海域内为需要进行管理的渔业制订渔业管理计划，并根据需要对这种渔业管理计划进行修订。委员会并且还有权采用许多管理限制措施，例如：禁渔区、捕捞配额、许可限制、渔具限制等。国家海洋渔业服务中心负责《渔业保护和管理法》（1996 年修订）、《海岸带管理法》（1972）、《美国水产养殖条例》（1980）和《美国渔业促进法》（1980）等渔业法规岸上的执行。

3. 美国海洋服务中心（NOS）的主要职责是促使美国海岸地区的环境保护与经济发展协调一致，并确保美国海岸带安全、健康和有生产力。它内设 10 个办公室和中心，主要从事以下工作：（1）保持海岸健康，对海岸污染进行恢复治理等。（2）提供航运资料、地图及各种航海定位系统所需的基本数据及标准等必须的信息与设备。（3）进行自然灾害的研究、海洋对气候变化的影响以及对赤潮的调查等海洋及海岸科学研究。（4）通过网络提供飓风、海啸等灾害的信息，减小海洋灾害的危害。

4. 海洋与大气研究办公室（OAR）主管美国海洋领域的科学研究工作。该办公室与 NOAA 的国家天气中心、国家海洋服务中心、国家环境卫星数据信息服务中心以及国家海洋渔业服务中心等共同合作开展海洋领域的科研工作。OAR 的研究网络包括：（1）12 个内部研究实验室和 11 个合作研究院所，研究领域主要包括厄尔尼诺、飓风、龙卷风、海啸、海底火山等。（2）30 个国家海洋资助计划，有 200 多个研究院所及大学和 3 000 多个科学家、工程师等参加了此计划。（3）全球计划办公室（OGP），主要管理 NOAA 的全球气候变化计划。（4）国家海底研究计

划（NURP），由 6 个区域性的海底研究中心组成。

5. 美国海事管理局（MARAD）隶属美国交通部，其主要职责是维护和推动美国商业海运的发展，并能在战争时期有能力为海军服务，甚至拥有自己的学院——美国商业海事学院。实行的一系列海洋计划、倡议和活动主要为建立一个安全的对海洋环境无害的世界级运输系统，并确保紧急时期的运货能力，同时推动造船能力的发展确保美国在国际上的竞争力和国家安全。

6. 美国海岸警备队（USCG）是一支军事化的多功能的海上服务部队。它最早成立于 1915 年，目前 USCG 所有人员包括现役的和后备的士兵和军官以及全职的公民等共约 8.4 万多人。USCG 管辖区域包括美国内陆的水域、沿海港口、美国 9.5 万多英里长的海岸线以及美国的领海和 340 万平方英里的经济专属区水域，以及对美国有重要影响的一些国际水域。其主要执行海上安全、海上执法、海上协助和保护海洋自然资源及保护国防的职责。

（二）英国政府作为简介

英国四周环海，海岸线长，渔业资源丰富。据统计资料显示，英国 2001 年捕捞渔业产量 73.78 万公斤，产值 5.74 亿英镑，占农业总产值的 7.0%，进口水产品 62.56 万公斤，价值 14.32 亿英镑，出口水产品 38.46 万公斤，价值 7.32 亿英镑。英国也是欧洲水产养殖的主要国家之一，2001 年产量达 18 万公斤。

海洋产业在国民经济中占有越来越重要的地位，英国政府希望通过多方面措施来发展海洋产业提高其经济收入，2000 年英国自然环境研究委员会（NERC）海洋科学技术委员会（MSTB）提出了今后 5～10 年海洋科学技术发展战略，包括海洋资源可持续利用和海洋环境预报两方面的科技计划。在海洋资源可持续利用方面，通过测定鱼类和贝类捕捞及海水养殖的系统敏感度，认识钻探、疏浚、沿岸建筑和滨海旅游对生态系的影响，提出减轻影响的措施等一系列政府科研行为优化海洋开发利用对生态系统的影响；开展污染物活化性、生物可利用性和生态毒性调查，探索河口、近海水域和陆架海水水质综合管理方法；同时测定并保持不同层级、不同尺度的海洋生物多样性，评价生物多样性变化的影响，改进分类学上所有海洋生物多样性的保护和利用。海洋环境预报方面，利用现场自动化仪器和遥感技术收集和解释数据发展对海洋自然变化及其对人类活动影响的可靠预测能力，开创海洋观测数据在预报和信息技术产业领域的最大社会经济效益。

虽然英国的海洋经济得到了很大的发展，但国家海洋科技没有统一的体制管理。政府没有统一负责全国海洋科学技术的部门和机构，有关海洋科技管理及海洋

开发规划均按不同项目或课题分散在各有关的政府部门。为有效地协调各部委之间、政府部门和企业公司之间的工作，英国成立了海洋科学技术协调委员会，负责协调有关的海洋科技活动，加强政府对全国海洋科技活动的宏观管理。近年来，英国政府通过一系列措施加强研究机构、大学与企业合作，打破了传统的科研管理模式，建立了海洋技术中心、开发研究中心等，形成了政府、科研机构和企业三位一体的联合开发体制。英国八所大学设立的海洋技术中心，都是以水下工程技术和深潜技术为主的海洋高新技术开发机构，在经费上得到了政府和有关海洋产业部门的大力支持，加上依靠高等院校的人才和智力优势，所以这些开发研究中心具有很强的研究实力和竞争力，近年来已取得了一些具有世界一流水平的科技成果。为了加强英国海洋科技的研究能力，国家投资 4 800 多万英镑，建立了南安普敦海洋学中心，并于 1995 年 9 月开始工作。

（三）其他国家政府作为简介

日本是继美国之后的又一海上强国，海洋经济发达，海洋规划特点鲜明。日本的海洋管理实行较高层次的海洋政策综合协调机制，拥有专门的高层指导和协调机构，进行海洋管理部门间的政策协调制定相关的海洋规划。进入 21 世纪，日本制定了《21 世纪海洋发展战略》，继续加强海洋技术规划，试图保持其在海洋技术方面的领先优势，同时开始注重海洋的整体协调发展。政府海洋规划直接与间接效益明显，从 1968 年开始推出了《深海钻探计划》、《海洋高技术产业发展规划》等确保日本在海洋科技方面的领先地位，增强日本海洋产业的竞争力，创造高附加值的经济利润，提高海洋经济收入。研究海洋战略规划等重大问题时，日本政府注重依靠权威专家，做到了政府、学术界、经济界乃至军界的广泛参与，通过媒体宣传引起广大民众对海洋问题的关注。维护海洋战略权益方面，政府制定旨在大肆掠夺海洋资源的"抢海"计划。2005 年 3 月，成立了由外务省、运输省、厚生省组成的专门部门，负责制定抢夺海洋权益计划和采取具体行动，并投入大量的经费支持，应对在东海等海区与周边国家的海洋权益之争。日本的海洋行政主管部门对海洋各项事业进行宏观调控，实现对海洋开发、利用、治理、保护活动的统筹安排大力发展了海洋产业提高海洋企业创造的经济利润。

挪威拥有 21 925 万千米的海岸线，地处北大西洋海流和墨西哥暖流交界处的天然渔场，这很大程度上决定了把海洋产业作为他们国家的主要支柱产业来发展以提高国民收入。挪威政府加大对海洋事业的投资力度，投入巨额经费发展它的海洋科技，以支持海洋产业的发展，与此同时政府大力发展海洋科技投资的私营机构，

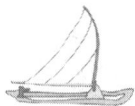

只在 1979～1991 年间就为政府的海洋科技活动募集到了 32 亿挪威克朗（近似于 3.6 亿美元）的友好赞助。科研管理方面，成立挪威研究理事会根据国家和市场的需要制定国家的发展战略，所有的海洋科技发展的战略政策都针对海洋产业的发展需要，针对性强服务目的明确。政府制定灵活的研究机制，对有前景的项目和技术动员社会力量兴办科研和生产基地，十分注意科研成果的商业化和技术转让。

韩国的海洋开发是随着 20 世纪 60 年代中期韩国的经济崛起开始发展的。90 年代以来，随着世界海洋经济的迅速发展，韩国加大了对海洋开发的投入力度，1996 年制定了海洋开发基本计划，开始致力于推动海洋栽培渔业，增加海洋运输量，促进海洋技术、海洋环保的发展，振兴水产流通加工及水产贸易等，并决定在 1996～2005 年的 10 年间投资 25 兆韩元（约合 330 亿美元）发展海洋资源的开发利用。1998 年，韩国海洋产业产值占全国 GDP 的 7%，列世界第十位。

加拿大是北美主要的海洋国家，拥有世界上最长的海岸线（243 389 千米）和广阔的近海区域（1 680 万平方千米）。由于加拿大政府和民间企业的技术创新和高强度的海洋科学投入，加拿大获取海洋资源的质量和效率不断提高。1988～1998 年加拿大海洋产业的年均增长率为 11%，1998 年加拿大海洋产值为 105 亿加元，占国内生产总值（GDP）的 1.4%，提供就业机会 12 万个。

澳大利亚有着 1 600 万平方千米的海洋领土，海岸线长约 2 万千米，其海洋产业强劲持续增长。1994 年达到 300 亿澳元，占澳大利亚国内生产总值的 8%，实际年增长率在 8% 左右，大大超过了一般经济的增长，预测到 2020 年海洋产业的产值将达到 500 亿～850 亿澳元。澳大利亚政府为了解决现存的问题进一步发展海洋产业优势提高收入，打算在加强与完善其对海洋产业的管理与调控体制的同时，还将经常定期的审查其海洋产业政策和决策过程，并与有关产业界及其他有关社团协调，尽量消除现存的海域多样化利用不够、基础资料缺乏等问题对海洋产业发展的不利影响[①]。

二、对我国政府作为的理论分析和政策建议

迈入新世纪以来，世界上各个海洋大国都纷纷修改和制定本国的海洋政策和开发战略，力争在海洋经济、科技和管理竞争中占据领先地位。日本斥巨资投入海洋科技，明确提出在海洋科学领域中"起领导作用"；韩国提出了"21 世纪海洋韩

---

① 引自张德山：《澳大利亚海洋产业的现状和发展前景》，载《海洋开发与管理》1999 年第 3 期。

国"发展目标；加拿大、澳大利亚也都争相努力成为海洋科技和管理领域的领导者。我国虽然也是海洋大国，各种海洋资源十分丰富，但远非海洋强国。新中国成立以来，海洋事业取得了长足的进步，但也出现和累积了许多迫切需要解决的问题，例如，由于过度捕捞和管理体制的不完善，致使近海渔业资源衰退严重；多种污染源威胁着海洋环境，生态系统面临着诸多危机；海洋科技水平仍然偏低，海洋产业结构依旧比较落后；海洋资源开发利用程度和水平较低；海洋领土争议不断，海洋安全形势不容乐观；国民海洋意识仍旧淡薄，海洋观念还有待加强等。基于上述问题，我国应积极借鉴国外发展海洋产业的经验，政府应快速有效地采取相应措施，以下从经济、管理等基础学科的分析上给我国的政府作为提出一些建议。

（一）以产权变革为基础的政府作为

海洋环境具有公共资源的性质，而开发者在开发和利用公共资源时会产生负的外部性，造成海洋环境等资源的过度使用，这就从一定程度上影响了海洋产业的发展减少了海洋经济的收入。下文主要从理论上分析了外部性的经济学原理，无法通过市场"看不见的手"解决此不经济行为只能依靠政府从行政上采取政治经济手段来减少避免海洋资源外部性对海洋经济的发展产生的不利影响。

1. 海洋资源的外部性分析。所谓外部性（Externalities），也称为外部效应，是指一个人或一个企业的活动对其他人或其他企业的影响，而施加这种影响的人却没有为此付出代价或为此而获得补偿。外部性是一个经济主体的行为对另一个经济主体的福利所产生的效果，而这种经济效果却没有从货币或市场交易中反映出来。由于这种影响并不是在有关各方以价格为基础的交换中发生的，所以其影响是外部的。外部性可以分为正外部性和负外部性。如果一种经济活动社会收益大于私人收益，这种活动就产生了正的外部性；如果一种经济活动的私人成本小于社会成本，这种经济活动就产生了负的外部性。

海洋渔业资源中的外部性是负的、双向外部性。任何一个渔民增加捕鱼量都会减少其他渔民可捕捞的数量，但没有人会去考虑他的捕鱼行为对其他人捕鱼机会的影响，而且一个渔民能够捕捞到多少鱼，不仅取决于他自身的捕鱼努力，也取决于其他渔民的捕鱼努力（已捕捞的数量），也就是说一个渔民的捕捞量既是自己捕鱼努力的函数也是其他渔民捕鱼努力的函数。因而，这是一种负的外部性、双向外部性。一个渔民的捕捞活动强加给其他渔民的成本及由此可能引起的渔业资源衰竭的社会成本的大小，可以通过改变捕捞规则或制度安排加以调整，并可能使每个渔民的处境变好，因而，渔业中的外部性也是帕累托相关外部性。

在海洋开发活动中当存在外部性（包括正外部性和负外部性）时，市场将无法优化配置海洋环境资源。因此，外部性成为导致市场失灵的一个重要原因。假定某海洋开发主体某项海洋开发活动的私人成本和社会成本分别为 c_p 和 c_0。由于存在负外部性，故私人成本小于社会成本：$c_p < c_0$。如果这个人采取该行动所得到的私人收益 V 大于其私人成本而小于社会成本，即有 $c_p < V < c_0$，则这个人显然会采取该行动，尽管从社会的观点来看，该行动是不利的。这时帕累托最优状态没有实现，存在帕累托改进的余地。因为如果这个人不采取此项行动，则他放弃的好处即损失为 $(V - c_p)$，但社会上其他人由此而避免的损失为 $(c_0 - c_p)$。由于 $(c_0 - c_p)$ 大于 $(V - c_p)$，故如果以某些方式重新分配损失的话，则可以使每个人的损失都减少。一般而言，当存在负外部性时，私人活动的水平往往要高于社会所要求的最优水平，表现在海洋环境资源的使用量上就是私人利用量超过了最优利用量。

在图 5-11 中，某海洋开发者的产品市场需求与供给分别为 D 和 S，水平的成本线（S 线）代表规模报酬不变，MEC 代表边际外部成本。由此可看出，完全竞争均衡时的产量（私人使用量）和价格分别为 Q_1 和 P_1。但从整个社会的角度来看，边际成本应是厂商内部成本加上外部成本，因此真正的供给线应为 S_E，最优均衡应为 Q_E 和 P_E。可见，完全竞争均衡与最优均衡相比，由于外部成本的存在使海产品产量过高，经济效率显示生产过多，导致海洋环境资源被过度利用。由上述可看出，负外部性的存在会使市场配置资源失效，即市场不能解决外部性的问题。要解决外部性的问题只能靠政府对海洋经济活动进行调控，通过一定的制度安排将海洋经济活动主体所产生的外部性内部化，使技术外部性变为货币外部性，在某种程度上强制实现原来并不存在的货币转让。

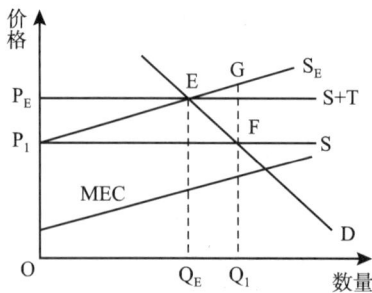

图 5-11 海洋环境资源的私人使用量和最优利用量

2. 界定产权解决外部性问题。最早认识到产权制度在资源配置的决定性作用

的是罗纳德·科斯（R. H. Coasc），也就是著名的"科斯定理"。科斯教授在1960年发表了开拓性论文《社会成本问题》（The Problem of Social Cost），第一次讨论了在交易成本为零的假设条件下，最终结果（生产的价值最大化）与法律制度（即产权制度）无关。事实上，在现实生活中，是存在着交易成本的，即交易成本是大于零的。因此，"科斯定理"反过来也证明了在存在交易成本的情况下，产权制度对资源配置的效率或经济制度的运行起着极为重要的作用。一旦考虑到市场交易成本，那么对资源的重新安排引起的产值增加超过交易成本时，这种重新安排才能进行或才有必要。在这种条件下，合法权利的初始界定的确影响到经济体制的运行效率。

故"科斯定理"的现实含义是：在交易成本大于零的情况下，不同的权利界定会带来不同效率的资源配置。也就是说，由于交易是有成本的，在不同的产权制度下交易成本不同，从而对资源配置的效率有不同影响。所以，为了提高资产配置的效率，对产权的初始安排和重新安排的选择是重要的。根据这一定理，我们可以得出一个相反结论：如果产权没有得到明确的界定，则资源就不可能得到最佳配置和最优利用。正因为存在交易成本，界定产权才成为经济学的一个重要问题。其实，市场商品交换并不是简单的资源或商品交换，而是这些资源或产品的产权的交换，即不同的人所拥有的对资源或商品的不同的权利的交换，要使市场交换得以进行，资源或商品的产权界定就必须非常明确清楚。人们既不能用产权不属于自己的资源或商品去同产权属于别人的东西相交换，也不会用产权属于自己的资源或商品去交换产权不知属于谁因此得到后随时都可能失去的东西。这说明交换如果不是产权的交换，那么，这种交换是没有任何意义的。

基于上述分析，明晰的产权界定是产权交易的前提条件，也是整个经济活动和经济运行的基础，更是资源进行配置或重新配置的根本，或者说，产权的明晰度达到最优也是资源配置效率最优的根本。产权的明晰度要达到最优，其基本途径就是要按照普遍性、排他性和可转让性的原则进行产权界定。普遍性是强调产权界定必须是涵盖全社会资源及这些资源的相关用途，应当包括无遗；排他性强调在产权界定后，资源的所有权和支配权应当是相互排斥的，不能既属于A者还属于B者；可转让性强调资源可以自由地从一个所有者转移到另一个所有者，或者是从原始所有者转移给其他所有者。一旦建立了这样的产权制度，就会实现一系列经济增长的效率价值。

从资源特性来看，海洋渔业资源是典型的公共资源（共享资源），具有公共物品的非排他性（不能排除或排除成本太高）、资源的流动性和边界的模糊性，无法

明确地界定产权。这种产权的非界定性，导致即使在私有制国家也很难采取与私有产权相对应的渔业资源管理体制。海洋渔业资源中的非排他性和严重的"搭便车"问题，加上具有的消费竞争性（一个人捕获的鱼越多，另外的人所能捕获的鱼就越少），极易导致对渔业资源的过度捕捞，造成资源的衰退，也就是出现公共资源利用中普遍存在的"公地悲剧"问题，在经济学中这种现象被称为渔业租金的散失。这为政府实施集权管制提供了现实依据，几乎所有国家都采取了或采取过对海洋渔业资源实行政府集权管理的制度。不同的国家采取的政府管制的具体形式归纳为如下几个方面：

（1）捕捞许可证制度。捕捞许可证是政府向单位和个人颁发的从事捕捞作业的许可证书或资格证书。从事捕捞作业的单位和个人，必须按照捕捞许可证关于作业类型、场所、时限、渔具和捕捞限额的规定进行作业。捕捞许可证制度，是政府管理渔业资源的一种重要进入限制（Limited—entry）手段，其目的是试图通过控制生产要素（渔船数量）的投入规模，通过对进入权的控制，避免对渔业生产能力的过度投资。在许多市场体制国家，捕捞许可证制度是与个人可转让配额制度相结合的，而且捕捞许可证是可转让的。在我国，要获得捕捞许可证，必须先具有渔业船舶检验证书、渔业船舶登记证书，即要从事捕捞作业必须"三证"并备，而且捕捞许可证不得买卖、出租和以其他形式转让。新《渔业法》实施以前，由于未实行捕捞限额制度，捕捞许可证制度尽管限制了下海从事捕捞作业的渔船数量（事实上，沿海各地均有大量"三无"渔船或"三证"不全的渔船，原因在于捕鱼是有利可图的，而且对渔船进行有效监督是困难的、监督成本高昂），但并未限制单个许可证的捕捞数量，因而就不能保证总的捕捞量不超过可持续发展的捕捞水平。2000年12月1日起新《渔业法》实施后，把捕捞限额制度与捕捞许可证制度结合了起来，使总捕捞规模有可能控制在合理的水平内。

（2）捕捞限额制度。捕捞限额制度是基于生物经济学模型提出的。要维持一个鱼群的存量不会因捕捞而减少，就必须使捕捞量不超过鱼群的增殖量；可持续最大捕捞量即当捕捞量等于最大增殖量时的捕捞量（Maximum Sustainable Catch，MSC）。捕捞限额则是根据可持续最大捕捞量所确定的总允许捕捞量（Total Allowable Catch，TAC）来制定的。总允许捕捞量再按照特定的方法分配于从事捕捞作业的单位和个人，捕捞作业者所分得的份额称为配额（Quota）。在许多市场体制国家，捕捞限额通常按一定标准分为若干单位配额，分配给单个作业者的配额可以在市场上进行转让和交易，是一种个人可转让配额。在我国，捕捞限额总量将按照逐级分解下达的原则进行分配，个人配额与捕捞许可证直接挂钩。由于捕捞许可证是

不可转让的，因而配额自然也是不能转让的。科学地确定捕捞限额总量是实施捕捞限额制度的前提和基础，而如何合理、有效地将捕捞限额总量分配到不同地区、不同渔民，使配额分配公平、公正，是实施这一制度的一大难点。同时，捕捞生产的有效监管也是这一制度成功实施的关键。

（3）个人可转让配额（ITQ）制度。在渔业资源管理中，管理方案越来越基于一种生物经济学框架，这个框架已成为在自然资源管理中居支配地位的经济学范例。这个生物经济学框架，首先基于生物学原理，试图使鱼群维持在可持续最大捕捞量的存量（Maximum Sustainable Yield Population）水平上；其次在新古典微观经济学理论基础上做出了假定：个人利益最大化、拥有充分信息的经济代理人（如渔船所有者）和均衡市场的社会最优。

基于这种生物经济学框架，在市场体制国家的渔业资源管理中普遍实施了总允许捕捞量（TAC）下的个人可转让配额（Individual Transferable Quotas，ITQ）制度。ITQ 是将总允许捕捞量分配到单个渔民或公司的一种管理工具，一个人或公司对所获得的配额拥有长期的权利，并能够与其他人交易配额，配额代表对渔场的进入权和收获权[1]。配额管制能在一定程度上减少租金消散，捕捞配额的市场价值可以视为所获得的海洋渔业租金。

由于 TAC 体现了政府的资源保护标准，因而 ITQ 制度实际上是将政府管制与市场机制相结合的管理制度。也就是说，ITQ 制度已不是完全的政府集权管理，而是对集权管理的改进方案。政府管制目标主要体现在 TAC 的确定上，国家对海洋渔业资源的保护目标被融入到捕捞限额中。个人可转让配额制度实质上也是先前所讲的捕捞限额制度，只是对配额的分配和管理的具体方式不同而已。

3. 政府介入引发的寻租问题。由于海洋开发活动的外部性，导致了市场失灵，需要政府进行干预。但政府在干预的同时，会创造出大量的"经济租金"。所谓经济租金，原意是指在一种生产要素的所有者获得的收入中超过这种要素机会成本的剩余。在社会经济处于总体均衡状态时，每种生产要素在各个产业部门中的作用和配置都达到要素收入和其机会成本相等。如果某个产业中的要素收入高于其他产业的要素收入，该产业就存在该要素的经济租在自由竞争条件下，租的存在必然吸引该要素由其他产业流入到有租存在的产业，增加该产业的供给，降低产品的价格，使要素在该产业中的收入和其他产业中的收入一致，从而达到均衡，使租金消散。但一旦政府开始干预市场调节过程，超额利润下降或消失的趋势将会被抵消，这时

---

[1]　郭守前：《海洋渔业资源管理的理论探讨》，载《华南农业大学学报社会科学版》2004 年第 2 期。

超额利润便转化为租金。所以，政府制定海洋环境政策进行海洋环境的管理时，也会创造大量的经济租金。

既然政府借助于政府法律和行政权威、运用强制性手段直接干预海洋环境能产生租金，自然就会有追求这种租金的行为，这种行为称为寻租。在海洋环境领域环境管理者与污染者之间是管理与被管理的关系，管理者手中掌握着排污权资源，它可以根据该海区环境容量的大小，向排污者发放排污的权力，它对这种权力处于垄断地位，而这种能够带来高额收益的垄断权力本身可被视为一种稀缺的、排他性的资产，这一资产所能带来的垄断利润正是一种租金。污染者为了维护有污染时的既得利益，会采取各种方式，以获取管理当局对它环境管理标准的降低或继续污染的默许。因此，对这种垄断的权力的需求，实际上就是对经济租金的需求。

为了获得这些排污的权力，就必须与控制这些指标的人打交道，接近他说服他，甚至给以好处，这就是为了获得这些特权的成本。如果排污者发现，通过寻求垄断特权的竞争能比投资处理污染物获得一个更高的回报率时，他们就会寻租，争取获得更多排污权配额，从而获得更大的利润，这样他就不会投资兴建污水处理设备厂，即排污者会倾向于花钱并付诸努力去获取这种垄断地位。而且一旦确立了这一地位，他们又会继续花钱并付诸努力去保持它，这可以通过考察一个排污企业（D）和管理者（S）双边交易的寻租模型来说明。假若 D 方为了获得排污权通过向 S 方给以好处 B，以换取租金 R。此外，D 方还会发生一些寻租成本，如心理成本、时间、精力以及为掩人耳目而支出的费用等。因此，D 方的寻租成本 D_c 大于 B；对 S 方来说，他的成本包括预期事情一旦败露可能受到的处罚 P_c、心理成本 M_c 和给租成本 T_c，则 S 方的总成本为 $S_c = P_c + M_c + T_c$。而这里的给租成本 T 是海洋环境资源，不进入他的私人成本，总成本 S_c 会小得多。维持这项寻租活动的必要条件是：$R > D_c > B > S_c$。式中 $B > S_c$ 是 S 方参与寻租活动的前提，S_c 是预期被查处的概率 p、惩罚强度 d 和监督成本 c 的函数，且与 p、d 正相关，与 c 负相关。当满足此条件时，寻租者就会寻租，且垄断地位一旦形成，他还会进一步地寻租去保持这种垄断地位，从而使海洋环境污染长期化。

这种为了获得和维持利用海洋环境资源垄断地位从而得到经济租金的寻租活动实际上是一种非生产性的活动，它耗费了社会的经济资源，使本来可以运用于生产上的资源浪费在无益的行为上，导致了社会福利的损失。这种损失主要包括两部分，一部分是在追求垄断过程中所造成的损失；另一部分是垄断形成后所造成的低效率。

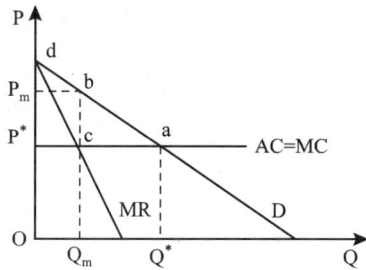

图 5 - 12　海洋环境寻租活动中所造成的损失

传统的经济理论认为，在政府进行海洋环境管理时寻租活动所形成的垄断造成的经济损失从数量上来说是很小的。在图 5 - 12 中，在完全竞争市场上，海洋开发者的产量为 Q^*，价格为 P^*，经济利润为 0，消费者剩余为 adP^*，总的经济福利（海洋开发者的经济利润加上消费者剩余）也等于 adP^*；垄断地位形成后开发者的产量则为 Q_m，价格为 P_m，经济利润为 bcP^*P_m，消费者剩余为 bdP_m，总的经济福利为 bcP^*d。二者相比，垄断的总经济福利减少了，但减少的数量较小，仅等于图中的小三角形 abc。但我们一旦把分析的重点从垄断的结果转移到获得和维持垄断的过程，则会很容易地发现，垄断的经济损失不再仅是图 5 - 12 中那块叫做"纯损"（Deadweight Loss）的小三角形 abc，而是要大得多，它还包括该图中海洋开发者经济利润 bcP^*P_m 的一部分或全部，甚至还可能会更多一些。这是因为为了获得和维持垄断地位从而享受垄断的好处，海洋开发者往往需要付出一定的代价。这获得或维持垄断地位而付出的代价与三角形 abc 一样也是一种纯粹的浪费，因为它不是用于生产，完全是一种非生产性的寻利活动，而且比三角形 abc 大得多。到底有多大呢？就单个的海洋环境寻租者而言，他愿意花费在寻租活动上的代价不会超过垄断地位可能给他带来的好处，否则就不值得了。因此，从理论上来说，单个海洋环境寻租者的寻租代价要小于或者等于图 5 - 12 中的垄断利润或垄断租金 bcP^*P_m。但在很多情况下，由于争夺垄断地位的竞争非常激烈，寻租代价往往接近甚至等于全部垄断租金。如果进一步考虑整个海洋环境寻租市场，全部经济损失等于所有单个海洋环境寻租者寻租行为代价的总和。而且，此总和还将随着寻租市场竞争程度的不断加强而不断增大。所以，整个海洋环境寻租活动的经济损失要远远超过传统垄断理论中的"纯损"。

4. 基于经济学手段的政府作为。20 世纪 90 年代，经济合作与发展组织将环境保护领域应用的经济手段分为收费、补贴、押金退款制度、市场创建、执行鼓励金

等五种类型。在海洋环境管理中所运用的经济学手段也有很多种，下面主要介绍了收取费用和环境税收两种经济手段。

（1）收取费用。收取费用是对海洋环境价值的一种补偿，从一定程度上使海洋环境资源的使用者改变排污等有损海洋环境的行为，有效地利用越来越稀缺的海洋环境资源。主要有：

①排污收费。对向海洋环境排放污染物的染污者按其排放污染物的质量和数量征收费用，从经济角度促进人们提高对海洋环境保护的认识。排污收费的收入作为环境保护的一种资金来源，可以为环境管理部门和公共环境保护设施提供部分资金，体现了污染者付费的原则。

②收取渔业资源增殖保护费。鼓励采取渔业资源养护措施。我国规定，县级以上人民政府渔业行政主管部门应采取增殖渔业资源措施，并向受益单位和个人征收渔业资源增殖保护费，专门用于增殖和保护渔业资源。

③收取海域有偿使用费。海域的有偿使用，就是政府以海域所有者的身份，按照海域使用权与所有权相分离的原则，向申请使用海域的使用者收取海域使用金的经济行为。

（2）环境税收。环境税是以环境特征为依据所开征的一个税种，其目的是刺激各项活动都要将环境要素纳入决策过程，从而达到控制污染、改善环境的目的。

税收可以影响和调整某项海洋经济活动各有关方 ICI 的利益关系，从而起到引导和改变海洋活动方向的调节作用。通过税收调节使在资源条件不同的情况下生产的企业，能取得大致相同的经济效益，从而防止海洋污染、开采过度等不合理现象的发生，促进海洋资源的合理开发利用和保护。我国已开征石油、天然气、煤炭、金属和非金属矿产品等资源税，这种生态税是指利用税收的调节手段，对破坏环境的行为和产品进行征税。实行海洋环境税收制度可以减少海洋中的污染，减少对海洋能源、自然资源的使用，筹集资金用于海洋环境保护发展海洋产业进一步增强海洋经济的竞争力，从而提高海洋经济效益。

（二）以财政调控为基础的政府作为

我国目前制约海洋产业的一个最关键制度"瓶颈"就是投融资制度，为了规避海洋灾害对海洋产业部门的影响提升海洋产业的收入，要求政府从宏观上采取措施从财政政策角度增强海洋高科技产业中企业的应变能力。目前，政府投向海洋高技术产业的资金主要分散在财政、科技、经济、计划等部门和银行，形成不了资金使用合力。我国传统的银行信贷融资方式也不适应海洋产业资金的投入运作规律，

海洋高科技项目未形成产业化，投资回报的前景无法预估，而许多项目承担单位，特别是民营高科技企业自身没有大的固定资产，又找不到担保单位，所以这些企业的资产负债结构，其对资金的需求面对银行为中介的融资体制由于成本过高而显得不足。而我国海洋产业结构面临优化第一产业，加强第二产业，大力发展第三产业的全方位、整体性的结构调整，这就要求政府的财政支出导向作用必不可少，使投资方向调整与产业结构调整形成良性互动。

1. 调整补贴政策提高海洋产业收入。随着新的海洋产业经济体制框架的逐步确立和以市场为导向的新的经济运行机制的基本形成，我国的海洋补贴政策已经开始为市场经济下的海洋产业发展服务。为了加快渔业产业化进程，调整渔业结构，中央和各级地方政府加大了对渔业的扶持和投资力度，1999 年以来中央对渔业的财政投入呈现出逐年上升的趋势，2004 年达到 12.73 亿元，为历年来最高。这些资金主要用于中心渔港、良种体系、渔业生态环境保护体系、水生动物防疫体系的建设和科研推广工作，以及更新渔政装备和渔政执法等项目。通过中央对渔业的财政投入，改善了我国渔业生产的基础条件，提高了渔业发展的综合能力，推进了产业结构的战略调整，增强了渔业可持续发展的后劲，加速了我国渔业发展的现代化进程。但现有的渔业补贴政策还存在总量投入不足、补贴结构不合理和管理不规范等局限性，为了充分发挥补贴政策的实施效果政府有必要采取行政手段综合管理海洋产业补贴政策进一步提升海洋产业的收入。

增强海洋产业企业的补贴总量必须深化财政体制改革，完善现有的财政体制，进一步合理化现有的财政支渔模式。只有深化政府财政体制改革，为政府支持海洋产业发展创造条件，才能从根本上解决这一问题。政府可以采取措施深化财政体制改革，明确政府在支持和保护渔业方面的事权划分，在政府事权的划分中，补贴资金到底由谁来承担，即各级财政应承担什么样的补贴，或承担多大比重，应当有一个科学而合理的安排。同时，促进财政政策与银行信贷政策方面的协调，既包括在现行体制下完善财政部门与政策性金融机构（如农业发展银行）之间的政策运行机制，提高现有财政补贴的效率，也包括财政部门寻求与商业性金融机构（如农业银行、农村信用合作社、保险公司）之间的合作，更多地采用贴息、担保等方式引导社会资金对农业的投入，推进、支持和保护农业的社会服务体系的形成。

建立健全渔业补贴的政策法规，可以先从制定《农业补贴法》或《农业投资法》入手，将渔业补贴作为其中的重要组成部分；也可以单独制定《渔业补贴法》，使渔业补贴政策有法可依。还要不断完善补贴机制，强化补贴资金的管理。首先，着力改变目前补贴资金政出多门、管理重叠、政策不配套、效率不高的状

况，逐步实行集中管理，依法补贴，分类处理，形成责权利明确的补贴体制；其次，规范管理，推行补贴项目预算管理的办法，保证补贴资金及时到位，避免挤占、挪用现象的发生；另外还要进一步加强相关各级财务人员的培训，强化业务知识，强化项目管理，健全财务制度，提高资金的利用率。

调整我国海洋产业补贴结构，要针对目前渔业的发展困境，继续加强基础设施投入，将转产转业放在突出位置，并逐步提高综合开发、水产科技、病害防治、技术推广等项目资金在补贴中所占的比例。对于基础设施建设，不仅要重视"硬件"（基地、设备）建设，还要重视"软件"（人才、信息）的建设，要"软硬兼施"，全面发展。要逐步提高综合开发、水产科技、病害防治、技术推广等项目资金在补贴中所占的比例。加大对综合开发项目的投入，积极开展多种经营示范项目建设，推广生态渔业、设施渔业、休闲渔业的建设，推动渔业结构合理化；加大对水产科技的投入，通过科研开发找到摆脱渔业发展困境的方法，为加速我国的渔业发展创造条件；加大对技术推广的投入，通过对渔民的技术推广和技术培训，把先进的技术送到第一线，走"科技兴渔"之路；除此之外，还要加大对病害防治体系和水产品质量安全监测体系建设的投入，加强水产绿色食品基地的建设和无公害养殖小区的建立，提高水产品安全，促进水产品出口。

解决补贴种类不全的问题，要以渔民的利益为出发点，尽快出台渔业保险补贴政策，形成渔业社会保障体系，加大对渔民的直接转移支付，维护渔民的切身利益。要尽快出台渔业保险的相关政策、法规，为政策性渔业保险工作的开展提供保障和支持。同时，呼吁整合社会力量，民政、财政、工商、金融、税务等部门相互配合支持，为建立政策性保险制度开辟绿色通道，形成国家立法、政府引导、财政补贴、渔民参与、行业自保的渔业社会保障体系。具体的措施可以借鉴日本、挪威等国家的做法，制定渔业灾害保险补贴、渔民失业保险补贴等新的补贴种类，加大对渔民的直接转移支付，维护渔民的切身利益。

2. 增大财政投入提升海洋产业收入。货币信贷政策应向海洋产业倾斜，大力发展海洋企业增加海洋产业的收入。中央银行与政策性银行在资金投向上要向海洋产业倾斜，对海洋产业增加信贷比例，建议中央银行和政策性银行总行考虑安排"海洋开发专项贷款"，增加政策性贷款投入。财政部门应增加对政策性银行的海洋科技引进、研究和开发项目贷款贴息的数额，以利于转化海洋科技开发风险。商业银行和非银行金融机构应努力盘活贷款存量，大力组织存款，扩大资金来源。完善和改进金融服务，为海洋经济强省建设创造良好宽松的金融环境。在资金投向上，应调整信贷结构，提高海洋产业贷款在整个贷款中的比重，同时提高海洋开发

的中长期贷款比例。此外，通过增加银行呆账准备金提取比例防范、分散和化解海洋开发贷款风险。

财政投入资金投向要合理，对于政策性贷款、商业性贷款、财政资金和其他资金，既要区分使用，又要统筹安排，突出重点。（1）支持"科教兴海"方针的贯彻实施。为适应海洋经济强省建设的需要，建议筹建海洋大学或在海南大学内设置海洋学院，重点发展海洋专业和海洋中专，以形成海洋综合院校、水产、海运、海洋旅游、海水养殖和在职培训相结合的海洋教育体系。（2）支持海洋技术开发，促进高新技术产业化。充分发挥金融促进科技进步、优化科技资源配置的杠杆作用，支持新产品新技术开发，推动科技工作面向海洋经济建设主战场。把海洋自然科学和社会科学、基础研究和应用研究、技术开发和试验推广结合起来，健全海洋科技推广体系，促进科技向海洋产业投入。（3）海洋开发中的重点项目，包括海洋油气加工、海重点项目，包括海洋油气加工、海洋旅游、海洋运输等基础设施，组织银团贷款，同时做好财政与银行资金的配套投入。大力支持高科技型、高附加值型、集约型的海洋产业发展。对具有优势的支柱产业、龙头企业以及现代化的海洋产业集团，如以食品为中心的海洋生物资源产业集团、石油化工产业集团、海水养殖捕捞产业集团等，在资金上给予重点支持，逐步形成海洋产业链和产业群。

3. 投融资创新提升海洋产业收入。解决制约我国海洋产业的投融资"瓶颈"必须通过海洋产业的投融资体制创新。首先，政府在资金上积极介入海洋产业企业，在项目的选择上，应倾向技术先进性和对地方经济的拉动性，引入竞争机制，推行项目评估和招标制度；在资金的运用上，各部门资金应体现集成，保证力度和效果；在资金的管理上，要做好项目的前期评估和动态跟踪，并加强对经费的使用监督。其次，建立风险投资机制，因为海洋高技术投资与传统的金融业务谨慎经营。风险投资机制的功能在于通过合理的制度安排和组织结构设置，使资本市场和创新产业有效结合，它的作用不仅体现在资金方面，而且更注重利用基金管理机构的优势为海洋高技术企业提供包括管理、营销、财务、人力、技术等多方面的服务。它不回避风险，而是通过投资于那些高风险性和高成长性并存的企业，来获取创业利润。

建立专门为海洋高技术企业服务的中小金融机构体系使海洋产业融资渠道多元化。这一体系中的主体是非国有中小金融机构，开放的市场条件将促进竞争，保证其以低成本高效率为处于创业阶段的海洋高技术企业提供融资支持，此外，体系中还包括一些国有专门的中小科技企业融资机构，其起到的作用是建立和维持一个稳

定的竞争环境，使企业和金融机构有动力维护自己的商业信誉。同时，为海洋高技术中小型企业提供担保服务，建立分层次政府支持的中小企业信用担保体系，中央和地方政府担保的重点有所不同，中央政府主要负责对特殊项目和重大项目进行担保，而地方政府根据本地区的特点，确定地区扶持重点，政府出资的担保基金应由独立的专门机构按商业化原则来运营，为提高效率，应该委托由专业人员组成的专门机构操作和经营，政府出资部门进行监督和检查。这样由政府介入通过财政金融创新解决制约海洋产业升级和高技术产业化的因素，提高海洋产业的收入。

与此同时还应该拓展金融市场，加大金融投入。发展证券市场是筹集海洋开发资金的有效手段之一。一是发展债券业务：（1）选择资信较好的海洋开发企业发行企业债券，进行直接融资，既可减轻对银行资金需求的压力，又可促进企业发展；（2）争取中央政府批准，发行地方政府债券，并允许在市场上流通转让。地方政府债券筹集的资金，主要用于海洋开发中的基础设施建设、高新科技项目及海洋科技成果的转化。二是推动和选择海洋产业中的支柱产业或优势产业集团，以发行股票及上市的方式直接向社会筹集海洋开发资金。三是发展票据市场。在防范风险的基础上，为信誉好的海洋产业企业扩大商业票据承兑和贴现业务范围，提供灵活的融资手段。

（三）以产业整合为基础的政府行为

1. 以"产业耦合论"为基础发展循环经济。目前我国的海洋产业发展主要是以自然资源为基础，面对我国海洋经济发展与人民不断增长的对水产品蛋白的需求，需要从理论上支持海洋产业的长期稳定来提高海洋产业的收入。如今学界提出一种"产业耦合论"的理论，以此来指导海洋经济的循环发展。"耦"者"双"也，古时系指并耕而作之意。"耦合"则取其合力加乘之意，这里的"耦合论"即为组分之间有机与定量的联系，通过优化组合，使之形成良性加乘作用的体系。海洋经济资源中以自然资源为基础的捕捞业和通过人为干预再塑造的养殖业都是有限的不可持续的，所以只有发挥政府的作用使经济结构与产业结构的合理耦合，进一步引申为两大经济体系的耦合，方可最终实现海洋渔业的可持续。

循环经济是一种新的发展理念，是一种以资源的高效利用和循环利用为核心，以"减量化、再利用、资源化、无害化"为原则，以低消耗、低排放、高效率为基本特征，其增长模式是"资源→产品→再生资源"。发展海洋循环经济，就是遵循海洋生态学规律，把海洋经济系统和谐地纳入自然海洋生态系统之中，在海洋资源高效利用的基础上促进海洋经济发展；就是通过更有效地利用海洋资源和保

护海洋环境，以尽可能小的资源消耗和环境成本，获取尽可能大的经济效益和环境效益。

政府应该采取相应措施来实现从"资源—产品—污染排放"的线性循环到"资源—产品—再生资源"的闭环式流程的循环经济。以海洋第一产业为例，政府以"产业耦合论"为指导可以从以下方面来发展循环经济：（1）指导渔业政策，通过科技创新、提高科技含量，强化科学管理，为人民提供质量上乘的水产品，增加经济效益。（2）海洋捕捞、海水养殖、以水产品加工为代表的渔业二次产业、以休闲渔业为代表的渔业三次产业必须相互联动，互为依托，缺一都不成为可持续发展的海洋渔业。（3）进行战略性转变：①实现由渔业自然资源支撑渔业经济发展的单一目标，向以渔业资源可持续为主要目标的经济安全（渔产品供应）、环境安全（水域富营养化与污染防治）、国防安全（如东海、南海海洋渔业国土主权维护）的多目标转变；②实现由以我国专属经济区渔业资源供给为主，向立足国内资源，最大限度分享国外资源（发展远洋渔业和贸易渔业）转变；③实现由倚重初始资源（捕捞渔业）向一、二次资源和替代资源利用并重（发展增养殖、加工、生物工程）转变；④实现由粗放式开发利用资源（捕捞上市）向集约开发、节约资源（工业化养殖、休闲渔业）和有效提高资源利用率的跨越式消费方式。只有促进经济结构与产业结构的耦合，在国家主导下调整好一、二、三次产业的经济结构，同时又按市场经济体制调整好产业内部结构，才能逐步实现我国海洋渔业可持续发展从而提高渔民的收入。

2. 发展海洋新兴产业优化海洋产业结构。我国海洋产业结构经过调整，产业内部结构呈现不断优化的趋势，从"八五"末期海洋三次产业结构比例由48∶14∶38到"九五"末的50∶17∶33。以2000年、2003年为例做个比较便可得出产业结构的变化情况。2000年，我国主要海洋产业总产值为4 133.50亿元，其中作为第一产业的海洋渔业比重过半，占54.7%，第二产业中最具竞争力的海洋石油仅占了6%，第三产业的重要组成部分海洋旅游也只占14%。2003年我国海洋三次产业结构比例为28∶29∶43，与2000年的格局已有大的改变。其中，第一产业增加值1 302.8亿元，增长6.4%；第二产业增加值1 221.88亿元，涨幅较为明显，为46.5%，其中海洋油气业、砂矿业、海洋生物医药业的涨幅最大。第三产业增加值1 930.86亿元，下降3.8%，主要是由于滨海旅游业受"非典"的影响。2004年海洋三次产业比例为30∶24∶46，海洋第一产业增加值1 678亿元，第二产业增加值1 352亿元，第三产业增加值2 238亿元。从以上分析可以看出，我国海洋产业的结构正逐步趋于优化，并且我国的第三产业和高科技产业具有巨大的发展潜力，政府应该从

财政行政政策等多方面引导，大力发展海洋新兴产业提升海洋第三产业的收入①。

20 世纪 60 年代以来，以海洋高新技术研究与开发为基础而发展起来的海洋高技术产业，引发带动了一些新兴海洋产业的发展壮大。"十五"海洋 863 高技术发展计划、海洋科技攻关计划和"科技兴海"计划确定了一批优先发展领域。针对维护国家海洋主权权益、保护和开发海洋资源的需要，重点突破近海环境监测、海底立体探测、边际油田开发、海底作业、深水和大洋矿产资源勘探开发、新能源探测等关键技术，并以此带动了其相关产业的发展，海洋渔业从养殖和深加工向海洋生化制品、药品、功能食品等延伸，初步形成了规模生产，海洋高科技对海洋经济的增长贡献率不断提高。下面以海洋药业为例具体阐述相应的政府作为。

21 世纪将是海洋经济的世纪，作为海洋生物资源开发利用技术制高点的海洋药物的研究与开发在全世界范围内得到了广泛的关注。海洋药物具有不同于陆生药物的特殊效用，各国专家学者期待从海洋中获得攻克疑难病症的海洋新药，因而其大有发展前途。并且我国拥有巨大的海洋药用资源储量，给海洋药物产业提供了充足供应，因此也具有大规模发展该产业的基础。目前，我国海洋药物产业发展正处于战略关键时期，为了更好的促进产业快速健康的发展对我国政府建议有：（1）政府部门、实业界和科技界应该达成开发海洋药物的共识，促进"产、学、研"一体化，加快海洋药物产业化进程。（2）政府应制定我国海洋药物发展的总体规划、发展目标和具体步骤，集中有限的财力、物力资助那些有一流的科学技术专家共同承担的海洋药物项目，以形成局部优势。（3）政府应该重视与海洋药物研究相关学科，加强该产业的基础研究开发海洋药业的高级人才建立人才培训和管理体系和国家海洋药物技术专门人才及管理人才库。（4）政府应该发挥宏观指导和政策导向作用，充分利用我国传统医药知识经验结合现代药理研究基础指导海洋药业的开发，开发的同时应注意结合当地的海洋生物资源开发实用价值低资源量较大的海洋生物。我国应当抓好当前发展的机遇，采取切实有效的具体措施，大规模、有组织、有计划的开发利用我国的海洋生物资源保持海洋药业的可持续发展。

3. 完善海洋法律体制提升海洋产业收入。我国海洋法律法规体系现已初步建立，有效保护了海洋环境和生态，为海洋产业的进一步发展奠定了良好的基础，从法制方面为长期可持续的提高海洋产业收入提供了可能。目前由中国国家海洋局和美国海洋与大气局联合发起、在上海举行的"海洋政策论坛"上，国家海洋局有关领导透露，我国政府不断健全和强化海洋规划、立法和管理体系，全面推进海域

---

① 《中国海洋经济统计年鉴（2003）》。

使用管理，加大海洋执法监察力度，现已取得重要进展。我国现已加入和签署的国际海洋公约和条例，成为我国海洋法律、法规体系的基础。比如，我国的《中华人民共和国海域使用管理法》在海洋资源管理方面确立了海洋功能区划、海域权属管理、海域有偿使用等 3 项基本制度，规范了"无度、无序、无偿"用海；而《中华人民共和国海洋环境保护法》、《海洋倾废管理条例》、《海洋石油勘探开发环境保护条例》、《海洋自然保护区管理办法》以保护海洋环境和生态，实现海域空间资源可持续利用为目的；其他的诸如《涉外海洋科学研究管理规定》、《铺设海底电缆管道管理规定》规范了涉外海洋活动管理的有关方面；国家还制定了包括《中华人民共和国行政处罚条例》、《海洋行政处罚实施办法》等的国家基本行政程序性法律，初步构建起了我国的海洋法律、法规体系。

在完善海洋法律法规体系的同时，我国还需整合现行海上执法队伍，规范海上作业和海洋运输保证海洋产业的健康发展。我国海洋执法体制改革的主要目标是建设一支职业化、专业化、多能化的海警部队，建立起统一的海洋管理执法体制。维护海洋权益，加强海洋综合管理，必须建立统一的海洋管理执法体制，建设强大的海洋综合执法队伍。党的十六大提出：按照"精简、统一、效能"的原则，深化行政管理体制改革，切实解决"多重执法"的问题。现行海洋行业执法体制，已远远落后于时代和形势的发展，必须实行改革。建设一支能管控全部海域的强大的综合管理执法队伍是依法管海、依法护海、依法用海的保证，也是我国海洋管理执法体制改革的关键所在。所谓强大，就是具有强大的威慑力、管控力和执法效能，所谓综合管理执法，就是能承担各涉海管理部门的执法职责，即对外抵御非军事性入侵，维护海洋权益，进行国际交流与协作，对内履行维护海上治安和交通秩序，惩治海上犯罪，保护海上资源和海洋环境，救助海上遇险遇难等多种职能。而建设这样一支既能对内又能对外、既能管理执法又能武装警卫的海洋综合管理执法队伍，就需要建设一支统一的职业化、专业化、多能化的海警部队。

统一的海洋管理执法体制，是一种科学而先进的海洋管理制度。国际社会活动家、著名的海洋学者伊丽莎白·曼·鲍基斯女士认为：目前海洋管理存在的问题是权力不集中，与海洋有关的问题多半属于 15 ~ 25 个部门，分散了政府责任且造成重复努力。由于海洋事务没有形成人们关注的中心问题，而是作为其他重点活动的辅助事务，海洋政治地位不高，只能在政府层次较低的活动中安排和运作，限制了海洋事业的发展。为探讨 21 世纪海洋管理的有效模式，她提出应组成由政府总理任主席的"海洋与海岸带管理委员会"，委员包括外交部、交通及公共工程部、渔业部、能源部、科技部、旅游与环境部、国防部和经济发展部的部长。这种虚拟的

海洋管理模式，具有前瞻性，符合世界潮流，对我们有一定的借鉴意义。美国的海岸警备队（USCG）是目前公认的世界上最有影响的海域管理机构。USCG属于美国的武装部队，其地位与陆军、空军、海军和海军陆战队相同，是惟一在国防部之外平时受交通部管辖的军队，担负着"防御准备、海上安全、海上执法"三大任务。1994年即装备着中大型舰船151艘、飞机223架，分设东西两大司令部、12个地区司令部、54个分部，具有全时、立体监控和快速反应能力，对整个美国海域实施统一执法。并且平时保持着足够的战斗力，战时能担负着确保美国港口和200海里专属经济区的安全任务。现在，许多沿海国家都在建立统一和高效的海上执法队伍。建立统一的海洋执法体制，可集中财力建设现代化的强大的海洋综合执法队伍，提高执法效能，加大执法力度，可统筹使用执法资源，提高执法效率，降低执法成本，可增强立法和执法的统一性，提高立法质量，减少执法矛盾，从而加强海洋管理，促进国民经济发展。从美国的海岸警备队的建设管理可以看出政府应该发挥其应有的行政调控作用行使其管理职能，我们得到的启示有：政府应该出台一部涵盖海洋主权维护、海洋资源开发、海洋环境保护及海上治安管理等方面的法律，或可称之为"中华人民共和国海洋安全法"，规定海洋管理执法体制、执法保障、执法程序等，并确立海警部队在海洋综合管理执法上的主体地位。政府的海洋相关部门要整合现行海上管理执法队伍，即把海监、海事、渔政、海关、环保和边防海警等整编为新的海警部队，建立起强大的警务保障体系。

4. 发展技术教育实现海洋产业可持续发展。近年来，中国不断深化海洋资源和环境调查、勘探，积极寻找新的可开发资源，研究新的开发、保护技术和方法，大力培养海洋开发与保护的科技人才队伍，用科学发展观作指导力求探索海洋产业可持续性的科学发展，从而从长期整体上提升海洋经济的收入。中国现有涉海科研机构109个、科研人员13 000多人，已经形成一支学科比较齐全的海洋科技队伍，在海洋调查和科学考察、海洋基础科学研究、海洋资源开发与保护、海洋监测技术以及海洋装备制造等方面取得了许多成绩。

新中国成立以来，在海洋调查和海洋科学考察方面做了大量的工作。其调查范围从近海逐步扩展到大洋，调查方式从海面观测逐步发展到航空航天遥感、海面观测、水下调查。早在1950～1960年，中国就组织了全国海洋综合普查；1980～1986年，进行了全国海岸带和海涂资源综合调查，并开展了海岸带综合开发利用试验；1988～1995年，又进行了全国海岛资源综合调查和海岛综合开发试验等。1983年，中国加入了《南极条约》，并从1984年开始进行南极及其周围海域调查，到1997年共进行了14次科学考察，先后建立了长城、中山南极科学考察站，为人

类和平利用南极做出了积极贡献。1996 年中国又加入了国际北极科学委员会，积极参与《北极在全球变化的作用》等相关的国际合作项目。

中国海洋科学研究以近海陆架区海洋学为主，已经形成了具有区域特征的多学科体系。国家有关部门制定了海洋发展的规划和计划。近年来，中国在物理海洋学、生物海洋学、海洋地质学、海洋化学等学科取得了显著进展，为海洋渔业发展、海洋油气资源开发、海洋环境保护和海洋防灾减灾等，提供了科学指导和依据。中国积极发展海洋技术，已经形成了海洋环境技术、资源勘探开发技术、海洋通用工程技术三大类，包括 20 多个技术领域的海洋技术体系。目前，中国正在实施海洋高技术计划、海洋科技攻关计划和"科技兴海"计划。中国海洋高技术研究的重点是海洋监测技术、海洋探查资源开发技术、海洋生物技术。海洋科技攻关计划的重点是海岸带资源与环境可持续利用、海水淡化、海洋能利用和海水资源综合利用等与现代海洋开发直接相关的领域。1996 年，中国政府有关部门联合制定了《"九五"（1996～2000 年）和 2010 年全国科技兴海实施纲要》。据此，中国重点研究、开发和推广海洋增殖技术、海洋生物资源深加工技术、海洋药物开发提取技术和海洋化学资源利用技术。通过实施这个纲要，培育海洋科技企业，带动海洋产业生产力的水平的提高，并力争使科技进步在海洋产值增长中的贡献率从 30% 提高到 50%。

中国初步形成了海洋专业教育、海洋职业教育、公众海洋知识教育体系。目前共有设立海洋专业的高等院校 37 所，中等专业学校 29 所，不断为海洋事业输送大批科技与管理人才。海洋教育有 20 多个技术岗位，仅近 3 年就培训 8 000 多人。中国还常年利用新闻媒体对青少年进行海洋知识教育，并在沿海地区公众中开展开发利用海洋知识和保护海洋环境的常识教育。经过几十年的发展，中国已经建成了以国家海洋信息中心为主的海洋资料信息服务系统，为海洋开发、海洋科研和环境保护提供了大量的信息服务。20 世纪 90 年代初，中国初步建成了国家有关部门、产业、研究机构、沿海地区共同参与的海洋信息交换网络。

为进一步发展海洋科学技术，推动海洋开发保护事业发展，中国政府制定了《中长期海洋科技发展纲要》、《海洋技术政策（蓝皮书）》和多项海洋科技发展规划。今后中国海洋科技发展的主要目标是：加强基础科学研究，解决海洋资源开发与环境保护的关键技术，提高海洋科技产业水平，增强海洋开发和减灾防灾的服务保障能力，提高对海洋环境的保护能力，缩小中国海洋科技水平与发达国家的差距。

参考文献

1. 高鸿业：《西方经济学（微观部分）》，中国人民大学出版社 2002 年版。

2. 《海洋管理的若干问题——美国海洋法学专家杰拉尔·曼贡访华报告》，国家海洋局综合管理司，1996 年。

3. 科斯：《社会成本问题》，载 R. 科斯、A. 阿尔钦、D. 诺斯等著：《财产权利与制度变迁——产权学派与新制度学派译文集》，上海三联书店、上海人民出版社 1994 年版，第 1～58 页。

4. 德姆塞茨：《关于产权的理论》，载 R. 科斯、A. 阿尔钦、D. 诺斯等著：《财产权利与制度变迁——产权学派与新制度学派译文集》，上海三联书店、上海人民出版社 1994 年版，第 97 页。

5. 赵晓宏、马兆庆：《我国渔业补贴政策的局限性及其对策分析》，载《观察思考》2006 年第 3 期。

6. 李双建、徐从春：《发展日本海洋规划及我国的借鉴》，载《海洋开发与管理》2006 年第 1 期。

7. 修斌：《日本海洋战略研究的动向》，载《日本学刊》2005 年第 2 期。

8. 张辉：《国际海洋法与我国的海洋管理体制》，载《海洋管理》2005 年第 1 期。

9. 高忻：《海洋产业如何流过融资瓶颈》，载《中国投资》2004 年第 6 期。

10. 黄南艳：《海洋环境管理中的经济学手段研究》，载《海洋环境保护》2004 年第 3 期。

11. 郭守前：《海洋渔业资源管理的理论探讨》，载《华南农业大学学报（社会科学版）》2004 年第 2 期。

12. 郑贵斌、姚海燕：《我国海洋药物产业的发展现状、展望与对策》，载《经济研究参考》2003 年第 33 期。

13. 孙吉亭、潘克厚、陈大刚：《论我国渔业发展的"产业耦合论"》，载《中国渔业经济》2003 年第 5 期。

14. 于保华、胥宁：《国外海洋资源开发利用现状及发展趋势》，载《国外海洋管理与开发》2003 年第 2 期。

15. 孙吉亭：《关于我国海洋第一产业发展的几个问题》，载《东岳论丛》2002 年第 3 期。

16. 吴闻：《英国、欧洲和澳大利亚的海洋科技计划》，载《海洋科技》2002 年第 2 期。

17. 张德山：《澳大利亚海洋产业的现状和发展前景》，载《海外见闻》2002年第2期。

18. 赵俊杰：《为了永远的碧海清波》，载《中国经贸导刊》2001年第22期。

19. 周放：《美国海洋管理体制介绍》，载《全球科技经济瞭望》2001年第11期。

20. 何君位：《建设海洋经济强省的金融思考》，载《理论纵横》2001年第4期。

21. 万言：《要努力发展海洋循环经济》，载《中国海洋报》，http：//sdinfo. coi. gov. cn/report/154037. htm：2006 - 9 - 15。

22. 《海洋自然灾害与防范预报》，http：//mkd. lyge. cn/zhanzheng/a78/05/24/000. htm。

23. 国家海洋局，海洋工作信息，http：//www. soa. gov. cn/soa/work/2005/23/XX - 2005 - 23. doc。

24. 国家海洋局，国家海洋局机构，http：//www. soa. gov. cn/jigou/1/zhize. htm。

25. 《中国海洋事业的发展》，中国海洋经济信息网，http：//www. cme. gov. cn/hyfg/fg01. htm。

26. 《中华人民共和国渔业法》，http：//www. tzagri. gov. cn/zcfg/053029. htm。

27. 《中华人民共和国海洋环境保护法》，http：//biodiv. coi. gov. cn/fg/hy/08. htm。

28. 《渤海碧海行动计划》，http：//www. sicpdata. com/uploadfile/185 - 1. doc。

29. 国家海洋局，《2003年中国海洋经济统计公报》，http：//www. cme. gov. cn/hyjj/gb/2004/index. html。

30. 国家海洋局，《2003年中国海洋经济统计公报》，http：//www. cme. gov. cn/hyjj/gb/2003/index. html。

31. 国家海洋局海洋环境预报中心：《历年中国沿海风暴潮灾概况》，中国可持续发展信息网自然灾害网站，http：//210. 72. 100. 6/海洋灾害/赤潮灾害01. htm。

32. Buchanan J. Tollison R. &Tullock G. Toward a Theory of the Rent—Seeking Society. College Station，1980.

33. Carraro C& Sinnicscalco D. New Directions in the Economic Theory of the Environment. Cambridge University Press，1997.

第
二
编

海洋环境灾害·保障
海洋劳动者收入

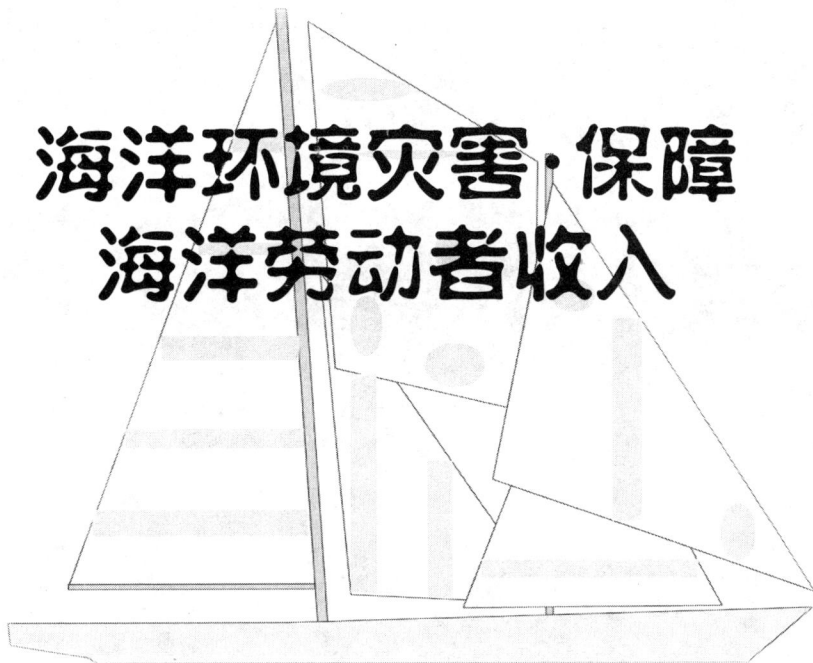

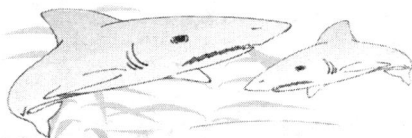

第六章　赤潮灾害与海洋劳动收入关系探析

第一节　赤潮灾害概述

赤潮灾害已经成为当今一种世界性海洋灾害。在中国，这一灾害导致的损失尤为惨重。每年在中国海岸线由赤潮灾害导致的直接经济损失（其中多为养殖的鱼虾等或中毒，或死亡）多于 10 亿元人民币，这些损失都被沿海的海洋劳动者以收入下降或国家以补贴的形式承担了。21 世纪是海洋世纪，是我们利用海洋获得经济增长，提高人民收入水平的重要时机，而我国的海洋灾害却日趋严峻，赤潮灾害尤其严重。这会制约我国的经济发展，影响人民收入的提高和健康，并有损于我国的国际形象。

同时，赤潮灾害的大面积发生会影响我国环境与经济社会的和谐发展，经济总体的不稳定，必然使每一个中国人的收入承担经济波动不可分散的风险。在中国，我们倡导科学发展观，倡导经济社会和谐发展，而人民生活水平的改善、收入的提高是社会和谐的重要因素。如果发生赤潮灾害的话，那么赤潮灾害会在瞬间大幅度影响海洋产出，会带来经济产出的不规则突变，从而会引起海洋相关受影响产业收入水平的突变，于是带来社会的不稳定，就会影响我国环境与经济社会的和谐发展。

赤潮灾害所折射出来的问题是极其复杂的，既有海洋外部的矛盾，也有海洋内部的问题。海洋经济是历史最为悠久的行业之一，改革开放以来，中国海洋经济的一些产业的发展曾有过其辉煌的历史，比如，渔民也曾走在脱贫致富的前列。然而或许正是因为我们对海洋的索取太过于无止境，致使赤潮灾害肆虐，使渔业发展中的一些问题被掩盖，以至于在今天，一些历史遗留问题没能得到解决，新的问题又

不断出现。渔民弱势群体所表现出来的增收潜力不足甚至返贫、发展竞争力脆弱并要承担众多外部风险等问题,这正是海洋经济发展中内外问题交困、新老问题交织的集中体现之一。

我们必须重视赤潮灾害对海洋经济的不利影响,重视其对海洋社会从业劳动者收入举足轻重的作用。从海洋出发来提高收入,向海洋要收入是海洋相关劳动者提高收入的有效途径。我们要认真彻底地研究赤潮灾害,控制赤潮灾害,从而提高海洋劳动者收入。本章我们来研究一下赤潮灾害和渔民收入。

一、赤潮灾害的现状

(一) 赤潮灾害的定义

赤潮灾害是一种自然现象。很久以前,就已经有了关于赤潮灾害的描述和记载:

《圣经》中记载的河水变红、《聊斋志异》里提到的河水发光,或许是民间对赤潮灾害类事件最古朴也最形象的记录。1831～1836 年达尔文乘 "Beagle" 号环球航行时也对赤潮灾害做过相关记录,虽然那时尚无人提出明确的 "赤潮灾害" 概念。

河里的水都变作血了。河里的鱼死了,河也腥臭了,埃及人就不能吃这河里的水,埃及遍地都有了血。

——《旧约·出埃及记》

生物学家达尔文对藻类的繁殖做了细致的描述:"在把这种水盛放在玻璃杯里面的时候,就显现出淡红色的光彩来;而在显微镜下面可以看到,在水里面集合着无数微小的动物;它们正在向前跳动着,时常发生破裂的现象。它的身体成卵圆形;有一个用弯曲的、发出闪光的纤毛所构成的环,箍住在它的身体中部。可是,要仔细地去考察它们,却很困难;因为差不多在顷刻之间,甚至在它们刚才通过显微镜的视场的时候,它们就已经停止了运动而破裂开来了。有时它们的身体一下子从两端裂开来,有时则只从一端裂开来,同时还抛掷出很多淡褐色的大颗粒的物质来。它们的数目有无穷的多,因为我曾经在一滴刚才能够分离出来的最小的水滴里面,就发现它们已经多得无数了。"

有一天,我们曾经穿过两个这种染有颜色的水面;这里面的一个,大概伸展到几平方英里的面积。这些微细的动物真是多得无法计算了!从远处望过去,海水由

于它们的颜色而很像一条沿着红土河床而流动的河流；可是在船身所投射出来的阴影下面，这种海水就变得像巧克力一样的深褐色；红色和蓝色两种海水的分界线，显得非常清晰。因为在以前几天里面，天气平静，所以生物就用一种不同寻常的程度充满在大洋里面了。

——达尔文《一个自然学家在贝格尔舰上的环球旅行记》

众坐舟中，旋见青火如灯状，突出水面，随水浮游；渐近舡，则火顿灭。

——《聊斋志异·江中》

关于赤潮的定义在第一章第五章已经提及，在此我们详细地加以讨论。

现在科学定义的赤潮灾害通常指的是海洋浮游植物、原生动物或细菌在短时间内突发性增殖或高度聚集而引起的一种生态异常现象，是由于某些微小浮游生物在营养物质十分丰富的条件下，大量繁殖和高度密集在水体表面所引起的海水变色，导致海洋生态系统破坏的自然灾害性的海洋生态现象。这种增殖与聚集过程依赖各种环境条件的综合作用，如光照、水温、盐度、营养盐及微量元素、水流及赤潮灾害生物自身的能动性等。对于不同个体大小的浮游生物，当它们在海水中的密度超过特定的临界值时，我们就定义发生了赤潮灾害。

1. 赤潮灾害发生时的具体症状。赤潮灾害（Red Tide）是一个历史沿用名，只因发生赤潮时海水的颜色大多数呈现红色。据科学统计验证，赤潮灾害发生时的具体表现有如下几个方面：

（1）发生赤潮灾害的海域水体的颜色有明显的改变，主要为红色、褐色，而且颜色分布不均，或呈块状，或呈条带状，或呈不规则形状；

（2）PH 值升高，透明度降低；

（3）海水中溶解氧白天明显增高，夜间明显降低；

（4）一种或少数几种赤潮生物处于优势地位，数量急剧升高，达到赤潮生物判断标准即可认为已形成赤潮。

2. 赤潮灾害发生时的具体颜色表现。发生赤潮灾害的海水的颜色并非都是红色的，随浮游生物的种类和数量而异，一般呈红色或近红色，但它并不一定都是红色，而是各种色潮的统称。单从海水的颜色异常上分类，引发赤潮灾害的生物种类和数量的不同，会使水体呈现以下几种不同的颜色：

（1）红色或砖红色或桃红色：夜光虫、中缢虫（属原生动物门）、夜光藻（属甲藻门）、无纹多沟藻（属甲藻门）形成的赤潮灾害呈红色或砖红色或桃红色；

（2）绿色：真甲藻、绿色鞭毛藻（属黄藻门）、平藻形成的赤潮灾害呈绿色；

（3）褐色：短裸甲藻（属甲藻门）形成的赤潮灾害呈黄色；鞭毛虫类产生的

赤潮灾害呈褐色；

（4）棕色：某些硅藻形成棕色赤潮灾害；

（5）其他颜色：还有粉红色、茶色、土黄色、灰褐色、绿色、白色等。

另有某些赤潮灾害生物（如膝沟藻，属甲藻门）有时并不引起海水变色，但它们可使鱼、贝类等海洋生物体内含有赤潮灾害生物毒素，也归为赤潮灾害。

赤潮灾害色泽艳丽，耀眼夺目，但危害极为严重。大量繁殖的"红潮生物"密密麻麻地覆盖在水面上，使水的透明度降低，阳光难以穿透水层，阻碍水生植物的光合作用，减少和隔绝了水中溶解氧的来源。而且藻类的呼吸和细菌的繁殖，又加倍地消耗着水中的溶解氧，致使水中溶解氧急剧减少，甚至出现缺氧，使水生生物窒息死亡。所以，赤潮灾害能杀死贝类、虾类和鱼类，并能使渔汛推迟，鱼群分散，难于捕捞，故对渔业危害很大。近年国际科学界将造成直接危害的赤潮灾害称为有害藻华（Harmful AlgalBlooms），而其他无直接危害的赤潮灾害则不列入其中。

赤潮生物并非都是有毒的。有毒赤潮生物的细胞数量超过一定标准或在贝类中的赤潮毒素超过80微克/100克时，即可判断为有毒赤潮的发生。无毒赤潮的赤潮生物不含有毒素，也不分泌毒素，基本不产生毒害作用，但对生态环境和渔业也会产生不同程度的危害。

造成赤潮灾害最主要的生物是海洋浮游植物，它们是一类具有色素或色素体，能够进行光合作用并制造有机物的自养性浮游生物。浮游植物和底栖藻类一起，构成海洋中有机物的初级产量，也就是初级生产者。这些通常不为人类肉眼所见却广布于海洋的微小生物，正是以初级生产者与有害生物的双重身份影响着我们的日常生活。藻类的惊人繁殖是引起这种突发的原动力。

赤潮灾害已成为当今世界性的海洋灾害，正严重干扰着30多个沿海国家的经济发展。

目前我国沿海海域中能引起赤潮灾害的生物有260余种，其中已知有毒的就有78种。这种现象在古代文献中就有记载，达尔文也曾于1832年报道了智利外海发生的赤潮灾害现象。20世纪后，尤其是进入60年代以来，由于沿海水域污染日趋严重，因而赤潮灾害在亚洲、美洲和欧洲许多国家沿海水域相继发生，次数也随之逐年增加。近些年来，我国急速成为一个赤潮灾害多发的国家，且自1972年起发生频率呈逐年增加的趋势，每年损失以10亿元计。据统计，截止到1997年，60多年间我国大陆沿海共发生赤潮灾害265次，其中东海发生频率最高。从1933～1997年，东海发生了132次，黄海和渤海一共发生72次，南海发生61次，总共发

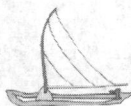

生265次。同时，据有关部门资料统计显示，1972~1994年我国有记载的赤潮共发生了256次，每年经济损失约10亿元，赤潮的高发区为：渤海湾、大连湾、长江口、福建沿海、广东和香港地区海域。

（二）赤潮发生的过程及分类

1. 赤潮发生的过程①。

（1）开始阶段。海域内具有一定数量的赤潮生物种，如营养体或胞囊，并且，此时的海洋水体环境中具备了赤潮灾害生物种生长、繁殖的各种外部和内部条件，如温度、盐度、光照和养料等。

（2）形成阶段。也可称为赤潮灾害的发展阶段。当海域内的某种赤潮灾害生物种群有了一定个体数量，且温度、盐度、光照、营养等外环境达到该赤潮生物生长、增殖的最适宜范围时，赤潮生物即可进入快速增殖期，增长方程式一般呈现指数形式，这时，赤潮生物的繁殖速度和力度就有可能会超出人力控制范围，有可能较快地发展成赤潮灾害。在这一阶段如果能加以控制就会防止赤潮灾害形成大规模的灾害。

（3）维持阶段。这一阶段持续时间比较灵活，其长短主要取决于海洋水体的物理因素构成、化学因素稳定性和各种起作用的海洋营养物质的富有程度，以及当这些营养物质被大量消耗后补充的速率和补充量。如果这一阶段灾害海区气候平和、风平浪静，水体垂直混合与水平混合较差，水体比较稳定，且营养盐等又能及时得到必要的补充，赤潮就可能持续较长时间；反之，若遇台风、阴雨，水体稳定性差或因营养盐被消耗殆尽，又未能得到及时补充，那么，赤潮现象就可能很快消失，但这种情况很少见。

（4）消亡阶段。也可称为结束阶段，是指赤潮现象接近尾声的过程。引起消失的原因可有刮风、下雨或营养盐消耗殆尽；也可因温度已超过该赤潮生物的适宜范围；还可因潮流增强，赤潮被扩散等；赤潮消失过程经常是赤潮对渔业危害的最严重阶段。

我们可以从表6-1很容易地看出赤潮发生过程中各阶段的主要物理、化学和生物诱发因素。

---

① 参考资料来源：http：//218.9.54.21：8002/Resource/Book/Edu/JXCKS/TS016081/0045_ ts016081.htm。

表6-1　　　　　赤潮发生过程中各阶段的主要物理、化学和生物诱发因素

赤潮阶段	诱发因素		
	物理因素	化学因素	生物因素
开始阶段	底部湍流、上升流底层水体温度、水体铅直混合	营养盐、微量元素、赤潮生物生长促进剂	赤潮"种子"群落、动物摄食、物种间的竞争
形成阶段	水温、盐度、光照等	营养盐和微量元素	赤潮生物种群缺少摄食者和竞争者
维持阶段	水体稳定性（风、潮汐、辐合、辐散、温盐跃层、淡水注入）	营养盐或微量元素限制	过量吸收的营养盐和微量元素、溶胞作用、聚结作用、铅直迁移和扩散
消亡阶段	水体水平和铅直混合	营养盐耗尽、产生有毒物质	沉降作用、被摄食分解、孢束形成、物种间的竞争

资料来源 http：//218.9.54.21：8002/Resource/Book/Edu/JXCKS/TS016081/0045_ ts016081. htm。

2. 赤潮发生的类型。

（1）外海性和近岸、内湾性赤潮。外海（或外洋）性赤潮是指在外海或洋区上出现的赤潮。它们大多数出现在上升流区或水团交汇处，那里的营养物质比较丰富。有些种类自身还有固氮能力，在水体缺乏无机氮营养盐时，还可直接利用大气中的分子氮（N_2）。外海性赤潮最常见和最具代表性的种类是蓝藻门中的束毛藻，在中国主要分布于东海以南水域。

近岸、内湾、河口性赤潮系分别指发生在近岸区、内湾区或河口区等水域的赤潮。能在这些区域形成赤潮的生物种类很多，且具有一定的地区性差别。其中，广泛分布于中国沿海的主要种类有中肋骨条藻、夜光藻。原甲藻属和裸甲藻属的一些种类也较常见。

（2）外来型和原发型赤潮。所谓外来型赤潮是属外源性的，即赤潮并非是在原海域形成的，而是在其他水域形成后，由于外力（如风、浪、流、人力等）的作用而被带到该海区。这类赤潮往往来去匆匆，持续时间短暂，或者还具有"路过性"的特点，也有可能将同一起赤潮的迁移误认为是发生在不同地点的两起赤潮。外来型赤潮最常见的是束毛藻赤潮，在中国东南沿海的福建平潭岛几乎年年可见，当地群众称其为"东洋水"或"东洋涨"，即指它是从东面大洋而来的。1987年8月14～15日见于广东大亚湾的束毛藻赤潮，也应属外来型赤潮。

原发型赤潮则是在某一海域具备了发生赤潮的各种理、化条件时，某种赤潮生物就地爆发性增殖所形成的赤潮。此类赤潮地域性明显，通常也可持续较长时间，如果环境条件没有明显改变，甚至可以反复出现。有些海域还可发现它每天只在某一特定的时间内出现，这应视其为同一起赤潮的时间延续，而不应认为是每天发生

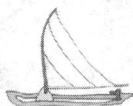

一起赤潮。如果赤潮生物发生更替，则又另当别论。一般而言，在内湾所发生的赤潮，大多是属于原发型（内源性）赤潮。

（3）单相型、双相型和复合型赤潮。单相型赤潮亦称单种型赤潮，系指在发生赤潮时，只有一个赤潮生物种占绝对优势（占总细胞数的80%以上）。有两种赤潮生物共存并同时占优势而形成的赤潮称为双相型赤潮。如果赤潮中有3种或3种以上的赤潮生物，且每种的数量（细胞数）都占有总数量（总细胞数）的20%以上，即为复合型赤潮。

根据中国已有的赤潮报道，大多数属于单相型赤潮。双相型赤潮仅占少数。至于复合型赤潮，目前还很罕见，且与浮游植物的水花难以区分。

（三）赤潮灾害的成因

赤潮灾害的发生与海洋水体状况和海洋气候条件密切相关，是在特定环境条件下产生的，有很多相关因素。但主要有两方面：一方面是自然因素，包括气候因素、海温、盐度、海水交换、海洋水体等；另一方面是人为因素，包括海水养殖和海洋环境污染等。下面我们从不同的方面来分析一下赤潮发生的原因。

1. 自然因素。初步认为赤潮灾害的发生与气候、海温、盐度、营养料和海洋水体的变化等多种因素有关。

（1）气候的变化。闽、粤等地2月中旬后期出现历史同期少见的暴雨天气，并造成洪涝。因连降暴雨将地表含氮、磷等营养物质冲入大海，于是造成了海水的富营养化。而华南沿海气温自1997年秋季就一直偏高，这也加剧了海水的富营养化。

（2）海水温度和海水物理化学成分的变化。

①海水的温度是赤潮灾害发生的重要环境因素，通常，赤潮灾害发生的适宜温度范围是20～30℃。科学家发现一周内水温突然升高大于2℃左右是赤潮灾害发生的先兆。区域海温指数自1998年初一直偏高，导致藻类等浮游生物过度繁殖，创造了赤潮发生的条件。

②海水的化学因素，如盐度变化，也是促使生物因子——赤潮灾害生物——大量繁殖的重要原因之一。

盐度在26%～37%的范围内均有发生赤潮灾害的可能，但是海水盐度在15%～21.6%时，容易形成温跃层和盐跃层。温、盐跃层的存在为赤潮灾害生物的聚集提供了条件，易诱发赤潮灾害。由于径流、涌升流、水团或海流的交汇作用，使海底层营养盐上升到水上层，造成沿海水域盐类高度富营养化。营养盐类含量急剧上

升，从而引起硅藻的大量繁殖。这些硅藻过盛，特别是骨条硅藻的密集常常引起赤潮灾害。这些硅藻类又为夜光藻提供了丰富的饵料，促使夜光藻急剧增殖，从而又形成粉红色的夜光藻赤潮灾害。由现在的监测资料可以得出，在赤潮灾害发生时，水域多为干旱少雨，天气闷热，水温偏高，风力较弱，或者潮流缓慢等水域环境。

（3）海水停滞，交换速度不快。赤潮灾害发生的河口和封闭性海湾海水交换差，受污染严重而又不能在短时期内得到改善，尤其是大量的氮和磷等营养元素入海造成海域"营养过剩"，为赤潮灾害生物爆发性繁殖创造出富营养化环境。

（4）气象条件的变化。通常赤潮灾害出现于闷热、风平浪静的夏季，这是赤潮灾害生物繁殖比较适宜的环境气候条件。

（5）海洋水体富营养化。海洋水体富营养化是赤潮灾害发生的物质基础和首要条件。赤潮灾害检测的结果表明，赤潮灾害发生的海域的水体均已遭到严重污染，富营养化。近年来大量污水排放入海，导致近海海洋环境的恶化是赤潮灾害的"温床"。海水中氮、磷等营养盐类和铁、锰等微量元素以及有机化合物的含量大大增加，促使赤潮灾害生物的大量繁殖。

以 1968～1976 年间的日本濑户内海为例，每年赤潮灾害发生次数以 6 倍的速度增长，海水中作为营养盐主要成分的氮、磷分别增长了 30 倍和 5 倍。70 年代中期开始采取废水、污水处理措施，控制了污染物的入海量，赤潮灾害发生次数明显下降，氮的浓度也回落了 17 倍，磷则恢复到初始状态。在中国香港地区的吐露港、巴西的近岸港湾、美国的切萨皮克湾以及亚得里亚海、爱琴海、黑海等海域，都有类似的情况存在。又比如，1997 年我国广东省生活污水排放量高达 29 亿吨，其中经过污水处理的不足 10%，与此同时，大量的工农业生产污水亦侵入海洋，把珠江入海口变成了一个巨大的污水缸。

研究表明，由于城市工业废水和生活污水大量排入海水中，使得营养物质在水中聚集起来，造成了海水富营养化。工业废水中含有某些金属可以刺激赤潮灾害生物的增殖。在每平方分米的海水中加入 3 毫克铁螯合剂和小于 2 毫克的锰螯合剂，可以使赤潮灾害生物卵甲藻和真藻达到最高的增殖率。相反，在没有铁、锰元素的海水中，即使最合适的温度、盐度、PH 值和基本的营养条件下，也不会增加种群的密度。其次，一些有机物质也会促使赤潮灾害生物急剧增殖。如用无机盐营养液培养简裸甲藻，生长不明显，但是加入酵母提取液，则生长显著。

（6）不同盐度的海水形成的锋面也会引发赤潮灾害。由于中国台湾地区暖流北上或外海海水在浙江沿海形成的锋面，使东海多发赤潮灾害。再者，水底层出现无氧和低氧水团也会引起赤潮灾害。

此外，还有人将赤潮灾害发生与地球气候变化联系起来，认为与地球的温室效应密切相关，这一观点也不无道理。全球变暖加之厄尔尼诺现象的出现，导致出现雨水少、气温高、光照足的气候条件，从而加速了生物的新陈代谢，使过量繁殖的浮游生物在沿岸一些海域泛滥成灾，从而形成赤潮灾害。

例如，1998 年夏季阳光强烈、水温高、海水停滞、海面上空气流稳定等有利于赤潮灾害生物的集结的自然条件具备，同时，近年来渤海湾内的污染也日趋严重。因此，下半年这一海域内赤潮灾害的形成就可能是由于上述几方面因素综合作用的缘故。

2. 人为因素。

（1）海洋污染导致海水水域内化学元素变化引起赤潮灾害发生。随着城市生活污水和工业废水倾注，使水体环境污染；同时近海养殖向水域中添加大量的饵料，导致在内湾、浅海区中无机态氮、磷酸盐和铁、锰等微量元素增多，给赤潮灾害生物的大量繁殖提供了丰富的营养物质。

海洋污染是赤潮灾害生物能够大量繁殖的重要物质基础，是赤潮灾害发生的条件之一，造成海水富营养化的氮、磷正是来源于人类过度的生产、生活活动制造的废水、污水和废物。据统计，海洋已受到近 200 亿吨垃圾，包括塑料、瓶罐、放射性废料、化学物、重金属、密集的网箱养殖的污染。

例如，波罗的海为俄罗斯、芬兰、瑞典、丹麦、德国等工业国所包围，这些国家向波罗的海排放大量废水。仅俄罗斯，每天就有 300 多万吨工业废水和生活污水排入波罗的海。沿岸国家每年排入磷的总量约为 20 000 多吨，造成海水的富营养化，致使浮游生物大量繁殖，波罗的海沿岸赤潮灾害经常发生。据日本环境厅调查，日本的濑户内海有 2/3 的海底已经没有或几乎没有生物。由于大量氮、磷等营养物质进入濑户内海，水体浮游生物大量繁殖，导致海域赤潮灾害经常发生，次数逐年剧增。1970 年有 79 次，1975 年竟达 300 次之多。1994 年 3 月 17 日，南非西海岸出现了 50 多年来罕见的赤潮灾害，臭鱼烂虾堆满整个海滩。在一些海滩上，死鱼堆得近 1 米厚。

（2）海水养殖污染导致海水富营养化引发了赤潮灾害的发生。海水养殖业中网箱养殖的盲目发展是造就赤潮灾害泛滥的"温床"。由于投饵中的残余饵料和鱼类排泄物沉积，使一些海域富营养化。国际上对海域的综合管理一直遵循"有度、有序、有偿"的原则，但近年来在我国，有关部门只考虑"有偿"而不顾"有度"和"有序"，网箱养殖一哄而上，污染海洋，殃及自身。珠海桂山网箱养殖区内，近 3 000 个网箱密密麻麻，大大超出海洋养殖容量和环境容量，每天投放的饵料大

量富余沉入浅海，使海水营养化，一遇风浪，很容易泛到海面上滋生赤潮灾害。

随着全国沿海养殖业的大发展，尤其是对虾养殖业的蓬勃发展，也产生了严重的自身污染问题。在对虾养殖中，人工投喂大量配合饲料和鲜活饵料，由于养殖技术陈旧和不完善，往往造成投饵量偏大，池内残存饵料增多，严重污染了养殖水质。另一方面，由于虾池每天需要排换水，所以每天都有大量污水排入海中，这些带有大量残饵、粪便的水中含有氨氮、尿素、尿酸及其他形式的含氮化合物，加快了海水的富营养化，这样为赤潮灾害生物提供了适宜的生物环境，使其增殖加快，特别是在高温、闷热、无风的条件下最易发生赤潮灾害。由此可见，海水养殖业的自身污染也使赤潮灾害发生的频率增加。

（3）人为活动加速赤潮灾害藻种的传播。船舶压舱水的纳入与排出、海水养殖品种的移植使得某些藻种穿过大洋进入其他海域，扩大了赤潮的影响面积，加剧了赤潮的影响程度。

由上所述，我们从自然因素和人为因素两方面详细地分析了赤潮灾害的成因，为我们更好地预防赤潮灾害的发生奠定了基础。

（四）赤潮灾害的危害

赤潮灾害的危害是灾害性的，不是人力在短时间内可以控制的。赤潮灾害对海洋生态环境、海洋渔业、水产资源、海洋旅游业和人们的身体健康都会产生很大的危害。我们分析如下：

1. 赤潮灾害对海洋生态平衡及海洋水体均衡的破坏。赤潮灾害主要发生在近海水域，面积可达几百甚至上万平方千米，由表及里波及的海水厚度为 3 米左右。赤潮灾害形成后，对海洋生态系统和海洋水体均衡造成的破坏是难以估量的。

（1）海洋是一种生物与环境、生物与生物之间相互依存、相互制约的复杂生态系统。系统中的物质循环、能量流动都是处于相对稳定、动态平衡的状态。当赤潮发生时，由于赤潮生物的异常爆发性增殖，这种平衡遭受严重干扰和破坏。在植物性赤潮发生初期，由于植物的光合作用，赤潮海域水体中叶绿素 a 含量增高、PH 值增高、溶解氧增高、化学耗氧量增高。这种环境因素的改变，致使一些海洋生物不能正常生长、发育、繁殖，导致一些生物逃避甚至死亡，破坏了原有的生态平衡。

（2）赤潮灾害影响海洋水体的酸碱度和光照度。大部分赤潮灾害是由藻类的爆发性增殖或聚集形成，大量的藻类在光合作用过程中，势必消耗水体中大量的二氧化碳，水体中的酸碱度随之发生较大的变化。一般而言，海水中的 PH 值通常在

8.0~8.2 之间，而赤潮灾害发生时的 PH 值可达 8.5 以上，有的 PH 值甚至可达 9.3。水体酸碱度的变化，必然会影响生活在该水体中各类海洋生物的生理活动，导致生物种群结构的改变。海水 PH 值的变化加上赤潮灾害生物的大量繁殖以及生物钟群的变化，势必使海水整体的情况发生变化，同时，赤潮灾害区的水面由于漂浮着厚厚一层的赤潮灾害生物，阻挡了阳光到达水体的深度，降低了水体的透明度，导致生长于水体深层的水草、造礁珊瑚及生活于水草中的海洋动物大量死亡，底层生物量锐减。

2. 赤潮对海洋渔业和海洋资源的破坏。

（1）危害水产养殖和捕捞业。赤潮灾害对水产生物的毒害方式主要有以下几种：

①赤潮生物分泌液或死亡分解后产生黏液，附着在鱼、虾、贝类鳃上使它们窒息死亡。

②鱼、虾、贝类吃了含有毒素的赤潮生物后直接或间接积累发生中毒死亡。

③赤潮生物死亡后分解过程消耗水体中的溶解氧，使鱼、虾、贝类由于缺少氧气窒息死亡。

因藻类大量吸收水中的氧气，导致这层水域的动物因缺氧而死亡；当藻类过度密集而死亡腐解时，又造成海域大面积缺氧，甚至无氧，导致海洋环境严重恶化。大量赤潮灾害生物死亡后，在尸骸的分解过程中要大量消耗海水中的溶解氧，造成缺氧环境，引起鱼、虾、贝类的大量死亡。

④赤潮生物分泌有害物质（如氨、硫化氢等），导致水体缺氧或造成水体有大量硫化氢和甲烷等，危害水体生态环境并使其他生物中毒死亡。

⑤赤潮生物覆盖在海水表面吸收阳光，遮蔽海面，使其他海洋生物因得不到充足的阳光而死亡。

⑥赤潮灾害使海洋生物多样性降低。赤潮灾害生物竞争性消耗水体中的营养物质，并分泌一些抑制其他生物生长的物质，造成水体中生物量增加，但种类数量减少。现场调查发现，赤潮灾害发生期间尽管水体生物量很高，但种类少，每次赤潮灾害通常仅为 1~2 种生物形成，水体中其他种类生物数量很低，这主要是生物间营养竞争及种类间相互排斥的结果。

（2）赤潮灾害对鱼、虾、贝类等资源的危害方式主要有：

①破坏渔场的饵料基础，造成渔业减产。赤潮生物的异常爆发性增殖，导致了海域生态平衡被打破，海洋浮游植物、浮游动物、底栖生物、游泳生物相互间的食物链关系和相互依存、相互制约的关系异常或者破裂，这就大大破坏了主要经济渔

业种类的饵料基础，破坏了海洋生物食物链的正常循环，造成鱼、虾、蟹、贝类索饵场丧失，渔业产量锐减。

②赤潮生物的异常爆发性繁殖，可引起鱼、虾、贝类等经济生物瓣鳃机械堵塞，造成这些生物窒息而死。

③赤潮后期，赤潮生物大量死亡，在细菌分解作用下，可造成环境严重缺氧或者产生硫化氢等有害物质，使海洋生物缺氧或中毒死亡。

④有些赤潮的体内或代谢产物中含有生物毒素，能直接毒死鱼、虾、贝类等生物。

3. 赤潮对海洋旅游业的危害。赤潮灾害发生时，大批鱼虾、贝类的腐烂，会使赤潮灾害发生的海域水质发臭，严重的影响该地区旅游业。赤潮破坏了旅游区的秀丽风光，一层油污似的赤潮生物及大量死去的海洋动物被冲上海滩，臭气冲天。赤潮水体使人不舒服，渔民称之为"辣椒水"，与皮肤接触后，可出现皮肤瘙痒、刺痛、红疹；如果溅入眼睛，疼痛难忍，有赤潮毒素的雾气能引起呼吸道发炎。专家建议应避免在赤潮发生水域游泳或水上运动。于是旅游业的基础条件，即美丽的海滨风光，被破坏了，于是旅游业受到的危害是显而易见的。

4. 赤潮对人类健康的危害。赤潮不仅给海洋环境、海洋渔业和海水养殖业造成严重危害，而且对人类健康甚至生命都有影响。在赤潮灾害发生的海域，水产品含有毒素。有些赤潮生物能分泌一些可以在贝类体内积累的毒素，统称贝毒，其含量往往有可能超过食用时人体可接受的水平。这些贝类如果不慎被食用，就会引起人体中毒，严重时可导致死亡。正如第 2 章提到的目前确定有 10 余种贝毒的毒素比眼镜蛇毒素高 80 倍，比一般的麻醉剂，如普鲁卡因、可卡因还强 10 万多倍。有些赤潮生物毒素是腹泻性的，称为腹泻性贝毒；有些是麻痹性的，称为麻痹性贝毒。贝毒中毒症状为：初期唇舌麻木，发展到四肢麻木，并伴有头晕、恶心、胸闷、站立不稳、腹痛、呕吐等，严重者出现昏迷，呼吸困难。赤潮毒素引起人体中毒事件非常多，据统计，全世界发生贝毒中毒事件约 300 多起，死亡 300 多人。1986 年底，中国福建东山岛居民因食用含有赤潮生物毒素的海鲜，发生了 136 人中毒的恶性事故。1983 年，菲律宾发生一起赤潮灾害，有 278 人中毒，死亡 21 人。同年，印度尼西亚在一次赤潮灾害事故中，中毒 200 人，死亡 4 人。

概括起来讲，赤潮对人类健康的危害主要包括以下几个方面：

（1）赤潮生物毒素会引起接触赤潮者皮肤不适。

（2）人类在误食了含有麻痹性毒素的贝类之后在 5～30 分钟内，轻度中毒会出现嘴唇、舌头周围刺痛的感觉，在中度和严重的情况下，会发展到手臂、腿、颈

部，最严重的会导致呼吸麻痹，使人死亡。

（3）有毒赤潮灾害产生的赤潮生物毒素通过食物链的传递作用，导致人类的中毒甚至死亡。赤潮生物毒素首先毒害海洋生物，不管是海洋生物因哪种情况被毒死，被毒害的海洋生物的体内都会残存着赤潮生物的毒素，后又通过食物链进入贝类体中，人们误食含有这些生物毒素的海产品，引起肢体麻痹，会中毒，甚至死亡。

（4）腹泻性毒素的症状则类似于食物中毒，该类毒素对人体的肝细胞具有破坏作用。

（5）挥发性毒素能对眼睛和呼吸道产生影响。

（6）健忘性毒素和神经性毒素能使人暂时失去某些记忆（目前我国还没有发现这两类贝毒）。

在早期，由于人们对海洋赤潮灾害生物毒素的认识水平有限，大量误食含毒的海产品而中毒身亡的事例报道较少，因此这类中毒事件很难有确切的统计数据。据统计，在全球范围内，大约发生过 1 600 次人类麻痹性贝类毒素（PSP）的中毒事件。在 1962 年之前，全球 PSP 中毒人数超过 900 人，死亡 200 人。含毒素的海洋生物除贝类外，还有虾、蟹、鱼类等海产品。研究还发现，尽管在欧美一些国家沿海经常出现有毒赤潮灾害，赤潮灾害区海产品的毒素含量也很高，但因这些国家有较完善的海产品监测、管理措施，自 20 世纪 80 年代后发生海产品食物中毒的事件较少。而在亚洲等一些欠发达地区，对赤潮灾害区海产品尚缺乏强有力的监测管理措施，食用贝类而导致中毒的事件时有发生。比如，我国包括台湾地区、香港地区在内，自 20 世纪 60 年代至今，有近 600 人因误食有毒的贝类而中毒，29 人死亡。根据中毒症状及肇事藻种类，可推测大部分为 PSP 中毒事件。在南海海域，CFP 另一类主要毒素。

（数据由海洋局提供）

由上所述，赤潮灾害的危害波及海洋相关的各个方面，其影响面之广、危害性之大是显而易见的，我们必须充分地重视赤潮灾害的预防和治理，以减少海洋灾害的危害。

二、中国近海海区赤潮灾害发生状况

赤潮灾害是渔民眼中的"海上赤魔"。赤潮灾害发生的海域鱼虾陈尸，蟹贝灭绝，只有藻类疯长，生机勃勃的海洋瞬间一片死寂，渔民颗粒无收。近年来，这个

被人类的污染物"滋补"得越来越嚣张的"海上赤魔",已经多次光顾中国海域。中国近海海域时有赤潮灾害发生,如辽宁大连、天津塘沽、长江口、杭州、福建东山岛、广东深圳和湛江、香港地区等地附近的海域都发生过赤潮灾害。1990年,中国沿岸海域从南到北相继发生了较大面积赤潮灾害34起,为1961~1980年年平均数的30倍。中国的黄河、长江、珠江等大江河口附近的沿海是赤潮灾害多发区。1990年8~9月,河北黄骅县沿海一带发生一次大范围的赤潮灾害,对虾减产1万吨,水产捕捞业也受到严重影响,折合经济损失约2亿元人民币。2003年一年,我国海域就发生了119次赤潮灾害,累计面积达1.4万平方千米。其中,东海发生赤潮灾害86次,南海16次,渤海12次,黄海5次。

从赤潮生物上看,分布于中国沿海的赤潮灾害生物有148种(其中43种曾引发过赤潮灾害),分别隶属甲藻20个属70个种,硅藻22个属65个种,蓝藻2种,金藻4种,针胞藻3种,绿色鞭毛藻2种,隐藻和原生动物各1种。另外,在我国沿海已发现了20多种赤潮灾害生物的孢囊。

下面我们来分析一下赤潮在我国的具体状况。

(一) 我国沿海赤潮在近几十年中造成的严重危害

我国受赤潮的危害很严重,在1977~2006年中已经发生了很多次有破坏性影响的灾害性赤潮,并造成严重危害:

(1) 1977年8月,天津大沽口近岸发生赤潮灾害,波及范围560平方千米,持续时间达20天之久,造成大量鱼类死亡。

(2) 1989年4月,福建清县附近海域发生的赤潮灾害使1 300亩养殖缢蛏、对虾绝收,造成经济损失3 100万元。

(3) 1989年8月,河北黄骅沿岸水域发生了面积约3 000平方千米的赤潮灾害,波及环渤海三省一市,持续时间达3个月。沿岸养殖的对虾大量死亡,天然对虾捕获量大大减少,生态环境遭到严重破坏,造成直接经济损失3亿元。

(4) 1997年在我国近海发现赤潮8起,造成的经济损失是近几年来较为严重的一年。

4月13日,在蓬莱港东北方向与长岛之间的水域内发现赤潮,面积较大的有两条,长约6海里,宽约20米,平行于海岸,呈橘红色;此外,另有7条带状赤潮分布在周围,有的已延伸到长岛的部分海湾内;有些侵入到部分养殖区内。4月14日,赤潮现象已明显减少,逐渐消散,只在37°51′N、120°47′E附近海域发现3条长约2海里,宽约10米左右的赤潮,呈淡黄色。

5月18日,在29°17.46′N、124°40.08′E(浙江中部海域)附近发现条状30 000米×50米橘红色大面积赤潮。5月23日,在31°45′N、122°30′E(崇明岛东北方向)附近海域发现条状、红色,面积约10平方千米的赤潮。5月31日,在31°42.62′N、122°22.00′E(崇明岛东北方向)附近海域发现条状、酱红色,面积约10余平方千米的赤潮。

6月28日9时45分,在38°28.80′N、117°44.30′E处发现基本与海岸平行、呈酱红色的条状悬浮物;其中最大的一片长约3 000米,宽约1 000米。

7月28日,根据卫星和现场观测结果,泗礁、绿华、花鸟、嵊山以及黄泽洋海区水色为淡棕红色,表层水温29℃,主要赤潮生物为夜光藻,中肋骨条藻,范围较大。

10月下旬,在厦门西港海域发生了微型蓝藻赤潮。此种赤潮在我国比较罕见,其生态特点是分布广,咸、淡水均可生长,具有毒素,可引起动物中毒死亡。

11月26日,在广东省饶平县柘林镇附近海域发生了赤潮。这次赤潮是继厦门赤潮之后,在我国东南沿海发生的又一次蓝藻赤潮。本次赤潮给当地养殖业造成了巨大的损失。仅11月29日一天就有25吨养殖鱼死亡。饶平县受损面积达25 342亩,直接经济损失约6 556万元。南澳县网箱养殖的直接经济损失约600万元。[①]

(5)1998年3月,广东珠江口和香港海域发生了持续半个多月的赤潮灾害,使粤港两地养殖业遭受3.5亿元损失的重创。

(6)1998年8月,烟台四十里湾海域发生红色裸甲藻赤潮灾害,面积达170平方千米,灾情持续近2个月,造成了养殖扇贝、海参、鲍鱼的大量死亡。

(7)1999年7月13~21日,辽宁省辽东湾发生夜光藻赤潮灾害,造成6 330平方千米的灾害范围,造成的直接和间接经济损失难以估量。表6-2详细记录了1999年赤潮发生的状况。

表6-2　　　　　　　　　　　1999年赤潮发生情况记录

发生时间	海　域	范　围	赤潮生物
2月	广东省饶平附近海域	小范围	
3月14~15日	广东省大鹏湾南澳海域	小范围	
3月25~29日	广东省大亚湾径于前海域和大鹏湾盐田海域	数平方千米	
5月14~16日	浙江省舟山附近海域	数十平方千米	
5月20~26日	广东省大亚湾惠州港	小范围	
6月10~26日	广东省饶平县杨林湾	约400平方千米	球形棕囊藻

① http://www.soa.gov.cn/hygb/.

发生时间	海 域	范 围	赤潮生物
7月2~4日	天津市大沽锚地、河北省岐口以东和山东省黄河口附近海域	400~1 500平方千米	
7月10~23日	广东省饶平附近海域		
7月13~21日	辽宁省辽东湾	6 330平方千米	夜光藻
7月17~21日	辽宁省蛇岛附近海域	100平方千米	夜光藻
7月17日	山东省北隍城岛附近海域	680平方千米	夜光藻
7月18日	大连市旅顺口至傅家庄	30.4平方千米	
7月23日	青岛市胶州湾团岛咀至沧口水道	26平方千米	骨条藻
7月26日	青岛市小麦岛附近海域	60平方千米	红色中缢虫
8月6日	山东省石岛附近海域	160平方千米	
9月25日	渤海中部	30平方千米	

（8）2000年5月，浙江省沿海发生了历史上面积最大、次数最多、延续时间最长的赤潮灾害，一个月内监测到大小赤潮7次，总赤潮面积达到7 000多平方千米，灾害损失近2亿元。表6-3详细记录了2000年赤潮发生的情况。

表6-3　　　　　　　　　　2000年赤潮发生的情况

发生时间	海 域	范围（平方千米）	赤潮生物	损失情况
5月3~4日	浙江舟山群岛海域	200	种类不详	未发现
5月12~16日	浙江台州列岛海域	1 000	种类不详	未发现
5月18~24日	浙江台州列岛海域	5 800	种类不详	未发现
5月19日	福建沙埕港海域	200	种类不详	未发现
5月30日	浙江象山港海域	200	种类不详	未发现
5月30日	浙江三门湾海域	6	种类不详	未发现
6月1日	浙江舟山海域	150	种类不详	未发现
6月7~8日	广东汕头前江湾	小范围	夜光藻	未发现
6月26日	福建厦门西海域	20	角毛藻	养殖鱼类死亡
7月9~15日	辽东湾海域	350	夜光藻	未发现
7月20~21日	天津、黄骅附近海域	180	种类不详	海蜇死亡
7月20~23日	青岛胶州湾海域	2	夜光藻	未发现
7月23日	渤海湾中部海域	1 040	种类不详	未发现
7月23日	渤海秦皇岛海域	3	种类不详	未发现
8月2日	辽宁庄河东部海域	827	种类不详	未发现
8月2日	辽宁石城岛海域	小范围	种类不详	未发现
8月2日	辽宁大连湾海域	小范围	种类不详	未发现
8月13日	辽东湾温坨岛北部海域	217	种类不详	未发现
8月13日	辽东湾长兴岛西部海域	44	种类不详	未发现

发生时间	海　域	范围（平方千米）	赤潮生物	损失情况
8 月 17~20 日	深圳坝光至惠阳澳头海域	20	锥形斯氏藻，原多甲藻	养殖鱼类死亡
9 月 4 日	浙江舟山渔场	70	种类不详	未发现
9 月 3~6 日	广东大亚湾海域	30	锥形斯氏藻	鱼类死亡
9 月 16 日	江苏海域	200	种类不详	未发现

（9）2001 年发现赤潮 26 次，累计面积近 7 000 平方千米，仅苍南沿海的两次赤潮就造成直接经济损失上千万元。

（10）2002 年 8 月 15 日，山东省近海 38°16′20″N，118°06′00″E 海域发生 30 平方千米赤潮。赤潮藻种为中肋骨条藻，直接经济损失 800 万元。详细情况如表 6-4 所示。

表 6-4　　　　　　　　　2002 年赤潮发生的情况

发生时间	海　域	范围（平方千米）	赤潮生物
5 月 4~14 日	福建省福鼎市和部海域	500	具齿原甲藻、夜光藻、中肋骨条藻
5 月 6~16 日	福建省连江黄歧半岛海域	30	具齿原甲藻、中肋骨条藻
5 月 7~9 日	福建省罗源湾海域	130 公顷	夜光藻
5 月 16~19 日	福建省福鼎市和霞浦县东部海域	800	具齿原甲藻
5 月中旬	浙江省乐清湾、隘顽湾	5	
6 月 3~11 日	福建省连江近岸海域	200	
6 月 4~13 日	广东深圳西部赤湾港至桂山岛海域	500	中肋骨条藻和无纹环沟藻
6 月 12~16 日	浙江省大陈岛附近海域	1 300	具齿原甲藻、斯克藻和夜光藻
8 月 10 日	山东省近海	20	夜光藻
8 月 15 日	山东省近海	30	中肋骨条藻

（11）2003 年经济损失较为严重或持续时间达 15 天以上的赤潮如下：

5 月 19 日~5 月 25 日，福建省平潭海坛湾海域发生赤潮，最大面积 80 平方千米，赤潮优势藻种为夜光藻，直接经济损失 489 万元。

5 月 20 日~6 月 23 日，福建省连江黄歧半岛附近海域赤潮持续 35 天，最大面积 100 平方千米，赤潮优势藻种包含夜光藻、裸甲藻和具齿原甲藻，直接经济损失 2 500 万元。

5 月 25 日~6 月 17 日，浙江省南麂周围海域赤潮持续 24 天，最大面积 800 平方千米，赤潮优势藻种为具齿原甲藻。

5月30日~6月18日，福建省罗源湾附近海域赤潮持续20天，最大面积30平方千米，赤潮优势藻种为裸甲藻，直接经济损失500万元。

8月12日~8月30日，广东省坝光和东升养殖区海域赤潮持续19天，最大面积15平方千米，赤潮优势藻种为海洋卡盾藻和锥状斯氏藻，直接经济损失33万元。

（12）2004年，影响面积超过1 000平方千米的赤潮事件如下：

5月13~19日，浙江省渔山列岛附近海域赤潮，面积约1 000平方千米，主要赤潮生物为东海原甲藻。

5月15日，浙江省中街山海域赤潮，面积约2 000平方千米，主要赤潮生物为具齿原甲藻。

5月26日，浙江省苍南大渔湾以东海面赤潮，面积约1 000平方千米，主要赤潮生物为具齿原甲藻。

6月11日，山东省黄河口附近海域赤潮，面积约1 850平方千米，主要赤潮生物为球型棕囊藻，有毒性。

6月12日，天津市附近海域发生赤潮，面积约3 200平方千米，主要赤潮生物为米氏凯伦藻，有毒性。

6月11~13日，长江口外至花岛山、嵊山海域赤潮，面积约1 000平方千米，主要赤潮生物为具齿原甲藻和中肋骨条藻。

6月29日，浙江省中南部自舟山虾峙岛至台州列岛以南海域赤潮，总影响面积约2 000平方千米。

（13）2005年，影响面积超过1 000平方千米或造成直接经济损失的赤潮事件如下：

4月1日，浙江中南部海域赤潮，最大面积约3 000平方千米，主要赤潮生物为中肋骨条藻和海链藻。

5月24日~6月1日，长江口外海域赤潮，最大面积约7 000平方千米，主要赤潮生物为米氏凯伦藻和具齿原甲藻。

5月30日~6月10日，浙江南麂列岛附近海域赤潮，最大面积约500平方千米，主要赤潮生物为米氏凯伦藻和具齿原甲藻，直接经济损失2 400万元。

5月31日~6月16日，浙江洞头赤潮监控区及附近海域赤潮，最大面积约300平方千米，主要赤潮生物为米氏凯伦藻和具齿原甲藻，直接经济损失3 700万元。

6月2~10日，渤海湾赤潮，最大面积约3 000平方千米，主要赤潮生物为裸甲藻和棕囊藻。

6月3~5日，长江口外海域赤潮，最大面积约2 000平方千米，主要赤潮生物

为中肋骨条藻和聚生角毛藻。

6月8日，浙江南韭山列岛海域赤潮，最大面积约2 000平方千米，主要赤潮生物为具齿原甲藻和米氏凯伦藻。

6月13日，浙江嵊泗至中街山沿线海域赤潮，最大面积约1 300平方千米，主要赤潮生物为具齿原甲藻和米氏凯伦藻。

6月16日，浙江舟山附近海域赤潮，最大面积约1 000平方千米，主要赤潮生物为圆海链藻和中肋骨条藻。

6月16~18日，辽宁营口鲅鱼圈附近海域赤潮，最大面积约2 000平方千米，主要赤潮生物为夜光藻。

7月4日，山东东营港附近海域赤潮，最大面积约40平方千米，主要赤潮生物为棕囊藻，直接经济损失100万元。

8月23~25日，山东东营106海区附近赤潮，最大面积约140平方千米，主要赤潮生物为棕囊藻，直接经济损失200万元。

9月23~27日，江苏海州湾海域赤潮，最大面积约1 000平方千米，主要赤潮生物为中肋骨条藻，直接经济损失500万元。

（14）2006年，主要赤潮事件如下：

5月3~6日，浙江省舟山外海域发生赤潮，最大面积约1 000平方千米，主要赤潮生物是具齿原甲藻和中肋骨条藻。

5月14日，长江口外海域发生赤潮，最大面积约1 000平方千米，主要赤潮生物为具齿原甲藻。

5月20日~27日，浙江省渔山列岛附近海域发生赤潮，最大面积约3 000平方千米，主要赤潮生物为具齿原甲藻。

6月12日~14日，浙江省洞头岛到南麂列岛附近海域发生赤潮，最大面积约2 100平方千米，主要赤潮生物为米氏凯伦藻。

6月24日~27日，浙江省渔山列岛到韭山列岛海域发生赤潮，最大面积约1 200平方千米，主要赤潮生物为旋链角毛藻。

10月2日~7日，江苏省连云港市海州湾海域发生赤潮，最大面积约400平方千米，主要赤潮生物为短角弯角藻和有毒性的链状裸甲藻。

10月8日~26日，天津近岸海域发生赤潮，最大面积约210平方千米，主要赤潮生物为有毒性的球形棕囊藻。

10月22日~11月5日，河北省黄骅附近海域发生赤潮，最大面积约1 600平方千米，主要赤潮生物为球形棕囊藻。

12月3日~23日，广东省汕尾港海域发生赤潮，最大面积约45平方千米，主要赤潮生物为球形棕囊藻，有零星死鱼现象。

由上述分析可知，每次赤潮的发生都会给经济和人民带来巨大的损失。据有关部门不完全统计，仅1998年，赤潮造成的经济损失已经超过10亿元人民币。

（二）我国沿海赤潮在近几十年中呈现明显上升趋势

中国沿海陆续有赤潮发生，从总体上看，赤潮有加重之势。赤潮发生次数呈现不断上升的趋势，影响面积有不断扩大的趋势。下面我们从赤潮发生的次数和面积上详细分析赤潮的发展趋势，并从2000~2005年数据分析我国赤潮灾害的发生特征。

1. 赤潮发生的次数和面积明显上升。通过表6-5、图6-1和图6-2可以看出：从1989~2006年，我国全海域赤潮灾害发生总次数701次，以1996年的4次为拐点最低值，拐点前表现为由升到降，拐点后表现为不断快速攀升，且从2001年起，呈现出急剧上涨之势，所有数值均超过了历史最高值（1992年的50次），2003年赤潮灾害总数达到了历史最高值（119次）。所以从整个变化趋势看，赤潮灾害近些年的发生频率越来越快。

表6-5　　　　　　1989~2005年中国近海海区赤潮灾害发生次数

年　份	合　计
1989	12
1990	34
1991	38
1992	50
1993	19
1994	12
1995	6
1996	4
1997	8
1998	22
1999	15
2000	28
2001	77
2002	79
2003	119
2004	96
2005	82

资料来源：据各年度《中国环境状况公报——海洋环境》中数据整理得出。

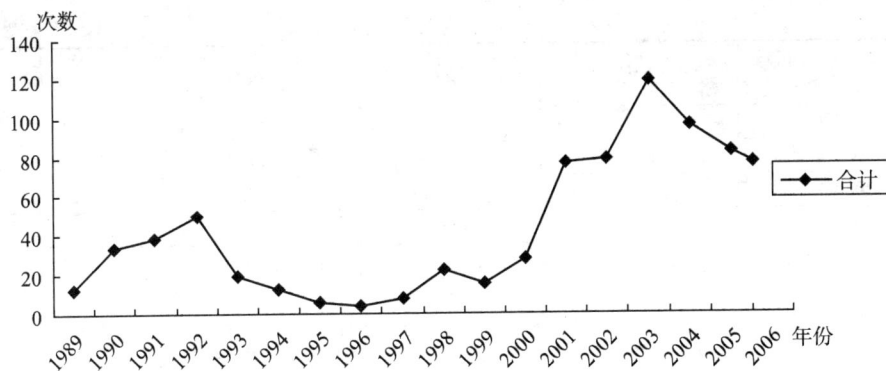

图 6-1 1989~2005 年近海海区赤潮变化趋势

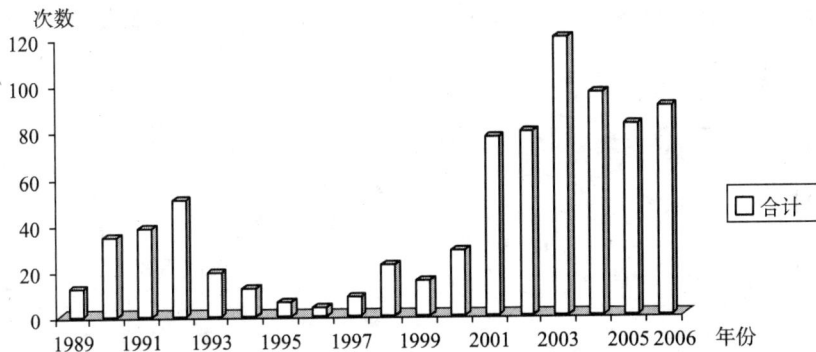

图 6-2 1989~2005 年近海海区赤潮发生情况

2. 从 2000~2005 年数据分析赤潮灾害的发生特征。

(1) 区域特征。通过分析表 6-6 和图 6-3 可以发现：

表 6-6　　　　　　　　四大海区近岸四类海水比例年度变化　　　　　　　单位：%

时间 \ 区域	渤海	黄海	东海	南海
1996①	89	35	69	30
1997①	59	41	67	39
1998①	51	48	77	38
1999①	40.5	27	73	35 .
2000①	39	27	74	36
2001②	0.37	1.9	12.2	5.3

区域 时间	渤海	黄海	东海	南海
2002③	1.4	0	16.8	8.7
2003④	8.3	7.8	17.7	0
2004⑤	16.7	0	23.7	0
2005⑥	6.4	3.7	11.8	0

①据《2000 年中国环境状况公报——海洋环境》"四大海区近岸超三类海水比例年度比较"图推算得出。

②据《2001 年中国海洋环境质量公报》中"2001 年各海区非清洁海域面积统计"表计算得出。

③据《2002 年中国海洋环境质量公报》中"各海区未达到清洁海域水质标准的面积"表计算得出。

④据《2003 年中国环境状况公报——海洋环境》中渤海、黄海、东海、南海海域水质比例数据整理得出。

⑤据《2004 年中国环境状况公报——海洋环境》中渤海、黄海、东海、南海海域水质比例数据整理得出。

⑥据《2005 年中国环境状况公报——海洋环境》中渤海、黄海、东海、南海海域水质比例数据整理得出。

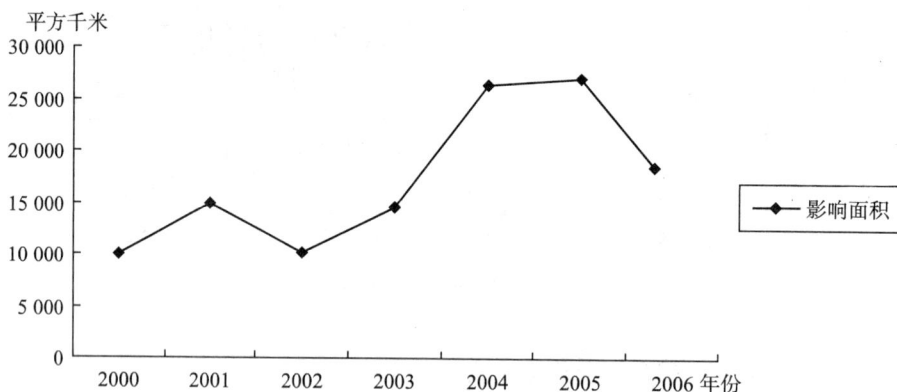

图 6-3 2000~2005 年近海海区赤潮灾害影响面积变化趋势

从 2000~2006 年，全海域共发生赤潮灾害 574 次，累计面积 122 940 平方千米。虽然从发生总次数的变动趋势看，最后出现了向下的小折线，但从赤潮灾害的影响面积看，却呈现出持续快速上涨之趋势。

从 2000~2006 年，我国近海四大海区各海区赤潮灾害发生总次数，呈现出逐年快速上涨之趋势，虽然东海以向下的小折线而收尾，但其赤潮灾害发生总次数仍均居各海区之最，是发生赤潮灾害最严重的海区，其赤潮灾害发生次数和面积明显高于其他三个海区。

（2）时间特征。2000～2006年，赤潮灾害发生具有显著的时间特征。监测结果显示，赤潮灾害多发期集中在5～6月。各海区赤潮灾害累计发生次数和累计发生面积具有相同的时间特征。除2001年8月、2005年4月和9月在北黄海、浙江中南部海域和海州湾海域各发生过1次超1 000平方千米的赤潮灾害外，其余超1 000平方千米的赤潮灾害均发生在5月和6月。

（3）赤潮灾害生物特征。2000～2006年，有毒藻类赤潮灾害发生次数和面积呈显著上升趋势。主要藻类为米氏凯伦藻、赤潮灾害异弯藻、棕囊藻和束毛藻等。其中，2005年有毒藻类主要为米氏凯伦藻，该种藻类是世界上分布最广泛的种类，常见于温带和热带浅海水域，能产生溶血性毒素和鱼毒素，并对鱼类的呼吸系统具有刺激作用。

表6-7和图6-4、图6-5分别统计了赤潮灾害发生的情况，给出了分海域的赤潮灾害的发生次数情况，以及影响面积。图6-6和图6-7给出了分海域的赤潮灾害发生次数和影响面积。

表6-7　　　　　　　**2000～2006年中国四大海区赤潮灾害发生情况**

年份	渤海（次）	黄海（次）	东海（次）	南海（次）	合计（次）	影响面积（平方千米）
2000	7	4	11	6	28	10 000
2001	20	8	34	15	77	15 000
2002	14	3	51	11	79	10 150
2003	12	5	86	16	119	14 550
2004	12	13	53	18	96	26 330
2005	9	13	51	9	82	27 070
2006	11	2	63	17	93	19 840

资料来源：据各年度《中国环境状况公报——海洋环境》中数据整理得出。

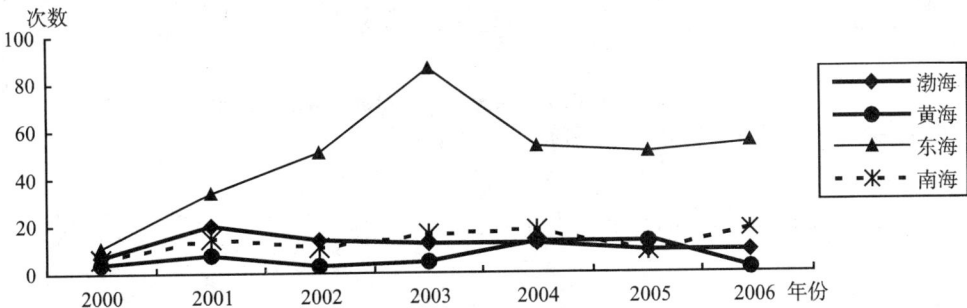

图6-4　四大海区赤潮变化趋势

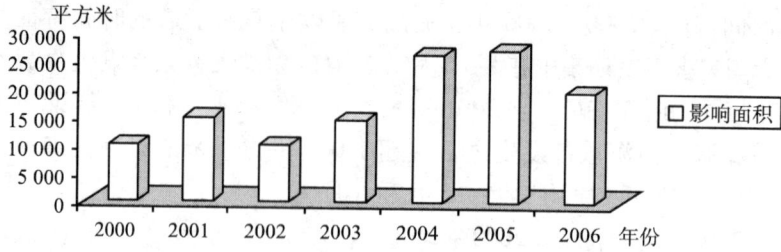

图6-5 2000~2006年近海海区赤潮灾害影响面积

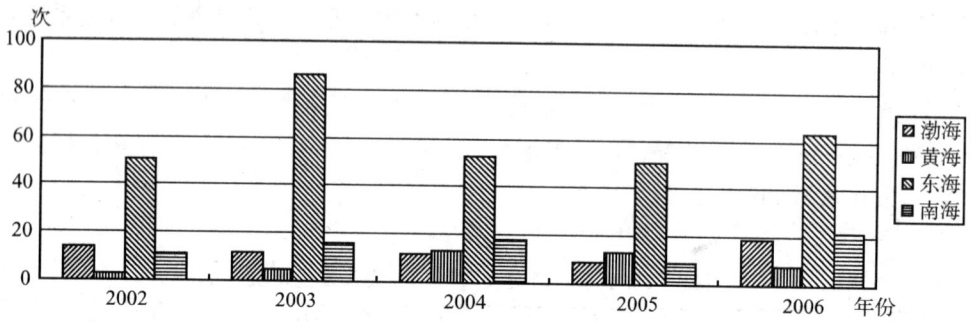

图6-6 2002~2006年我国各海区赤潮灾害发生次数

资料来源：根据各年度《中国海洋环境质量公报》整理得出。

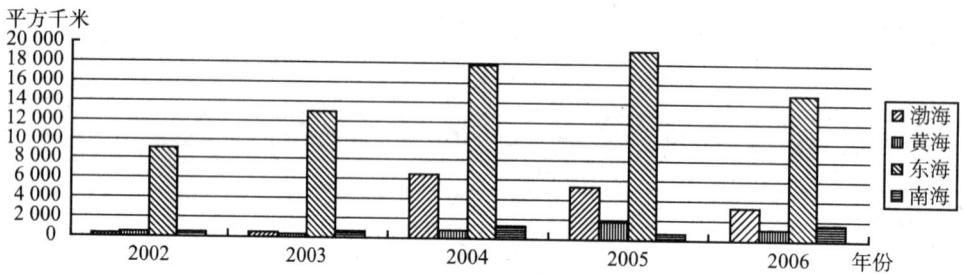

图6-7 2002~2006年我国各海区赤潮灾害发生面积

资料来源：根据各年度《中国海洋环境质量公报》整理得出。

可见，我国海洋污染的程度很严重。

第二节 赤潮灾害对劳动收入的影响

目前，海洋产业的迅猛发展，必将是 21 世纪吸引和安排劳动力的战略途径。以山东为例，目前全省仅开发了 300 多万亩浅海滩涂，占可开发利用的 1/5，即已直接安排产业劳力 100 多万人（如果加上间接劳动力，数量更大），全国算起来则是一个庞大的就业数字。见表 6－8。

表 6－8　　　　　　　　　　中国浅海滩涂海湾可养殖面积分布数据　　　　　　　单位：千公顷

地区	海水可养殖面积	浅海	滩涂	港湾
全国	2 600.11	1 622.56	797.00	180.55
北京	0.44		0.44	
天津	18.49	10.00	8.49	
河北	111.37	49.66	61.70	
辽宁	725.84	590.44	92.45	42.95
上海	3.22		3.22	
江苏	139.00	7.87	130.96	0.17
浙江	101.46	36.30	57.39	7.77
福建	184.94	77.39	100.76	6.79
山东	358.21	131.68	173.41	53.12
广东	835.67	664.00	120.00	51.67
广西	31.95	6.78	22.09	3.08
海南	89.52	48.43	26.09	15.00

资料来源：http://www.dataempery.com/search/Result.asp? id=5849，2005－9－6。

全国海水可养殖面积是 2 600.11 千公顷，这样按照全国估计会直接安排劳动力超过 13 000 550 人次，如果我国人口按照 11 亿来算的话，则相当于解决了大于 1% 的劳动力就业问题。而且，这仅仅是浅海滩涂的开发利用，并没有将海洋的其他产业计算在内。

从人口分布居住的角度看，海岸带是海洋劳动者分布的主要地区，海洋成为海岸带劳动者收入的主要来源。即，赤潮灾害的发生会影响到大面积的海岸带劳动者的收入。

全世界经济、社会和文化最发达的区域多位于沿海地区，世界 60% 的人口居

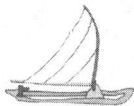

住在距海岸 100 千米的沿海地区内。而目前我国沿海省、自治区、直辖市居住人口占全国的 40%（含沿海省超过海岸带 100 千米居住人口）。到 21 世纪中叶，中国将达到中等发达国家的水平，即 50%～60% 的人口居住在沿海地区，人口密度将达到每平方千米 500～800 人，全国 18 000 千米的海岸线上会出现 500 个左右不同规模的城市和港口经济区（现在中等以上城市只有 25 个），届时，距海岸带 100 千米的居住人口将达到 8 亿～9.6 亿以上，海洋将使沿海形成城市化经济、社会和文化发达地带，为 21 世纪人口居住和劳动力就业开辟新门路。随着 21 世纪中国大规模开发海洋，海洋的各个产业迅猛发展。海水增养殖业，远洋渔业、海洋食品工业、海洋药物工业、海洋化工业、海水淡化工业、海洋能工业、海洋油气工业、海洋采矿业、海洋旅游业、海洋交通运输业、船舶和机械制造业、海洋建筑业以及围绕海洋产业发展起来的产前、产中、产后服务业等几十个行业将得到迅猛发展。一大批农业剩余劳动力及贫困地区的人口必将涌向海洋，汇聚成一支庞大的中国海洋产业大军，成百川归海之势。我们必须把握好中国海洋产业在吸纳劳动力方面的优势和潜力，开发海洋，使 21 世纪中国的就业压力得到缓解，使人民的收入有所提高。

从海洋产业吸纳劳动力的角度看，因为赤潮灾害的发生严重的损害了海洋产业的健康正常运作，所以海洋产业吸纳劳动力的潜力就会受到危害，海洋劳动者的就业压力就会增大，可能会为了得到工作而接受较低的收入水平，从而海洋劳动者的劳动收入会降低。

国家海洋局发布的《2003 年中国海洋经济统计公报》显示，2003 年全国海洋产业总产值已经达到 10 077.71 亿元，这是我国海洋产业首次突破 1 万亿元大关。专家指出，此时，我国海洋经济总体水平在世界海洋国家中已处于中上水平，已开始充分体现出该行业支持国民经济的巨大作用和吸纳劳动力的潜力。《2005 年全国海洋经济统计公报》中指出，"十五"期间，中国主要海洋产业总产值累计达 57 499 亿元，按同口径计算，比"九五"期间翻了一番，这样的增速是很可观的。2005 年主要海洋产业增加值达到 7 202 亿元，相当于同期国内生产总值的 4%。到 2006 年上半年，中国传统海洋产业继续保持持续稳步发展。沿海地区积极开发突出海洋生态和海洋文化特色的国内旅游市场，2006 年上半年，仅仅滨海旅游业就实现收入 2 620.29 亿元，同时，全国主要海洋产业总产值为 8 441.1 亿元。除此之外，海洋渔业、海洋盐业、造船等海洋基本行业增长迅速，完工量分别同比增长了 12.4%、45% 和 17.1%。全国规模以上沿海港口完成货物吞吐量 164 092 万吨，完成旅客吞吐量 3 617 万人次，完成国际标准集装箱吞吐量 3 928.37 万箱。从上面数

据来看，海洋产业在迅速的发展，创造的收入途径也越来越多，收入量也越来越大，所以，我们必须重视海洋产业吸纳劳动力的潜力和创造劳动收入的力量，加大从海洋中要收入的力度。据统计，在海洋经济发展的带动下，2006 年末涉海就业人员总量预计将接近 3 000 万人。但是这个预测是建立在海洋经济健康发展的角度之上的，如果在海洋经济再发展的过程之中遭遇大规模灾害性海洋赤潮的入侵，那么海洋各个行业受到严重损害，本来需要很多人力的行业不在需要大量的劳动力，于是很多人会下岗。比如渔民本来是应该加紧捕捞和外运海产品，但因为赤潮的发生使得海产品产量低，所以渔民没有那么多海产品要处理，所以会没事可干。海产品的经营者也会因为没那么多海产品可以经销和加工而停业。这就势必会影响到渔民和海产品经营者的劳动收入。由上分析，海洋产值可达到几千亿元，比如，这些收入都以劳动和资本的收入的形式分配到了各个海洋相关的劳动者手中，但是在海洋赤潮灾害之中一般情况是海洋产值大幅下降，那么此时的各个相关劳动者收入就会大幅下降。因此，海洋赤潮灾害影响劳动收入的数额是很大的。

从表 6 - 9 也可以看出，我国的海洋社会各产业吸纳劳动力是很有潜力的。各个地区的海洋社会的从业人数在 2001 年已经达到很高的水平，其中天津是 75 418 人，河北 63 121 人，辽宁 345 645 人，上海 227 240 人，江苏 261 996 人，浙江 500 142 人，福建 723 129 人，山东 722 224 人，广东 958 520 人，广西 180 148 人，海南 210 966 人，总数为 4 057 583 人。其中海洋水产业的劳动力人数最多，旅游业次之，然后是海洋交通运输业和海洋油气业，海洋砂矿业最少。从总体数字来看，这是一个庞大的数字，如果一旦海洋赤潮灾害发生的话，那么将意味着影响到将近 406 万人的就业问题，也就是影响这些人的收入问题。所以，赤潮灾害影响的劳动收入不但数额很大，而且范围也是很广的。

海洋经济的作用虽然很大，但是我们现在并没有真正的完全控制海洋，使之为我们服务。海洋赤潮灾害的发生就是很好的例子。海洋赤潮灾害是影响海洋相关劳动者收入的最经常最直接的因素，其对劳动收入的影响是一种引致影响，是通过影响海洋相关产业来影响相关的劳动收入。下面我们参照表 6 - 9 按海洋产业分类来考虑赤潮灾害影响的劳动收入形式，对海洋相关的劳动收入作一下分析。

一、赤潮灾害直接影响的劳动收入

海洋直接影响的劳动收入主要是海洋渔业及相关产业包括海水养殖、海洋捕捞、海洋水产品加工、海洋渔业服务业及海洋渔业相关产业的劳动收入。2005 年

表6-9　　海洋社会从业人数

单位：人

地区	年份	合计	海洋水产	海洋油气	海洋砂矿	海洋盐业	海洋造船	海洋交运	滨海旅游	海洋环保	海洋科研
合计	1998	4 054 968	2 855 009	33 005	3 516	179 027	126 384	372 157	422 984	45 490	17 351
	1999	3 698 727	2 413 068	24 874	3 206	231 103	121 791	328 375	510 997	51 015	14 298
	2000	4 254 648	2 878 473	20 526	2 672	176 878	133 352	327 231	646 443	55 802	13 271
	2001	4 319 430	2 949 840	19 297	4 488	135 265	153 810	340 772	642 595	60 092	13 271
天津	1998	105 841	6 911	14 473		16 003	9 846	36 188	18 000	1 607	2 813
	1999	81 119	9 345	8 500		12 063	7 500	23 317	16 267	1 481	2 709
	2000	85 246	8 600	8 251		12 316	9 412	25 626	17 216	1 423	2 402
	2001	75 418	6 610	8 062		12 316	4 677	22 022	17 661	1 672	2 402
河北	1998	120 520	59 941	4 997		22 803	5 768	20 218		6 356	437
	1999	178 278	56 888			7 804	4 230	20 922	9 065	8 186	413
	2000	114 002	57 968			23 318	4 300	20 588	7 471	9 155	321
	2001	63 121	59 968			19 843	2 838	20 641		10 391	321
辽宁	1998	362 429	236 750	331		17 650	20 447	57 658	23 424	5 252	917
	1999	309 103	231 984	279		15 928	19 986	6 518	27 189	6 376	903
	2000	126 233	24 347	259		14 563	20 411	31 757	36 850	7 201	845
	2001	345 645	252 387	282		12 083	20 645	25 918	26 548	6 931	845
上海	1998	217 012	23 617	309			45 978	69 135	73 194	2 011	2 768
	1999	230 978	7 802	129			41 812	99 546	77 159	1 987	2 543
	2000	23 205	9 824	87			39 213	99 271	80 445	1 996	2 369
	2001	227 240	8 218	101		38 481	94 900	81 162	2 009		2 369
江苏	1998	25 784	183 393		102	31 554	6 154	20 720	8 574	5 672	1 657
	1999	253 137	183 925		102	32 854	6 145	12 972	9 208	6 637	1 294
	2000	517 303	464 822			25 579	7 724	1 794	7 433	7 770	1 183
	2001	261 996	171 193			23 178	37 782	12 404	8 468	7 770	1 183
浙江	1998	506 265	435 658			10 374		61 513	55 711	3 332	1 190
	1999	51 800	442 334			9 247			3 718		
	2000	478 984	439 020			7 181			28 005	3 867	911
	2001	500 142	446 066			7 944			41 022	4 199	911

续表

地区	年份	合计	海洋水产	海洋油气	海洋砂矿	海洋盐业	海洋造船	海洋交运	滨海旅游	海洋环保	海洋科研
福建	1998	639 736	627 210		8 959	10 716				2 789	778
	1999	949 339	374 579			16 188	9 530		39 120	3 046	719
	2000	675 867	572 893		2 208	14 667	15 000		65 817	3 089	672
	2001	723 129	626 255		2 262		11 483	17 068	47 386	3 336	672
山东	1998	712 418	527 591	4 316	40	59 479	26 837	54 464	34 228	8 338	3 125
	1999	733 838	496 411	8 836	83	57 889	17 470	56 629	41 030	10 364	2 906
	2000	716 589	533 820	5 051	50	63 969	18 299	41 283	40 808	10 618	2 691
	2001	722 224	555 284	4 854	50	34 885	17 365	49 600	46 622	10 873	2 691
广东	1998	864 506	511 627	8 579	907	6 976	17 354	10 668	20 443	6 379	1 573
	1999	607 911	357 915	7 130	818	6 839	15 118	98 849	202 701	6 269	1 409
	2000	989 617	476 470	6 878	214	7 486	18 993	106 912	364 218	7 013	1 433
	2001	958 520	492 569	5 998	891	4 420	20 338	87 759	336 269	8 843	1 433
广西	1998	135 607	117 878		366	2 057		7 094	5 422	2 657	133
	1999	129 574	117 878		102	3 300		9 622	6 317	1 853	124
	2000	166 464	153 337		200	3 048			6 845	2 934	100
	2001	180 148	159 969		205	2 898		6 331	7 509	3 136	100
海南	1998	130 848	124 433		2 101	3 217				1 097	
	1999	162 386	29 796		2 101	3 693	39 796		21 428	1 161	
	2000	142 019	137 372		3 230					1 073	344
	2001	210 966	171 321		1 081	2 035	201	4 129	29 930	926	

资料来源：由《中国海洋年鉴》整理得出。

沿海地区积极发展远洋渔业、大力加强海洋水产品加工业，促进了海洋渔业及相关产业稳定发展，全年实现总产值4 402亿元，占全国主要海洋产业总产值的25.9%；增加值为2 011亿元，比上年增长20.0%。如此快的海洋经济增长势必会带来相关劳动者收入的变化。从表6-6可以看出海洋水产业吸纳的劳动力数量在逐年增长，总数达到2 949 840人。据资料显示，赤潮灾害多发区多集中在海湾、三角洲和海岸带，这类地区经常是海域利用强度高和人口密度高的地区，这些地区赤潮灾害的发生对劳动者收入的影响面积就比较大。

下面我们具体阐述赤潮灾害主要影响的海洋劳动者收入。

（一）赤潮灾害对海水养殖业劳动者收入的不利影响

发生大面积赤潮灾害之时，由于渔民养殖的生物比如鱼、虾、贝类等不能迅速的适应，或者根本不能适应海洋生态环境的变化，就会出现生长缓慢，或者生长停滞，甚至大量死亡的现象。这样渔民就会因产量下降而遭受直接经济损失。因为产量受损，渔民的投入没有产出，没有海产品可以出售，所以收入必然受到影响，至于影响的情况我们后面讨论。例如，1989年10月发生在渤海的赤潮灾害，仅黄骅一带，面积就达1 300平方千米，对虾减产1万多吨，造成总体经济损失高达3亿多元。

海水养殖是指在浅海和滩涂的某一限定海域中用人工孵化和饲养的方法，把鱼、虾、贝类和藻类培养成熟以供食用的过程。在人工养殖的条件下，海洋生物能够避免天敌的捕食，卵和幼苗的成活率大大提高，同时，由于采用先进的养殖技术，能够提高水产生物的生长速率和营养价值。海水养殖主要影响的收入有：海水养殖管理人员的收入，养殖直接体力劳动者的收入，养殖技术人员的收入，等等。

作为海水养殖的新发展，海水增养殖业是海洋渔业中的新兴产业，这种产业的发展依赖于海洋生物资源增养殖技术的进步。关于什么是增养殖业和增养殖技术，国内外都没有明确的定义，但是，一般地说，其中包括养殖和增殖资源两部分。养殖是指从育苗、养成到收获完全在人的管理之下所进行的生产活动；增殖是指通过人工措施，如放流苗种、建立人工鱼礁改造渔场环境等，使资源得到增加的活动。海水增殖和养殖技术包括育苗、饵料、防治病害、改造渔场环境，以及其他增养殖工程技术等。

养殖业是吸纳劳动力数目非常大的行业。例如，由于我国的海带养殖的理论和技术水平居世界领先地位，使海带养殖业从北到南迅速展开，单位面积产量不断提

高，20 世纪 50 年代海带育苗和人工养殖技术获得成功，60 年代紫菜育苗技术获得突破，70 年代扇贝育苗技术获得突破，形成大面积养殖业，80 年代对虾工厂化育苗和养殖技术成功，以及扇贝、鲍鱼人工育苗和养殖技术成功，使养殖业和相关产业的劳动者数量大幅度增加，劳动者收入大幅度提高。但是，在这些行业蓬勃发展，大幅度提高沿海相关人员收入水平的同时，海洋赤潮灾害已经成为海洋增养殖业难以攻克的堡垒。我们可以预见赤潮灾害，却对赤潮灾害的范围和大小无能为力，跟不上赤潮灾害发生变化的步伐。一旦发生海洋赤潮灾害，那么这种灾害就是突发性的、毁灭性的，而且我们很难预料赤潮灾害的严重程度，所以很难事先做好调节的准备，只能任由市场自主地调整劳动力的供需，这是很被动的，因此，在发生赤潮灾害的时候，劳动者也会因此遭受更大的损失。1997 年 12 月至 1998 年 1 月，在福建泉州至广东汕尾一带海域发生大面积赤潮灾害，经济损失高达 1.8 亿元。1998 年 3 月上旬至 4 月上旬珠江口及香港地区海域的赤潮灾害经济损失达 3.5 亿元。1998 年，渤海又发生了历史上罕见的赤潮灾害，面积高达 5 000 余平方千米，直接经济损失 5 亿多元。这些损失大都是由养殖业的渔民来承担的。

据韩国《中央日报》报道，韩国 2001 年 8 月份开始的赤潮灾害直接导致经济损失 47.7 亿韩元，预计损失会超过 50 亿韩元。为减少韩国经济和国民的损失，防止韩国海产品价格上涨，韩国政府采取了许多应急措施，但在一定的时间内海产品的价格发生波动是不可避免的。

在养殖业中，如果发生大面积海洋赤潮灾害，则海洋养殖者的养殖产量必然会大幅度降低。这时会发生两种状况：

第一，需求的变动大于产量的变动。产量由于受赤潮灾害影响而大幅降低，而且由于人们通过各种途径知道了海洋发生赤潮灾害，为了个人的身体健康，所以减少了海产品的消费，或者是用其他产品代替海产品，从而市场需求随之很大程度的降低，如果市场需求降低的程度大于产量降低的程度，就必然导致市场最终价格降低，这样的局势对渔民来说是内忧加外患，结果，因产出减少的同时产品需求不旺，海洋养殖者收入下降。如果不发生赤潮的话，海产品市场在产量和价格分别为 Q_0、P_0 处达到均衡，但是产量由于赤潮灾害影响而降低，需求因为海洋赤潮的灾害性影响而降低，并且需求的降低大于产量的降低。此时新的均衡价格是 P_1，产量是 Q_1，两者均小于原来的数值，如图 6 - 8 所示。

此种情况的发生对渔民来说是很大的损失，几乎全部的损失都由渔民承担，渔民的收入会下降很大，消费者的收入不会受到很大的影响。

第二，产量由于受赤潮灾害影响而大幅降低，但市场需求不发生太大变化，则

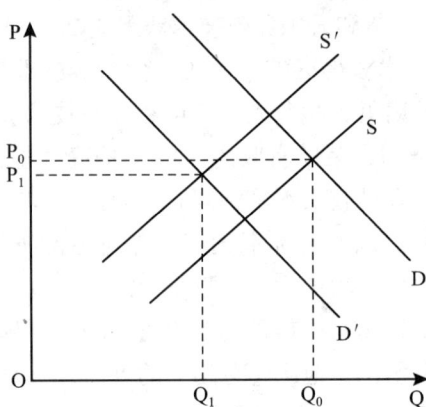

图6-8　海产品市场的均衡分析（1）

将导致价格上升，结果是，如果价格上升的幅度足以弥补产量下降导致的损失，那么养殖者的收入有不变或者上升的可能。未发生赤潮前，海产品市场的产量 Q_0，价格 P_0 处达到市场均衡状态。但是发生赤潮之后，渔民的养殖产量大幅度下降，供给线从 S 移动到 S′，而此时我们假定是需求不发生变化。于是，市场在产量 Q_1，价格 P_1 处达到均衡。价格升高，产量降低，之后，如果面积 A+B 等于 C+E，那么渔民的养殖损失就为零，此时消费者收入就以高海产品价格的形式损失了。如果面积 A+B 大于 C+E，那么高价格给养殖渔民带来的收入就大于损失，渔民总体收入增加。如果面积 A+B 小于 C+E，那么高价格给养殖渔民带来的收入就小于损失，渔民的总体收入降低，如图6-9所示。

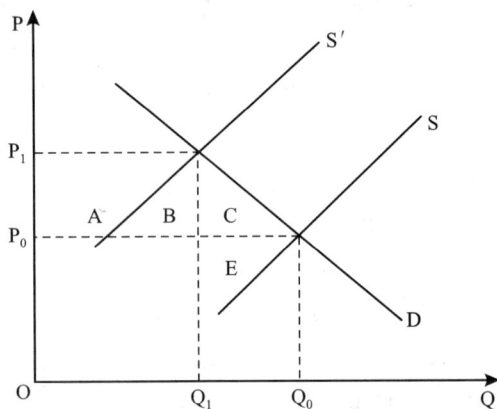

图6-9　海产品市场的均衡分析（2）

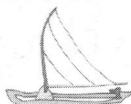

（二）赤潮灾害对海产品经营者劳动收入的不定影响

海产品经营者收入受影响的情况未定。由于产量低，海产品经营者没有原料可以加工或者进行批发零售，所以收入也会受到影响。比如，海产品经销商作为海洋产品的第三道经手商，他们的收入并不简单地依赖于渔业的产出。如果海产品产量低，或许他们可以通过提高价格来获得高额利润，或许会因为原料来源不好而遭受高成本低收益，因此收入降低。这很大一部分依赖于经销商面临的市场状况。针对于 1989 年 10 月发生在渤海的赤潮灾害，不仅在黄骅一带造成面积达 1 300 平方千米，对虾减产 1 万多吨的危害，同时相关的海产品经销商也由此受到了严重的损失。

下面我们来看一下赤潮灾害对海产品经营者收入的具体影响情况。

作为海产品的经营者，他们的重要的原料来源是渔民，他们从渔民手中购入海产品，然后进行加工后卖给消费者或者直接经营买卖，比如鱼、虾的销售者从渔民手中买入鱼、虾，再到市场上卖给消费者或者经过加工制成鱼片、鱼罐头等再卖给消费者。现在，如果赤潮灾害发生，导致渔民产量下降，则经营者在买进海产品的时候就会遇到原产品减少的困境，首先必然是价格的上升，海产品经营者必须花费较高的价格来获得与原来相同量的原料或者花费同样的支出来获得较少的原料。于是这些经营者面临的问题是海产品原料价格上升或者是直接买不到原料，从生产的角度看是成本的升高，供给减少。同时，消费者可能不愿意付出高的价格，在高的价格之下只能购买较少的相关海产品或者干脆买不起了，于是经营者的产品销售不出去，必然收入降低。

同时，在赤潮灾害肆虐的海域，专家提醒人们慎食海鲜，警惕赤潮生物毒素成为人类的"健康杀手"。因为海洋赤潮影响海产品的消息被通过各种渠道广而告知，人们就会因害怕赤潮生物的毒素而放弃购买海产品，所以，海产品的养殖者和经营者的产品就会销售不出去，在产量低又卖不出去的情况下，收入就会受到不好的影响。

但如果此时海产品的价格远远高于其原料的价格，那么产品价格升高带来的收益可能会弥补原料价格升高和产品销量下降带来的损失，海产品经营者收入会上升。但这种情况很少发生。

如图 6 – 10，未发生赤潮前，海产品销售市场在销售量 Q_0，价格 P_0 处达到市场均衡状态。但是发生赤潮之后，渔民的养殖产量大幅度下降，海产品经营者的原料来源受限，海产品销售市场上的供给量就会下降，于是供给线从 S 移动到 S′，

而同时市场上消费者的需求因为价格的上升或者赤潮的发生也降低了，需求线从 D 移动到 D′，于是，市场在销售量 Q_1，价格 P_1 处达到均衡。于是海产品经营者的收入就会受到影响。但具体的影响取决于式子 $(P_0 Q_0 - C_0) - (P_1 Q_1 - C_1)$ 的符号，其中 $C_i(i=0, 1)$ 表示海产品原材料价格变化前后的成本。若式子大于零则收入下降，若小于零则收入增加。

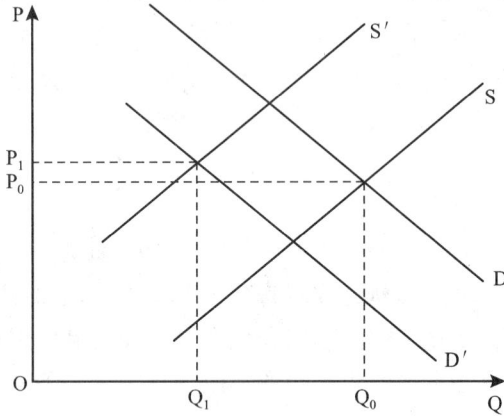

图 6－10　海产品经营者的销售市场分析

（三）赤潮灾害对滨海旅游业劳动收入的不利影响

　　滨海旅游业是指滨海地区开展的与旅游相关的住宿、餐饮、娱乐及经营等服务活动。滨海休闲旅游资源包括自然休闲旅游资源和人文休闲旅游资源两大类，其中自然休闲旅游资源由自然要素景观构成，主要包括海岸线景观、海滩景观、岛礁景观、水体景观、气候气象景观和海洋动植物景观六大类，是滨海休闲旅游产业开发的基础。赤潮灾害恰恰严重地毁坏了自然休闲旅游资源，这就动摇了滨海旅游业的基础。到 2005 年我国滨海旅游业继续保持强劲的增长态势，沿海地区积极开发突出海洋生态和海洋文化特色的国内旅游市场，提升滨海旅游业的整体服务水平，努力使海洋旅游成为创造劳动收入的重要力量。2005 年全年滨海旅游收入为 5 052 亿元，到 2006 年上半年我国实现滨海旅游收入已达到 2 620.29 亿元，是沿海地区渔民和相关海产品经营者收入的重要来源。如果海洋赤潮灾害发生，海水变异，就没有游客去海边旅游，那么海水浴场、海洋游乐城等旅游场所便没有客源。于是沿海的城市旅游收入就会下降，旅游经营者就因为没有游客来购买他们的东西，从而收入也会下降。

　　滨海休闲旅游资源是海洋资源的一个重要组分，是海岸带地区海洋自然物和人类历史文化遗存的综合，具有自然资源和环境资源的双重属性。滨海休闲旅游资源本身具有多功能性，不仅具有经济价值，也具有社会和环境价值。但是，由于滨海休闲旅游资源多存在于海陆相互作用的海岸带区域，其连通性、非排他性和竞争性决定了滨海休闲旅游资源的公共产品属性。所以，它影响的劳动收入也有类似的公共产品的属性。我们难以确定它影响的劳动收入是哪一类，只能笼统地将它归入海洋相关的劳动收入范围之内。我们只能从统计年鉴数据中得到，2001 年全国的旅行社总个数是 8 993 个，容纳的职工人数是 1 643 364 人，（但并没有具体的滨海旅游业的数据）。到 2004 年我国旅游业整体发展势头良好，当年中国内地旅游出游人数达到 11.02 亿人次，国内旅游收入达到 4 711 亿元。2004 年底全国共有 15 339 家旅行社，比 2001 年增加了几乎一倍。旅行社总资产 424.38 亿元，直接从业人员为 24.62 万人，吸引的劳动力数目很大，创造的收入数目巨大。[①]

　　在旅游业中，滨海旅游业占有很大的比重，所以上面的数据可以从侧面反映滨海旅游业强劲的发展势头。如果在沿海发生大规模赤潮的话，那么滨海旅游业中的海水浴场、沿海景点、沿海商业区就会因只有较少的游客光顾而产品销售不出去。于是该行业的从业人员的收入就必然会随之减少。

　　赤潮灾害发生时，海洋环境发生灾害性变化，海水会具有毒性，海洋生物大量死亡，其尸体遍布海滩，此时的海洋旅游环境没有人会喜欢，甚至避而远之，于是想旅游的消费者在海边不能再享受美好的景色，所以旅游人数减少，从而旅游部门，比如旅行社、沿海的酒店和宾馆、相关的交通部门等，收入就会减少，这些部门的员工收入随之减少。同时，由于旅游的人数少了，所以在海边做零售的经营者的收入就会大量减少，因为没有人去买他们的东西。

　　概括地说，赤潮灾害的发生，至少会对滨海旅游业产生以下不良影响：

　　首先是海水浴场的收入。发生赤潮灾害的时候没有人去海水浴场游泳，于是海水浴场的收入降低。有门票的浴场就会损失门票收入，还有与海水浴场相关的出租太阳伞、照相机、游艇的劳动者收入也会降低，在海边出售食品、饮料、游泳衣的劳动者收入就会降低。

　　其次是海岸带上的旅游设施提供者的收入。首当其冲的是旅行社的收入，因为没有旅游者到来，所以海滨的旅行社没有客源就没有收入来源，各种旅游设备处于闲置状态，旅游从业人员处于待业状态，从而旅行社经营者收入和旅行社员工收入

---

　　① 　数据来源：由《中国海洋年鉴》2002～2005 年资料整理得出。

下降；还有，沿海餐饮业的收入会因为没有客源而卖不出食品，并且价格得不到提高，从而收入减少；同样，沿海娱乐设施也会因为没有游客使用而空闲，此时在没有收入的基础上还要遭受设备的折旧和磨损，所以总体的收入就会随之大幅度降低。

我们以休闲渔业的例子来看一下赤潮灾害对滨海旅游业的影响。休闲渔业是指将渔民的生活方式和工作方式与旅游结合起来，通过对渔民的家居和渔船进行改造，让游客真正贴近渔民生活，享受一种自然古朴的渔家风俗，给宾客一种全新的体验。游客通过与渔民合作，体验下海撒网拖鱼、停船垂钓、收网拣鱼、品尝鲜鱼等乐趣。在离城市较远的水库库区，可开展网箱垂钓、驾船、划艇、渔家乐等项目，形成集养殖、观赏、垂钓、餐饮、旅游、住宿、疗养为一体的大型休闲娱乐场所。休闲渔业作为渔业经济的新兴产业，近年来在我国发展快、效益好、潜力大，所以应把发展休闲渔业纳入经济和社会主义新农村建设的大格局中，认真研究制定休闲渔业发展的新措施，以休闲渔业发展促进新渔村建设。据统计，在我国 13 亿人口中，爱好钓鱼的人口达 9 000 多万人，已被国家体委正式列入"全民健身计划纲要"加以推广。作为一个"钓鱼大国"，如果每位钓鱼者年均消费 200 元，每年就有 200 亿元的大市场。眼下休闲渔业正大行其道，美国休闲渔业的总产值已超过传统捕捞渔业，占到整个渔业产值的 60%；东南亚诸国休闲渔业与旅游结合，形成了内容丰富的游钓业。我国内陆有丰富的水面及鱼类资源，许多江、湖、水库风景秀丽；此外 1.8 万千米的海岸线及 6 500 多个岛屿，自然环境条件优越，更适于发展休闲渔业。我国地处北温带和亚热带，适于休闲旅游的季节较长，尤其是东南沿海适合海上休闲娱乐渔钓时期长达 8 ~ 9 个月，发展休闲渔业有广阔的市场。如果赤潮灾害将这个市场毁坏，那么很大一部分人的主要收入将会受到显著影响。虽然由于目前我国统计数据的不完善，我们还不能准确推断影响的大小，但是这一推论是符合经济学常识的。

（四）赤潮灾害对海产品加工业劳动者收入的不利影响

因为渔业产量不好，所以加工业的原料来源不广、质量不好或价格偏高，所以导致渔产品加工业的劳动者需求不旺，于是劳动者压低工资要求来求职，同时，行业内的劳动者面临低工资的竞争状况，不得不接受低工资或者下岗待业。调查结果表明，1998 年渤海赤潮灾害发生期间，沿海某地的市场海洋水产品销售量下降60%，由于水产品无法标明产地，远离海洋的北京、哈尔滨等地也有不同程度的下降，引起大众对海洋水产品的心理恐慌，影响了国内海产品的销售。海产品销售不

出去，海产品加工业的发展就会受到阻碍，于是这一行业的劳动者收入就会下降。

（五）赤潮灾害对海洋服务业劳动者收入的不同影响

1. 海洋渔业科研人员收入升高。因为出现的赤潮灾害的状况不很明朗，所以需要海洋科研人员专门就海洋赤潮灾害做出研究，查找原因作出结论。所以海洋科研人员的需求量上升，收入也会有所升高。由于赤潮灾害的频繁发生，我国已充分认识到具有创新能力的海洋科学研究人员的关键作用。为了培养人才、争取人才、留住人才，各个单位竞相以各种方式提高该行业科研人员的待遇。应该说，这几年来部分科研人员的收入有了明显的提高，实验室的发展和科研成果都有明显的进步。

2. 海产品运输业劳动者收入下降。因为海产品产量低，所以很显然的使往外运输产品、往内运输原料的量绝对减少，所以运输者的收入直接降低。这一方面的影响比较微弱，容易被市场价格本身的波动所抵消。

3. 海洋管理者收入下降。因为一旦海洋赤潮灾害严重，那么海洋捕捞产业生产力必然受损，产量降低，收益下降，作为管理者必然受到影响。

4. 海洋渔业加工器械供给者收入下降。因为海洋渔业不景气，所以海洋渔业加工器械应用率不高，更新率不高，导致加工器械供给者的产品销路不广，效益不高，于是就会压缩本行业劳动者需求或直接降低本行业劳动者工资，于是赤潮灾害就间接地使该行业的劳动者收入下降。

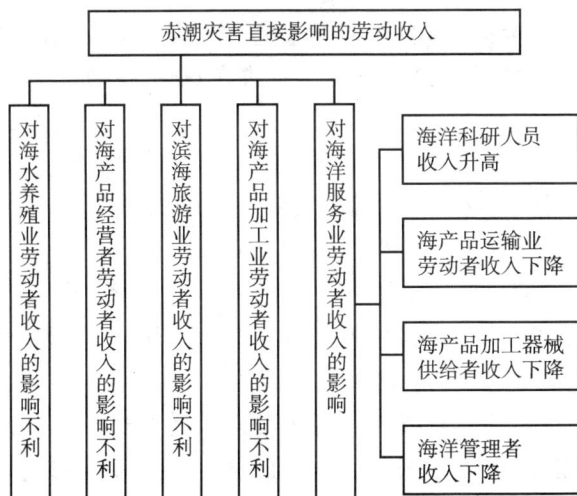

图 6 – 11　赤潮灾害直接影响的劳动收入

二、海洋赤潮灾害间接影响的劳动收入

（一）赤潮灾害威胁人类健康和生命，进而影响与海洋产品相关的人群的收入水平

由以上分析可以得出，赤潮灾害通过赤潮灾害水体和赤潮灾害时期的海产品对人体健康产生危害，轻则导致皮肤不适、眼睛不适、呼吸道疾病、头晕、呕吐、恶心等，重则导致人中毒死亡。人如果不小心沾染了含有赤潮生物毒素的海洋水体，或者误食了含有赤潮生物毒素的海产品，则会导致出现以上症状，甚至一些新类型未知疾病的发生，严重的会导致死亡。于是该个人必然需要就医，需要家人照顾，需要忍受病痛，需要请假暂时或永久地离开工作岗位等，这一些情况必然影响收入状况。

现在我们以一个普通的正常人来看一下赤潮对劳动收入的影响程度。

1. 假设消费者 a 是一位月收入 2 000 元人民币的工薪阶层的男性，该消费者在上班期间因食用有毒素的海产品而出现中毒症状。则其损失有以下几部分：

（1）购买有毒素海产品的花费。假设是 10 元。

（2）因中毒而就医的花费。数目因病情而异，最低几元，我们取轻度中毒低消费 10 元。

（3）因中毒请假而导致的假期工资低于原工资的损失或因中毒而导致旷工的倒扣工资的损失。假设请假或旷工 3 天，损失在 60 ~ 300 元。

（4）因中毒请假或旷工导致的公司的损失，即导致负的外部性。从个人的角度来说，可以暂时忽略。

（5）因中毒导致的身体病痛以及需要家人照顾而导致本人和家人的精神损失。数目难以估计，暂且以 100 元代替。

（6）其他损失。暂时忽略不计。

这样总体而论，损失大体就在 180 元以上了，相当于该消费者的月工资的 1/10。

2. 若导致严重的中毒该消费者死亡，则损失有：

（1）家庭损失。包括失去亲人的精神损失和丧失支持家庭的主要劳动力的物质经济损失。这一部分的损失是巨大的和难以估计的。如果该消费者是家庭惟一的经济来源，那么，这一损失对家庭来说是致命的，整个家庭生活会因此瘫痪。

（2）社会损失。包括公司因忽然失去员工而不能及时填补空缺的损失和国家

教育费用和投入的损失。公司要重新寻找新的员工，要产生招聘费用、培训费用，并且新手工作比熟练工人要差。国家对该消费者的教育投入在瞬间消失，社会并没有得到该消费者的回报。

若依据 20 世纪 60 年代至今的数据，除去因技术原因没有统计的数字，我国包括台湾地区、香港地区在内，有近 600 人因误食有毒的贝类而中毒，29 人死亡，这里死亡人数是中毒未死亡人数的 1/20，这个比例是很高的，那么，若是赤潮灾害再继续影响人们生活的话，整个社会的和家庭的经济损失是很大的，精神损失是难以估量的。

（二）赤潮灾害对海洋其他产业劳动者收入的影响

赤潮灾害对海洋其他产业劳动者收入的影响，可通过图 6 – 12 形象地表达。

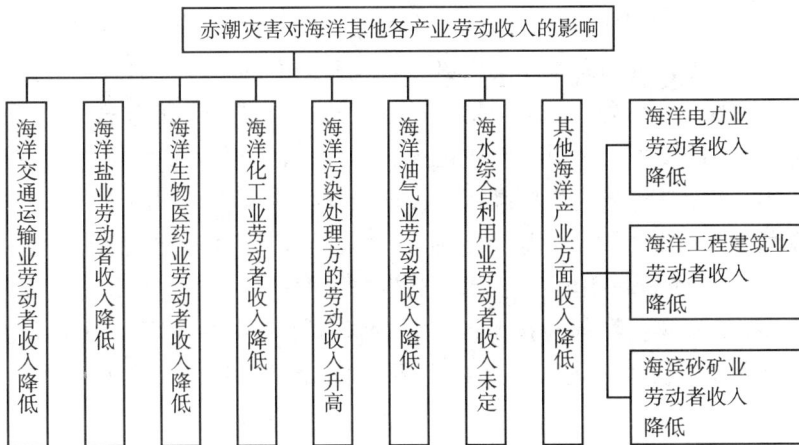

图 6 – 12 赤潮灾害对海洋其他各产业劳动者收入的影响

1. 赤潮灾害降低了海洋交通运输业劳动者的收入。海洋交通运输业是指以海洋或海水为媒介的运输业，如船运。我国海洋运输能力逐日递增，2005 年营运收入达 2 940 亿元，占全国主要海洋产业总产值的 12.6%，增加值 1 145 亿元，比上年增长 5.0%，完成港口吞吐量 49 亿吨。全年港口新扩建泊位 129 个，新增吞吐能力 2 亿吨。比如，截至 2005 年底，上海港吞吐量达到 4 亿吨，跃居世界第一大港。从 1998 年的 372 157 人，1999 年的 328 375 人，2000 年的 327 231 人，到 2001 年的 340 772 人，海洋交通运输业的劳动力数量一直保持的很稳定。相对于其他行

业来说，海洋交通运输业保持的劳动力数量是属于比较大的一类，并且海洋交通运输业的发展强有力地带动了相关产业劳动力的发展。给劳动者提供了相当大的就业机会，提供广阔的生活和生产空间，有效地缓解了我国人口增长、劳动力过剩带来的就业压力。如果此时发生大规模海洋赤潮灾害，那么人们为了自身的健康就很少会选择海上交通运输和旅行，没有客源，就会使海洋交运方面的收入降低。同时，为了避开海洋赤潮灾害，货运公司不再选择海运，也会影响海洋交运部门的收入。

2. 赤潮灾害降低了海洋盐业劳动者的收入。海洋盐业是指利用海水（含沿海浅层地下卤水）生产海盐以及加工制成盐产品的生产活动。随着纯碱和烧碱制造业的迅猛发展，国内盐业市场需求量逐年增加，海盐产量稳步增长，我国海盐产量已连续多年居世界第一。2005 年海洋盐业总产值 124 亿元，增加值 52 亿元，比上年增长 22.7%。山东省海洋盐业产值占全国海洋盐业产值的 66.9%，居全国首位。随着海洋纯碱和烧碱制造业的迅猛发展，加入海洋盐业的劳动力也随之迅猛增长。虽然目前海水制盐并不是新兴的行业，但是它本身对劳动的支持不可忽视。此时，如果赤潮灾害发生，因为海水受到污染，不能有洁净的海水来晒盐，将会影响各种盐类的产量，那么势必会造成盐类价格上升，进一步影响到海洋盐业的劳动收入，影响消费者收入的预算，所以，有效地控制赤潮灾害能有效地维持盐业的健康发展和对劳动力的有效支持，能为提高海洋盐业劳动者收入创造条件。

3. 赤潮灾害降低了海洋生物医药业劳动者的收入。海洋生物医药业是指从海洋生物中提取有效成分利用生物技术生产生物化学药品、保健品和基因工程药物的生产活动。随着海洋生物制药技术的日益提高，海洋生物医药产业化进程逐渐加快。2005 年海洋生物医药业总产值 48 亿元，增加值 17 亿元，比上年增长 15.6%。特别是江苏省海洋生物医药业产值占全国海洋生物医药业产值的 37.4%，居全国首位。随着这部分海洋产业的发展，一定会创造新的劳动力空间，形成新的劳动力市场，吸纳更多的劳动力。

海洋赤潮灾害的发生会产生有毒生物，会影响到海洋生物的生长，所以，从海洋生物中提取有效成分必然会受到影响，而且所提取的有效成分也需要进行进一步鉴定，以防出现生物毒素，于是需要花费更多的时间和成本，从而使医药业的成本升高，海洋生物医药业的收入也会受到影响。

4. 赤潮灾害降低了海洋化工业劳动者的收入。海洋化工业是指以海盐、溴素、钾、镁及海洋藻类等直接从海水中提取的物质作为原料进行的一次加工产品的生产活动，2005 年海洋化工产业总产值 293 亿元，占全国主要海洋产业总产值的 1.7%。这一行业虽然总产值比上年有所降低，但是它始终是吸纳劳动力的老行业，

而且海洋化工业的劳动力市场是比较稳定的。但是如果发生大规模的灾害性赤潮，那么海盐、溴素、钾、镁及海洋藻类等原料的来源就被污染了，原料变得更加难以得到，所以成本升高，整个海洋化工业收入会下降。同时，因为消费者知道海洋化工业的产品来源于海洋，所以在赤潮灾害期间可能会减少该类产品的消费量，导致需求下降，收入减少。

5. 赤潮灾害提高了海洋污染处理方的劳动收入。因为海洋赤潮灾害的发生就需要有相关的人和机构来处理这些事情，所以这里就会有赤潮灾害污染处理方的收益。总体上来说，这一方面的劳动者需求量会呈现上升趋势，劳动者的工资会呈现上升趋势，这一行业的收入上升。

6. 赤潮灾害对海水综合利用业劳动者收入的影响利弊不定。海水综合利用业是指利用海水生产淡水及将海水应用于工业生产和城市大生活用水的生产活动。海水综合利用业具有良好的发展前景，2005 年海水综合利用业总产值 204 亿元，比上年增加约 28 亿元，增加值 113 亿元。广东省海水综合利用业产值占全国海水综合利用业产值的 61.2%，居全国首位。如果能将海水的综合利用有效地加以利用，使之能超越赤潮灾害的危害，那就能很好地带动社会劳动的发展，提高国民收入。但是如果发生赤潮灾害，那么海水的综合利用是很难的。因为海水已经被污染了，用海水生产出来的淡水怎么能让消费者放心的饮用？所以生产困难的同时需求下降，综合利用业的收入会受很大的损失。但因为这个行业是新兴行业，所以受影响的数据不是很好估计。

7. 赤潮灾害降低了海洋油气业劳动者的收入。海洋油气业是指在海岸线向海一侧任何区域内进行的原油、天然气开采活动。我国约有 500 多个沉积盆地，其中面积大于 200 平方千米、沉积岩厚度大于 1 000 米的中、新生代盆地有 424 个，总面积约 527×10^4 平方千米。我国油气资源丰富，石油总资源量为 940×10^8 吨（陆上 694×10^8 吨，海域 246×10^8 吨），天然气总资源量为 38×10^{12} 立方米（陆上 30 $\times 10^{12}$ 立方米，海域 8×10^{12} 立方米）。在 2005 年，海洋原油产量突破 3 000 万吨，比上年增长 11.5%；海洋天然气产量达 627 721 万立方米，比上年增长 2.3%。海洋油气业总产值 739 亿元，增加值 467 亿元，比上年增长 17.9%。2005 年 1～6 月，中国石油开采业共实现利润 1 327.4 亿元，同比增长高达 73.7%，占全部工业利润总额的 21.2%，新增利润 563.2 亿元，占全部工业新增利润的 56.1%。其中 1～6 月共生产原油 8 979.7 万吨，比 2004 年同期增长 4.8%，增幅同比加快 2.9 个百分点，达到 2000 年以来的最高水平。天然气生产为 238.5 亿立方米，增长 19.7%，同比增速加快 4.8 个百分点。近两年我国的石油和天然气开采业发展迅

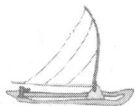

速。2004 年 1~11 月份，规模以上工业企业（全部国有企业和年产品销售收入 500 万元以上的非国有企业）实现利润 10 188 亿元，比上年同期增长 38.8%。在 39 个工业大类中，石油和天然气开采业实现利润最多，达到 1 663 亿元，比上年同期增长 43.7%。

从总体上来说，海洋油气业是一个规模很大的老行业，这个行业创造劳动收入的规模已经很大了，并且它形成的劳动力市场已经具有很大的规模，吸引和保持劳动力的潜力是很大的。如果出现海洋赤潮灾害，那么原油的开采过程会变的危险和困难，于是开采量就会受到影响，而且出海作业的员工也需要特殊环境补贴，于是油气业总体产量减少，而支出变大，所以收入就会受影响。

8. 赤潮灾害降低了其他海洋产业方面的收入。

（1）海洋电力业劳动者的收入降低。海洋电力业是指沿海地区利用海洋能（潮汐能、波浪能、温差能、潮流能、盐差能、热能等），以及海滨电力（火力、核力等）进行的电力生产活动。由于海洋电力的无污染性和可再生性，使得它的潜力和前途远远比煤炭电力业光明，因此海洋电力业可吸纳的劳动力数量直逼煤炭电力业的能力。但是海洋电力一旦遭遇赤潮灾害，可能会发生设备污染事件，所以员工就会回避靠近设备，所以电力业不得不加大工资投入使得原来的工作得以进行。

（2）海洋工程建筑业劳动者的收入降低。海洋工程建筑业是指从事海港、海滨电站、海岸、堤坝等海洋、海岸工程建筑的生产活动。2005 年海洋工程建筑业总产值 367 亿元。如果海洋赤潮发生，那么这些工程就要被迫停工，那么该行业的劳动者的收入就会受到影响。海洋建筑行业的劳动力市场是一个成长性的市场，这个市场的劳动力需要基本的培养才能够达到需求，所以它还在发展中。

（3）海滨砂矿业劳动者的收入降低。海滨砂矿业是指在砂质海岸或近岸海底开采金属砂矿和非金属砂矿的活动。国家近年来对海砂的开采实行严格管理和控制，海滨砂矿业总产值占全国主要海洋产业总产值的比重逐渐降低。2005 年我国海滨砂矿业总产值 22 亿元，增加值 8 亿元，比上年减少 6.1%。浙江省海滨砂矿业产值占全国海滨砂矿业产值的 67.0%，居全国首位。海滨砂矿业劳动力市场因为各种原因在不断的缩减，但是它仍然是吸纳劳动力的主要市场。因为海滨砂矿业一般是在砂质海岸或近岸海底开采金属砂矿和非金属砂矿，如果有赤潮灾害的影响，那开采的环境就会被污染，开采难度加大，甚至不能下海采矿，所以产出受损，收入下降。

总之，赤潮灾害的影响有利有弊，从上面的分析可以看出，海洋赤潮灾害使海

洋污染处理等行业的经济收入增加，而使得海洋渔业等行业受损，但是总而言之，弊大于利。

第三节　赤潮灾害影响劳动收入的经济学分析

一、海洋产业劳动收入现状

海洋产业是目前我国国民经济中最为活跃的发展因素之一。随着海洋经济的深入发展，各沿海地区纷纷出台鼓励政策，为各地区劳动力向大海要产量要收入，开拓了道路，打开了空间。

提到海洋产业，人们往往很容易联想到海洋渔业、海上油气勘探开采、海水晒盐，等等。的确，这是最常见的几种海洋创造收入形式。由于开发较早，这些代表"蓝色经济"的传统项目已成为我国沿海劳动力收入的主要来源。但是现在，随着海洋产业的内容不断扩展，我国进入海洋统计的主要海洋产业有 12 项：海洋水产、海洋石油和天然气、海滨砂矿、海洋盐业、海洋化工、海洋生物制药和保健品、海洋电力和海水淡化、沿海造船、海洋工程建筑、海洋交通运输、滨海旅游、海洋信息服务等，成为不断增殖扩大的海洋产业群。与此相对应的各个产业的收入也在不断的升值扩大，成为各个地区特别是海岸带区域劳动力和资本收入的重要来源之一。

从全国范围来看，海洋经济发展迅猛，生机勃勃，带动了海洋劳动收入的大幅度增长。国家海洋经济统计公报显示，全国主要海洋产业总产值，从 1980 年的 60 亿元增至去年的 16 987 亿元；2005 年海洋产业增加值达 7 202 亿元，占同期国内生产总值（GDP）的 4%。这 7 000 多亿元都以要素收入的形式被合理地分配到劳动力和资本所有者手中，大大地带动了中国劳动者的收入增长。从现在整体的增长趋势来看，预计涉海就业人数将达到 3 000 多万人，为沿海地区近 15% 左右的劳动力提供就业机会。

随着我国海洋产业领域不断扩展，海洋经济也从传统的一次开发资源走向区域性的综合开发，成为了区域经济增长的新途径，是创造劳动收入增长的新起点。在近几年的海洋经济总量中，80% 以上的产出是由"长三角"、"珠三角"、"环渤海"经济区这三大沿海经济区创造的。环渤海经济区主要海洋产业总产值为 5 510

亿元，占全国主要海洋产业总产值的比重为 32.4%。海洋渔业、滨海旅游业和海洋交通运输业三大海洋支柱产业之和占本地区主要海洋产业总产值的 69.8%。长江三角洲经济区主要海洋产业总产值为 5 860 亿元，占全国主要海洋产业总产值的比重为 34.5%。珠江三角洲经济区主要海洋产业总产值为 3 000 亿元，占全国主要海洋产业总产值的比重为 17.7%。滨海旅游业、海洋渔业、海洋电力业、海洋油气业和海洋交通运输业五大海洋产业之和占本地区主要海洋产业总产值的 93.9%。从世界的角度来看，我国海洋水产品和原盐产量连续多年居世界第一，造船总吨位居世界第三，商船拥有量居世界第五，海运承担了 70% 以上的外贸货物运输，滨海旅游业收入也居世界前列。我国 60% 的水产品、10% 以上的石油天然气、70% 的原盐来自海洋。实施海洋开发，已成为东部沿海地区加快发展并率先实现现代化的现实选择。同时，这些海洋产业也是创造劳动收入的主要支柱。海洋产业的蓬勃发展必定会带来海洋经济的快速增长，随之而来的就是相关劳动力收入的增加。海洋经济在我国将继续保持较高的增长速度，沿海地区如能把海洋经济建设作为重要内容，加快海洋产业结构调整，发展壮大海洋产业体系，构筑各具特色的海洋经济区。科学实施海洋开发，扩大就业，加速劳动就业收入，则东部地区人民的收入水平会大幅度提高，可以率先进入全面小康社会。

二、赤潮灾害影响劳动收入的过程分析

由以上分析，我们可以看出，目前我国海洋产业非常繁荣，是我国 GDP 的主要来源之一，海洋产业的发展前景也很好，是支持我国经济的主要支柱产业群。同时我们也可以看出，海洋产业吸引和保持劳动力的力量很大，是未来我国沿海劳动者收入的主要来源。但是，此时海洋却受着赤潮灾害的严重影响，海洋劳动者的相关收入也受到赤潮灾害的严重约束。赤潮灾害是海洋自身无法克服和消化的，每每发生，都对海洋产业并进一步对海洋产业劳动者的收入，产生着巨大的消极影响。同时，我们现在无法控制直接影响海洋赤潮灾害的影响程度，无法控制赤潮灾害对海洋社会从业劳动者收入的影响程度。

赤潮灾害对劳动收入的影响是一种间接的影响，通过影响海产品的供给从而影响各方面价格和收入。现在我们将各种与渔业有关的收入行业统称为渔业，与加工海产品相关的人称为渔民，对海洋赤潮灾害产生影响的过程做一下分析。

1. 赤潮灾害影响海产品市场的均衡。

我们假设：

（1）不考虑进口产品对国内市场的影响；

（2）在一定的时间段内消费者的需求偏好是不会发生巨大变化的。事实上，该假设是合理的，因为就算海产品的价格上升，我们还是照样消费海产品，只是消费量上可能会有所减少；

（3）分析的是整个海产品市场，即消费者没有相似的替代品来替代海产品。

图6-13中，水产品市场本来在P点实现均衡，但是因为发生赤潮灾害，影响到海产品的产量，所以图中海产品的供给曲线S上移到S′，国内海产品市场均衡被打破，产品价格上升到P_0，因为我们假定消费者的需求偏好不会发生巨大的变化，同时，消费者没有相似的替代品，所以消费者不会因为海产品价格的上升而放弃购买海产品。此时的均衡价格取决于需求曲线相对于供给曲线下移的程度。如图6-13中，如果下移到D_1，则均衡价格上升到P_1。如果下移到D_2，则均衡价格下降到P_2。但事实的情况多数是均衡价格上升，因为赤潮灾害对海产品的影响是突发性的，往往剧烈的导致海产品的产量和质量下降。即供给曲线的移动往往很大很突然，而需求的变化远远小于供给的变化。

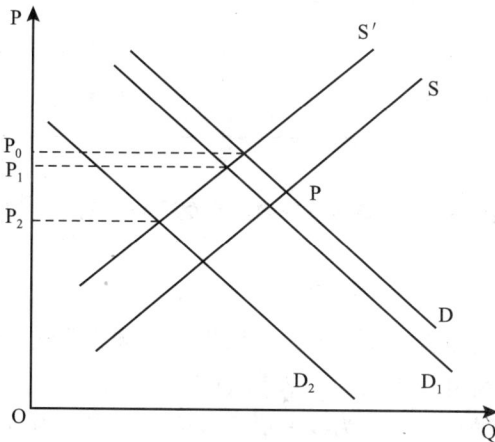

图6-13 赤潮灾害影响劳动收入的过程分析（1）

2. 海产品市场的变动对各方面收入的影响。这里，消费者所受的影响即价格的上升，消费支出的变化。我们在这里讨论的收入主要是指海产品经营者的收入。

我们首先考虑只有一个海域发生赤潮灾害，假设：

（1）只有一个海域发生突发性赤潮灾害，这样该海域渔产品的产量急剧下降；

（2）整个市场的消费者需求因为没有完全感受到赤潮灾害的影响而没有发生变化；

（3）产品市场是完全流通的，不是封闭的，即不考虑价格歧视的情况。

如图6-14，产品供给曲线左移到S′，均衡价格上升到P_1，因为市场不是封闭的，并且只有一个海域发生灾害，所以，经营者可以从别的海域引进海产品，此时海产品的价格必然上升，因为对发生赤潮灾害的海域海产品经营者来说加上了运费，对没发生赤潮灾害的海域的海产品经营者来说需求增加了。经过流通，最终产品的价格稳定在P_0，P_1之间的价格水平上，供给稳定在S″上。

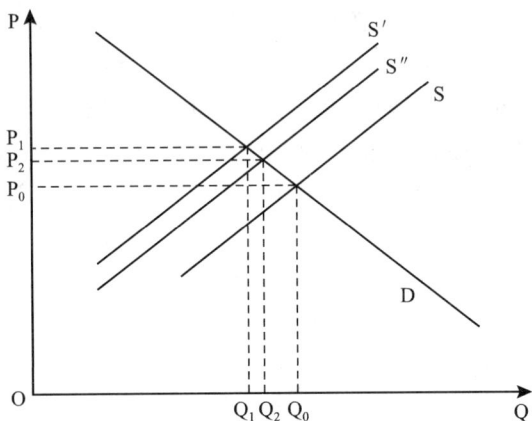

图6-14　赤潮灾害影响劳动收入的过程分析（2）

此时，对没有发生赤潮灾害的海域的海产品经营者来说是一种纯收入的增长。因为价格上升并且产量增长，销量增长。对发生赤潮灾害的海域的海产品经营者来说，价格上升，但是销量有所减少，从Q_0减少到Q_1，并且加上了运费。但是这里经营者的收入还是会增加的。因为我们假设经营者是追求利润最大化的，如果没有利润就不要指望经营者会做慈善事业。所以在高价格、低销量、高成本的基础上，海产品经营者仍然会有净利润。最后，这两部分的收入利益都来自于消费者剩余的减少。对于消费海产品的消费者来说，因为额外地支付了海产品的价格，导致了收入的净减少、预算线的左移。

3. 现在我们假设所有的海域均在不同程度上受到赤潮灾害的影响。根据对赤潮灾害影响海产品市场的均衡的分析，我们可以得到，此时整个市场的产品供给大幅度下降，如图6-15，从S移动到S′，而需求从D移动到D′，总体的均衡价格是

上升的。

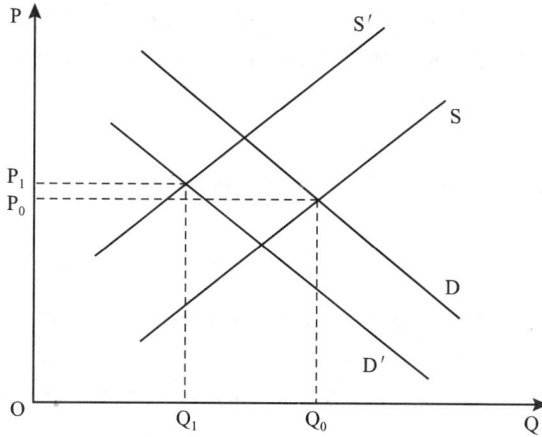

图 6 - 15　赤潮灾害影响劳动收入的过程分析（3）

三、赤潮灾害影响劳动收入的效用分析

如图 6 - 16，由上面的分析可以知道，当海洋发生赤潮灾害的时候，虽然海产品的需求会有所下降，但是相对于供给来说，还是供给发生的变化大，所以总体的效应使均衡价格会或多或少的有所上升。当总体的价格上浮的时候，我们可以从图

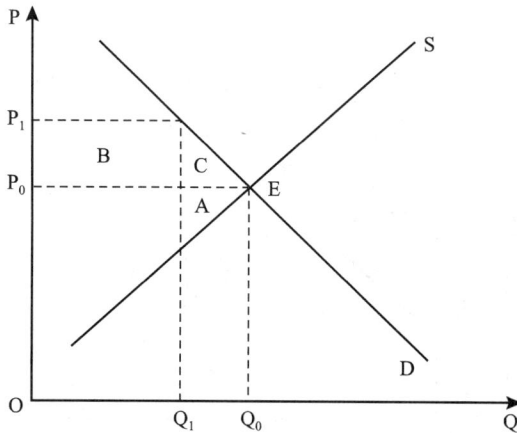

图 6 - 16　赤潮灾害影响劳动收入的效用分析

中看到，消费者剩余减少 B – C，其中 B 是那些因为价格上涨而导致那些还能买的起海产品的消费者多付出的价格，C 表示那些因为价格上涨而买不起海产品的消费者的损失。生产者剩余增加 B – A，其中 B 是因为价格上升而使那些仍然能卖出海产品的经营者的收入增加，A 表示那些没卖出的海产品的经营者的损失。所以，总体的社会剩余减少 – C – A，为负的社会效应。

四、赤潮灾害影响劳动收入的程度分析

下面以渔民收入为例分析赤潮灾害在众多影响因素中的重要程度。

如图 6 – 17，海产品市场原来在 E 点达到均衡，均衡产量和价格分别是 Q_0，P_0。现在假设所有的海域发生大规模赤潮，造成所有的海洋渔民产量锐减，设渔民现在的产量是 Q_1，则此时消费者在价格 P_1 处消费。于是，渔民的损失取决于赤潮发生前的总收入与赤潮发生后的总收入的比较，即取决于 $P_0Q_0 – P_1Q_1$ 的值。如果此值大于零，那么，赤潮发生前的总收入大于赤潮发生后的总收入，渔民受损，并且此值越大，渔民损失的程度也就越严重。也就是说，价格的上升并没有完全弥补产量下降造成的不良后果，渔民总体的收入是减少的。如果此值等于零，那么，赤潮发生前的总收入等于赤潮发生后的总收入，渔民不受经济损失，即价格的上升弥补了产量下降带来的不良后果，此时从渔民的角度来说，虽然产量减少了，但是并没有收入的波动。但是此时国家的总体 GDP 是受不好影响的。如果此值小于零，即表示赤潮发生后的总收入大于赤潮发生前的总收入，渔民竟然从赤潮的发生过程

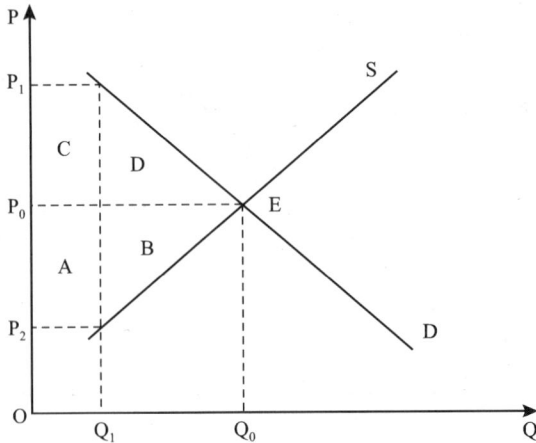

图 6 – 17 赤潮灾害与渔民收入

中受益。也就是说，赤潮发生后，海产品的价格飞涨，价格的升高带来的收益完全弥补了产量下降带来的损失之后还有剩余。这从渔民的角度来说完全是好事，但从总体的国家 GDP 来说却是不好的。

五、控制赤潮灾害是提高劳动收入的必要措施

赤潮灾害作为海洋灾害的最常见的种类，它通过各种途径严重的危害海洋环境、危害海洋相关产业、危害海洋劳动者收入、危害人们身体健康。我们要从以下几个方面加紧努力来控制赤潮，从而保障海洋劳动者收入不受赤潮灾害的突发性影响，进而在稳定中提高海洋社会劳动者的收入水平。

（一）国家政策明确以保证海洋劳动者有法可依

我国发布的国海发（2001）18 号文件《关于加强海洋赤潮灾害预防控制治理工作的意见》指出，近些年来，海洋赤潮灾害频繁发生，已严重威胁我国海洋生态环境和海洋资源的可持续利用，同时也已危及人民的身体健康和生存环境。《国民经济和社会发展"十五"计划纲要》中也提出了赤潮灾害防治的任务。我们要全面贯彻落实国务院领导的指示精神，切实加强赤潮灾害预防控制治理工作，有效减轻赤潮灾害造成的损失，促进海洋经济的持续健康发展。这是全国人民的共同使命，我们就是要做到防御加减灾。我们要在赤潮发生之前将防御工作做到实处，一旦赤潮发生了我们就要有一系列的减灾措施来保护我们的海洋社会劳动者收入免受损失。

海洋经济是中国经济发展热点，是建设和谐社会的重要力量之源，海洋社会的从业劳动者是我们建设和谐社会的重要基础力量。但是在中国渔区经济社会发展中，却出现了渔民弱势群体的不和谐现象或问题，制约了渔区社会的和谐、稳定和可持续发展。渔民既有别于农民，又和城镇居民有着显著的差别，是介于农民和城镇居民之间的一个特殊群体。从不同社会群体的特征比较来看，渔民的经济状况、生产生活、自身能力、发展机会和综合社会地位等与农民相似，和城镇居民相比都处于弱势，并且，渔民的收入提高几乎完全依赖海洋。为此，要构建渔区和谐社会，维护和实现社会公平和正义，使广大渔民群众共享改革发展的成果，就必须研究有效地防止海洋赤潮灾害，帮助渔民弱势群体，关注渔民弱势群体，保障渔民弱势群体不受或者少受赤潮灾害的威胁。使海洋从业劳动者的收入稳定中慢慢提升，渔民生活质量得到改善，从而建设我们的和谐社会。

（二）指导海洋劳动者学会预防赤潮灾害以防止收入受损

为保护海洋资源环境，保证海水养殖业的发展，维护与海洋接触的居民的健康，从而保障居民的收入，我们必须加强赤潮灾害的防治工作的进行力度。我们要切实减少和避免赤潮灾害，对预防赤潮灾害采取相应的措施及对策，以保证海洋相关劳动者的收入在稳定中得到提高。为此，我们要从以下几方面努力：

1. 要搞好社会教育和宣传提高防污染意识。赤潮灾害一旦发生，其后果相当严重。因此，我们要注重通过报刊、广播、电视、网络等各种新闻媒介，向全社会广泛开展关于赤潮灾害的科普宣传。通过宣传教育，可以增强海洋劳动者抗灾防灾的意识能力，在赤潮发生时能迅速的采取正确有力的措施来保护自己的经济收入。同时也呼吁社会各方面在全面开发海洋的同时，高度重视海洋环境的保护，要切实提高全民保护海洋的意识，让人民充分认识到只有保护好海洋才能从海洋获得收入，只有保护好海洋，才能不断向海洋索取财富，反之，赤潮发生带来的不可估量的损失只能由海洋劳动者自己承担。

同时，通过宣传来提高全民防污染意识。污染是海水富营养化的主要条件，是形成赤潮灾害的物资基础。携带大量无机物的工业废水及生活污水排放入海是引起海域富营养化的主要原因。我国沿海地区是经济发展的重要基地，人口密集，工农业生产较发达。然而也导致大量的工业废水和生活污水排入海中。据统计，占全国面积不足5%的沿海地区每年向海洋排放的工业废水和生活污水近70亿吨。随着沿海地区经济的进一步发展，污水入海量还会增加，这样势必会导致海水的富营养化，使赤潮的发生更加频繁，程度更加严重。因此，必须采取有效措施，严格控制工业废水和生活污水向海洋超标排放。按照国家制定的海水标准和海洋环境保护法的要求，对排放入海的工业废水和生活污水要进行严格处理。控制工业废水和生活污水向海洋超标排放，减轻海洋负载，提高海洋的自净能力，应采取如下措施：实行排放总量和浓度控制相结合的方法，控制陆源污染物向海洋超标排放，特别要严格控制含大量有机物和富营养盐污水的入海量；在工业集中和人口密集区域以及排放污水量大的工矿企业，建立污水处理装置，严格按污水排放标准向海洋排放；克服污水集中向海洋排放，尤其是经较长时间干旱的纳污河流，在径流突然增大的情况下，采取分期分批排放，减少海水瞬时负荷量。

2. 在赤潮灾害发生前及时地做好预备措施。为使赤潮灾害控制在最小限度，减少损失，必须积极开展赤潮灾害预报服务。我们要把目前各主管海洋环境的单位，沿海广大居民，渔业捕捞船，海上生产部门和社会各方面力量组织起来，开展

专业和群众相结合的海洋监视活动，扩大监视海洋的覆盖面，及时获取赤潮灾害和与赤潮灾害有密切关系的污染信息。特别是赤潮灾害多发区，近岸水域，海水养殖区和江河入海口水域要进行严密监视，及时获取赤潮灾害信息。一旦发现赤潮灾害和赤潮灾害征兆，监视网络机构可及时通知有关部门，有组织有计划地进行跟踪监视监测，提出治理措施，千方百计减少赤潮灾害的危害。

由于目前还没有较完善的预报模式适应于预报服务。因此，应加强赤潮灾害预报模式的研究，了解赤潮灾害的发生、发展和消衰机理。为全面了解赤潮灾害的发生机制，应该对海洋环境和生态进行全面监测，尤其是赤潮灾害的多发区，海洋污染较严重的海域，要增加监测频率和密度。当有赤潮灾害发生时，应对赤潮灾害进行跟踪监视监测，及时获取资料。在获得大量资料的基础上，对赤潮灾害的形成机制进行研究分析，提出预报模式，开展赤潮灾害预报服务。

3. 科学合理地开发利用海洋，使海洋相关劳动者的收入是可持续性的。调查资料表明，近几年赤潮灾害多发生于沿岸排污口，海洋环境条件较差，潮流较弱，水体交换能力较弱的海区，而海洋环境状况的恶化，又是由于沿岸工业、海岸工程、盐业、养殖业和海洋油气开发等行业没有统筹安排，布局不合理造成的。为避免和减少赤潮灾害的发生，应开展海洋功能区规划工作，从全局出发，科学指导相关的劳动者开发和利用海洋。向海洋要收入要合理的有节制的进行，不能贪图一次性的收获而破坏海洋造福人类的机能。对重点海域要作出开发规划，减少盲目性，做到积极保护，科学管理，全面规划，综合开发，不能因为一时的利益而损害了海洋相关劳动者的永久利益。另外，海水养殖业应积极推广科学养殖技术，加强养殖业的科学管理，控制养殖废水的排放，保持养殖水质处于良好状态，使养殖业的渔民能持续的从海洋获得逐步提高的收入。

为了更好地了解和研究赤潮，我们可以先建立小面积试验区。比如，由国家海洋局首次实行的海洋赤潮灾害监控区工作就取得了明显的效果，监控区的组织保障机制、监测预警工作、应急响应体系已经建立并付诸实施，如果能取得成功并大规模的推广开来，就可以有效预防赤潮和防止赤潮的发生，这样就可以在赤潮发生前通知海洋社会从业劳动者做好防御工作，在赤潮灾害发生时可以有效地减少劳动者的经济损失。通过这些措施，我们可以有效地保障海洋社会从业劳动者的收入稳定。赤潮灾害的突发性破坏性影响得以控制，海洋经济的发展道路就会比较稳定，在此基础上，再进一步就可以达到我们提高劳动者收入的目标。

近年来，由于沿海海域的赤潮灾害频繁发生，已严重威胁我国的海洋生态环境和海洋资源的可持续利用，同时也危及人民的身体健康和生存环境，特别是给海水

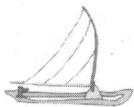

养殖业带来灾难性的影响。为了更好地使海洋环保工作为海洋经济建设服务，国家海洋局 2001 年在沿海辽宁、河北、山东、浙江、福建、广东、海南 7 省设立了 10 个、总面积达 5 500 平方千米赤潮灾害监控区，开展对赤潮灾害的监测预报工作。由于 2001 年赤潮灾害监控区都设在海水养殖区内，所以赤潮灾害预测预报带来的经济效益提升十分明显。据部分省初步估计，由于开展了监控区工作，2001 年赤潮灾害对浙江省养殖业只造成 200 万元经济损失，与 2000 年损失 2 亿元、2001 年损失 3 000 万元相比，损失明显下降。

（三）指导海洋劳动者掌握赤潮灾害的治理技术及时降低灾害对收入的影响程度

随着赤潮灾害现象在世界范围内的日趋频繁，其危害也日益严重。如何治理赤潮灾害，降低其对海洋环境、水产养殖业及人类健康的危害，保障海洋劳动者的收入不受或者少受赤潮灾害的影响，已成为人们普遍关注的一个大问题。我们要切实地将有效的赤潮治理技术普及到海洋劳动者之中，让海洋劳动者可以自己治理赤潮，在赤潮面前变成主宰赤潮的主人从而在赤潮发生时有效地控制自己的收入。

我们特别是海洋劳动者还需要从以下两方面努力来共同抵抗赤潮灾害，保障我们的收入水平在稳定中增长：

1. 注重源头治理。到如今，海洋赤潮灾害发展到如此严重地步，海洋再一次向人们发出警告，再不治理水污染，中国人民将连水都没得喝，这绝不是危言耸听。因此，必须制定切实可行的办法，加强对工农业废水排放的管理力度，提高城市生活污水的处理能力，解决水产养殖的自身污染，减缓水体的富营养化，并力求逆向演替（即从富营养转为中营养和贫营养）。所有这些治理措施的实现，其核心是科学管理和法制管理，只有海洋相关劳动者掌握了科学的合理的管理方法，才能有效地管理自己的经营活动，才能自己掌控自己的经济收入。

2. 研究和使用科学的治理对策。我国自 20 世纪 70 年代起就开展了对赤潮灾害的研究，并认为主要是污染水体富营养化引起的灾害。近期，我们应该重点研究赤潮灾害的有效预警、预测方法，以及有害赤潮灾害的管理、减灾和防治技术。其中对有害赤潮灾害的治理，主要有以下几类方法：

（1）物理方法有拖曳法、隔离法、超声波破碎法、电磁波处理技术等；

（2）化学方法有用除莠剂直接杀灭法、絮凝剂沉淀法、天然矿物絮凝法（天然矿物絮凝法已被实际应用并取得良好效果）；

（3）生物方法有营养物质竞争法、生物捕食法、生物排斥技术等。

例如，如果赤潮灾害仅在局部区域发生，而且在周围容易找到安全的"避难区"，那么对于渔民的小型网箱养殖，可以采用物理方法中的拖曳法，即把养殖网箱从赤潮灾害水体转移至安全水域，来对付赤潮灾害，以保障他们的产量和收入少受影响。隔离法也是这种情况下一种比较可行的应急措施，这种方法主要是通过使用一种不渗透的材料，将养殖网箱与周围的赤潮灾害水隔离起来以降低赤潮灾害的危害，同时应注意给网箱充气，防止鱼类缺氧。通过这两种方法可以在赤潮局部发生时有效地保护自己的养殖产品不受侵害，从而保障自己的收入水平。

对于大面积的赤潮灾害治理，现在国际上公认的一种方法是撒播黏土法。黏土是一种天然矿物，具有来源丰富、成本低、无污染的优点。日本和韩国已经在海上尝试使用了这种方法，大大降低了当年因赤潮灾害所引起的渔业经济损失。为了进一步提高黏土的治理效果，现在又研制出了改性黏土。改性黏土是通过改变黏土颗粒的表面性质而研制的，其治理效果比黏土高几倍甚至几十倍，被认为是一种很有潜力的赤潮灾害治理方法。另外，还有人提出用生物方法治理赤潮灾害，即通过过滤食性贝类、浮游动物、藻类、细菌或病毒等捕食或杀死赤潮灾害藻，但目前这种方法还处于实验室研究阶段，进一步的应用还有待于研究。

此外，我国还开展底栖动物除藻技术、藻水重力振动分离技术、分离和筛选溶藻菌株和噬藻体的灭藻技术、克藻植物——浮叶植物的培育技术等。这些都是我们努力研究和治理海洋灾害的成果，是我们努力保障我们收入不被赤潮灾害影响的有力措施。

人的生存权利应受到法律保护，任何人不得破坏他人的生存权利，凡侵犯他人的生存权利者都应当绳之以法。我们需要一片蓝天、一方净土和一杯净水。我们有责任、有义务保护海洋不受赤潮灾害的困扰，保护海洋劳动者不受海洋灾害的侵害。

参考文献

1. 国家海洋局：《1997～1998 年中国海洋年鉴》，国家海洋局 1999 年版。

2. 国家海洋局：《20 世纪末中国海洋环境质量公报》，国家海洋局 2000 年版。

3. 国家海洋局：《1999 年中国海洋统计年鉴》，海洋出版社 2000 年版。

4. 国家海洋局：《1998～1999 年中国海洋年鉴》，国家海洋局 2000 年版。

5. 国家海洋局：《2000 年中国海洋年鉴》，国家海洋局 2001 年版。

6. 国家海洋局：《2000 年中国海洋环境质量公报》，国家海洋局 2001 年版。

7. 国家海洋局：《2005 年中国海洋经济统计公报》，2006 年 1 月。

8. 国家海洋局：《2001 年中国海洋环境质量公报》，国家海洋局 2002 年版。

9. 国家海洋局：《2002 年中国海洋环境质量公报》，国家海洋局 2003 年版。

10. 国家海洋局：《2001 年中国海洋年鉴》，国家海洋局 2002 年版。

11. 汪斌：《水环境保护与管理文集》，黄河水利出版社 2002 年版，第 187 ~ 190 页。

12. 孙冷、黄朝迎：《赤潮灾害及其影响》，载《灾害学》1996 年第 2 期。

13. 冯士筰、李凤岐等：《海洋科学导论》，高等教育出版社 1999 年版。

14. 周名江、朱明远、张经：《中国赤潮灾害的发生趋势和研究进展》，载《生命科学》2001 年第 3 期。

15. 全先庆、曹善东：《赤潮灾害的危害、成因及防治》，载《山东教育学院学报》2002 年第 2 期。

16. 关道明、战秀文：《我国沿海水域赤潮灾害及其防治对策》，载《海洋环境科学》2003 年第 2 期。

17. 周凡：《赤潮的成因、危害及治理》，载《生物学教学》2004 年第 1 期。

18. 李绪兴：《赤潮灾害及其对渔业的影响》，载《水产科学》2006 年第 1 期。

19. 缪国芳：《赤潮灾害》，www. cnki. net 2007 - 1 - 16。

20. Qi Y, Zhang Z, Hong Y et al. Occurrence of red tides on the coasts of China. T. J. Smayda &Y. Shimizu. Toxic Marine Phytoplankton. Amsterdam： Elsevier, 1993, pp. 43 - 46.

21. Zhu M, Li R, Mu X et al. Harmful algal blooms in China seas. Ocean Research, 1997, 19（2）special：pp. 173 - 184.

22. Qi Y, Hong Y, Zheng L et al. Dinoflagellate cysts from recent marine sediments of the south and east China seas. Asian Ma2 rine Biology, 1996, 13：pp. 87 - 103.

第七章　海洋环境灾害与海洋经济收入

第一节　海洋环境灾害概述

一、海洋环境灾害的概念

海洋灾害是指发生在海域和滨海地区，由于海水激烈运动、海洋自然环境异常变化，且运动和变化超过人们适应能力而发生的人员伤亡及财产损失的事件和现象。

海洋灾害的分类，除了如第一章所述的可以分为海洋自然灾害和海洋人为灾害。还可以根据主要致灾因子，将沿海地区海洋灾害分为海洋水文气象灾害、海洋地质灾害和海洋环境灾害。海洋水文气象灾害主要包括风暴潮、海冰、台风、海浪、海雾等，海洋地质灾害主要包括相对海平面上升、海域地震、海岸侵蚀、沉降引起的海水内侵、海湾淤积等。

海洋环境灾害是指由于人类活动破坏了海洋生态环境，导致海洋的自然环境发生变化，从而引发的海洋灾害。如由于海洋资源利用和海洋污染所导致的赤潮灾害、海岸活动对海洋生态环境的破坏、船舶对海洋环境污染尤其海上溢油事件，以及由于沿海地区地下水超采等所造成的海水入侵等都属于海洋环境灾害。同时，我们认为，随着人类对海洋资源过度开发的愈演愈烈，所导致的愈益严重的海洋资源衰竭，也应列入海洋环境灾害的范畴之中。

二、海洋环境灾害的成因

引发海洋环境灾害的原因很多，下面我们就从海洋环境的污染、海洋资源的不

合理利用、沿岸海域的非科学开发等方面分析海洋环境灾害的成因。

（一）海洋环境的污染

海洋环境污染形成的原因主要包括陆源污染物的排放对海洋环境的污染，海水养殖造成的污染以及传播对海洋环境的污染。这些活动直接或间接地把物质或能量引入海洋环境，造成了损害海洋生物资源、危害人类健康等有害的影响。

1. 陆源污染。随着工业的发展，人口的增加，陆源污染物大量排海，超标排污现象普遍，是造成近海环境污染引起海洋社会灾害的主要原因。据统计，近5年来，中国陆源污染物排海量持续增加，已导致我国领海50%的海域受到污染。2005年，中国陆源排放污水总量超过317亿吨，比2000年增加96亿吨，八成以上的入海排污口超标排放污染物。污水、废物进入海洋后，给海洋环境造成极大的危害，引发了赤潮等人为海洋灾害。

2005年，国家海洋局对507个入海排污口进行监测，结果显示超标排污口426个，占总监测排污口的84%；排污口邻近海域严重污染区占82%，中度和轻度污染面积占13%，共占排污口邻近海域的95%。53个重点排污口评价结果，其中对海洋环境造成危害最大或较大的有30个，占排污口的56%，其中一半以上集中在渤海、珠江口和杭州湾，这是造成这几个局部海域污染加重的直接原因。广西、河北、山东、浙江和天津五省（自治区、直辖市）超标排放的入海排污口数量占各自入海排污口数量的比例均超过90%。表7-1为2005年我国各省（自治区、直辖市）超标排放入海排污口的统计情况。

表7-1　　　　　2005年各省（自治区、直辖市）超标排放入海排污口统计

省（区、市）	监测的排污口数量	超标的排污口数量	超标排污口所占比例（%）
辽宁	83	54	65.1
河北	32	31	96.9
天津	15	14	93.3
山东	78	75	96.2
江苏	52	45	86.5
上海	18	16	88.9
浙江	36	34	94.4
福建	35	30	85.7
广东	76	65	85.5
广西	36	35	97.2
海南	46	27	58.7
合计	507	426	84.0

资料来源：2005年中国海洋环境质量公报，http：//www.soa.gov.cn/hygb/2005hyhj/3.htm，2007-1-25。

2005 年，陆源排海污水总量（含部分入海排污河径流，下同）约 317 亿吨。主要入海污染物约 1 463 万吨，其中，COD 954 万吨，占 65%；悬浮物 427 万吨，占 29%；氨氮 50 万吨，磷酸盐 3 万吨，BOD 58 万吨，油类 12 万吨，重金属 2 万吨，氰化物 800 吨，硫化物和氯化物等其他污染物 7 万吨。该年由 28 条主要入海河流排入海洋的污染物总量 1 035.6 万吨，其中，长江 532 万吨，珠江 201 万吨，黄河 69 万吨，共计 802 万吨，占监测入海主要河流污染物入海总量的 78%。由岸边排污口排海（含部分入海河流）污水总量 300 多亿吨；主要污染物 1 463 万吨，其中 COD 954 万吨，占污染物总量的 65%。

生活和工业废水大量排入海中，会使沿海水域富营养化，废热水中的热能会提高局部海水，使某些浮游生物急剧繁殖和高度密集，从而产生"赤潮"。发生的赤潮的海水呈黏性，并有腥臭味，会使海洋生物大量死亡。仅 2005 年我国海域就发现赤潮 82 次，其中渤海 9 次，黄海 13 次，东海 51 次，南海 9 次，累计面积约 27 070 平方千米。含有毒藻种的赤潮共 38 次，面积近 15 000 平方千米，使我国渔业遭受严重损失①。

2. 海水养殖污染。海水养殖过程中由于大量外源性饵料的投饲，残饵进入水体，导致有机负荷增加，水质发生变化，生物多样性减少。此外，为防治病害，大量使用化学药品，以及无计划的海水养殖都会造成海洋环境的污染，引发各种赤潮等海洋环境灾害。

（1）海水养殖自身造成的污染。海水养殖过程中的污染物主要就是残饵、粪便和排泄物中所含的营养物质即 N、P，还有悬浮颗粒物及有机物。许多研究表明，水产养殖外排水对邻近水域营养物的负载在逐年增大，排出的氮、磷营养物质成为水体富营养化的污染源。

Funge2Smith 等曾对精养虾池中的物质平衡做过研究，发现在养殖过程中只有 10% 的氮和 7% 的磷被利用，其他都以各种形式进入环境；Tovar 等也曾对海水精养营养负载做过计算，得到当养殖 1 吨的鱼时，外排的 TSS 为 9 104.57 千克，POM 为 235.40 千克，BOD 为 34.61 千克，三氮为 14.25 千克，磷为 2.57 千克，这些研究表明水产养殖对自身水体及邻近水体的污染相当大。有人曾做过统计，意外发现我国沿海赤潮发生的规律与虾养殖产量有较好的正相关关系，而与全国废水排放量却没有相关关系②。

（2）化学药品造成的污染。水产养殖中经常使用多种化学药物，用于治病、

---

①　2005 年中国海洋环境质量公报，http：//www.soa.gov.cn/hygb/2005hyhj/3.htm，2007 - 1 - 25。

②　舒廷飞、罗琳等：《海水养殖对近岸生态环境的影响》，载《海洋环境科学》2002 年第 5 期。

清除敌害生物、消毒、抑制污损生物和养殖排放水的处理。据初步估算，我国每年水产养殖用各类水体消毒剂近万吨，其中被广泛使用的优氯净、强氯精等有机氯消毒剂，其有毒中间产物"氰尿酸"在鱼体中的残留期长达一年。

水产养殖过程中使用的药物会有相当一部分直接散失到环境中，造成环境短期或长期的退化。例如，珠江三角洲沿岸曾经大量使用 $CuSO_4$ 来治理虾病，造成现在该地区水环境中存在着相当严重的 Cu 污染。

（3）无计划养殖造成的污染。由于缺乏规划，对生态环境造成了严重的破坏。养殖规模的盲目扩大，必然要围垦建池，或毁掉红树林，或在海上设置吊蛎台筏，或建造网箱，而海上过多的养殖台筏和网箱不仅影响海上儒艮等海洋生物的繁衍成长和交通运输，而且妨碍海水流动，加速沉积，造成海域面积减小，纳潮量下降，海洋自净率大大减弱。实际上，迅速发展的海洋养殖业已成为我国红树林、湿地、珊瑚三大最富生物多样性的海洋生态系统最可怕的杀手。

3. 船舶污染。船舶对海洋的污染主要指因船舶操作、各种海上事故及船舶在海上各种倾倒，使各类有害物质进入海洋，产生损害海洋生物资源、危害人体健康、妨碍渔业及其他海上经济活动、损害海水水质、破坏优美环境等有害影响和对海洋生态系统的破坏。这种污染严重地破坏了我国海洋生态环境的平衡，引发了海洋生物物种的减少以及赤潮等各种海洋灾害的发生。

船舶对海洋的污染主要有以下几类：

（1）油类的污染。油指石油及石油产品。由船舶引起的油污染主要有两类：

一是航运操作性排油。航运操作性排油指机舱舱底污水、油船压舱水和洗舱水中油等。船舶所用的燃油、润滑油等不可避免地会漏入舱底。一条船舶每年排放的机舱舱底水量约为其总吨位的 10%。全世界每年随船舶舱底污水排入海洋中的石油有近几十万吨。压载水和洗舱水肆意排放造成的油污染更为突出。如一条 10 万吨级的油轮，压载水不经处理而排放，每个航次就有 100～150 吨的油排入海中，若全部油舱清洗一次，所用的洗舱水不经任何处理排出舷外，将有 200 吨石油一起排入海洋。目前世界上每年约有数百万吨油随船舶压载水、洗舱水等排入海洋。

二是海上溢油事件。海上溢油是指由于各种事故造成的石油泄漏事件，如船舶搁浅、碰撞、爆炸及火灾等。石油在海洋表面上形成面积广大的油膜，阻止空气中的氧气向海水中溶解，同时石油的分解也消耗水中的溶解氧，造成海水缺氧，而且重金属和有毒有机化合物等有毒物质在海域中累积，并通过海洋生物的富集作用，对海洋动物和以此为食的其他生物造成毒害。

我国是世界十大海运国之一，专家认为，我国海域可能是未来船舶溢油事件的

多发区和重灾区。据 2004 年我国海洋统计公报，2004 年统计的海上溢油事件 5 起，其中 12 月 7 日，巴拿马籍集装箱船和德国籍集装箱船在珠江口发生碰撞，其中德国籍船燃油舱破损，约 1 200 吨燃油泄漏，8 日上午在海上形成了长 9 海里、宽 200 米的油带，造成我国近年来较大的一次海洋污染事件。到 2005 年，我国近海溢油事件则达到 16 次（主要事件见表 7 - 2）。

表 7 - 2　　　　　　　　　　2005 年我国近海溢油主要事件

时　　间	事　　件
1 月 26 日	湖北省"明辉 8 号"船在广东省汕头南澳岛以东 13 海里处发生碰撞，船体破损沉没，燃油溢出
2 月 25 日	"宁大 1 号"船在浙江省舟山五奎山锚地与锚泊的"运鸿 7 号"船碰撞，货舱破损，溢油约 0.5 吨
3 月 28 日	上海市"沪油 1"油轮与浙江省"新安达 18 号"货船在浙江省温州附近海域（28°09′N、121°38′E）发生碰撞，油轮油舱破损，溢油 5 吨
4 月 3 日	西班牙籍"阿提哥"轮在辽宁省大连附近海域（38°58.49′N、121°59.09′E）触礁搁浅，所载原油溢出
4 月 17 日	"公边 37303"船在山东省荣成市马山港海域沉没，溢油约 1 吨，影响面积 20 公顷
4 月 20 日	"金太隆 2"船在福建省晋江围头湾东南方 7.8 海里处（24°25′N、118°40′E）发生碰撞，约 380 吨油品溢出
7 月 2 日	浙江省"千岛油 1"轮与马来西亚籍"川崎凌云"轮在辽宁省大连附近海域（38°54.2′N、121°56.9′E）发生碰撞，所载燃油溢出
9 月 23 日	"华杰 6 号"轮船在浙江省舟山马峙锚地海域，从透气管中溢出 125 公斤燃油

（2）压载水携带的外来生物污染。由船舶排放压载水引发的外来生物入侵问题，已成为一个世界性难题。为了航行安全，远洋船舶离岸时必须携带压载水，船舶到岸时压载水被排入到岸国的海域中，这样压载水就成为海洋间有害生物传播的最主要途径。一艘载重 10 万吨的货船携带的压载水量达到 5 万 ~6 万吨，每年全球船舶携带的压载水大约有 100 亿吨，每天全球在压载水中携带的生物有 3 000 ~4 000 种。到目前为止，全球已确认有 500 种左右的生物物种是由船舶压载水传播的。《中国海洋灾害质量公报》表明：2003 ~2005 年我国近海共发生赤潮 297 次。赤潮频发一个很重要的原因，就是受外来生存能力强的赤潮生物的危害。由船舶压载水带来的外来赤潮生物主要有：洞刺角刺藻、新月园柱藻、方格直链藻等 16 种藻类。还有许多生物吸附在船体上，随船传播到其他地方，给当地带来海洋生态环境问题。

（3）非油污染。这类污染物主要是船舶的生活污水、船舶垃圾、非石油有毒液体和包装运输有害物质等。船舶的生活污水是指各种废弃排出物，船舶生活污水

中含有丰富的耗氧有机物，当海水中溶解氧充分时，这些有机物被氧化生成 CO、N 等，使水体缺氧；当海水缺氧时，这些有机物发生厌氧反应，生成有机酸和还原性的气体如 H、CH_4、H_2s、NH 等，引起水体发臭，使水质恶化，造成鱼类及许多海洋生物死亡。生活污水中还含有较丰富的 N、P 等营养元素也会使水体富营养化，造成赤潮。

船舶垃圾是指船舶正常营运期间各种食品、日常用品和工业用品的废弃物。运输大宗货物时，主要废弃物是包装材料，一般 100～150 吨货物中平均有 1 吨的垃圾，运输散装货物时，每 100 吨有 20 千克的垃圾。这些垃圾中也含有耗氧有机物和 N、P 营养元素，也能诱发赤潮。有毒货物在运输过程中可能会发生包装破损、泄漏、溢流、散落在船上，清除这些物质的洗涤水及和这些毒物混合在一起的垃圾等，都是污染物。

此外，船舶的防污漆也往往含有一些有毒物质（如三丁基锡），在缓慢的释放过程中对海洋中的其他生物造成危害。船舶所产生的硫氧化物、氮氧化物、烃类污染物及烟尘污染等，对沿海港口城市带来环境污染，引发各种社会海洋灾害。

（二）海洋资源的不合理利用

海洋资源是指存在于海洋及海底地壳中，人类必须付出代价才能够得到的物质与能量。

按照海洋资源的形成方式来分，可以把海洋资源分为可再生资源和非再生资源。可再生海洋资源又分为两类。第一类海洋资源的流动或转化基本上与人类目前的利用水平无关，它们主要包括：海洋再生能源、海水化学资源；第二类海洋资源指那些虽然具有自然再生能力，但能否可持续利用在很大程度上取决于人类的利用程度是否超过其自然再生力的阈值。人类可以通过采取一定措施，将利用率控制在其再生力以内，或通过投资采取一定的技术措施，提高其资源的再生力，使之与利用率相平衡，从而达到对其可持续利用的目的。这类资源主要包括海洋生物资源、海洋旅游资源、海洋空间资源[①]。

下面我们以海洋生物资源和海洋旅游资源为例来分析我国海洋资源的不合理利用。

1. 海洋生物资源的非集约化利用。我国由于地处中、低纬度，水温较高，又有许多大小江河注入，各江河口附近河流从大陆带来了大量的有机质和氮、磷、硅

---

① 《海洋资源可持续利用初探》，http：//www. gongxue. cn/guofangshichuang/Print. asp？ ArticleID = 7228，2005－12－8。

等营养盐类，浮游生物密集生长，大陆架宽而浅，太阳光可直射海底，同时还有寒暖流交汇，有利于海洋生物的生长。高含量的浮游生物为鱼、虾、贝类的繁殖提供了饵料基地。2004 年，我国水产品产量继续雄居世界首位，达 4 855 万吨（其中海洋捕捞产量 1 287 万吨，海水养殖产量 1 050 万吨）。

但是我国在海洋生物资源的集约利用方面存在着诸多的问题，造成了我国海洋生物物种的减少，破坏了海洋环境的生态平衡，引发了赤潮等海洋灾害。

（1）海洋捕捞业。一是海洋捕捞强度过大。海洋捕捞力量长期以来的快速增长，捕捞能力早已超过了渔业资源的再生能力，造成捕捞强度过大，酷鱼滥捕现象屡禁不止，近海渔业资源受到了严重破坏，海洋捕捞生产受到严重影响。尽管捕捞强度加大，但是单位渔船渔获量减少，单位产量比过去大幅度降低，过大的捕捞强度破坏了渔业资源的再生能力，许多传统经济鱼类已形不成鱼汛，尚存的品种也呈小型化，幼杂鱼过多，优质鱼减少，渔民出海作业天数减少，渔船停港现象严重。据统计，到 2002 年底，全国海洋捕捞渔船为 222 390 艘、12 696 631 千瓦，与"九五"期间的"双控"指标相比，船数按可比口径增加 0.5%，功率增加 35.6%[①]。

二是捕捞结构不合理。十二类渔具中，以拖网和张网发展最多。拖网，特别是底拖网，其渔获选择性能最差，兼捕幼鱼情况严重。作业过程中还严重破坏海底地貌环境，造成渔场老化或衰退。底拖网渔船发展过多，特别是小功率拖网渔船发展过多，对沿岸浅海海区的海洋环境和渔业资源造成严重破坏。张网是以捕游泳能力差的幼鱼、幼虾为主的渔具，其破坏渔业资源的程度不言自明。一些选择性强的渔具，如钓具、笼壶等则发展不足，占比例过小。一些选择性强的渔具，如刺网也有网目越来越小的趋势，兼捕幼鱼情况严重。以上对渔业资源的不合理开发，严重制约了渔业资源的集约型利用，引发了我国的海洋环境灾害。

（2）海水养殖业。一是整体发展质量不高。改革开放以来的养殖业发展是一个规模急剧膨胀和依靠数量型增长的过程。如青岛开发区，先后兴起建池养虾、浅海养扇贝、网箱养鱼和建池养海参、鲍鱼等多次养殖浪潮，历次浪潮的形成均收到了显著成效。但受生产方式传统、养殖品种单一、结构不够优化，特别是一家一户分散式经营方式制约，养殖业仍以粗放式经营为主，没有形成真正的高中低档品种与多种生产方式相结合的综合发展格局，抵御市场风险的能力较弱，这在一定程度上影响了养殖业整体发展水平的提高。

---

① 《关于 2003～2010 年海洋捕捞渔船控制制度实施意见》，http：//www.cnr.cn/home/column/lsjj/hyyy/200411020307.html，2004－11－2。

二是产品转化能力薄弱。目前，养殖产品的加工仍停留在低档次的粗加工、大包装水平，精深加工能力和产品出口基础薄弱，加上加入 WTO 后的贸易壁垒影响，产品达不到国际上要求的卫生安全质量标准，成为影响水产品出口创汇和养殖业增效的"瓶颈"。

三是科技应用水平较低。科技在渔业发展中的重要地位和作用已逐步显现出来，但科技创新步伐还远不能满足养殖业快速发展的要求，科技投入较低，新品种、新技术开发滞后，"产、学、研"结合不紧密，科技成果转化缓慢等，成为影响养殖业健康发展的重要因素。

2. 海洋旅游资源的不科学开发。我国东邻太平洋，大陆海岸线与海岛岸线合计 3.2×10^4 平方千米，岛屿 6 500 多个。优越的自然环境形成了许多天然良港，宜于建设中等以上的泊位和港址有 160 多处。这些面积达 300×10^4 平方千米的"蓝色国土"是中华民族实施可持续发展的重要战略资源。其中，海岸带、滩涂面积 1.3333×10^4 平方千米，相当于全国耕地面积的 13%，目前已开发的只占很少的部分。此外，海洋生物种类繁多，油气、矿床、再生能源也十分丰富。如此优越的条件，一方面为发展海洋旅游提供了基础条件，另一方面，也丰富了海洋旅游的实际内容。

改革开放 20 多年来，中国海洋旅游有了翻天覆地的变化，海洋旅游资源开发利用所带来的经济效益在旅游业中占据着极其重要的作用。我国主要旅游创汇省、市也主要分布在沿海。但同时也应看到我国海洋旅游资源开发利用还存在许多问题，破坏了海洋生态环境的平衡。首先表现在海洋旅游资源的开发力度与深度还远远不够，与国际先进水平，甚至亚洲先进水平还有一定的差距，开发仍只停留在初级状态，损害海洋旅游资源的短期效应的行为时有发生。首先，表现在海洋旅游层次不高，项目单调，海洋旅游商品的地域性、独特性欠缺。其次，表现在海岛旅游开发严重滞后，6 500 多个岛屿，然而在旅游上有一定知名度的却是凤毛麟角，造成资源的极大浪费。再次，表现在海洋旅游资源的管理混乱，规划性不强或欠科学。海洋旅游资源的文化含量有待于进一步提高。此外，海洋旅游从业人员的素质较低及海洋旅游者自身的文化水平、经济状况也影响与制约着海洋旅游资源的利用。

（三）海岸海域的非科学开发

海岸活动（包括海洋工程兴建）以及湿地的人为破坏等，这些活动使我国海洋生态环境受到了严重的破坏，海洋生物资源日益减少，并且引发了赤潮等海洋环

境灾害。

1. 海洋工程的不合理兴建。我国曾在 20 世纪 50 年代和 80 年代分别掀起了围海造田和发展养虾业两次大规模围海建设热潮，使沿海自然滩涂湿地总面积缩减了约一半。其后果是滩涂湿地的自然景观遭到了严重破坏，重要经济鱼、虾、蟹、贝类生息繁衍场所消失，许多珍稀濒危野生动植物绝迹，而且大大降低了滩涂湿地调节气候、储水分洪、抵御风暴潮及护岸保田等能力。据不完全统计，我国沿海地区累计已丧失滨海滩涂湿地面积约 119 万公顷，另因城乡工矿占用湿地约 100 万公顷，两项之和相当于沿海湿地总面积的 50%。而且，现在对沿海滩涂的破坏面积仍呈逐年上升趋势。我国沿岸大于 10 平方千米的海湾有 160 个，许多海湾已建有大、中型港口，小型海湾普遍为天然渔港。但是，在大城市毗邻的海湾，由于填海建港、填海造地，导致海岸线缩短、湾体缩小、人工海岸比例增高、浅滩消失，海岸自然程度降低。再加上海水养殖业的盲目发展，养殖自身污染也较为普遍，海湾潮间带和水域中天然生长的鱼、虾、蟹、贝、藻普遍衰退。

在热带地区，珊瑚礁分布在岛屿的周围，或者岛屿本身就是由珊瑚礁构筑的，除了构筑一个非常奇妙的生态系统外，它的发育也保护了岛屿免受风暴的侵害。海南省部分地区的居民从水下炸掉珊瑚礁用于烧制石灰，这是一件令人气愤的事。因为当珊瑚礁破坏之后，赖以维护的生态系统就不复存在，而且岛屿失去了抵御灾害的屏障，随之而来的风暴很快便将海滩上的沙冲走，使那里的海岸被蚀退。

在近岸海湾筑坝进行养殖，即使原有海滩剖面遭到破坏，引起海岸侵蚀，又破坏了原有的生态系统，加速生物资源枯竭。山东半岛月湖曾是著名的海珍品产区，在海韭菜群落中繁衍着丰富的海参与贝类，而 20 世纪 80 年代在湖口筑坝改造用来发展养殖，使泥沙回淤，海韭菜减少了 90%，海珍品产量大幅度下降。这不失为近岸工程破坏海洋生态环境的一起值得记取的教训。

2. 湿地的人为破坏。湿地的人为破坏是陆地的生产过程对海洋生态环境造成巨大影响，引发赤潮等海洋人为灾害的重要原因之一。我国大约有湿地 2 500 多万公顷，其中包括 1 100 万公顷沼泽、1 200 万公顷湖泊以及 210 万公顷的滩涂、盐沼地，约占国土面积的 2.6%，占全世界湿地总面积的 13% 左右。还有以潜育化和沼泽化水稻田为主的人工湿地，加上水库池塘等，总面积约 10 万公顷。对湿地的开发，致使海滨生态环境恶化，而沿海滩涂湿地在我国所有的湿地类型中遭受的破坏最为严重。到 20 世纪 80 年代末，我国围垦的海岸滩涂湿地达 119 万公顷，其中 81% 改造为农田，19% 用于盐业生产，再加上城乡上矿用地 100 万公顷，占到了沿海湿地总面积的一半。湿地的人为破坏主要表现在农业开垦、城镇化开发、矿产开

发等方面①。

第二节　海洋环境灾害导致的海洋
资源和渔民收入的变化

一、海洋环境灾害导致的海洋生物资源变化

1. 海洋生物资源数量减少。海洋渔业资源是海洋资源的重要组成部分，也是人类开发利用海洋最早的领域，对人类社会的生存发展具有十分重要的意义。但随着全球人口的急剧增加，加上对海洋资源的合理开发利用尚缺乏深刻的科学认识，从而导致对海洋渔业资源的过度捕捞，造成全球海洋渔业资源结构发生明显的变化。

近20年来，我国沿岸近海的渔捞失控，海洋捕捞船只急剧增加，渔船马力加大，捕捞手段日益完善，造成渔业资源急剧衰减或枯竭，许多优质品种无法再形成渔汛，海洋珍稀物种减少，海洋生态系统受损严重。例如，渤海优质经济鱼类的比例从20世纪50年代的近70%下降到90年代的低于20%，产量和质量都大大下降，特别是幼鱼占捕捞总量的60%以上。现在的渤海，小黄鱼、带鱼几乎绝迹。渔业资源的衰退不仅破坏了海洋生态系统的平衡，影响了海洋生物的多样性，还使得捕捞量进一步减少，从而影响了沿海渔民的就业和收入。

2. 海洋生物资源质量下降。海洋生物是海水环境和沉积环境污染的直接受害对象，并且海洋环境中的污染物对海洋生物质量的影响具有累积作用，其体内的污染物含量反映了其生存环境的质量，可食用底栖生物质量的好坏对人体健康更是有着直接的影响。目前，我国海洋生物质量状况并不乐观，主要表现为：海洋生物结构失衡，珍稀濒危物种减少；主要经济生物体内有害物质残留量偏高；沿岸经济贝类卫生状况欠佳。在此仅以赤潮对海洋生物质量状况的影响为例进行说明。赤潮对海洋生态系统的破坏难以估量。赤潮发生时，会造成海水 PH 值升高，黏稠度增大，改变浮游生物的生态系统群落结构，当赤潮藻过度密集而死亡腐解时，又造成海域大面积缺氧，甚至处于无氧状态。同时还会释放出有毒气体和毒素，如由赤潮

---

① 王淼、胡本强等：《我国海洋环境污染的现状、成因与治理》，载《中国海洋大学学报（社会科学版）》2006 年第 5 期。

引发的一些可以在贝类体内积累的贝毒毒素，目前确定有 10 余种比眼镜蛇毒素高 80 倍，比一般的麻醉剂，如普鲁卡因、可卡因还强 10 万多倍。据统计，全世界发生贝毒中毒事件约 300 多起，死亡 300 多人[①]。

3. 海洋生物资源的多样性被破坏。海洋是生物多样性的宝库，其物质表现是海洋生物资源，它们具有现实和潜在的价值，海洋生物不仅是人类食物的重要来源，还具有重要的药用及工业价值。因此，海洋生物多样性是人类生存与可持续发展的重要物质基础之一，保护海洋生物多样性就是保护海洋生物资源和人类的生存环境。

由于对海洋资源的开发利用强度的日益加剧，中国海洋生物多样性已经受到各种威胁。素有"天然鱼池"美称的大连湾原是海珍品的乐园，20 世纪 60 年代海参、鲍鱼年产量 1 000 吨左右，而现在海珍品已与大连湾告别了。文昌鱼被达尔文称为提供脊椎动物起源的钥匙，在世界海洋中唯有我国厦门刘五店海区能形成渔汛，如今刘五店海区文昌鱼已濒临绝迹。我国独有的国家一级野生保护动物中华白鳍豚，是我国生物基因库中的一块瑰宝，60 年代其栖息地厦门海区随时可见，现在已成为珍稀濒危物种。诸如此类不一而足。

二、海洋环境灾害导致的海洋水资源变化[②]

据国家海洋局 2005 年 1 月 9 日公布的《中国海洋环境质量公报》显示，2004 年，中国全海域未达到清洁海域水质标准的面积有 16.9 万平方千米，比上年增加 2.7 万平方千米。2004 年，近岸海域污染严重，污染海域主要分布在渤海湾、江苏近岸、长江口、杭州湾、珠江口等局部海域；监测结果显示，2004 年，中国近岸海域镉、铅、砷等污染物在部分贝类体内的残留水平较高，表明近岸环境受到不同程度污染。2004 年中国海域共发现赤潮 96 次，累计发生面积 26 630 平方千米，比上年增加 83%。大面积赤潮集中在东海和渤海。有毒赤潮生物引发的赤潮 20 次，面积为 7 000 平方千米。公报指出，陆源污染物排海严重，是中国海洋环境污染的主要原因，80% 的入海排污口邻近海域环境污染严重，海洋生物普遍受到污染，约 20 平方千米的监测海域成为无底栖生物区。另外，由黄河、长江、珠江等河流携带入海的主要污染物总量为 1 145 万吨，与 2003 年相比大幅度增加。由于河流携带入海的污染物总量一直居高不下，河口区环境严重污染的状况仍未改观。

---

① 《赤潮的危害》，http：//www.gov.cn/ztzl/content_ 355306.htm，2006 - 8 - 5。
② 《2006 年中国海洋环境质量公报》，http：//www.soa.gov.cn/hygb/2006hyhj/2.htm，2007 - 1 - 20。

2006 年，我国海域总体污染形势依然严峻。近岸海域污染状况仍未得到改善；近海大部分水域水质良好；远海海域水质持续保持良好状态。全海域未达到清洁海域水质标准的面积约 14.9 万平方千米，比 2005 年增加约 1.0 万平方千米，其中较清洁海域、轻度污染海域、中度污染海域和严重污染海域面积分别约为 5.1 万平方千米、5.2 万平方千米、1.7 万平方千米和 2.9 万平方千米。轻度污染海域面积比 2005 年有较大幅度增加，其他各类污染海域面积与上年基本持平。一、二、三、四和劣四类水质的站位数占全部监测站位数的比例分别为 37.5%、11.7%、23.5%、10.7% 和 16.6%（见表 7－3）。严重污染海域依然主要分布在辽东湾、渤海湾、长江口、杭州湾、江苏近岸、珠江口和部分大中城市近岸局部水域。海水中的主要污染物是无机氮、活性磷酸盐和石油类。

表 7－3 　　　　　　　　　　2006 年全海域各海区水质超标站位统计

比例 （%） 海区	清洁海域	较清洁海域	轻度污染海域	中度污染海域	严重污染海域
渤海	28.6	9.6	26.5	11.0	24.3
黄海	38.8	20.1	28.1	2.2	10.8
东海	27.3	13.9	17.3	20.8	20.7
南海	54.7	4.4	24.9	5.5	10.5
全海域	37.5	11.7	23.5	10.7	16.6

1. 渤海海区海水质量。海域污染依然严重。未达到清洁海域水质标准的面积约 2.0 万平方千米，占渤海总面积的 26%，与 2005 年持平。其中，严重污染、中度污染、轻度污染和较清洁海域面积分别约为 0.3 万平方千米、0.2 万平方千米、0.7 万平方千米和 0.8 万平方千米，严重污染和轻度污染海域面积均比 2005 年增加约 0.1 万平方千米。严重污染海域主要集中在辽东湾近岸、渤海湾和莱州湾，主要污染物为无机氮、活性磷酸盐和石油类等。

2. 黄海海区海水质量。未达到清洁海域水质标准的面积约 4.3 万平方千米，与 2005 年持平。其中，严重污染、中度污染、轻度污染和较清洁海域面积分别为 0.9 万平方千米、0.5 万平方千米、1.2 万平方千米和 1.7 万平方千米。严重污染海域面积比 2005 年有较大幅度增加。严重污染海域主要集中在江苏沿岸和鸭绿江口，主要污染物为无机氮、活性磷酸盐和石油类。

3. 东海海区海水质量。未达到清洁海域水质标准的面积约 6.7 万平方千米。其中，严重污染、中度污染、轻度污染和较清洁海域面积分别为 1.5 万平方千米、

0.8 万平方千米、2.3 万平方千米和 2.1 万平方千米。严重污染海域主要集中在长江口、杭州湾和宁波近岸，受长江上游来水量减少等因素影响，长江口严重污染海域面积略有减少。主要污染物是活性磷酸盐、无机氮和石油类。

4. 南海海区海水质量。未达到清洁海域水质标准的面积约 1.8 万平方千米，比 2005 年增加约 0.7 万平方千米。其中，严重污染、中度污染、轻度污染和较清洁海域面积分别为 0.2 万平方千米、0.2 万平方千米、1.0 万平方千米和 0.4 万平方千米。严重污染海域主要集中在珠江口和湛江港水域，主要污染物是无机氮、活性磷酸盐和石油类。

监测结果显示，2002 ~ 2006 年 5 年间，全海域未达到清洁海域水质标准的面积维持在 13.9 万 ~ 17.4 万平方千米，年平均约 15.5 万平方千米。其中，近岸未达到清洁海域水质标准面积平均为 11.0 万平方千米，约占我国近岸海域总面积的 55%，占近岸功能区总面积的 60%，近岸约 25% 的海域水质处于中度污染和严重污染状态。渤海未达清洁海域水质标准的面积与其总面积之比一直高居四大海区之首，维持在 26% ~ 41% 之间。

表 7 - 4　近 5 年（2002 ~ 2006）各海区未达到清洁海域水质标准的面积　　单位：平方千米

海　区	年　度	较清洁	轻度污染	中度污染	严重污染	合　计
渤海	2002	28 220	2 140	460	1 010	31 830
	2003	15 250	3 770	850	1 470	21 340
	2004	15 900	5 410	3 030	2 310	26 650
	2005	8 990	6 240	2 910	1 750	19 890
	2006	8 190	7 370	1 750	2 770	20 080
黄海	2002	27 110	560	—	—	27 670
	2003	14 440	5 700	3 520	3 200	26 860
	2004	15 600	12 900	1 310	8 080	47 890
	2005	21 880	13 870	4 040	3 150	42 940
	2006	17 300	12 060	4 840	9 230	43 430
东海	2002	38 160	15 370	15 190	21 610	90 330
	2003	32 370	5 440	8 550	17 170	63 530
	2004	21 550	13 620	12 110	20 680	67 960
	2005	21 080	10 490	10 730	22 950	65 250
	2006	20 860	23 110	8 380	14 660	67 010
南海	2002	17 530	1 800	2 130	3 100	24 560
	2003	18 420	7 100	1 990	2 840	30 350
	2004	12 580	8 570	4 360	990	26 500
	2005	5 850	3 460	470	1 420	11 200
	2006	4 670	9 600	2 470	1 710	18 450

海　区	年　度	较 清 洁	轻度污染	中度污染	严重污染	合　计
合　计	2002	111 020	19 870	17 780	25 720	174 390
	2003	80 480	22 010	14 910	24 680	142 080
	2004	65 630	40 500	30 810	32 060	169 000
	2005	57 800	34 060	18 150	29 270	139 280
	2006	51 020	52 140	17 440	28 370	148 970

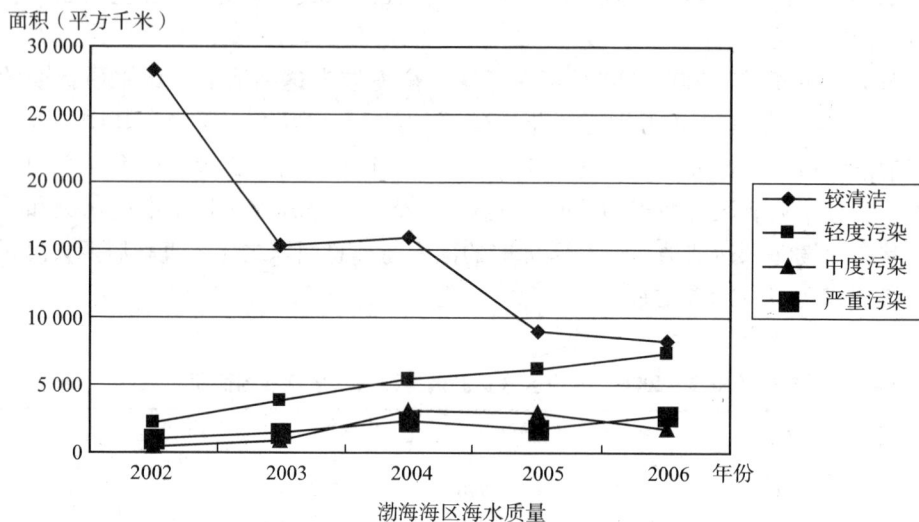

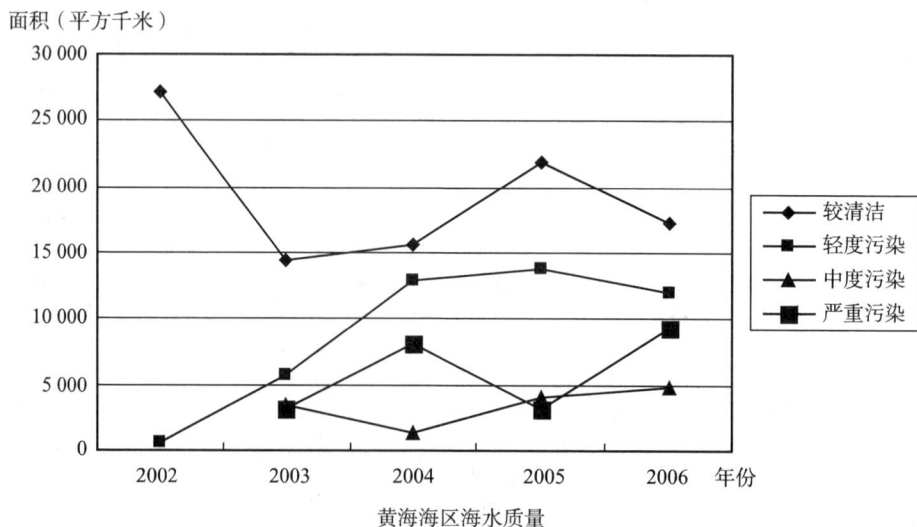

面积（平方千米）

渤海海区海水质量

面积（平方千米）

黄海海区海水质量

面积（平方千米）

东海海区海水质量

面积（平方千米）

南海海区海水质量

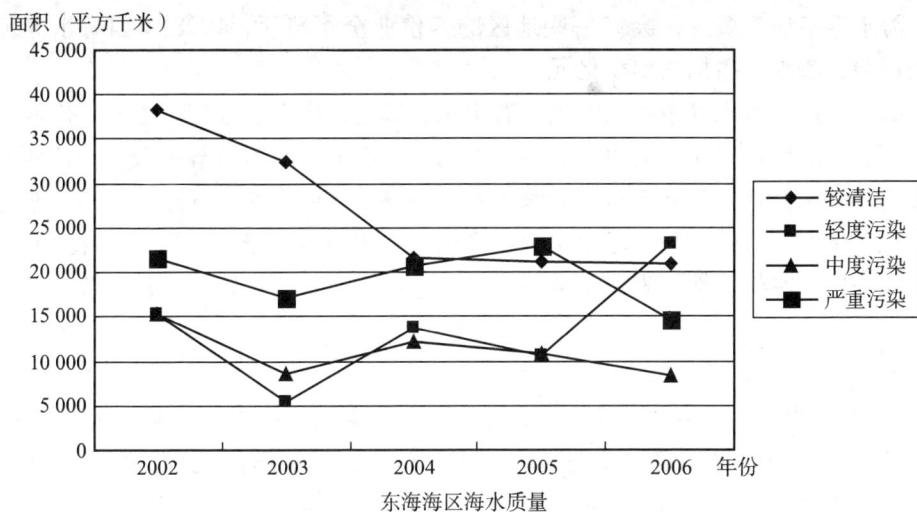

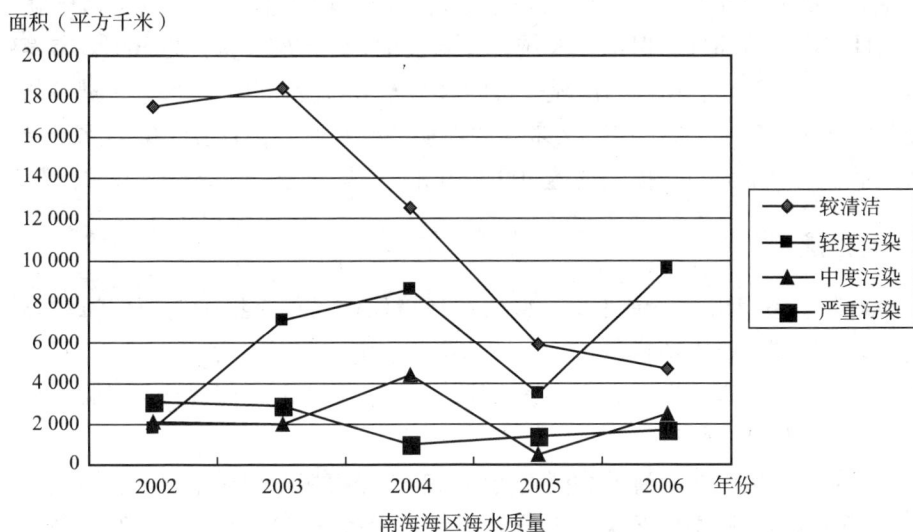

图7－1 近5年（2002～2006）各海区未达到清洁海域水质标准的面积比较

三、海洋环境灾害导致渔民收入的变化[①]

仅以海水养殖灾害为例对海洋环境灾害导致渔民收入的变化进行说明。

---

① 王君玲：《海水养殖对我国渔民收入影响研究》，中国海洋大学博士论文，2007年。

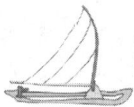

海水养殖病害爆发，会使一些地区的养殖业全军覆灭，1998 年因海水养殖病害的侵袭，海水养殖损失 100 亿元。

有条件进行海水养殖的沿海地区有山东、福建、广东、辽宁、浙江、广西、江苏、河北、海南、天津和上海。天津、上海、海南的海水养殖规模极小，广西、江苏和河北海水养殖面积和产量相对来说不是很突出，而山东、辽宁、广东、福建和浙江无论是海水养殖面积还是海水养殖产量这几年一直居于全国前列。在此我们选取这 5 个比较有代表性的省份中典型的例子来说明海水养殖阻碍渔民增收。

（一）苍南县

受"碧利斯"影响，苍南县龙港塘外海水养殖损失惨重。2006 年第 4 号强热带风暴"碧利斯"虽然没有正面袭击苍南县，但强风暴雨加之潮位猛涨，使得龙港海塘外部的海水养殖损失惨重。

在新美洲海塘堤坝，由于台风来势迅猛，养殖场来不及采取围网措施就被淹没，大量海水产品外逃。据不完全统计，新美洲 14 个养殖场、约 400 多亩养殖面积损失约达 300 万元。白沙、海城一带的海水养殖场损失也非常惨重，塘外的几个青蟹养殖场在不到半天时间里，2 米高的堤坝被海水冲毁，青蟹、虾等水产品全部外逃，十多个青蟹养殖场损失约达 200 多万元。

（二）厦门

2000 年，厦门市海洋渔业局、厦门市环境保护局首次组织对厦门海洋环境质量进行全面检测，检查项目包括：入海污染物、海水环境质量、海底沉积物质量、海洋生物质量、海洋赤潮、海水浴场水质、海洋污染事故、海洋珍稀物种自然保护区的建设、海域外来物种等。

结果显示，厦门东部海域、同安湾海域和大嶝海域海洋质量符合较清洁海域水质标准；西海域水质中度污染；部分海区为重度污染。2000 年全市因风暴潮造成的海水养殖损失达 0.4729 千公顷，部分堤防、护岸、塘坝受损，直接经济损失约 1.793 亿元。

（三）泉州

2005 年，泉州受到"海棠"（0505 号）、"珊瑚"（0510 号）、"泰利"（0513号）和"龙王"（0519 号）热带风暴（台风）及所引发的风暴潮、海浪的严重影响。其中在台风"海棠"的影响过程中，崇武沿海最大增水达到 1.1 米；在台风

"泰利"的影响过程中，崇武沿海出现最大波高达 4.0 米。受热带风暴（台风）、风暴潮和台风浪的影响，泉州市有 11 个县（市、区）95 万人受灾，损毁房屋 2 127 间，损毁海堤 150 米，31 艘小型渔船受损，海水养殖损失 1 750.6 公顷，直接经济损失约 13.88 亿元。

（四）昌黎县

2003 年，滦河入海口遭污染，海水养殖户损失惨重。污染源来自滦河中游河北省迁安市一些造纸厂的造纸废液，造成即将收获的河鱼屯、虾、蟹大面积死亡。这次污染仅昌黎县茹荷镇养殖户的河鱼屯就死亡了 11 万尾，经济损失达 330 多万元。

2003 年 8 月下旬以来，滦河入海口一些海水养殖场的河鱼屯、车虾、梭子蟹等开始大批死亡。在这里搞养殖的河北省昌黎县养殖户李勇养殖的河鱼屯从 8 月底开始死亡，9 月中旬最为严重，一天就有 1 000 多尾河鱼屯死亡。已死亡河鱼屯 1.5 万多尾，死亡梭子蟹 8 000 多只，经济损失达 60 多万元。养殖户齐永利的损失更为惨重，投养的 7 万尾河鱼屯只剩下 5 000 尾，损失 92% 以上。

（五）宁波

2005 年，寒春气候使宁波奉化海水网箱养殖鱼类损失严重。连续几场大雪和低温气候使得海水水温降至 6 度以下，对宁波奉化海水网箱养殖鱼类造成严重的危害。据网箱协会不完全统计，奉化全区已被冻死的大黄鱼约 600 多吨，占存量的 60%～65% 左右，按市场销售价每公斤 16 元计算，共计损失 900 多万元。目前箱内尚有被冻伤的一部分大黄鱼表皮溃烂，其他鱼类也有少量被冻伤，总损失估计在 1 000 万元以上。

（六）饶平

2006 年广东洪水冲淡海水，作为广东最大的网箱养殖基地，饶平在这次特大洪灾中渔业生产受灾面积达 9.9 万亩，咸水鱼、淡水鱼和贝类等水产品损失 4.8 万吨，直接经济损失达 8.4 亿元。养殖户郑荣春在饶平柘林湾大门海面放养了 1 200 多格网箱，因海水变淡，所有网箱里的鱼全部死掉，一夜损失就 6 万元。据饶平水产部门测算，洪水来临后，柘林湾大门海域的网箱养殖区海水盐度比重仅为 1.004，海面淡水层达四五米深，几乎 80% 都成了淡水。结果，网箱放养的咸水鱼因不适应淡水，出现大面积死亡，死鱼多达 16 650 吨。一场大洪水导致饶平县养

殖业损失惨重，大多数养殖户血本无归。

第三节 海洋环境灾害、转产转业和渔民收入增加

海洋环境灾害的发生，给沿海地区渔民收入的增长带来了沉重的负担。赤潮灾害的频繁发生导致渔民的养殖收入严重受损，海洋资源的日益衰退致使渔民捕捞收入入不敷出。为了保障渔民收入的稳定和不断增加，必须的手段和措施之一就是引导渔民转产转业。渔民转产转业已成为当前我国渔业经济结构的关键、重点和难点所在，如何促进渔民转产转业，促进渔民收入增加，也成为当前我国海洋渔业必须着重研究和解决的重要问题。

一、引导渔民转产转业的意义

1. 引导渔民转产转业，是合理利用渔业资源，提高生态效益的迫切要求。以往几年，我国海洋捕捞产量之所以能持续大幅度增长，一方面是以降低渔获食物链层次结构为代价；另一方面，主要得益于外海渔场的开拓。到目前，已不再有新的外海渔场可供继续开发，所谓的"外海渔场"，有相当部分是韩国、日本的专属经济区甚至其领海水域。随着《联合国海洋法公约》的实施及 200 海里专属经济区的建立，韩、日等国都普遍加强了对专属经济区的管理。因此，如果再不采取切实有效的措施，及时引导一部分渔民转产转业，减轻捕捞强度，保护渔业资源，渔民无鱼可捕的日子将为期不远。

2. 引导渔民转产转业，是优化资源配置，提高社会效益和经济效益的重要手段。多年以来，我国海洋捕捞的持续发展是依靠增船、增马力等量的扩张方式，以掠夺性生产来实现的，这与要求实现自然资源、社会资源和劳力资源的合理利用和优化配置是背道而驰的。因此，引导一部分渔民转产转业，弃捕上岸，寻找其他生产门路，具有十分重要的现实意义。

3. 引导渔民转产转业，是增加渔民收入，保证渔民顺利率先全面步入小康的有效途径。随着海洋社会灾害的频繁发生、渔业资源衰退、渔业生产成本大幅上升及中日、中韩渔业协定实施等影响，海洋捕捞效益大幅下降，渔民收入大幅减少。例如，2000 年因柴油涨价，浙江省舟山市岱山县全年增加生产成本近 1.8 亿元，按当年全县总人口和下海劳力测算，人均增加成本费用 3 015 元，劳力均承担成本

增加值 8 035 元。因此，在渔业资源持续衰退、渔业成本居高不下、专属经济区制度实施后渔场将更小等严峻现实面前，要实现渔民率先全面步入小康，显然不能继续依靠海洋捕捞，出路只有一条——弃捕上岸，转产转业。

二、渔民转产转业的成本收益模型

按照古典经济学观点，处于市场经济中的渔民应当符合理性人的假设，他们追求自身利益的最大化，在做出选择之前，都要对成本收益进行分析、比较和预测，从中选择出能给自己带来最大利益的行为而为之。在分析渔民转产转业问题时，不仅可以借鉴农村劳动力流动的一般模型，还应该根据渔民自身特点进行成本收益模型分析。

（一）劳动就业转换的一般模型

1. 刘易斯模型。刘易斯（W. A. Lewis，1954）创立了二元经济下农业剩余劳动力转移的模型，在模型中，前提条件是经济被分成了农业和工业截然不同的两个部门，图 7－2 中的三条曲线分别代表工业部门不同资本特征下的边际产品收益曲线，$K_1 > K_2 > K_3$，W 是工业部门的工资。在剩余劳动力被完全转移之前，劳动者的工资是固定的。在一定资本特征下的边际产品收益等于工资时，劳动力转移停止，资本越大，企业获得的利润就越大，经济高速发展。随着资本的增加，那么边际生产力曲线有时就会向右移动，这样剩余劳动力的转移过程一直会继续下去，直

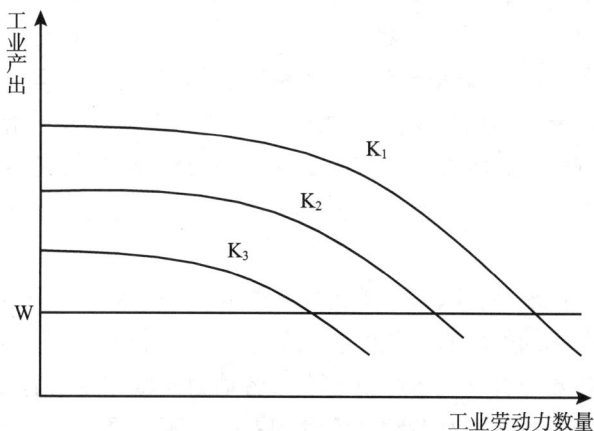

图 7－2　刘易斯二元经济结构模型

到剩余劳动力完全被吸纳。刘易斯模型的核心是部门之间生产力不同是造成劳动力流动的原因,并且随着工业部门投资的增加,剩余劳动力将会完全被工业部门吸纳。

刘易斯的二元经济结构模型适合经济发展水平不平衡的国家,非常符合我国经济的现状,由于经济建设的历史条件的问题,我国的经济结构被人为地划分成二元模式,即农业和工业的分离。各种制度严重限制了劳动力流动,农业的劳动力被严格限制在土地上,农业长期以来为工业提供积累。渔业作为农业的一个组成部分,其劳动力的流动也受到的严格地限制。改革开放以来,二元结构逐渐的演变为"城市的市场经济"和"农村的自然经济"之间,虽然一部分农村地区也得到了发展,不过整个中国的农村仍然处在一种落后的状态之下。但是,刘易斯的一些结论对中国农村劳动力转移的现实意义是有限的,我国农业人口如此庞大,在向城市转移的过程中出现了一系列问题,加大了城市就业的难度。另外由于人口的过分庞大,涌入城市导致了竞争的激烈,从而收入提高也非常缓慢。所以,从某种程度上来说,刘易斯所认为的"二元向一元转变的自然过程"在中国并不如想象中的那么容易。

2. 费景汉和拉尼斯模型。费景汉和拉尼斯(Fei and G. Ranis)在1964年对刘易斯的模型进行了发展,扩展了在剩余劳动力转移完毕之后的那一阶段的情况。图7-3中上半部分的三条曲线分别代表了不同资本的边际产品收益曲线,下半部分的 ORCX 曲线是农业的总产出曲线。SS'是工资曲线,当农业的边际产品为零时(即在 C 点),对工业的劳动力的无限供给停止(从 A 点到 D 点的转移对工资不发生影响,因为农业边际产品为零),AD 即为过剩的劳动力。费—拉模型是对刘易斯模型的扩展,说明了在剩余劳动力完全转移之后的一段情况。在转移完毕之后,劳动力将变得稀缺,从而工资开始增加。费—拉模型明确界定了剩余劳动力的概念,并且将农业和工业的边际产品曲线联系在一起解释现象。不过费—拉模型的明显缺陷在于,剩余劳动力的定义从农业边际产品变为零以后开始进入工业部门算起,这是一个不符合实际的假定。实际上,劳动力转移直到农业部门的边际产品等于工业部门的工资为止,换句话说,当在工业部门和农业部门收益相等时,劳动力市场达到均衡。

刘易斯和费—拉模型将收入的差异作为引起劳动力流动的动因,这一点应该是毫无异议的。生产率的差异所导致的收入的差异像个指挥棒指引着劳动力的流动,从而促进资源的有效配置。两者分析了农村劳动力向城市流动的过程,渔业作为农业的一个组成部分,在分析其劳动力流动问题时,不仅可以借鉴农村劳动力流动的一般模型,还应该根据渔民自身特点进行分析。

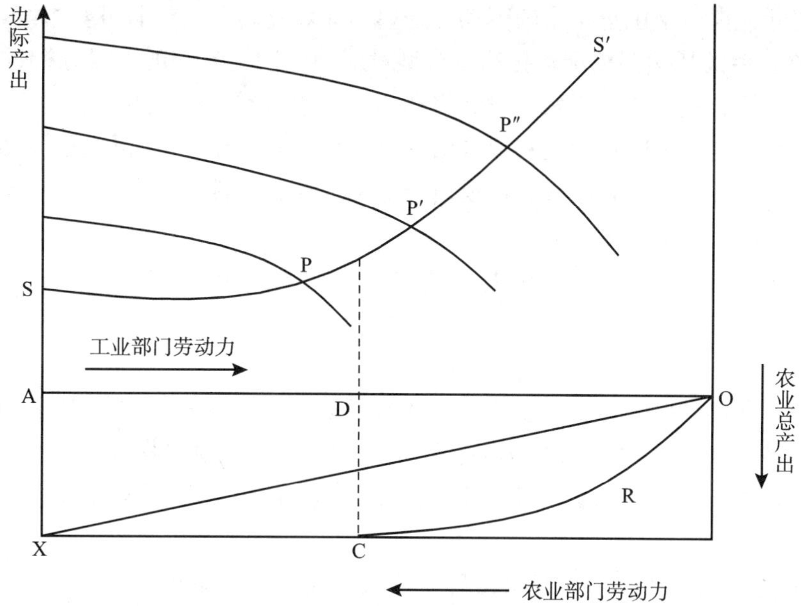

图 7 - 3 费景汉和拉尼斯模型

（二）修正后的托达罗模型分析

1. 托达罗模型是由美国发展经济学家托达罗在 20 世纪 60 年代末 70 年代初创立的。托达罗模型的人口流动模型如下：

$$M = f(d) \quad f'(d) > 0 \tag{1}$$

$$d = p(w - r) \tag{2}$$

其中，（1）式中，M 表示从农村迁入城市的人口数；d 表示城乡预期收入差异；$f' > 0$ 表示人口流动是预期收入差距的增函数。（2）式中，w 表示城市实际工资水平；r 为农村实际收入；p 为就业概率。

托达罗解释说：促进农民向城市流动的决策，是预期的而不是现实的城乡工资差异，它取决于两个因素：一是工资水平；二是就业概率。农村劳动力在城市获得工作机会的概率与城市的失业率成反比。人口流动率超过城市工作机会的增长率，不仅是可能的，而且是合理的。

托达罗迁移模型正确地反映了人口和劳动力在比较经济利益的驱动下向较高收入的地区或部门迁移的理性经济行为，但他将自己的影响迁移决策因素中劳动力对城市（现代工业）部门就业概率的预期普遍化和绝对化了，不仅有违多数发展中

国家的实际，也与中国近年来的劳动力迁移与非农化转移的经验事实相悖。

2. 修正后的托达罗模型。托达罗模型对影响劳动力流动的因素分析过于简单，只考虑了比较收益的单一因素，没有将迁移的成本考虑在内。事实上，劳动力流动的决策过程，是迁移收益和迁移成本的综合权衡过程，比较收益只是迁移决策的必要条件，存在一定的迁移净收益才是就业流动的充分条件。

修正后的托达罗模型：

$$M = f(D, C) \quad f'(D) > 0 \quad f'(C) < 0 \tag{1}$$

$$D = P(R - r) \tag{2}$$

$$C = C_1 + C_2 + C_3 \tag{3}$$

其中，M 为劳动力就业转换人数；D 为劳动力就业转换的比较收益；r 为推出岗位（行业）的实际收益；R 为新进入岗位（行业）的预期收益；P 为就业概率；C 为劳动力转产转业的成本；C_1 为退出成本；C_2 为中间进入成本；C_3 为进入新行业的成本。

在此模型中，$f'(D) > 0$ 表示转移就业人数是比较收益的增函数。不同行业间的收入差距，是诱发劳动者就业转换的基本诱因。行业之间收入差距与劳动者转业人数呈正相关。同时，一个劳动者的就业转换也与新行业的就业概率相关，并非收入差距越大，转业人数就越多。$f'(C) < 0$ 表示转移就业人数是转移成本的减函数。当其他条件不变时，转业的成本越低，劳动者实现转业的可能就越大，转业人数也就相应越多。

影响劳动者就业转换决策的，是比较收益、就业概率、转移成本三者相互作用的共同结果。比较利益是前提，它提供了一种转移的拉力，而就业概率给出了一种可能性，转移成本则构成转移就业的阻力。

3. 渔民转产转业过程中的相关成本。渔民转产转业过程中的相关的成本大致可分为三个部分：一是退出成本——沉淀成本（C_1），即由渔民退出原有行业所带来的损失。对于捕捞业来说，生产工具主要包括渔船、渔网等。由于捕捞渔船的资产专用性比较强，资本投入比较大，一旦放弃捕捞业，就无法再用于别的行业，由此会产生较大的沉淀成本。二是中间转移成本（C_2），即渔民退出一个行业后，在转入另一个新行业前的中间过程中所需支付的中间成本，在这里主要指渔民转产过程中产生的信息搜寻成本、学习成本，以及付出的心理成本等。三是正常生产成本（C_3），即不考虑转产转业因素，渔民正常进入一个新的行业后为维持正常生产所需要的成本支出，包括投资成本和技术成本等。比如从事海水养殖业，渔民需要购置相应的养殖设施、养殖鱼苗、饵料等。

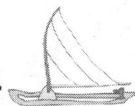

按照总成本＝退出成本＋中间进入成本＋转移成本，有 $C = C_1 + C_2 + C_3$。渔民转产后的总收益，按理说应该包括三部分：一是转产后新行业的净收益 $R_{新}$；二是原捕捞业的净收益 $R_{捕}$；三是退出捕捞业的收益 $R_{退}$。由于我国缺乏渔业权的有效界定，捕捞渔民在退出时难以有收益保障，退出收益假定为零。至于变卖捕捞渔具及渔船的收益，已经记入退出成本之中了。故 $R_{净} = R - C = R_{新} - R_{捕} - (C_1 + C_2) = R_{新} - (C_1 + C_1 + R_{捕})$。

4. 渔民转产转业成本收益模型的制约因素。

（1）资源因素。假定鱼价保持不变，渔业资源的丰富程度与捕捞业的收益成正比。当渔业资源减少时，捕捞量就会下降，捕捞业收益随之降低。当渔业资源衰退到一定程度时，捕捞业就会出现亏损，转产转业的比较利益上升，渔民转产人数趋于增多。反之亦然。

（2）渔船因素。渔民转产的总成本中，退出成本占相当大的比重，由于捕捞渔船价值高，资产专用性强，致使沉淀成本非常高。在其他条件不变的情况下，捕捞渔船越大、越新，本身的价值就越高，在不考虑补助政策影响的前提下，转产所造成的沉淀成本就会越大，转产的难度也就越大。

（3）资金因素。渔民转产转业需要一定的资金，这构成了转产转业的有形门槛。例如，如渔民转产转业搞养殖，据测估，按养殖20亩计算，需要资金5万元。如果转产需要的投入过大，就会抬高转产的门槛，降低渔民转产的意愿。

（4）心理因素。渔区渔民世代以捕鱼为生，对以捕捞为生的传统生活方式有着较强的依赖性，由于传统与世俗文化的影响，部分渔民已经适应了原有的生活方式，他们习惯了渔村的闲暇的生活。虽然渔民认识到资源衰退、空间缩小、捕捞难以为继，但要寻找新工作就要求他们放弃原来的生活方式，承受一种非经济的心理压力，减少闲暇及与亲友的团聚，心理上要承受孤寂。这种转产转业的心理成本也是构成总成本的一个重要方面，影响着转产转业的正常进行。

（5）捕捞成本。在其他条件不变情况下，如果捕捞成本上升，比如燃料价格上涨，用工成本上升，则捕捞业的盈利能力就会下降，利润降低，转产转业的比较利益就相应变大，有利于渔民的转产转业。反之，鱼价上升，则渔民转业的积极性就会下降。

（6）政策因素。在渔民转产转业的过程中，各级政府采取了一些措施，比如，对渔民减船提供一定量的资金补贴，为转业渔民提供免费培训，对弃捕从养的渔民提供低息贷款，并减少税费，为转产转业渔民提供一定的就业岗位，或优先安排一定生产项目，等等。应该说，这些政策对于促进渔民转产转业发挥了一定的作用。

从模型中我们可以看出，从事渔业生产的目的是追求经济利益的最大化，即净收益的最大化。考虑到转产转业的成本因素后，如果从事其他行业比捕捞业盈利更多，在没有人为阻隔的情况下，渔民一定会选择从捕捞业退出，转入高盈利行业，以追逐更大的盈利。但是，海洋渔民在计算生产成本时一般不考虑人力资源成本和折旧费用，维持长期经营的意识比较薄弱。在进行经济核算时，忽视人力资源成本和折旧成本时海洋渔民愿意固守和维持所有作业状态。这样的个体在面对公共渔业资源时，会实施机会主义行为。当由于信息的有限和不对称性而为个人提供了实施投机取巧的机会时，自利的个人就会以牺牲公共利益为代价来满足私人利益。渔业捕捞对象主要是天然栖息繁殖鱼类，季节性洄游鱼类及其他水产经济动物，其渔获品通常可作为最终产品用于消费，产品生产过程大部分时间是在自然力作用下进行，其捕捞在总生产活动时间中较短，使捕捞生产从投入到产出较其他产品因总生产时间太长的不确定性风险要小，增大了对投资收益的预期。因而在生产主体捕捞生产努力程度与成果存在较直接联系，呈强正相关情况下（生产即是对渔产品的收获，谁捕捞越努力，谁就得到的越多，近似一种分配性努力），其捕捞积极性和努力程度必然被强化。也就是说，当渔民投入的成本低于收入，捕捞仍是"有利可图"，渔民就很难放弃此行业。面临着狭窄的转产转业空间，作为一个理性的经济人，很难想象让渔民放弃主要经济来源，冒着失去生活依靠的风险去寻找新工作，这种机会成本的代价是很高的，作为一个理性的经济人，彷徨是必然的。今天我们所面对的海洋，捕捞能力已经严重过剩，政府虽一再号召、反复动员渔民转产转业，但仍有许多渔民按兵不动，宁愿亏损也不退出捕捞业，这似乎有违常理。其实，这不能简单责怪渔民素质低、觉悟低，而是因为政府的激励措施不到位，使渔民转产转业无利可图，相应制约了转产转业工作的进程。

三、渔民转产转业的具体措施

根据上文分析，要促进渔民转产转业，就必须尽量减少渔民转产转业的成本，增加转产转业后的收益，才能更好地做好渔民转产转业工作。各级政府的信心和决心是做好渔民转产转业工作的基础。首先各级政府和主管部门必须认清形势，及时转变观念，克服畏难情绪和种种困难，帮助渔民转产转业。其次，要加强宣传，营造氛围，为促进渔民转产转业打好舆论基础。要通过各种形式，宣传渔民转产转业的重要性和紧迫性，促进全社会共同关心和支持渔民的转产转业工作。并要选择一些乡镇村社，开展试点，以点带面，典型示范，促进转产转业工作顺利进行。主要

对策建议具体如下：

（一）改变渔业自由准入机制

早在 1954 年，加拿大经济学家 Gordon 就发表论文指出：只要将渔业资源作为共有财产而非私有财产，渔业经济无效率和渔业资源过度利用就很难避免。因为私有产权缺位必然导致渔业进入非均衡状态，以至于总捕捞努力量过度膨胀。一方面，每个渔民都会投入更多的资本，以便赶在其他渔民之前捕到更多的鱼。另一方面，为了攫取资源租金，后来者也会不断涌入捕捞业。两种因素共同作用的结果，最终势将促成捕捞能力过度膨胀。与此同时，投资过度也必将导致资源过度利用，这是因为渔民之间的相互竞争，迫使每一渔民都会想方设法尽可能快地捕到更多的鱼，这就必然使投资扩张和资源过度利用陷入一个恶性循环的怪圈中。从这一角度看，以共有财产资源为利用对象的行业既不可能有效率，也不可能无害于环境，因而行业自身也就很难可持续存在下去。基于上述推论，Gordon 认为，解决渔业问题的根本出路在于创设渔业产权。

所谓“产权”（Property Rights），在现代经济学中的含义是很广的，它可理解为从一项财产（知识、技能、环境等都可算作“财产”）上获取利益的权利。产权不清必将导致“公地悲剧”，渔业问题的根源就在于此，解决渔业问题的关键是合理的产权界定。渔业劳动力是一个特殊的群体，他们既不享受农民的家庭承包制，又没有享受城镇居民的各种福利制度，唯一的生活依靠是渔业资源。因此，渔业资源的捕捞权是渔民的合法权利，必须把这个产权清晰界定。首先是明晰海洋资源捕捞权的主体，确认海洋捕捞权归全体渔业劳动力所有。海洋渔业资源具有公共性和不可分割性的特点，以分割海域的形式进一步将产权界定到个人是不合理，也是不可能的，然而可以将海洋渔业资源的捕捞权以捕捞配额的形式量化到每个渔民。其次是将渔业劳动力对渔业资源的使用权进行物权化，合理界定海洋资源捕捞权主体的权利范围。使用权的物权化包括法定化、固定化、长期化、可继承化和市场化。要明确渔业资源捕捞权是一种物权，主要包括承包权、经营权、抵押权、入股权、继承权和转让权等，是具有交换价值的独立资产。再次是要把这种物权充分运用到渔业劳动力转移机制中来。由此，把界定清晰的渔业资源捕捞权加以资本化，使所有权与经营权相分离，当渔民离开捕捞业转移到其他产业时，他的海洋资源捕捞权没有就此废止，而是继续保留，只是把资源捕捞权或配额权转让给其他渔民和渔船，他仍以分红形式参与收益分配。这样，对于转移出去的渔民，他们的收入等于务工的收入加上渔业资源权的收入，预期收入提高了，而在偶然的渔业大丰收年

份，他们也能够相应地增加收入，降低了弃渔的机会成本。

用正式规则、"潜规则"和文化规范来保护资源、控制资源准入和分配资源利用所产生的收益，资源利用者也可以成功地管理当地共有财产资源，资源的共有财产性质不仅不是资源利用问题的根源，相反，共有财产制度可作为资源利用问题的潜在解决方案。其中，运用可转让配额，实行基于社区的管理和共同管理就是一个现实可行的替代方案。但不论如何，明晰产权是最根本的资源问题解决方案，这也是最终解决我国渔民转产转业问题的根本途径。应尽快建立全国性的渔业行业准入制度。非渔劳动力大量下海从事捕捞是导致近海捕捞能力严重过剩的又一个重要原因。建立全国性的渔业行业准入制度，限制非渔劳动力下海从事捕捞，不仅缓解近海渔业资源压力，而且为原有渔民在行业内的转产转业保证了一个既定的就业空间，是促进渔民转产转业的必要条件。

（二）运用宏观经济政策工具

运用政策工具主要是从宏观经济政策层面上来考虑渔民的转产转业问题，国家宏观经济部门在接受渔业部门的建议后，将渔民转产转业问题置于国家整个宏观经济中去考虑，借助一系列宏观经济政策工具去引导和促进渔民的转产转业。

1. 财政政策工具。财政政策工具主要分为在财政支出方面和财政收入方面采取的政策工具。

（1）财政支出方面。目前沿海各地从财政支出方面促进渔民转产转业的建议与措施主要体现于以下六点：

第一，建立鼓励远洋渔业的发展基金。远洋渔业作为渔民转产转业的一个重要途径，而发展远洋渔业所需资金巨大。通过建立远洋渔业补助基金，借助贷款贴息，远洋设备进口和远洋渔货出口信贷等形式，引导民间资本和银行资本进入远洋渔业领域。

第二，建立到期渔船强行报废和废旧渔船及时淘汰的补偿基金。沿海各省通过海洋渔业改制后，绝大部分渔船为渔民个人所有，而且一般渔船造价都较高。所以，即使制订了像车辆强制报废那样的法律法规，渔民与机动车主的财产结构和收入都很不相同，如果没有相应的渔船报废、淘汰补偿基金作后盾对渔民进行适当的补偿，渔民对强制报废渔船还是难以接受的。

第三，建立扶持渔民转产转业的专项基金（建议中央、省、市或县1:1:1配套）。沿海很多地方渔民要求政府像扶持纺织压锭一样，不仅出台有关扶持政策，而且要设立专项补助基金，以帮助转产渔民解决生产、生活困难。专项资金分为两

大类：一类用于收购、赎买及补贴转产转业渔船，重点扶持海岛地区和纯渔区渔民转产转业。另一类用于对转产转业渔民开发项目的补助。对转产从事水产养殖、远洋渔业、水产品加工、水产品流通的渔民和企业，在资金方面予以必要的扶持。应尽量避免补贴外来开发者而转产渔民反而拿不到项目补助的怪现象。

第四，中央地方联动。中央财政每年都要拿出大量的钱补贴转产渔民，地方也要行动起来，各级政府和有关部门要贯彻《中华人民共和国农业法》第六十三条规定，落实好国务院关于沿海渔民转产转业的政策，各级财政加大对转产转业的支持力度；各级计划部门要按照规划，加大对转产转业基础设施建设的扶持力度；有关金融机构在保全转产转业渔民未清偿贷款的基础上，增加对渔业结构调整贷款的投放；工商行政管理部门要对转产转业渔民投资兴办企业或从事个体经营予以积极支持。

第五，要把补助与保险、最低生活保障联系起来。现在生产的渔民基本上都是以青壮年为主，即使国家不予以补贴也可以出去打工挣钱养家糊口，等到他们年纪大了，对于他们特别是失地的专业渔民，生活将无从着落，因此，国家应及早为他们打算，用补助的钱为他们缴纳养老保险或者建立最低生活保障基金，使他们老有所养不失为很好的办法。

第六，加大补助资金使用的监管力度。国家对船主补贴由于客观性强，有严格的标准和公示制度，这方面执行得较好。对于项目资金和培训资金的使用人为因素就多一点，需要加强监督管理，对于项目来说，首先要制订严格合理可行的项目书，不要为了吸引扶持而夸大其词，最后难以实施到位。其次要严格项目验收，项目实施不到位的单位，不再作为以后的项目单位。对项目资金和培训资金也要制定严格的标准，并实行公示制度，接受转业渔民的监督。

（2）财政收入方面。财政收入方面的政策工具主要包括进一步推进渔业税费调整和渔民减负政策的落实。

第一，海洋捕捞柴油消耗量巨大，近几年来柴油涨价造成捕捞成本大幅度上扬。一些渔民反映，油料费用占捕捞成本已达70%以上。所以渔区各地希望尽可能保持油价稳定，如果油价继续上扬，渔民收入下降，应适当调节农林特产税的征收。

第二，针对渔民的收费项目繁多，负担较重。各地渔民反映强烈的一个重要问题是收费名目繁多、数量较大，所以希望政府尽快落实有关渔民减负政策，坚决禁止向渔民的各种乱收费、乱罚款、乱摊派。

2. 渔业部门的行业经济政策工具。渔民转产转业的影响尽管很复杂、很深远，

但从渔业部门的行业经济政策入手，无非是从两个方面做工作：其一是，通过渔政执法的严格、具体，将一部分需要转产转业的渔民"挤出"原来的生产作业领域；其二是，通过拓展渔区就业空间，提供优惠政策和必要资金将一部分需要转产转业的渔民"引出"原来的生产作业领域。所以，渔业部门的行业经济政策工具（中观经济政策工具）主要表现在以下两方面：

（1）进一步完善渔业综合执法体系。由于渔业资源具有流动性较大的特点，现行"统一领导，分级管理"的渔政管理体制，容易造成各自为政、地方保护等弊端，这不仅削弱了渔政管理的力度，而且一定程度上成为捕捞渔船盲目增长的庇护者，成为转产转业的无为者。因此，尽快改革现行渔业执法体制，实现中央政府渔业管理部门或至少是省级的垂直管理体制，执法人员纳入国家公务员系列或参照国家公务员系列的管理，执法经费（包括人员工资、工作经费、装备建设经费等）列入各级政府财政预算。只有完善的渔业综合执法体系，才能从渔政执法角度推动渔民转产转业的步伐。

（2）适当调整伏季休渔制度，提早并延长休渔期。伏季休渔制度在一定程度上可以认为是渔民在时间上转产转业。八年来"一刀切"的伏季休渔制度的效果明显，但为了进一步保护我国近海渔业资源，增加渔民在时间上的转产转业，实施海洋捕捞可持续发展，沿海各地一些渔民强烈要求提早并延长伏季休渔期，并建议近海张网休渔期与拖网、帆张网休渔期同步，而且把休渔范围扩大到拖虾作业。

（3）推进渔船强制报废制度和捕捞"双控"制度的实施。坚决清理整顿"三无"渔船和"三证不齐"渔船。渔民转产转业的目的之一是压缩严重过剩的海洋捕捞能力，为了达到此目的，必须从源头抓起：

农业部制定了《渔业船舶报废暂行规定》，规定到达一定船龄的渔业船舶，必须申请报废。报废的渔业船舶不得继续从事渔业生产活动，不得在渔港水域停泊，阻碍航行安全。渔业船舶检验机构不得检验，渔政渔港监机构不得登记、发放捕捞许可证。

实施捕捞"双控"制度要和清理整顿"三无"渔船和"三证不齐"渔船、渔船强制报废以及渔民转产转业等结合起来，抓这项工作的关键是要把"三证"收起来，把淘汰的渔船沉下去，把减船与减人结合起来，空余出来的马力指标不得用于新造渔船。一要切实加强对无证造船管理，狠刹无序造船行为，坚决取缔非法造船。二要严厉打击非法捕捞。巩固清理整顿"三无"和"三证不齐"渔船成果，对未持有有效渔业捕捞许可证、渔业船舶登记证和渔业船舶检验证书从事海洋捕捞活动的船舶，或不按渔业捕捞许可证核准作业内容从事海洋捕捞活动，特别是在机

动渔船底拖网禁渔区线内从事拖网作业的捕捞行为以及从事电、炸、毒鱼等违法作业的渔船，一律依法查处。

尽快建立全国性处理海事、渔事的常设机构。随着专属经济区制度的实施，捕捞空间的缩小，我国近海渔船将更加拥挤，跨地区、跨海域及涉及海事、渔事的纠纷势必剧增，渔业安全生产和海上治安形势将出现严峻局面，并将影响渔区社会的安定团结。为切实维护生产秩序，保证海事、渔事纠纷得到及时、公正处理，建议全国建立有关部门参与的海事、渔事纠纷协调处理常设机构，明确职责，统一协调处理跨地区、跨海域的海事、渔事纠纷。成立这样的机构不仅能达到以上目的，而且还为渔民的转产转业提供了一个秩序良好的渔区社会大环境。

（三）优化海洋产业结构

1. 深化加工，搞活流通，拓展渔业产业空间。要引导渔民采取装置活水舱、活鱼箱等多种方式，提高水产品质量，以适应消费者对水产品多样化、优质化的需求；开发上层鱼、低值鱼精深加工，增加水产品附加值，大力扶持龙头企业，扶"大龙"、育"新龙"、兴"小龙"，推动水产品加工业的快速发展。同时，要搞好水产品批发市场发展规划，鼓励运销大户从事水产品经营，形成有大、中、小多种形式的水产品经营流通网络。积极拓展水产品出口贸易，增加出口创汇；要利用加入世贸组织的机遇，组织力量，做好进口水产品加工、返销和再出口工作。总之，要想方设法延长产业链，拓展渔业产业空间，提高渔业效益，以吸纳更多的转业渔民。

2. 加快渔港小城镇建设，发展渔区二三产业。建设渔港小城镇，有利于渔区文化教育事业及二三产业的发展，有利于促进渔区经济结构的调整，有利于渔民物质、精神生活的改善，有利于加快渔业和渔村现代化建设的前进步伐。80 年代中期以来，许多渔民从小岛迁到大岛，甚至县城。现在，小岛迁，大岛建，以渔港为依托，建设渔区小城镇，发展渔区二三产业，将被赋予更深的含义和更重要的意义，它既是发展渔业经济的重要内容，也是为渔民转产转业提供就业机会的重要场所。

3. 跳出渔业搞调整，大力发展非渔产业。

（1）开发旅游业及休闲渔业。海洋渔区风光旖旎，旅游资源丰富。随着人民生活水平的进一步提高以及节假日的增多，开发渔区旅游业及休闲渔业大有可为。当前渔区开发的旅游形式较有代表性的有以阳光、海水、沙滩为特色的"三 S"海岛风光等。休闲渔业是一种集渔业、娱乐、旅游为一体的新兴产业。由于有秀美的

渔区自然环境、野趣盎然的渔业生产劳动、豪放淳厚的渔乡民俗风情受到越来越多旅游者的青睐。渔区政府应抓住时机，以现有的旅游资源为基础，在不破坏生态环境的前提下，做好规划、开发、管理等工作，推进渔区旅游业及休闲渔业的发展，并由此带动其他三产行业，为渔民转产转业提供足够的区域和空间。以广东省中山市为例，发展休闲渔业是广东省中山市渔民转产转业的重要途径之一。目前该市19艘渔船直接从事休闲渔业，航线由横门东水道到淇澳岛5千米范围，船东总投入20多万元。一年来，休闲渔船共开航1 082航次，载客出海旅游11 482人次，平均每船开航57航次，经营收入5万多元。以每航次单船平均收费900元计算，扣除每艘船的管理费、柴油费、游客伙食费，每航次单船纯收入450元，每艘渔船平均年纯收入2.56万元，是捕捞生产的几倍，可让更多的渔民通过这一途径转产转业、致富增收。

（2）加强经济交流与合作。渔区政府要勤于牵线，敢于搭桥，引进资金、技术和人才，兴办工商企业，吸纳渔区劳力。鼓励渔民出外打工谋生，改变传统的生活方式，同时，要切实做好服务工作，为渔民找寻新的谋生之路。

（四）加大渔民转产转业技能培训

促进渔业劳动力非渔就业，关键在于提高渔业劳动力的人力资本。加强教育和培训，提高渔民及其后代的素质应引起渔区政府的高度重视。只有渔民的素质提高了，才会有开明的观念、长远的眼光和更强的创造能力。对渔民进行培训，应该以适应市场和企业劳动力需求为目的，培训中强调被培训者和提供培训方的互动，增强培训效果。所以，制定渔村劳动力就业培训的规划时，应按市场要求选择培训机构、培训内容和形式。建立渔业劳动力职业培训体系，应根据市场的需求，按照不同行业、不同工种对从业人员基本技能的要求，安排培训内容，实行定向培训，提高培训的针对性和适用性。在渔民培训的提供方面，政府需要承担主要任务。

1. 建立渔民转产转业职业技术培训中心。要借鉴国有企业"下岗再就业"的经验和做法，在渔区设立渔民转产转业职业技术培训中心，举办各类培训班，对渔民进行养殖、加工、建筑、运输、烹调、流通、经营等各类行业基本知识和技能的培训，拓宽渔民转产转业的视野和技能，为渔民转产转业培养人才。

2. 建立培训工作领导机制。加强对农（渔）民的培训，提高渔民素质，是当前解决"三农"问题最为根本的方法。政府部门要转变观念，切实加强对培训工作的领导，将从给予渔区项目扶持，转变为以培训为载体的技术、知识、人才的扶持。要把加强对渔民的培训作为当前农村工作的重点，从工作组织、人员配备、资

金安排和师资调配上给予扶持和帮助。

3. 建立渔民培训经费的投入机制。为保证培训工作能顺利开展，应设立渔民培训专项资金，并采取政府补助、行业协会赞助、渔民自助相结合的方式，建立培训经费投入机制，保证各种培训工作能有效开展。

4. 建立灵活的培训工作机制。要根据渔业、渔民的实际情况，以针对性、实用性为原则，以基层渔业行政主管部门或者技术服务、行业协会为主体，定期或不定期组织技术专家、生产大户，采取入村、入户、入池塘的方式，开展现场观摩、经验交流、技术讲解等灵活多样的形式，有针对性地帮助群众解决生产中存在的问题。

5. 建立有效的监督机制。加强对渔民的培训是提高渔民的生产技术水平和技术标准的重要途径。近年来，随着人们生活水平的不断提高，人们对健康状况越来越重视，食品安全已经引起广泛的关注，为此，国家劳动部门正积极推进劳动就业准入制度。渔业是与人类食品息息相关的特种行业，规范渔业生产技术标准，加强对渔业生产者的生产行为监督管理，对于保证食品安全具有重要意义，因此，必须抓住机遇，加强对渔民的技术培训，规范生产行为，引导渔民实行健康无公害生产。要通过推进劳动就业准入制度和实施渔业行业持证上岗工作，促进渔民培训；通过指定产品安全质量标准，规范渔业行业技术标准，提高渔民参与培训学习的自觉性。

第四节　控制海洋环境灾害，实现海洋经济可持续发展

实施海洋开发，加快海洋经济发展，有助于向海洋经济拓展居住空间，有助于提供更多的就业机会。特别是通过积极开发和利用海洋资源，能够有效缓解我国能源及淡水资源不足的矛盾。随着我国人口、资源和环境压力的日益增加，海洋经济建设资源节约型和环境友好型的社会已具有突出优势，成为一些邻海地市的重点发展对象。因此，加快推动海洋经济发展，已成为实现经济社会可持续发展的需要。而由于海洋环境污染和人类对海洋资源不合理利用所导致的赤潮灾害、海岸活动对海洋生态环境的破坏以及船舶对海洋环境污染尤其海上溢油事件等海洋环境灾害严重地影响了我国海洋经济的发展，致使我国海洋渔业、海洋旅游业等产业的收入增长趋缓。仅以赤潮对渔业经济的损失为例进行说明海洋环境的破坏对海洋经济的影

响。据不完全统计，我国 2002 年发生赤潮 79 起，其中东海 51 次、南海 11 次、黄海 4 次、渤海 13 次，直接经济损失 2 300 万元；2003 年我国海域共发生赤潮 119 次，较 2002 年增加 40 次，累计面积 14 550 平方千米，直接经济损失 4 281 万元。所以，要实现海洋经济持续地发展，实现我国海洋各产业收入稳定地增长，就要保护海洋环境，减少各种海洋环境灾害。

一、加强公众的海洋环保意识

改革开放 20 余年来的经济快速发展，环境已为经济发展付出了沉重的代价。海洋水体污染负荷已超过承受污染的能力，环境容量的老本已经基本吃光，环境污染超容量承载的范围仍在继续扩大，已经成为我国海洋经济社会和谐发展的严重障碍。因此必须引起高度重视，采取切实有效的措施，加强对海洋环境的治理和海洋生态环境的保护以提高海洋经济收入。

加强对公众的海洋意识和海洋法律、法规教育，尤其是针对青少年开展海洋环境知识普及；鼓励和支持公众和企业参与海洋环境保护行动，组织海洋环境保护和环境监测志愿者队伍，对涉及公众切身利益或公众关注的海域开展志愿监测行动，以弥补专业监测网络的不足；开展形式多样的海洋环境监测和海洋环境维护公益活动，提高公众的海洋意识和参与度；采取鼓励政策，推动海洋环境保护民间社团建设，并通过赞助和募捐的方式设立海洋环境保护基金，对有突出贡献的个人和团体进行奖励。建立定期的区域海洋环境质量状况信息发布制度，为公众和民间团体提供参与和监督海洋环境保护的信息渠道与反馈机制。

二、综合防治海洋污染

（一）有效防治陆源污染

1. 生活污水。近年来，随着沿海城市生活污水总量的逐年上升，通过沟渠或河流携带入海的生活污水总量，已与工业废水总量的比例基本持平，沿海城市生活污水已成为近岸海域环境污染的重要污染源，从而使得陆源污染对海洋的压力进一步加重。因此，必须对城市生活污水问题给予高度重视并大力进行治理。

（1）加强城市生活污水综合整治。应以改善近岸海域环境质量为目标，深化城市环境综合整治定量考核制度。在继续实行城市排水系统雨、污分流的同时，不

断建设和完善城市排水管网；从国外引进先进的城市生活污水治理技术与设备，有计划地建设城市污水处理厂或者其他污水集中处理设施，开发、生产出自己的城市污水治理"拳头"产品，加强城市生活污水的综合整治。

（2）进行废物无害化处理。积极探索实践"减量化，再利用，资源化，无害化"发展循环经济的新途径。充分利用废水、废气、废物，实现资源—产品—废气、废水、废物再资源化的循环经济新路子。一是要加快对城市生活污水、垃圾的处理，建立城市污水处理厂和垃圾发电厂，把城市生活污水和垃圾全部纳入净化处理，实行废物利用；二是要加快对农村生活污水、垃圾和畜禽粪便污水对河流、海域的污染；三是要加快水污分流基础设施和灌网建设，提高污水处理能力和质量；四是要加大公共财政对环保基础设施的投入，尽快建立企业、社区（乡镇），城市中心区和县（市）中心镇的三级污染物接纳、处理机制，完善各类污染物分类、接纳、处理、净化、排放、再利用的各项措施，使纳污容量，符合海洋环境容量自净能力的要求，减少海洋环境灾害提高海洋经济效益。

2. 工业废水。为使工业废水污染尽快、尽早地得到有效治理，应从以下几方面进行具体努力：

（1）转"末端治理"为"生命周期"管理。所谓转"末端治理"为"生命周期"管理，就是从以往那种只对已造成的污染进行治理，转变为对生产源头和生产全过程进行控制。从 20 世纪 80 年代起，西方发达国家就将环境保护从"末端治理"转向"生命周期"管理，如美国的污染预防（Pollution Prevention），加拿大、挪威等国的清洁生产（Cleaner Production）等。在具体措施上，他们注重在生产过程中提高资源的利用效率，削减废物的产生。我国从 20 世纪 90 年代起也开始推行清洁生产，并在试验点上取得了较好的成效，但还没有得到推广应用。因此，我国政府有关部门应当转变职能，将工作重点从"关闭"污染型企业转向污染预防以及帮助企业提高资源的利用效率上来；这样，既可以减少因关闭企业造成固定资产不必要的浪费，又不会使失业增加出现社会不稳定的潜在因素。应当积极推进清洁生产技术的应用，鼓励企业开展清洁生产的审计，减少废弃物的排放，从资源节约和综合利用入手，达到合理控制海洋灾害的目的。

（2）实施环境成本内部化改革。商品在生产、使用的过程中，常常造成环境的破坏和资源的流失，由此形成的成本就叫"环境成本"。它应包括商品在开采、生产、运输、使用、回收和处理等过程中所造成的环境污染和生态破坏的费用。将环境成本纳入生产成本，体现资源的稀缺性和环境的被破坏性，即为"环境成本内部化"。当前企业所制造的商品，绝大部分都不包括环境成本。为取得竞争优

势，不愿把环境成本计算在内，这不但浪费了资源，还造成了生态的破坏和环境的污染。环境成本外部化的行为如果得不到有效的制裁或处罚，企业环境成本内部化的主动性就会减弱。所以，政府在加强环保立法、强化执法的同时，还需要经济手段的配合与诱导。建议我国政府建立以资源税为核心的税制体系，通过零税率、低税率、先征后返等税收优惠政策，促进企业实现环境成本内部化，从而减少我国海洋环境的污染，促进海洋经济的发展。

3. 农业污水。海江河流域和沿海的农田、果园等每年施用的各种农药、化肥、植物生长素等面源污染物往往由地面径流和河流携带入海，使入海河口和近岸海域环境受到农业污染的极大威胁。因此，对农业生产所用的农药、化肥、植物生长素等，必须按环境生态学的要求，进行科学规定和合理安排。

（1）正确选择农药、化肥。农药和化肥的使用，必须根据其对整个生态系统的影响和作用而有所选择。应选择性地使用那些既能消灭虫害、又不污染海洋环境从而诱发赤潮爆发的农药；相反，那些虽能杀死害虫，但却不仅是构成海洋微藻生长繁殖的营养要素、而且可通过促使微藻细胞内活性氧在一定范围内升高进而使藻细胞大量增殖并最终诱发赤潮的农药，则应严格禁止使用。

（2）科学使用农药、化肥。应根据农药和化肥流失的强度与使用后降雨发生的时间、强度等密切相关的特性，尽量避开大雨和暴雨来临之前施用农药和化肥，从而减少农药和化肥的流失量；应根据灌溉方式与农药和化肥流失紧紧关联、且一般以喷灌＜淹灌＜沟灌顺序依次递增的特性，大力推广能降低地表径流产生的喷灌式灌溉方式，从而减少水体中的农药和化肥流入量；应根据农田中养分的流失与农作物对养分的吸收利用有关、且农作物吸收养分淡季时最易发生流失的特性，努力使化肥的施用时间与农作物养分需求的高峰期相吻合，从而不仅提高化肥的利用效率，避免养分的过度流失，而且防止面源污染的形成；应根据农田中化肥的施用量达到最佳比例时农作物对化肥的吸收率最高、且产量也最高的特性，合理控制化肥施用量，从而不仅避免因施用量过大超出农作物吸收能力而造成的过量养分在土壤中的富集，而且防治化肥的流失、面源污染的形成、农业生态系统的破坏和海洋环境的日益污染。

（二）科学防治海上污染

1. 养殖污染。近年来，海水养殖污染已经成为我国近海域重要的污染源之一。为了实现对海水养殖污染的科学治理，就要采取以下措施：

（1）控制养殖容量。养殖容量是一个属于生态学范畴的概念，也有人称之为

养殖负荷，是指特定养殖环境中能养殖的最大数量。养殖容量与海区水交换能力、养殖作业的方法、技术，养殖品种以及品种结构间的平衡协调发展和对养殖品种的疫病防治能力有关。当养殖规模在养殖容量范围之内，养殖才有可能顺利而持续发展，反之，则有可能引发养殖灾难，导致养殖失败。因此，必须加强养殖容量的研究，科学地确定各养殖品种的养殖负荷容量，制定科学的养殖规划、养殖布局，确定适宜合理的养殖规模。根据发达国家的经验，海域正常养殖面积占可养面积的20% ~30% 为宜。

（2）大力发展生态养殖。通过大力提倡与发展生态养殖，来实现海水养殖容量扩大与海水养殖零排污的双重目标。以对虾、海藻生态养殖为例，针对目前近海水域被污染的现实，可先在近海适量养殖大型海藻与滤食性动物，让其对海水先行过滤后，再用净化后的海水在近岸进行对虾养殖。对虾养殖过程中形成的残饵和粪便，在经过大型海藻与滤食性动物净化后，再排入大海，从而真正实现海水养殖容量扩大与海水养殖零排污的双重目标。

（3）积极运用最新科研成果。要使海水养殖经济效益大大提高，就必须运用最新科研成果，努力攻克养殖生产过程中的三大难关。

一是培育优良种质。可通过传统杂交、引种和工程育种来解决优良种质问题。"杂交"可利用杂种优势经过选育培养出许多好品种（如建鲤等），仍是当前主要育种手段，但通常周期较长，种质易退化，需复壮。"引种"可从异地移植优良属性种类或品种，但要经过水土驯化，容易导致生态负效应。"工程育种"是当前正在兴起、今后富有广阔前景的育种方法。主要有：核移植、单性发育育种、转基因育种、体细胞克隆鱼等，若能取得突破性进展，将为养殖生产效率的迅猛提高，做出重要贡献。

二是防治病害蔓延。首先，建立水域环境监测网络，以使养殖水体水质在一定程度上可预警和调控，从而降低养殖病害的发病概率和蔓延范围。其次，要培育优质养殖苗种。投入些时间、精力和财力，筛选出那些"大难不死"且生长超常的少数个体，继续培育，以产生抗逆性好、抗病力强的养殖苗种，并推广为养殖对象，不仅可防止养殖病害的继续蔓延，而且可取得良好的养殖效果。同时，还要加强特效药物研究和免疫防治工作。由于引发养殖对象病害的生物种质很多，而且每种生物的遗传性又各不相同，因此有必要根据各种生物自身所固有的特异性，分别开展具体的特效药物研究和免疫防治工作。

三是研制科学饵料。首先，要在常规营养研究的基础上，根据不同养殖对象的能量需求，研制、生产营养齐全、搭配平衡的饵料。其次，要在目前已开发根据不

同养殖生物不同发育阶段所需不同营养的全价系列饵料的基础上，今后除进一步提高此类饵料的质量和普及推广之外，主要应加强药物饵料、功能饵料和健康饵料的研制和开发工作，从而不仅预防和治疗养殖生物病害，而且改善养殖对象肉质、提高养殖对象商品价值，并最终提高养殖生产经济效益。同时，在饵料中科学添加各种成分，可大大增进饲育效果。如将转生长基因置于酵母菌、大肠杆菌中后，通过人工发酵可培养、生产出含促生长基因的酵母等，将其作为饲料添加可取得良好饲育效果。我国应用转大麻哈鱼生长基因酵母饲喂牙鲆，已达增产30%以上的促长效果。今后应继续将这一科研成果进一步推广到其他鱼种，以使我国海水养殖业取得更大的经济效益。

2. 船舶污染。海洋环境灾害可通过限制船舶对海洋环境的污染来加以预防与控制。当然，要彻底消除船舶对海洋环境的污染源是不现实的，但只要采取有效的预防和控制措施，完全可以将船舶污染损害减到最低限度。

（1）健全海上溢油监测、监视系统。要建立健全海上石油泄漏的监视、监测系统，包括传感器综合技术和数据分析技术。发展和综合应用这些技术，通过对油泄漏快速定位、确定油品浓度、性质及泄漏后运行轨迹等提高应急响应的效率。溢油事故发生后，溢油回收和清除技术都不可能将水中的溢油全部清除，这些残留的油品会导致长久的环境污染。油品的种类不同，其进入水域后的污染模式会有很大差别，必须掌握这些油泄漏后在水中的污染情况，即确定溢油在水中的流放方式，并将这些信息融合到环境恢复计划中。因此，对油品泄漏后在水中流放方式科学预测是环境恢复的重要依据，这对于控制海洋污染、提高海洋经济收入具有重要的作用。

（2）制定污染应急计划。港务监督管理部门应制定本地区的"溢油应急计划"，船上也应制定一份"船上油污应急计划"，以便发生溢油事故时，各部门协调配合，以最快的速度制定出最佳的溢油处理方案。溢油的处理过程一般是：先要阻止油源继续泄漏，把油船破损处堵死，把舱内剩余石油转移到安全地方，同时用油凝聚剂或围油栏把已溢出的油尽快围栏起来，防止溢油在水面进一步扩散，然后就要回收和处理溢油。有人工打捞法、机械回收法、吸油材料回收法、油分散剂处理法、燃烧法等。根据溢油的种类、水文和气象等条件选择一种或多种方法，将溢油造成的油污染降到最低程度。平时要对进港油船铺设围油栏后才能开始装卸作业，加强船舶和港口溢油处理设备、技术建设和演习，配备足够的溢油处理设施和一支专门的防污作业队伍。目前国际上对溢油事故处理的研究比较深入，也积累了丰富的实践经验。我国近年来对溢油事故的研究和处理也逐步成熟起来，各大港口

不断充实各类防溢油设备，应付大型溢油事故的能力不断提高。①

（3）改善船舶防污设施和技术。很多海上污染事故的发生，和船舶的性能配制设施有很大相关性。我们必须严格贯彻落实有关防止船舶污染的法律法规。应根据国际公约有关的要求．提高船舶管理标准。改善船舶防污设备的配置。各类船舶均应按规定装备油水分离装置和吸油剂（如围油栏、溢油分散剂）等，港口建设含油污水接收处理设施和应急器材；开发研制能减少和处理垃圾技术。同时码头方面要建造更多的垃圾接收入装置：配备船舶压载水外来生物处理装置，港口对船舶压载水进行实时检测；制定船舶各种突发性事件应急预案，做好预防工作，把海洋污染和海洋环境灾害降到最低，使海洋经济效益达到最大化。

三、集约利用海洋生物资源

（一）海洋捕捞业

1. 控制捕捞强度。尽管全球渔业种群数量呈下降趋势（各国主要经济鱼类产量下降），但自然捕捞量却以令人吃惊的速度在增长。主要的原因是增船、增网，加大了捕捞强度。因此，要保证渔业资源的永续利用，实现海洋环境的生态平衡，减少各种海洋灾害，必须首先解决捕捞强度的问题。

严格控制近海捕捞强度，要从两个方面着手：一方面要严格控制下海渔业劳动力人数，制止全国各地的非渔业劳动力下海搞捕捞，同时引导渔区、半渔区渔业劳动力逐步向工业、企业、服务业等行业"分流"；另一方面要控制渔业船只总数，严禁渔业捕捞船只的盲目增加。在船只扩吨、扩马力的更新改造中，要根据渔业作业结构的调整要求，对杀伤海洋水产资源较严重的定置张网、帆张网等作业渔船要逐步取缔。同时，农业部根据《渔业法》精神，在全国沿海省（区、市）集中开展清理整顿三无和三证不齐的渔船，严格执行渔船报废制度。

2. 发展远洋渔业。当前国内捕捞业正面临着传统经济资源日趋衰退、传统作业渔场减少的双重压力，冲出国内发展远洋渔业已成为必由之路。据联合国粮农组织公布的数字，全球渔业资源可捕捞量为目前捕捞产量的两倍，也就是说，尚有近亿吨的资源还没有被开发利用，具有相当大的开发潜力。目前，世界各国都把发展过洋性远洋渔业作为增加渔获量的重要补充举措。今后应适当压缩国内捕捞强度，

---

① 徐秦、方照琪：《船舶对海洋环境的污染及对策》，载《中国水运》2003 年第 11 期。

在合理保护利用国内渔业资源的基础上集中力量精心组织，搞好远洋渔业开发，广泛参与国际间的资源竞争，把远洋渔业发展成为一支重要的力量。

按照国家的产业导向，引导有条件的企业重点发展大洋性公海渔业，参与利用世界海洋渔业资源，在互惠互利的原则下，与有关国家友好合作。要本着规模化生产、集约化经营、配套化发展的原则，彻底打破当前渔业企业分散经营、各自为政的落后局面。要以产权为纽带，逐步将各企业分散经营的远洋渔船和从业人员集中起来，逐渐成真正意义上远洋渔业集团有限公司。要在抓好海上捕捞生产的同时，努力抓好加工、运输、销售、后勤保障等各个环节，加快建立集产、供、加、运、销于一体的综合性远洋渔业基地，并充分利用国外丰富的养殖海区和水产品原料，大力开发海外养殖基地、水产品加工基地，搞好多元化经营。

越南沿海、东南亚一些国家、孟加拉湾沿岸诸国，都有丰富的海洋资源，而这些国家和地区，捕捞规模小，技术落后，他们也迫切需要以资源换技术、换发展。所以我们与外国搞合作，借此发挥我们的生产潜力，扩大渔业资源的可捕量，实现我国渔业资源集约化利用和维护我国海洋环境生态平衡，减少我国海洋灾害的一种势在必行的良策。

（二）海水养殖业

1. 优化海水养殖业结构。通过人为措施积极影响海水生物养殖品种的生长过程，重点发展浅海养殖，扩大人工养殖、放流和人工鱼礁的比例，加快专业化、工厂化养殖基地的建设，实现海水养殖业的良性扩张。同时，要通过对现有海水增养殖生物品种的改良，通过对潜在经济养殖生物种类的开发，以及对具有经济价值高和优良生物学性状的国外品种的引进，使海水增养殖生物品种的数量和质量有一个新的飞跃。此外，要建立海水养殖集约化经营机制和行业技术规范，鼓励高新技术及其装备在海水养殖业中的应用，发展海水养殖业相关产业（饲料、苗种、养殖药物、添加剂、养殖器材、保鲜加工）及娱乐型和休闲型海水养殖业等，使海水养殖业在整体结构上更趋于合理化。

2. 加强水产养殖排放水处理技术研究。普通的养殖排放水处理方法有生物滤池、生物转盘、生物转筒和过滤装置，目前正在研究应用的渔业养殖水质净化新技术有臭氧水处理新技术、高分子重金属吸附剂等。Dimitri 等用聚合水凝胶去除水产养殖废水流出物中的活性氮和磷，使磷酸盐的去除率达到 98%，亚硝酸盐为 85%，硝酸盐为 53%。我国对集约化养殖排放水处理的研究取得了一定进展，如贝类养殖处理污水工程技术、植物净化工程技术、生物净化工程技术、鱼菜共生工程技术

和系统工程技术等①。

四、科学开发沿岸海域

1. 合理进行沿岸海域规划和开发。在进行港口及沿岸海域规划和开发时除了要满足人类陆域经济活动的要求之外，还要从海域的特性及海域的特点充分考虑进行可持续性开发并进行海陆一体的综合环境管理和环境创造，同时进行合理的生态系统规划。港址选择在注重经济效益的同时，更要注重生态效益。因此，选择港址时应考虑尽量少占农田，港址最好选择在城市的下方侧等环境保护措施。

2. 严格控制海岸生产性开发活动。因地制宜地完善海岸带功能区划，加强对海上及海岸工程项目的环境评价及监测管理。优先发展科技含量高、污染轻的高新技术产业和环保产业，充分利用环境友好技术和清洁生产技术，有效地降低污染物排放量；建立海岸带综合管理示范区，强化海岸带综合管理，控制沿海土地的破坏性开发，减少沿海开发活动造成的海岸侵蚀及环境破坏。保护海水浴场、重要渔业水域和海水综合利用取水区等需要特殊保护的重要区域，强化海上污染管理，联合各涉海管理部门，建立海上污染应急反应机制。

3. 科学设计港口及海岸建筑物。在港口及其他海洋建筑物的规划与设计阶段，要对防灾建筑物的各个部位进行结构设计和材料选择。结构形式的选取既要考虑安全、耐久和美观，也要充分考虑利用透水结构的可能性，以保证海水的交换和海洋生物的游动，使建筑物为沿岸生物提供栖息之处，确保生态系统持续生息所必需的条件。使用多孔材料的建筑物，有利于海洋微生物的附着，用海洋微生物分解海水中的有机物，净化海水，减少海洋环境灾害，提高海洋的经济效益。

参考文献

1. 贾晓平、林钦等：《我国沿海水域的主要污染问题及其对海水增养殖的影响》，载《中国水产科学》1997 年第 4 期。

2. 赵领娣、胡燕京：《我国海洋环境保护的对策》，载《宏观经济管理》2000年第 6 期。

3. 张洪温：《中国海洋渔业资源生产能力及其可持续发展对策研究》，中国农业科学院研究生院，2001 年第 6 期。

---

① 赵安芳、刘瑞芳：《水产养殖对水环境的影响与污染控制对策》，载《平顶山工学院学报》2003 年第 12 期。

4. 舒廷飞、罗琳等：《海水养殖对近岸生态环境的影响》，载《海洋环境科学》2002 年第 5 期。

5. 赵领娣、冯士筰：《海洋环境保护：中国海洋经济可持续发展的关键》，载《2002 年海洋科技与经济发展国际论坛论文集》2002 年 7 月。

6. 杨德前：《我国海水养殖业可持续发展中存在的问题及对策》，载《北京水产》2003 年第 4 期。

7. 徐秦、方照琪：《船舶对海洋环境的污染及对策》，载《中国水运》2003 年第 11 期。

8. 赵安芳、刘瑞芳：《水产养殖对水环境的影响与污染控制对策》，载《平顶山工学院学报》2003 年第 12 期。

9. 王婷、宋亮、赵文：《赤潮及其对渔业经济的影响》，载《中国渔业经济》2005 年第 6 期。

10. 刘康、姜国建：《山东海洋环境问题与管理对策分析》，载《海洋开发与管理》2005 年第 6 期。

11. 罗英：《简论船舶对海洋的污染及防治》，载《浙江国际海运职业技术学院学报》2006 年第 3 期。

12. 王淼、胡本强等：《我国海洋环境污染的现状、成因与治理》，载《中国海洋大学学报（社会科学版）》2006 年第 5 期。

13. 赵文芳：《海上溢油污染的危害与防治措施》，载《生产与环境》2006 年第 6 期。

14. 《海水养殖业发展需要突破五大难关》，http：//www.zgyy.com.cn/hydt/hysearch.asp，2003 - 11 - 8。

15. 《关于 2003～2010 年海洋捕捞渔船控制制度实施意见》，http：//www.cnr.cn/home/column/lsjj/hyyy/200411020307.html，2004 - 11 - 2。

16. 《海洋资源可持续利用初探》，http：//www.gongxue.cn/guofangshichuang/Print.asp？ArticleID = 7228，2005 - 12 - 8。

17. 《赤潮的危害》，http：//www.gov.cn/ztzl/content_ 355306.htm，2006 - 8 - 5。

18. 《简述我国的海洋环境问题及对策》，http：//zhidao.baidu.com/question/17275086.html？fr = qrl3，2007 - 1 - 4。

19. 《2006 年中国海洋环境质量公报》，http：//www.soa.gov.cn/hygb/2006hyhj/2.htm，2007 - 1 - 20。

20. 《2004 年中国全海域海水水质污染加剧》，http：//news.xinhuanet.com/

newscenter/2005 – 01/09/content_ 2435973. htm，2007 – 1 – 23。

21. 《中国海洋旅游资源可持续发展》，http：//www. zsctrip. com/UpLoadFiles/NewsPhoto/xufazhan. pdf，2007 – 1 – 23。

22. 《2005 年中国海洋环境质量公报》，http：//www. soa. gov. cn/hygb/2005hyhj/3. htm，2007 – 1 – 25。

23. 《过度捕捞造成渔业资源日趋衰退》，http：//lwl. czyz. com. cn/hyzy/huanjing/guodubulao. htm，2007 – 1 – 25。

第八章 澳大利亚海洋公园分区计划对我国海洋灾害与海洋收入问题的启示

　　近年来，我国海洋灾害频频发生，对人民的生产生活造成了极大的影响，尤其是赤潮等由人类活动引起的海洋自然灾害，以及渔业资源枯竭等恶劣后果都对我国国民收入造成了巨大的损失。如 2005 年中国因赤潮产生的直接经济损失就达到 6 900 万元。而赤潮，除了极少的一部分是由海洋自身引起的，绝大部分都是因为人类活动而导致，过度工业废水和生活污水的排放、人工养殖的饵料及排泄物的大量注入严重破坏了海洋自身的生态平衡，是导致赤潮发生的主要原因；过度捕捞加剧了海洋生物种的大量减少，这又反过来影响了人类尤其是沿海渔民的经济收入。

　　海洋公园，作为一种保护海洋资源与环境的形式，其本质与我国的海洋自然保护区相似，都是为了维持海洋自然多样性，保护海洋物种及生态环境的健康发展，通过法律或行政手段划取一定的海域及陆地范围作为保护范围，实施特殊的保护及开发政策，以使保护对象得以保存、延续、恢复和发展或尽可能保留其原始风貌，留存后世。海洋公园和海洋自然保护区正是希望通过科学有效的论证分析和行政能力的有效执行，实行特殊的、具体的规则政策来保证生物物种的多样性和生态环境的平衡，并在此基础上合理有效地利用海洋资源发展海洋经济，增加当地人民的收入。通过对海洋环境和海洋生物资源的保护，减少因环境破坏和物种灭绝引起的海洋灾害对人类的影响，提高改善人类的生活，促进我国海洋经济的发展。由此可见，海洋公园和海洋自然保护区的设立对于减少海洋灾害增加海洋收入是有重要意义的。

　　而我国的海洋自然保护区制度尚不十分完善，重开发，轻保护，对保护海洋生物物种的多样性和海洋环境方面的制度建设尚不成熟；而澳大利亚的海洋公园则有许多值得我们借鉴的地方，比如它依据分区计划，从海洋生物物种多样性的维护和海洋生态环境的保护出发，通过保护环境来减少海洋灾害，尤其是上述赤潮等人类活动引起的海洋自然灾害的发生，同时保护各种海洋渔业资源，增加渔民收入。此

外澳大利亚的海洋公园将当地的文化遗产保护提高到与自然资源保护同等重要的地位，通过保护各种独特的文化资源，形成各个地区的特色，发展旅游经济，从而增加了当地的海洋收入。这一点尤其值得我们学习借鉴。

由此可见，海洋公园或海洋自然保护区的成功运行，对于防止海洋人为灾害，增加渔民收入有重要意义，同时对于继承文化遗产，发展旅游经济也会产生重要作用。

第一节 海洋公园分区计划概述

一、澳大利亚海洋公园分区计划的背景

澳大利亚大陆具有世界上独一无二的地理位置，其生物和资源都是千年演变的结果，它拥有着 100 万种不同的自然物种。这块国土上 80% 以上的开花植物、哺乳动物、爬行动物和蛙类动物以及大部分的鱼类和接近一半的鸟类都是其特有的。而澳大利亚的海洋环境中生活着 4 000 种鱼类、500 多种珊瑚、50 种海洋哺乳动物和多种海鸟。南澳大利亚海域发现的大约 80% 的海洋物种在世界其他地方都难觅踪迹。

澳大利亚致力于海洋环境保护、可持续应用和生物多样性保护，目前，澳大利亚有 194 块海域属于保护范围，总面积近 6 500 万公顷，其中包括大堡礁海洋公园、鱼类栖息保留地、禁渔区和鱼类保护区。澳大利亚联邦政府负责其中 31 块保护海域，其他的保护区则由各州和地区管理。

澳大利亚政府认为海洋公园是一个多用途园区，旨在保护海洋生物多样性代表性，兼顾各种娱乐和商业活动。园区内的热门活动包括商业、休闲垂钓、潜水、鲸豚研究、划船、游泳、冲浪等活动。为了达到上述目的，澳大利亚分别通过 1997 年的《海洋公园法（Marine Parks Act）》和 1999 年的《海洋公园规则（Marine Parks Regulation）》（该规则是建立在 1997 年《海洋公园法》的基础之上）规定了对海洋公园实行的分区计划。该海洋公园分区计划按照不同的用途在海洋公园内划分了避难区、环境保护区、一般用途区和特殊用途区，并分别为这些不同的区域设定了具体的目标和特殊条款。比如，为了实现对海洋生物物种的保护，分区计划对那些以科学研究、环境保护、公共健康或公共安全为目的却危害动植物的栖息地的活动制定了更具体的条款；为了更好的保护海洋公园内的文化遗产而对那些在特殊区域

内对当地土著人的生活、公共或非商业需求造成伤害的行为也做出了相应的规定。

二、澳大利亚海洋公园分区计划的主要内容

1997 年的海洋公园法案（Marine Parks Act）要求为每一个海洋公园准备一个地带计划（Zone Plan）和一个运作计划（Operation Plan），即海洋公园分区计划。其中地带计划是一个独立的文件，它具体到了每一个地带的选址，每一个地带内允许的活动。这个运作计划大体规划了运作的日程。澳大利亚的海洋公园管理都是在海洋公园法案的基础上结合自己的实际分别制定相关的法律进行的，此处主要以杰维斯湾海洋公园为例。杰维斯湾海洋公园管理当局要求按照 1997 年海洋公园法案实行分区计划来保护杰维斯湾海洋公园并进行可持续使用。

具体的海洋公园分区计划包括：栖息地和物种保护，为了生态可持续发展使用的管理活动，比如钓鱼、看鲸、潜水；要素文化管理和非要素继承；污染控制、海洋害虫管理和其他管理体制；科学研究、社区教育及许可证管理。

（一）生物多样性的保护

杰维斯湾海洋公园的海洋环境是一个包含了热带和温带的多样化生物的独特的环境。多种物种存在于河口，岩石礁，沙滩和公共海面灯的海洋公园内的多种栖息。整个海洋公园内的生态过程与依赖于具体的栖息地来繁殖、喂养，和受保护的各定居的和迁徙的物种相互关联。禁猎区和栖息地保护地带已经确定，以确保栖息地内的代表性地区的保护。譬如：栖息地保护管理方案，包括发展和实施泊船计划以防止锚对敏感栖息地的危害；为所有的船只发展和宣传泊船的实施规则等；物种保护，杰维斯湾海洋公园是很多海洋鸟类的栖息地，包括各种候鸟和留鸟。一些物种在他们的北部和南部的边界地区栖息。海洋公园的管理旨在保护海洋公园内的所有的海洋生物，特别是保护对人类的活动比较敏感的海洋物种和危险物种、受保护物种和濒危物种。这些物种包括鲸、海豚、海豹、灰色护士鲨、东方蓝魔鬼鱼、瘦弱的海蛟、优雅的热带海水鱼、企鹅和海鸟。

（二）生态的可持续利用

1997 年海洋公园法案的目的包括维护海洋公园里的生态生息进程，以及在符合法案的区域，提供可持续性使用鱼类资源和海洋濒危物种并提供公众欣赏的机会。生态可持续利用的原则在 1991 年环境保护管理法案中列出并且适用于 NSW 海

洋公园。他们包括：

预防性原则的使用，即如果有严重的环境破坏的危险时，不能以进行全面的科学性确认为借口拖延实施具体措施来防止环境继续恶化。我们应当努力维护下一代的环境健康、物种多样性和生产力及生态的完整性。

杰维斯湾海洋公园会满足一系列对该地区有重要社会的和环境意义的行为需求。这些活动包括休闲和商业捕鱼、潜水、划船以及沿岸活动。为了达到海洋公园的目标，确保所有活动是在一种环境可持续的方式下进行是很重要的，并且这种方式不会对栖息地或物种产生负面影响。具体的规定包括：捕鱼和水产养殖业区域；潜水；海洋哺乳动物的保护；船只；禁行区海岸野营活动的规定。

（三）本地文化的长久发展

本土社团对进入海洋公园的传统区域越来越重视，并力争那些对他们有重要意义和有潜在商业机会的地方不会通过海洋公园的规划和管理而丧失。

（四）遗产继承价值的保护

海洋公园内的遗产继承价值包括海底和海上的沉船和旧的码头。海岸景观提升了当地环境和海洋公园使用者的享用程度。这些景观对国家、整个杰维斯湾以及周边地区和列在国内房地产登记簿上的该地区的具体地点，都有重要意义。这一计划列出了保护这些特色的纲要。

（五）其他

在这个计划中，其他方面没有涉及的事项包括：污染控制和事故的管理方案；大规模的害虫物种管理措施；海洋公园当局的碇泊和标示物管理方案；海洋公园所在地的发展。

第二节　海洋公园分区计划与我国海洋自然保护区模式的特点比较

海洋是一个特殊的生态系统，其公共物品的属性很强。在我国，从 20 世纪 60 年代开始，伴随着国家海洋局的成立，国家对海洋事业的日益关注，海洋资源开发利用的概念逐渐为人们所熟悉。在海洋开发利用过程中，重开发、轻保护的观念使

得海洋生态破坏现象十分严重。因此，海洋资源环境的保护逐渐引起了人们的高度重视。

一、我国自然保护区模式概述

（一）我国海洋自然保护区的背景及发展历程

所谓海洋自然保护区是指为了人类持续发展，维持海洋自然多样性、丰富性，对海洋自然要素中具有不同价值的对象及其分布区，依据法律和规定程序选划出来，并经权力机关批准而予以建区保护和管理的海洋地理区域，以使保护对象得以保存、延续、恢复和发展或尽可能保留其原始风貌，留存后世。

我国海域纵跨 3 个温度带（暖温带、亚热带和热带），具有海岸滩涂、河口、湿地、海岛、红树林、珊瑚礁、大洋上升流等多种生态系统。中国海洋生物物种、生态类型和群落结构表现为丰富的多样性特点。

但是作为一个发展中国家，随着沿海地区社会经济的迅速发展，我国面临的海洋生态环境问题也越来越突出。20 世纪 80 年代以来，由于陆源污染物入海量的剧增和沿岸海域的过度开发，使我国海洋生态环境遭到了严重破坏。截至 2002 年，我国累计损失滨海湿地面积约 219 万公顷，占滨海湿地总面积的 50%；20 世纪 50年代，全国红树林面积约 5.5 万公顷，而到 2002 年，红树林面积已不足 1.5 万公顷；我国珊瑚礁种类约 200 多种，由于大量开采，近岸海域珊瑚礁生态系统已受到严重破坏。而且由于人为原因引起的海洋灾害越来越严重，比如近年来我国近海赤潮发生次数就呈明显增加趋势。20 世纪 90 年代，近海赤潮平均每年发生二三十次，到 2002 年，这一数字上升为 79 次，2003 年更达 119 次。

海洋是一个巨大的资源宝库，人类社会的可持续发展必将会越来越多地依赖于海洋。随着我国海洋开发战略的实施，海洋经济对国民经济的贡献率也必将不断提高。因此，加强海洋环境保护和生态环境的修复，是海洋经济可持续发展的重要保障。加强海洋自然保护区建设是保护海洋生物多样性和防止海洋生态环境全面恶化的最有效途径之一。海洋和海岸保护区通过控制干扰和物理破坏活动，有助于维持生态系统的生产力，保护重要的生态过程。海洋保护区的主要作用是保护遗传资源。为了海洋物种和生态系能够持续利用，必须既保护生态过程，又保护遗传资源。

我国的海洋保护区建设最早可追溯到 1963 年在渤海海域划定的蛇岛自然保护区（1980 年升级为国家级海洋自然保护区）。1982 年我国《海洋环境保护法》指

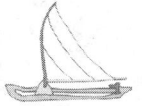

出："国务院有关部门和沿海省、自治区、直辖市人民政府，可以根据海洋环境保护的需要，划出海洋特别保护区、海上自然保护区和海滨风景游览区，并采取相应的保护措施。"

1988年7月，中国确立了综合管理与分类型管理相结合的新的自然保护区管理体制，规定"林业部、农业部、地矿部、水利部、国家海洋局负责管理各有关类型的自然保护区"；11月份，国务院又确定了国家海洋局选划和管理海洋自然保护区的职责。1989年初，经过中央及地方相关单位的调研、选址及建区论证工作，昌黎黄金海岸、山口红树林生态区、大洲岛海洋生态区、三亚珊瑚礁、南麂列岛等五处海洋自然保护区被列为我国第一批国家级海洋自然保护区。

1994年12月由国务院发布的《自然保护区条例》开始实施，规定凡在中华人民共和国海域和中华人民共和国管辖的其他海域内建设和管理自然保护区，必须遵守本条例，从而为海洋自然保护区的建设、管理提供了法律依据。1995年，我国有关部门制定了《海洋自然保护区管理办法》，贯彻养护为主、适度开发、持续发展的方针，对各类海洋自然保护区划分为核心区、缓冲区和试验区，加强海洋自然保护区建设和管理。

进入21世纪以来，我国已先后实施《全国环境保护"十五"计划》、《全国生态环境保护纲要》、《中国近岸海域海洋环境功能区划》、《渤海碧海行动计划》等，取得了相当的进展。2006年环保总局组织制定《全国海洋、海岸带环境保护规划》，将以实现海洋经济的可持续发展为目标，以海岸带和近岸海域生态保护为重点，加强海岸带生态环境保护的监督管理，建立海岸带生态环境保护和管理示范区，促进海岸带生态环境的改善。

目前我国已建立了30个国家级海洋自然保护区和60个地方级海洋自然保护区，这些自然保护区涵盖了中国海洋主要的典型生态类型，保护了许多珍稀濒危海洋生物物种，对海洋生物多样性和生态系统的保护发挥了重要作用。

（二）我国海洋自然保护区的现状

依照我国自然保护区分类，我国海洋自然保护区分为6个类型（见表8－1）。其中海洋和海岸带生态系统保护区数量最多，共54个，占总数的50%；野生动物类保护区面积最大，共6.2×10^6公顷，占海洋自然保护区总面积的82%。

到目前为止，我国已经建立了包括国家、省、市、县级的海洋自然保护区108个，总面积达7.69×10^6公顷（不含中国台湾、香港地区和澳门地区），这些保护区分属海洋、林业、环保、农业、国土等部门管理。

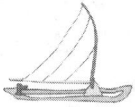

表 8 - 1　　　　　　　　　海洋自然保护区类型、数量和面积

类　　型	个数（个）	面积（公顷）
古生物遗迹	2	3 217
野生植物	2	9 000
湿地和水域生态系统	5	91 275
地质遗迹	7	14 348
野生动物	38	6 225 307
海洋和海岸带生态系统	54	1 350 009
合　　计	108	7 693 156

表 8 - 2　　　　　　　　我国部分国家级海洋自然保护区相关信息表

保护区名称	建立年月	所在地	主管单位	面积（公顷）	保护内容
蛇岛—老铁山自然保护区	1980.8	旅顺口	国家环保总局	17 000	候鸟蝮蛇及生态系
双台河口水禽自然保护区	1988.5	盘锦市	国家林业局	80 000	丹顶鹤、白鹤、天鹅等珍禽
昌黎黄金海岸自然保护区	1990	昌黎县	国家海洋局	30 000	沙丘、林带
天津古海岸与湿地自然保护区	1992	天津市	国家海洋局	21 180	贝壳堤、牡蛎滩古海岸遗迹及湿地生态系
黄河三角洲自然保护区	1992.10	东营市	国家林业局	153 000	原生性湿地及珍稀动物生态系
盐城珍禽自然保护区	1992	盐城市	国家环保总局	453 000	丹顶鹤等珍禽及滩涂湿地
南麂列岛海洋自然保护区	1990	浙江平阳	国家海洋局	20 106	岛屿及海域生态系统、贝藻类
深沪湾海底古森林遗迹自然保护区	1992	福建晋江市	国家海洋局	3 400	海底古森林、牡蛎礁遗迹
惠东港口海龟自然保护区	1992	广东惠东县	农业部	800	海龟及其产卵繁殖地
内伶仃岛 - 福田自然保护区	1988	广东深圳市	林业局	858	猕猴、鸟类和红树林
鸭绿江口滨海湿地自然保护区	1997	辽宁东港	国家环保总局	112 180	沿海滩涂、湿地生态环境及水禽、水鸟
湛江红树林自然保护区	1997	广东廉江市	林业局	11 927	红树林生态系统
山口红树林生态自然保护区	1990	广西合浦县	海洋局	8 000	红树林生态系统
合浦儒艮自然保护区	1992	广西合浦县	环保总局	86 400	儒艮、海龟、海豚、红树林等
东寨港红树林自然保护区	1986.7	海南琼山市	林业局	3 337	红树林及其生态环境

保护区名称	建立年月	所在地	主管单位	面积（公顷）	保护内容
珠江口中华白海豚保护区	1999.10	广东省	广东省	460	
大洲岛海洋生态自然保护区	1990.9	海南万宁市	海洋局	7 000	岛屿及海洋生态系统、金丝燕等
三亚珊瑚礁自然保护区	1990	海南三亚市	海洋局	8 500	珊瑚礁及其生态系统
厦门海洋珍稀生物自然保护区	1999	福建厦门市	海洋局	6 300	文昌鱼及其生态系统

海岸和海洋自然保护区的建立，保护了具有较高科研、教学、自然历史价值的海岸、河口、岛屿等海洋生境，保护了中华白海豚、斑海豹、儒艮、绿海龟、文昌鱼等珍稀濒危海洋动物及其栖息地，也保护了红树林、珊瑚礁、滨海湿地等典型海洋生态系统。比如，2003 年各保护区进一步加大了宣传工作和管理力度，保护区内基本杜绝了乱砍红树林、采挖珊瑚礁、炸鱼、捕鱼的现象，鱼群数量明显增多。保护区内红树林逐步恢复，保持和恢复了红树林生态系统基本的生态动力学过程和生态学功能，维护了红树林生态系统中物种的基本生命过程和生物多样性。广西山口国家级红树林自然保护区内生态系统逐渐恢复红树林生长茂盛，植物种类达 14 种，直接或间接地依赖于红树林系统生存的生物超过 800 种，其中，鱼类 40 余种，浮游生物 120 余种，底栖生物近 300 种。珊瑚礁生态有一定程度的恢复，三亚国家级珊瑚礁自然保护区加强了珊瑚病害调查与繁殖研究工作，积极研究珊瑚礁恢复技术，促进珊瑚礁的加速生长和恢复并取得了一定进展。通过控制陆源污染和海上污染源等有效的防污治污措施，使保护区海域水质达到一类海水水质标准，区内珊瑚礁及其生态保护和恢复取得明显成效。

然而，我国海岸和海洋自然保护区面临的问题依然十分突出，资源开发与保护的矛盾日益加剧，人为破坏等现象还未彻底杜绝。2003 年环保总局发布的中国海洋环境状况报告显示，我国近海传统优质渔业资源日趋枯竭，生物资源严重衰退，鱼群种类和数量减少，海洋生物多样性下降，一些珍稀物种处于濒危状态。以双台河口自然保护区为例，2003 年保护区水域与 20 世纪 80 年代同期相比，鱼卵和仔鱼的种类及数量均明显降低，适于多种鱼类及其他海洋生物胚胎发育和幼体孵化的生境逐渐丧失，产卵场的功能严重退化。底栖生物趋向个体小型化，生物多样性降低，栖息密度显著增加，小型底栖贝类占绝对优势，经济生物数量明显减少，河口生态系统的经济价值显著下降。《2003 年海洋环境质量公报》指出我国海洋自然保

护区面临的问题依然十分突出，资源开发与保护的矛盾日益加剧，人为破坏等现象还未彻底杜绝，保护区机构尚不健全，管理水平落后，影响了海洋自然保护区功能的充分发挥。作为对海洋资源环境的一项挽救措施，海洋自然保护区没有取得令人满意的制度绩效，在现实中产生了一系列问题。

同时，目前我国沿海县区中有 67 个市县建立了各级海洋自然保护区，其中 22 个市县建立了国家级海洋自然保护区。我国国家级的海洋自然保护区分布极不均衡，集中分布的现象非常突出：在我国海岸线东北端的渤海海峡及海区集中分布了 7 个；在我国海岸线西南端的北部湾及海南岛周边集中分布了 8 个，从山东到广东漫长的海岸线上只有 9 个。生物多样性状况是决定是否建立保护区的最重要依据，"在保护力量有限的情况下，生物多样性关键地区应该优先得到保护"也已经成为国际通用做法，国家级海洋自然保护区未能覆盖生物多样性关键地区，而非关键地区的海南、广东和广西沿海国家级海洋保护区密布的事实说明我国保护区的选址和建设中存在不足，缺乏从国家层面上综合考虑海洋保护区总体规划并合理安排有限的保护力量。

（三）我国自然保护区制度的主要内容

我国海洋自然保护区管理办法的主要内容包括：

1. 海洋自然保护区以海洋自然环境和资源保护为目的。

2. 凡具备下列条件之一的，应当建立海洋自然保护区：典型海洋生态系统所在区域；高度丰富的海洋生物多样性区域或珍稀、濒危海洋生物物种集中分布区域；具有重大科学文化价值的海洋自然遗迹所在区域；具有特殊保护价值的海域、海岸、岛屿、湿地；其他需要加以保护的区域。

3. 国家海洋行政主管部门负责研究、制定全国海洋自然保护区规划；审查国家级海洋自然保护区建区方案和报告；审批国家级海洋自然保护区总体建设规划；统一管理全国海洋自然保护区工作。沿海省、自治区、直辖市海洋管理部门负责研究制定本行政区域毗邻海域内海洋自然保护区规划；提出国家级海洋自然保护区选划建议；主管本行政区域毗邻海域内海洋自然保护区选划、建设、管理工作。

4. 海洋自然保护区可根据自然环境、自然资源状况和保护需要划为核心区、缓冲区、实验区，或根据不同的保护对象规定绝对保护期和相对保护期。核心区内，除经沿海省、自治区、直辖市海洋管理部门批准进行的调查观测和科学研究活动外，禁止其他一切可能对保护区造成危害或不良影响的活动；缓冲区内，在保护

对象不遭人为破坏和污染前提下，经该保护区管理机构批准，可在限定的时间和范围内适当进行渔业生产、旅游观光、科学研究、教学实习等活动；实验区内，在该保护区管理机构统一规划和指导下，有计划地进行适度开发活动；绝对保护期即根据保护对象生活习性规定的一定时期，保护区内禁止从事任何损害保护地区的活动；经该保护区管理机构批准，可适当进行科学研究、教学实习活动。

5. 在海洋自然保护区内禁止下列活动和行为：擅自移动、搬迁或破坏界碑、标志物及保护设施；非法捕捞、采集海洋生物；非法采石、挖沙、开采矿藏；其他任何有损保护对象及自然环境和资源的行为。

二、澳大利亚海洋公园分区计划与我国海洋自然保护区模式的比较

通过前面对澳大利亚海洋公园分区计划的背景及主要内容和意义的探讨，以及对我国自然保护区制度的分析，我们可以分别得出两种自然保护区制度的特点。

（一）澳大利亚海洋公园分区计划的特点

1. 从战略出发。澳大利亚海洋公园分区计划并不是从短期内着眼，而是从长期的战略出发，秉承澳大利亚一贯的环境保护政策，从保护生物物种的多样性、促进整个生态系统的平衡发展的角度来制定具体的规则。比如其中具体的运作计划包括：栖息地和物种保护，为了生态可持续发展使用的管理活动，比如钓鱼、看鲸、潜水；要素文化管理和非要素继承；污染控制，海洋害虫管理，和其他管理体制；科学研究、社区教育及许可证管理。同时在该计划发展过程中，海洋公园权力机构把其他机构的战略特别是相关的国家海洋管理局的战略也考虑进来。

2. 为了实现海洋生物的多样性及生态可持续利用。该分区计划意识到海洋公园作为一个完整的生态系统，各种生物息息相关，必须通过多样化的生物及其复杂生态链来保持这个巨大系统的平衡。而该分区计划就是要通过划分不同的保护区域来减少人类活动，如捕鱼、潜水等活动对海洋生物物种的伤害，保护各生物物种的繁殖延续，保持生态的可持续利用。

3. 将文化及非遗产继承物质等考虑在内。区别于以往的海洋环境保护计划，澳大利亚海洋公园分区计划把海洋公园所在区域内的文化传统等非物质遗产的保护也作为主要内容之一。通过充分保护和发扬当地的优秀文化传统，保护当地的土著居民和原住居民，保护极其珍贵的精神文化遗产。同时将海上陈旧码头、海底的沉

船及海岸上的景观等非遗产继承物质视为海洋公园发展的对象之一，将其作为海洋公园的特色之一。

4. 人与自然的和谐发展。澳大利亚的海洋公园分区计划并没有一味地从海洋生物物种保护的自然角度出发，盲目禁止一切诸如钓鱼、潜水等有可能损害生态环境的人类活动，也没有只为了商业利益和人类的需要过分地强调对海洋资源的开发利用，而是根据人与自然和谐发展的原则，既保护生物资源和环境，也满足人类和商业的需要。

(二) 我国海洋自然保护区制度的特点

1. 单一物种的保护，而不是物种的综合保护。我国的海洋自然保护区实行以单一特征为保护对象，某一保护区内就以单独一种海洋资源作为重点保护对象，如三亚珊瑚礁自然保护区主要是保护珊瑚礁，双台河口水禽自然保护区又主要以丹顶鹤、白鹤和天鹅为保护对象。这种单纯的单一物种保护的做法并不十分科学，自然界是一个完整的生态系统，每一个自然保护区内的各种动植物都有完整的生物链，单独强调对某一种生物的保护反而有可能会损害到其他生物的生存，形成脆弱的生态平衡，最终破坏掉整个生态系统的平衡。因此，这种单一的物种保护对于赤潮等海洋灾害的抵御能力较差，同时，这种脆弱的生态系统不利于海洋生物多样性的保护，更不能很好地促进海洋生物的多样性发展，对于捕捞、养殖等增加渔民收入活动的促进作用不大，不能够较好地发展海洋经济。

2. 分级管理导致保护水平的差异。国家级海洋自然保护区和地方级海洋自然保护区保护水平差距大。一般来说，国家级的海洋自然保护区由于是国家直接拨款，所以保护力度要比地方级海洋自然保护区大，效果自然要好。海洋自然保护区与陆地上其他类型的自然保护区不同，对基础设施、科研水平要求相对来说要高很多。资金投入不足直接影响自然保护区日常工作的展开。较差的保护水平对于保护区内各生物的保护作用相当有限，不能很好地保护生物和环境，就无法达到其本来的目的。

3. 缺乏可实行的具体细则。由上面的具体内容可以看出，我国的海洋自然资源管理办法只是大致规定了自然保护区的目的、分级、区域划分和禁止的活动，但是并没有更详细地说明，也没有具体的可行性细则，这样很不利于保护区管理工作的进行。比如国家规定只说自然保护区可根据自然环境、自然资源状况和保护需要可分为核心区、缓冲区、实验区，非常模糊，不确定，容易造成工作上的混乱，不利于各级保护区工作的有效开展。

4. 缺少文化遗产方面的规划。我国海洋自然保护区制度并没有把优秀的文化遗产作为一种海洋资源纳入规划保护的范围之内，而是认为只有自然资源和环境才是应保护的对象。文化也是一种资源，而且是自然保护区内不可忽略的重要资源。一定的自然景观只有赋予了具体的、鲜明的文化意义才会更有价值，而且也只有充分地继承和发扬文化资源，才能形成一个地区的特色，这样才能更有利于发展旅游经济，增加当地人民的收入，促进当地经济的发展，这也是发展海洋经济的重要途径之一。

（三）小结

由此可见，澳大利亚的海洋公园分区计划着重从保护物种的多样性出发，同时保护海洋公园所在地的文化资源和非遗产继承物质，制定细致可行的规章制度，力图促进海洋生物多样性及海洋环境的保护，发展海洋渔业经济、休闲旅游经济等，促进海洋与人类活动的和谐发展。而我国的海洋自然保护区制度还缺乏从战略层面的规划，制度的可执行性较差，分层管理制度导致各级管理机构的混乱，同时一个保护区往往只注重单一物种的保护，忽略了海洋本身的系统性和不可分割性，由此削弱了对海洋生物物种的保护效果和海洋灾害的预防作用，不利于海洋的整体性保护和海洋经济的全面发展。另一方面，并没有把海洋自然保护区所在地的文化遗产视为保护区的保护对象之一，海洋文化破坏严重，阻碍了海洋经济的长远发展。

第三节　海洋公园分区计划对防治海洋灾害、增加海洋收入的作用及启示

一、海洋公园分区计划对减少海洋灾害、促进渔民收入的作用及启示

根据《杰维斯湾海洋公园运行计划（Operational Plan for Jervis Bay Marine Park）》，该海洋公园是一个多用途园区，其目的旨在保护海洋生物多样性，同时兼顾各种娱乐和商业活动，包括商业捕鱼、休闲垂钓、潜水、划船、游泳、冲浪等活动。根据《海洋公园法》，海洋公园管理局将公园分为不同的区域，并制定相应的

规定，以确保海洋生物多样性和公园的规范使用。海洋公园分区如图 8-1 所示。

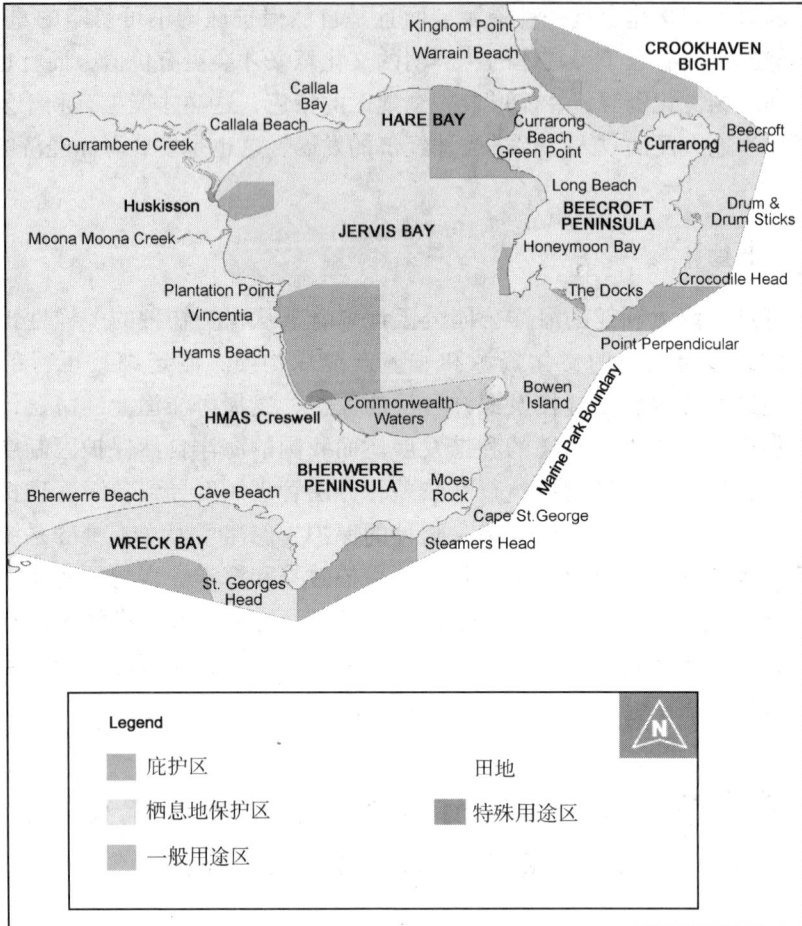

图 8-1　杰维斯湾海洋公园分区

资料来源：Jervis Bay Marine Park-Guide to Zones，MPA Jervis Bay DL，1/10/02，P. 1.

庇护区（Sanctuary Zone）。对海洋公园内的动物及其栖息地、植物及有重要意义的文化所在地提供最高水平的保护，在庇护区内禁止任何的捕鱼、打捞和其他任何有害于区内动植物及栖息地的行为。泊船在庇护区内的某些区域内也是严格禁止的。

栖息地保护区（Habitat Protection Zone）。在该区域内通过保护动植物的栖息

地和减少冲击性行为来有效保护生物的多样性，允许休闲渔业和某些形式的商业捕鱼。

特殊用途区（Special Purpose Zone）。允许水产养殖、游船及科研行为等一系列特殊用途。

一般用途区（General Use Zone）。允许大部分的休闲渔业和商业捕鱼行为，但是禁止一些破坏生物可持续性的捕鱼行为。

（一）对赤潮等海洋环境灾害的防治

海洋公园拥有良好的水质环境，是进行水产养殖的优良场所。但是由图8-1可以看出在杰维斯湾海洋公园内特殊用途区的面积非常小，只有Hukisson和HMAS Creswell两处非常小的区域划为特殊目的区。根据《杰维斯湾海洋公园修正法案（2002年）（2002 Marine Parks Amendment（Jervis Bay）Regulation）》中第18C条款规定，仅允许在有关部门的同意下在海洋公园的特殊用途区进行水产养殖，但是在Huskisson Wharf特殊用途区和HMAS Creswell特殊用途区，禁止水产养殖。也就是说在杰维斯湾海洋公园内不允许进行水产养殖。

其原因是因为，首先，进行水产养殖由于使用NaCN、三唑磷对养殖塘进行消毒、杀菌，严重污染近岸海水，破坏近岸滩涂的生态平衡，也影响水产养殖自身质量；其次，高密度养殖投入的多余饵料及养殖排泄物随海水排放时造成氮（N）、磷（P）污染，导致海水富营养化，加剧沿海赤潮的形成；最后，管理部门经过分析论证发现，面积为126平方千米的杰维斯湾，是一个半封闭的小海湾。此海湾是一个低能量的环境系统，冬季，大气降温伴随着风暴咆哮着穿过澳大利亚东南部，给杰维斯湾带来了强风以及海表面的热量损失。在一段时间的降温之后，湾内海水表面产生强的反气旋式涡旋而近底层产生较弱的气旋式涡旋。随着底层冷水流出海湾，暖的陆架水从表层流入，并且反气旋式的涡旋被两个反向的涡环所代替：海湾北部的气旋以及南部的反气旋。和冬季表层降温事件有关的冲刷时间，受表层冷却的持续时间和强度大小的影响，具有一个星期的量级。

而在夏季该低能量系统的能量峰值有一个8天的次惯性频率（A Sub-inertial Frequency）。海湾中的潮流较弱，其主要分潮流M_2分潮流在湾口处速度为0.07米/秒，而在海湾的北部要小于0.01米/秒。夏季，近岸大陆架的陷波散射是驱动海湾环流的原因之一。近岸的陷波（CTW）沿着澳大利亚的东海岸向北传播，其周期为6~10天，并且在湾口生成湾内沿顺时针方向传播的斜压开尔文波。在夏季，海湾的冲刷时间估计约为15~17天。

如图 8-1 所示，Hukisson 和 HMAS Creswell 位于湾的西侧内部，如果进行海水养殖，其产生的污染物质经过 15~17 天才有可能流入大海。而在这 15~17 天的时间里，所有的污染物质就会滞留在杰维斯湾内，其对湾内的海洋环境和海洋生物所产生的危害将无法预测。鉴于这样的原因，在 Hukisson 和 HMAS Creswell 内禁止水产养殖，可以从源头上避免可能会产生的海洋灾害。

而在我国沿海的绝大部分地区，不论其自身的水质、水域有何特点，都在大力发展水产养殖，而不管是否适合发展水产养殖业，只是一味地追求经济效益，很有可能对海洋生物及海洋环境产生不可恢复的破坏。借鉴澳大利亚海洋公园的经验，我们首先应该根据不同区域的生物和环境特点将海区划为不同级别的区域，并制定相应的规范。同时，应该进行更细致深刻的研究，将不同海洋的海洋流流、海水特点考虑进来，防止一切可能的海洋灾害的发生，保护海洋生物的繁殖、生长，维持海洋生态系统的平衡，减少海洋灾害的发生，既能保护海洋生物和环境，又能避免经济损失，对环境和经济都具有重要的意义。

（二）对于增加渔民收入的影响

随着我国经济社会的发展和人口的不断增长，水产品市场需求增加与资源相对不足的矛盾日益突出。我国是世界上捕捞渔船和渔民数量最多的国家，由于长期采取粗放型、掠夺式的捕捞方式，造成传统优质渔业品种资源衰退程度加剧，渔获物的低龄化、小型化、低值化现象严重，捕捞生产效率和经济效益明显下降。受诸多因素影响，目前我国水生生物资源严重衰退，主要经济类渔业资源急剧减少；水域生态环境不断恶化，我国每年水域环境污染破坏渔业资源，损失的捕捞产量约 50 万吨，经济损失约 30 亿元；部分水域呈现生态荒漠化趋势，外来物种入侵危害也日益严重。多方面的影响使得海洋渔业自然资源严重衰退，渔民的经济收入来源受到巨大冲击。受此影响，我国渔民开始转向人工养殖，最终由于水域污染导致水域生态环境不断恶化。近年来，我国废水排放量呈逐年递增趋势，主要江河湖泊均遭受不同程度污染，近岸海域有机物和无机磷浓度明显上升，无机氮普遍超标，赤潮等自然灾害频发，渔业水域污染事故不断增加，水生生物的主要产卵场和索饵育肥场功能明显退化，水域生产力急剧下降；同时人类活动致使大量水生生物栖息地遭到破坏。水利水电、交通航运和海洋海岸工程建设等人类活动，在创造巨大经济效益和社会效益的同时，对水域生态也造成了不利影响，水生生物的生存条件不断恶化，加之外来物种的侵害，珍稀水生野生动植物濒危程度加剧。同时由于缺乏科学的规划，水产养殖的品种方面存在低层次、高重复性、养殖结构失调等缺陷，由此

产生了一系列的经济和环境问题。种种原因导致渔民的人工养殖也受到不利影响。

澳大利亚的渔业一直以海洋捕捞为主，水产养殖一直处于次要地位。但是由于全球性的过度捕捞对海洋资源的破坏，澳大利亚现在也开始转向水产养殖。澳大利亚水产养殖业自 20 世纪 90 年代中期起，年均增长率为 6%。1999/2000 年度水产养殖的总产值为 23.3 亿澳元（不包括珍珠在内）。而在 2002/2003 年度的总产值占到渔业总产值的 29%[1]。因此，虽然目前水产养殖业并不是渔业的主要部分，但是却是渔业的主要发展趋势，尤其对于我国这样一个海洋渔业资源并不丰富的国家，海水养殖具有更重要的意义。在澳大利亚海洋公园分区计划中将海洋公园特殊用途区内划出一定的海水养殖区，对海水养殖的品种做出了科学的规划和指导，帮助渔民进行科学的养殖。表 8-3 是海洋公园管理机构规定的可以在海洋公园内养殖的鱼类。

表 8-3 可在海洋公园内养殖的鱼类

普通名称	纲/科	种
有鳍的水族	硬骨鱼纲	
鲨鱼和魟鱼	软骨鱼纲	
海滩蠕虫	矶沙蚕科	所有种
东部龙虾，南部龙虾	龙虾科	南非静龙虾属，新西兰岩龙虾属
泥蟹，螃蟹	梭子蟹科	锯缘青蟹，远海梭子蟹
红蟹	方蟹科	无味斜纹蟹属
对虾	对虾科	所有种
噬菌虾，海螯虾，螯美人	虾科	所有种
新西兰剑鱿，南部鱿鱼	枪乌贼科	澳洲柔鱼属××
鲍鱼	鲍科	所有种
蝾螺	××	所有种
蚬	斧蛤科	××
商业扇贝，××	扇贝科	××
紫贻贝	贻贝类	××
悉尼海扇	蚶科	梯形蚶
泥蚝	牡蛎科	牡蛎属
海胆	海胆纲	××
蛙形蟹	蛙蟹科	蛙蟹蛙形蟹

资料来源：Operation Plan For Jervis Bay Marine Park，Marine Parks Authority，2003.10。

通过对养殖品种的规定，避免养殖结构的失衡和重复性，减少养殖污染对海洋环境的破坏，提高养殖的产量和质量，增加渔民的收入。

---

① 普宁：《澳大利亚的水产养殖业》，载《饲料广角》2003 年第 17 期。

同时，海洋公园管理机构颁布法规对公园内的海洋环境进行保护，保护公园内的各种生物，保护整个生态系统的平衡稳定，减少海洋自然灾害的发生，减少对养殖业的影响，促进养殖业的发展。

同时引入海洋公园资源管理的规则，禁止有害物种的引入；不允许在海岸公园中鱼类的栖息保护地进行水产养殖；发展社区教育，建立对病虫害的辨认和报告机制，在灾害发生前及时采取预防措施；用现有的国家检测计划和战略，在当地的海洋公园内执行入侵物种的风险评估。联合其他机构，为海洋公园发展制定一个大规模的害虫应对战略，通过这样的措施减少灾害对养殖业的影响，保护渔民的生产和收入；监控渔船在捕鱼区的分布、每单位捕鱼区内捕鱼量的变化；发布适宜的捕鱼区域。

二、海洋公园分区计划对于发展海洋旅游产业、增加经济收入的作用及启示

海洋旅游业是澳大利亚发展最快的行业之一。由图 8 - 2 可以看出，2002 ~ 2003 年海洋产业增加值增加最大的是海洋旅游（占全部海洋产业增加值的 42.3%），紧随其后的是海洋油气产业（41.8%）。

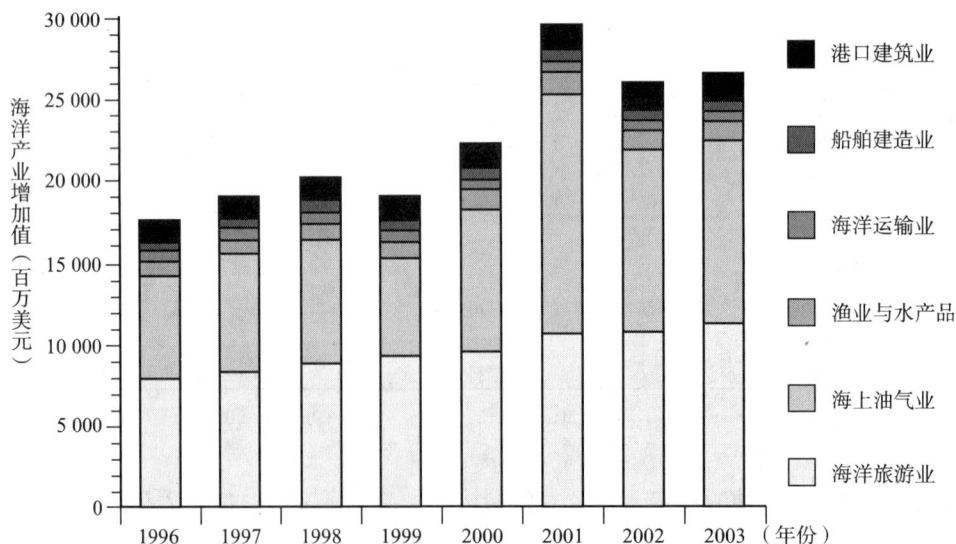

图 8 - 2　1996 ~ 2003 年澳大利亚海洋产业产值的年增加值变化

资料来源：《服务业——澳大利亚》，http：//www. servtrad. com/fwmy/Print. asp？ArticleID = 1248。

而另一方面，2003 年海洋产业大约提供了 253 130 个就业岗位，占全国产业就业总量的 3.5%；1996～2003 年间，海洋产业就业总数年均增长 2 个百分点，比同期全国产业平均年增长率高 1.4 个百分点。其中海洋旅游是所有海洋产业中最大的就业部门，2003 年雇佣了大约 190 620 人，占海洋产业总就业人数的 75.3%。如图 8－3 所示。

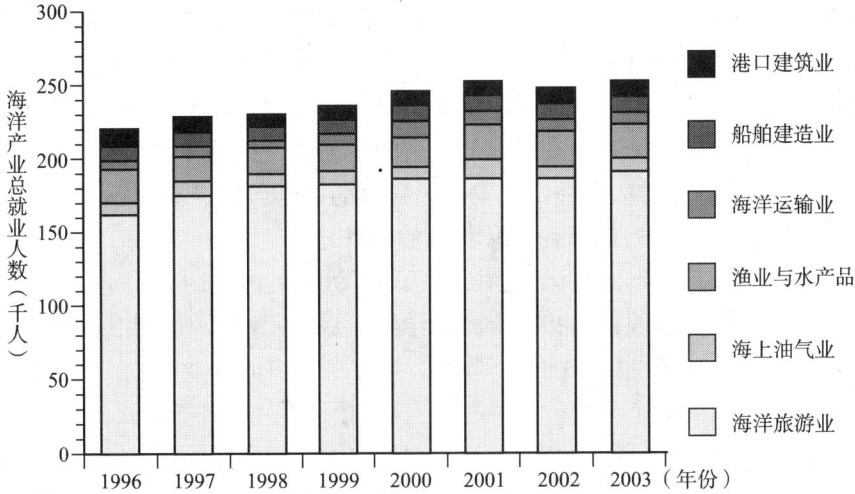

图 8－3　1996～2003 年海洋产业创造的就业岗位变化

近 10 年来，海外游客来澳人数总体呈上升趋势，2006 年，外国游客增长相对强劲，增幅为 2.8%，人数达 570 万，对经济增长的贡献率为 3.5%，达到 191 亿澳元。

由此可见，海洋旅游产业对澳大利亚的经济增长和就业的贡献非常大。而海洋旅游产业从其所依赖的资源方面可分为一般性的观光型旅游和体验型旅游，其中观光型旅游主要是对自然海洋景观、生物及特色海洋文化的观光欣赏；体验型旅游则主要包括休闲渔业、潜水业等对海洋资源的体验。

（一）对于一般性海洋观光旅游收入的作用及其启示

澳大利亚具有美丽的海岸线、多种多样的海洋生物和景观，以及独特的土著文化澳洲人文风情，每年都吸引了国内外大量游客前来观光旅游，因此这些自然资源和文化资源对于当地的经济和就业都具有十分重要的作用。政府也意识到这一点，

在海洋公园分区计划中制定了相应的措施。为了研究的目的，我们将海洋观光旅游分为海洋自然生态旅游业和海洋文化风俗旅游业两个方面。

1. 保护生物多样性、增加海洋旅游收入。作为一个独立的大洲，澳大利亚四面环海，东濒南太平洋，西邻印度洋，海岸线长达 3.6 万千米，如此绵长的海岸线拥有极为丰富的海洋生物物种。澳大利亚的海洋环境中生活着 4 000 种鱼类、500 多种珊瑚、50 种海洋哺乳动物和多种海鸟。南澳大利亚海域发现的大约 80% 的海洋物种在世界其他地方都难觅踪迹。澳大利亚海洋环境的最典型代表就是位于东北部外海的大堡礁，它是世界上最大的珊瑚礁岛群，绵延 2 000 多千米，总面积比英国和爱尔兰加起来还要大。这里景色迷人、险峻莫测，水流异常复杂，生存着 400 余种不同类型的珊瑚礁，其中有世界上最大的珊瑚礁，鱼类 1 500 种，软体动物达 4 000 余种，聚集的鸟类 242 种，有着得天独厚的科学研究条件，这里还是某些濒临灭绝的动物物种（如人鱼和巨型绿龟）的栖息地。

正是这些独特且丰富的海洋生物资源吸引了大量的海外游客，每年有大量的游客涌入澳大利亚旅游度假，这些珍贵的海洋生物是澳大利亚海洋旅游业的一个重要吸引力，并给当地带来了巨大的经济收入，创造了许多的就业岗位。海洋公园的设立正是为了更好、更集中地保护各种海洋生物和海洋环境，同时海洋公园也会满足一系列有重要社会的和环境意义的行为，包括休闲的和商业的捕鱼、潜水、划船以及沿岸活动。为了达到这一目标，就要确保所有这些人类活动是在一种环境可持续的方式下进行的，并且这种方式不会对海洋生物栖息地或物种的多样性保护产生负面影响。因此，澳大利亚的海洋公园分区计划中有大量的规定用于保护海洋生物的多样性和海洋环境的可持续性稳定。具体措施包括规定试图在海洋公园的产地保护区域进行捕鱼的行为是违法的；发展和完善有关泊船的规定避免对海洋生物栖息地的伤害；发展研究和检测活动来衡量和监测海洋生物的多样性；运行检测水质和其他环境指标的长期计划；评估潜水对海洋生物的影响；与当地政府一起实施减少垃圾的方案；政府、公园管理机构和其他动物保护组织一起监测候鸟的栖息地，合作取得整个海洋公园内海鸟喂养和筑巢的准确数据；在产地保护区域，人们不可以通过用潜水网（诱饵）来捕鱼（除非拥有相关的许可证），不可以通过围网来捕鱼；在 Hyams 海滩的产地保护区域，人们不可以用鱼叉来捕鱼；禁止为了收集水族馆标本而捕鱼；通过这些措施来对各种海洋生物进行保护，以大堡礁公园为例，以前大堡礁只有不到 5% 的地区被划为非捕捞区，而新的海洋公园分区保护计划实施后，大堡礁有 1/3 的地区将禁止捕鱼，禁渔区总面积达到 1 100 万公顷。同时大堡礁将被分成若干地区，进行不同方式和层次的管理和利用。有的地区受到十分严格

的保护，不允许在大堡礁上行走、采集和垂钓等活动。通过实行严格的保护措施来保护海洋生物的多样性和海洋环境的稳定安全，是海洋公园分区计划的重要内容之一，以此来促进海洋旅游经济的进一步发展。

　　我国的海洋自然保护区虽然也规定将其分为几个区，但是并没有细致地规定对海洋生物资源的保护，以及开发和利用。在《海洋自然保护区管理办法》（1995年）中规定可将海洋自然保护区分为核心区、缓冲区和实验区，在核心区内，除经沿海省、自治区、直辖市海洋管理部门批准进行的调查观测和科学研究活动外，禁止其他一切可能对保护区造成危害或不良影响的活动。在缓冲区内，在保护对象不遭人为破坏和污染前提下，经该保护区管理机构批准，可在限定的时间和范围内适当进行渔业生产、旅游观光、科学研究、教学实习等活动。在实验区内，在该保护区管理机构统一规划和指导下，有计划地进行适度开发活动。这些都是一些大概的规定，并没有具体地进行细节行为上的划分，这样就很不利于在实际行动中对海洋生物和环境的保护。另外，从发展海洋经济的角度出发，没有丰富多样的海洋生物和稳定平衡的环境，海洋自然保护区就失去了它的旅游价值，失去了它对游客的吸引力，对于当地海洋经济的发展和收入的提高起不到应有的促进作用。因此，我们应该借鉴澳大利亚海洋公园分区计划，在对海洋自然保护区分区的基础上制定细致可行的规则和标准，切实保护海洋生物，保证海洋生物的多样性，这样才能真正实现海洋自然保护区存在的意义，同时，海洋生物的多样性又可实现海洋公园的旅游价值，可以很好地促进海洋旅游业的发展，带动当地海洋经济的发展，促进收入的提高。

　　2. 保护文化多样性增加海洋旅游收入。海洋旅游业不仅与海洋自然生物资源有关，还与当地的海洋文化、风俗习惯有关。游客不仅希望能够领略到多姿多彩的自然风光，也希望能够感受到独具特色的文化环境。在某种意义上来说，独特的海洋风俗文化能产生更深刻的吸引力。海洋文化是人类在认识海洋、利用海洋过程中创造出来的物质的、行为的和精神的文化，它是海域文明的标志，主要包括与海洋相关的教育科技、文学艺术以及民俗习惯及旅游等内容。

　　21 世纪是海洋的世纪。世界各国在加大竞争开发海洋资源的同时，必将更加关注海洋文化的保护，倡导回归曾经是古代人类摇篮的海洋文明。文化资源是一个城市或国家区别于其他城市或国家的最根本、最有力的特点，是漫长的岁月中积淀下来的不可复制的宝贵遗产，是国家和地区的本质名片。因此文化资源也是海洋资源的一种，而且是宝贵的一种，保护海洋就要保护海洋文化。弘扬自身的海洋文化，是大力发展海洋经济的主要途径之一。滨海旅游业不仅投资少、周期短、行业

联动性强、就业功能高，还具有需求普遍和重复购买等诸多优点，在欧美、澳洲和东南亚一些滨海地区，早已成为国民经济的重要组成部分。国际、国内旅游发展的新趋势表明，旅游正在从纯观光型向观光、休闲度假相结合的以文化为主要内涵的综合型旅游方向发展。其中，海洋文化旅游集海洋、休闲、娱乐、文化、品位、健康、生态等诸多因素于一体，不但可以满足人的多重需要，尤其目前个性化旅游渐成风尚的时代，而且可以合理地开发和利用海洋，实现人与海洋的良性互动和海洋的可持续性发展和利用。印度尼西亚巴厘岛、日本冲绳、美国夏威夷和泰国巴提雅等旅游胜地，都因独具特色的民俗风情和文化魅力而吸引了世界各地的游客，外资大量涌入，服务业异常火爆，相关产业也不断配套发展起来，以旅游业带动了当地的经济发展，促进了当地居民收入的提高。

在这一方面，澳大利亚海洋公园分区计划已经明确提出，将当地的文化资源作为海洋资源的一种加以保护和开发，以促进当地人民的收入和生活的提高，发展当地的海洋经济。在《杰维斯海洋公园管理》第四条中明确指出该计划的目的之一就是通过采取措施保证该地的传统文化区域不会因为任何的商业和非商业开发活动而流失。该计划组织专门的委员会与当地的土著居民一起对海洋公园当地居民重要的文化性地点进行分析、解释和管理，对受到自然进程或人类活动威胁的重要的文化性地点进行关注和检测，并及时地采取措施予以补救和管理；同时实行教育战略，对当地居民进行教育和培训，使其具有广泛的群众基础，使该文化传承能够应对外来旅游者的需求和影响。比如通过对地方文化的精彩提炼，在海洋公园的一般用途区内把某些土著部落捕猎的回力标、标枪转化为旅游者参与娱乐的项目，把部落图腾、习俗活动转化成旅游者可以参与的民俗表演活动，散发出了浓郁的地方特色。同时，对于具有文化性特点的非遗产继承物质进行保护和规划，如协助新南威尔士州文物局、市政府进行水下考古项目和评估海岸公园内的沉船。如果需要的话制定保护管理措施，对海底的沉船、拥有古老传说的海岸景观等进行保护。这些措施对于保护海洋公园所在地的文化遗产具有重要的意义。只有赋予其鲜明的文化特色，才能产生更强的吸引力，才能吸引更多的游客，带动当地海洋经济的发展，提高居民的海洋收入。通过实行这一系列的措施，旅游业成为澳大利亚发展最快的行业之一。2002～2003年度，旅游业产值达320亿澳元，占国内生产总值的4.2%。在2003年度，澳大利亚接待海外游客474.59万人次，创汇收入167亿澳元，约占澳大利亚出口收入的11%。

相比之下我国的海洋文化旅游业，发展虽具一定规模，但是还存在着开发层次低下、重复性建设、缺乏鲜明的特色等问题，尤其对海外游客的吸引力很差，对于

提升我国海洋旅游业的层次很是不利。以著名海滨旅游城市青岛为例，尽管被誉为"东方的瑞士"，但是每年的入境游客数却不及 10 万人。尤其是，我国现行的海洋自然保护区制度主要是以保护自然资源为主要目的，并未将保护传统的海洋文化资源考虑在内，未能有效地将两者结合起来进行充分开发以促进海洋经济的发展，在保护区管理条例中也没有相关的规定和措施。比如广西红树林海洋自然保护区内具有保存完整的红树林生态系统以及多种海洋生物和鸟类，具有较高的生物资源优势来开发旅游经济，同时保护区所在地广西合浦县又是客家族聚居地，是著名的"南珠故郡，海角明区"，具有悠久的文化历史。但是我们并没有将自然保护区的生物资源和当地的文化资源结合起来开发海洋旅游产业。借鉴澳大利亚海洋公园分区计划，我们可以对海洋自然保护区进行划分，划出生物的核心保护区和非核心保护区，在非核心保护区内进行旅游资源的开发，同时将自然保护区所在地的历史文化和民族风情进行策划开发，提高游客的兴趣，吸引更多的游客，促进当地海洋经济的发展。另外，我国具有悠久的历史，古代的海上丝绸之路何其兴盛，海底的沉船记录着历史的兴衰，我国的海域内遗留着大量的海底文物，仅在我国沿海海岸一带就有 2 000 多艘沉船，广东、福建、浙江、山东一带不断地出现新的海下考古发现，这些沉船是珍贵的非物质继承价值的遗产，在海洋自然保护管理中应加以保护。我国广大的沿海地区有着许多关于海洋的民间信仰，最著名的是妈祖信仰。沿海地区有诸多的妈祖阁、天妃宫、天后宫等建筑。佛、道教中的观音信仰、神仙信仰在滨海地区形成数不尽的山海宗教景观，这些景观可能尚未划到自然保护区内，但是在自然保护区所在地有很多的旅游资源，如"海天佛国"、湄州妈祖庙等，都是珍贵的海洋文化资源。应该借鉴国外的经验，对这些文化资源和自然保护区的生物资源进行有效的开发，这样才能吸引更多的游客，发展当地的海洋经济，增加当地的收入。

（二）对于促进休闲渔业、潜水业，增加海洋经济收入的作用及启示

海洋旅游业不仅包括一般性的观光型旅游业，更包括许多体验型的旅游项目，而许多国家的实践也证明，这些体验型的旅游项目具有更大、更持久的吸引力，因为与观光型旅游的某种意义上的一次性消费不同，当游客亲自参与活动时，他所体会到的是更多的刺激和与众不同，具有更大的吸引力。澳大利亚海洋旅游业中的休闲渔业与潜水业就是这样的体验型旅游产业，它们在海洋旅游业中占据重要地位，澳大利亚海洋公园管理当局在分区计划中也充分考虑到这一点，并采取了相应的措施。

1. 发展休闲渔业增加渔民收入。所谓休闲渔业，是利用海洋和淡水渔业资源、陆上渔村村舍、渔业公共设施、渔业生产器具、渔产品，结合当地的生产环境和人文环境而规划设计相关活动和休闲空间，提供给民众体验渔业活动并达到休闲、娱乐功能的一种产业。换句话说，休闲渔业就是利用人们的休闲时间、空间，来充实渔业的内容和发展空间的产业。

发展休闲渔业，是海洋渔业现代化的重要组成部分，有利于解决渔民的转产转业，推进产业结构调整和海洋经济的全面发展，促进海洋收入的增加。在国际上休闲渔业被视为可创造较高经济效益、社会效益和生态效益的现代化产业。国内外的实践证明，发展休闲渔业是渔业现代化和海洋经济可持续发展的重要组成部分。在海洋渔业资源衰退严重的今天，休闲渔业能够很好地降低捕捞强度，保护海洋生物资源，且投入少、见效快，有利于提高经济效益、社会效益和生态效益。休闲渔业是渔业同业（钓、采、捕、观赏、品尝等）与异业（交通、旅馆、餐饮等）相结合的第三产业。这种产业的形成与发展，不仅能够满足人们休闲娱乐、提高国民生活品质，而且它将提供大量的就业机会和增加政府的财税收入，已经成为发展海洋经济的一个重要途径，以澳大利亚西部海岸的 Gascoyne 为例，钓鱼是当地主要的社会活动，据估计这项活动每年能够吸引大约 380 万的钓鱼爱好者前来休闲娱乐，垂钓者每年的直接花费是大约 50 万美元。该产业和旅游业是当地最大的产业。根据澳大利亚垂钓者协会的报告，休闲渔业每年的产值大约为 29 亿美元。而据 2003 年澳大利亚所做的全国休闲渔业和本土渔业的调查，参加垂钓活动的游钓者越来越多，花在钓鱼活动中的费用达 18 亿澳元。澳大利亚政府每年都进行一系列专项经济研究。带纹旗鱼是新南威尔士重要的比赛鱼种，仅这一品种在休闲渔业中所产生的经济价值相当于这种鱼在传统渔业中价值的 27 倍。在所有的调查中我们都可以看到，休闲渔业产生的价值比一般渔业生产创造的价值要高得多，一般而言休闲渔业产值为常规渔业产值的 3 倍以上。各国的实践证明，休闲渔业已成为现代渔业的重要组成部分，并在海洋环境和渔业资源保护、增加渔民收入、发展海洋经济等方面都发挥着不可忽视的作用。

澳大利亚海洋公园分区计划对在海洋公园内的休闲捕鱼活动提出了具体的管理规则。海洋公园管理的首要职责是保护海洋环境和生物，但是也并不完全禁止人类的合法的捕鱼行为，而是通过具体的规定对休闲渔业进行管理，制定了在环境和生物保护基础上的休闲捕鱼行为的规定，通过这些具体的规定对休闲渔业进行引导、规范和发展，力争在保护海洋生物资源的同时促进经济和收入的可持续发展，达到人类活动和海洋资源生物的和谐相处。澳大利亚的海洋管理把发展休闲渔业和野生

渔业资源管理和区域性海洋养殖以及海洋保护区战略相结合，进行了统一部署。分区计划对于在海洋公园内休闲捕鱼的区域及相关品种和工具等都做出了规定，相关的具体细节则在1994年渔业管理条例中明确列出。澳大利亚认为政府有责任保护、保存和增殖休闲渔业的资源，并维持和提高公众参与休闲渔业的兴趣，制定这些法规和计划的最终目标就是为了提供一个"高质量的休闲渔业机会"。

在分区计划中划出的鱼类产地保护区内，除非拥有特殊的许可证，人们不可以通过拉网来捕鱼，不可以捕获任何一种在1994年《Fisheries Management 法案》中禁止捕获的鱼，不可以通过潜水网（诱饵）来捕鱼，不可以通过围网来捕鱼并且捕获的鱼只能用来作诱饵（不能拿去销售）；而在海洋公园的一般用途区内，人们则可以进行捕鱼和钓鱼，人们被允许的钓鱼方式包括：竿钓、鱼叉、手捉和用指定的网具捞鱼。用于钓鱼的鱼饵也被认为是休闲渔业的组成部分；在游船上的垂钓活动也包括在休闲渔业之内。同时，各方面的细节也必须符合1994年的捕鱼法。1994年的捕鱼法对休闲捕鱼行为做出的具体的规定，包括限制手段和环境保护手段：

（1）限制手段包括数量限制、规格限制和渔具限制。数量限制对于捕获的不同品种的鱼类的数量做出了相应的数量规定，如在39种一般用于游钓的海水鱼类中，数量限制的范围从2~20条不等；而对19种海水鱼和9种无脊椎动物都有最小规格的限制。在渔具的使用上更是做出了严格的规定，比如在游钓活动中，不能使用超过4根钓线，每条线仅可安装3个钩，或三组钓钩。

（2）环境保护手段中指定了可游钓的鱼的品种，人们只能钓指定的鱼类，而对一些珍稀和濒危动物则严禁捕获。同时还鼓励人们将捕获的鱼放生，进一步保护海洋资源。

由此可见，澳大利亚海洋公园分区计划通过海岸带资源管理和规划，确定休闲渔业资源可持续发展目标，解决休闲渔业与商业渔业、休闲渔业与海洋环境保护的问题。

而许多年来，我国不重视休闲渔业资源的管理，缺乏休闲渔业发展的长远规划，从而导致我国休闲渔业的发展比较滞后。我国的海洋自然保护区管理规则也没有涉及休闲渔业的计划和措施。作为一个朝阳产业，休闲渔业对于保护海洋生物资源，促进海洋经济的发展有着重要的作用，我们不应该忽略这一产业，而是应该积极地发展休闲渔业，在海洋生物的非核心保护区内，选择适当的地点发展垂钓等休闲渔业，同时也要注意渔业资源的保护，借鉴澳大利亚的管理制度对于垂钓的生物品种、大小规定严格的标准，这样才能对海洋生物资源进行很好的保护，同时也能促进休闲渔业的发展。有计划地创办一批环境条件优良服务设施比较齐全的海钓基

地，吸引海内外游客和钓鱼爱好者前来开展钓鱼活动。创办海钓基地，除建设钓鱼码头（与网箱养殖结合）外，要把裁减下来的废旧渔船与建造"游钓鱼礁"结合起来，既解决了废旧渔船的出路，又有利于渔业资源的保护与增值，并为海钓旅游业创造了良好的垂钓场所。另一方面，我们也应该通过休闲渔业来促进其相关产业的发展，比如渔具及其他配套设施产业，例如，在澳大利亚的新威尔南士州，其339万休闲渔业者支持着全国近400个渔具批发商，3 000多个渔具店和800多个运动器材店，也给澳大利亚人提供了数万个就业机会，而我国的渔具和配套设备几乎60%以上都靠进口。由澳大利亚的经验可见，利用海洋保护区的优良环境和丰富的生物资源大力发展消耗资源少、产业价值高的休闲渔业能够有效地推动当地海洋经济的发展，产生较高的经济价值，提供大量的就业岗位，增加当地居民的收入。因此，在我国的海洋自然保护区内应该制定具体有效的法律制度，将发展休闲渔业和海洋保护区战略相结合，统一进行规划和部署，从而在保护海洋生物和环境的基础上，充分利用海洋资源进行经济开发，增加人们的收入。

2. 开发潜水业拓宽增收渠道。潜水活动是在海洋中进行的。既有娱乐性、又有冒险性的休闲体育活动，是近距离体验海洋的一种新方式，人们可以通过自己的眼睛观察到海洋中的鱼类、感受生命的摇篮——海洋的博大和神奇。随着社会经济的发展和人民生活水平的日益提高，潜水已经成为人们休闲娱乐的又一个选择。潜水具备了新奇性与探险性，尤其在澳大利亚是非常成熟的、比较受欢迎的运动，作为一种产业它具备相当大的前景。目前，潜水业已经成为澳大利亚的第二大产业，澳大利亚道格拉斯港口每年潜水方面的收入就达到了15亿美元。潜水作为一种新兴的海洋休闲旅游业，能够充分地结合海洋生态资源和陆地上的餐饮、交通及其他服务业，产生巨大的经济效应，带动当地经济的发展，提高当地居民的收入。

但是，潜水业又会对海洋环境和海洋生物产生一定的影响，如果不能很好地解决双方的冲突，必将损害海洋环境，使得以前的海洋保护措施效果大打折扣。比如，潜水者不成比例地选择某个地方的话，可能会从空间上强烈地影响到海洋生物及其栖息地，导致沉淀物的过量增加和水分的富氧化。另一方面，潜水者又可能会与钓鱼者产生冲突，在2001～2002年的夏天，潜水者和休闲钓鱼者在位于澳大利亚杰维斯海湾北部海角下的一个背风面码头的附近区域发生了冲突，经过暴力的冲突之后，潜水船被钓鱼者用高强度的弹弓铅坠袭击，原因就是因为钓鱼者认为潜水者的运动吓跑了自己要钓的鱼。同时由于珊瑚礁系统非常脆弱，其自身生长十分缓慢，大量的潜水等人类活动对其的破坏性非常明显，因此在发展潜水业的同时还要注意对珊瑚礁的保护。由此可见，潜水业对于海洋生物环境以及休闲渔业会产生一

定的影响，必须认真思考管理措施来很好地解决类似的冲突。

澳大利亚海洋公园分区计划通过大量数据的收集和科学调研的进行，制定了一系列的措施和意见来解决这些问题：划定了邻近避难区域，建立一个季节性的无抛锚区域，禁止在大量捕鱼的区域内潜水船的抛锚，在休闲渔业高峰期减少潜水者与钓鱼者的正面冲突。如果需要的话就限制潜水行为，在季节的基础上分地区执行；建议对于水上运动实行许可申请制来指导在海洋公园内和濒临海洋公园的娱乐休闲活动；与商业操作者和休闲驾驶者联合，制定一个潜水的行为法案。通过这些措施，澳大利亚能够协调人类活动与海洋生物环境之间的矛盾以及人类活动之间的冲突，从而达到保护海洋环境与促进经济发展之间的协调发展，促进当地的海洋休闲产业的发展，提高当地居民的收入。

我国海南三亚自然保护区及附近水域的潜水业是国内比较发达的，凭借良好的地理、生态条件，三亚目前已经成为全世界年接待潜水游客量最大的城市之一。每年来三亚体验潜水的游客和潜水爱好者超过43万人次，产值超过1亿元，拉动相关项目收益在2亿元以上。"十一"黄金周期间，三亚小东海旅游区的游客日接待量就已经达到了万人以上。但是潜水对于当地生态环境的破坏作用也逐渐显现出来。由于近年来大量进行潜水旅游开发活动，当地的珊瑚礁资源已经受到明显的破坏，该岛从事潜水开发的许多海域沙滩已经出现泥化趋势，许多过去洁白的沙滩已经堆满从海底冲刷上来的珊瑚死体，游客已不能任意地在沙滩上光脚游玩。环境被破坏的恶果已经显现。

因此，我们亟须采取切实有效的措施来制止污染和破坏的继续发生，保护珊瑚礁，保护当地的生态环境，也就是保护了当地的经济。借鉴澳大利亚海洋公园的分区制度，海南地区应在潜水活动海域实施休游制，并开辟新的潜水旅游海域和营造新的潜水场所。所谓潜水休游制即是在可下水活动季节里，局部或整体暂不对外开放，使其暂时闲置，以保护和增强珊瑚礁生态系统的自我恢复，创造有利于其生长发育的条件。以海南为例，其冬春季为旅游旺季，夏季为淡季，可在淡季时间内关闭若干潜水点，或轮流对若干潜水点实行休游制等。

同时还可以采用投放人造礁石，营造新的潜水场所，经过国外实践，这种潜水点很受游客欢迎，而且利润也相当丰厚。这种方式一般是将报废军舰、货船、渔船或汽车、轮胎等在净化后放入事先勘察的海底，使之附着珊瑚，为鱼类、藻类栖息创造条件，也为潜水旅游开辟新的空间，这样才能使潜水业形成可持续性发展，使其不断升级，成为我国海洋经济中的一个重要产业，带动就业岗位的增加和收入的提高。

参考文献

1. 《海洋自然保护区管理办法》，国家科委 1995 年 5 月 11 日批准，农业部 1995 年 5 月 29 日发布。

2. 《海南珊瑚礁保护规定》，1998 年 8 月 25 日。

3. 洪海：《大堡礁启示录》，载《海外观察》2001 年第 1 期。

4. 诸葛仁：《澳大利亚自然保护区系统与管理》，载《世界环境》2001 年第 2 期。

5. 刘阳、颜世芳：《澳新旅游业给我们的启迪与思考》，载《国土开发与整治》2001 年第 4 期。

6. 刘雅丹：《澳大利亚的水产养殖业》，载《世界农业》2002 年第 3 期。

7. 梁修存、丁登山：《国外海洋与海岸带旅游研究进展》，载《自然资源学报》2002 年第 6 期。

8. 刘岩、丘君：《我国海洋自然保护区存在的主要问题及对策建议》，国家海洋局海洋发展战略研究所。

9. 《河北省昌黎黄金海岸国家级海洋类型自然保护区管理办法（修订）》，2002 年 9 月 24 日。

10. 《海洋产业对澳大利亚的经济贡献（1996～2003）》，http：//www. mercc. cn/Article/ShowArticle. asp？ ArticleID = 323。

11. 《发展休闲渔业的意义》，http：//www. china-fishery. net/11-rmzt/xxyy/yy. asp。

12. 《休闲渔业在渔业生产中的地位》，http：//www. china-fishery. net/11-rmzt/xxyy/dw. asp。

13. 《休闲渔业大有可为》，http：//www. nongyou. cn/gx/cun/xx/show_ mar. asp？ newsid = 10。

14. 《关于青岛开发区休闲渔业发展的必要性和思考》，http：//www. chinafeed. org. cn/cms/_ code/business/include/php/103594. htm。

15. 《我国自然保护区发展规划纲要（1996～2010）》，http：//www. glhb. gov. cn/ArticleShow. asp？ ArticleID = 980。

16. 《中国自然保护区可持续发展政策研究》，http：//www. enviroinfo. org. cn/RESEARCH/Policies_ and_ Countermeasures/nr20000302. htm。

17. 陈兴华：《我国海洋自然保护区制度探析》，http：//www. xuxiangmin. cn/showarticle. asp？ id = 220&sort = % D4% B0% B6% A1% C7% EF% C0% D6。

18. 《澳大利亚休闲渔业概况及其发展策略研究》，http：//spzx. foods1. com/

show_ 3_ 48139. htm。

19.《分区保护计划留住澳大利亚大堡礁》, http://www. nre. cn/ology/Print. asp? ArticleID =2304。

20. Operation Plan For Jervis Bay Marine Park, Marine Parks Authority, 2003. 10.

21. T. P. Lynch and others. Conflict and Impacts of Divers and Anglers in a Marine Park. Environmental Management, Vol. 33. No. 2, 2004, pp. 196 – 211.

22. Marine Parks Amendment (Jervis Bay) Regulation 2002, Minister for the Environment, Minister for Fisheries of Australia.

23. Jervis Bay Marine Park-Guide to Zones, MPA Jervis Bay DL, 1/10/02, P. 1.

24. Marine Parks and Recreational Fishing, Department for Environment and Heritage, Australia, 2006. 9.

25. Wang X. H. , G. Symonds. Coastal embayment cirallation due to atmosphenz cooling. Journal of Geophysical Research, 1999, pp. 801 – 806.

26. Wang X. H. , A numerical investigation of fwshing mechanisms for a small coastal embayment. Sciene Law and Policy for Marine Environment Management, 2000, pp. 53 – 62.

27. Wang X. H. , A numerical study of sediment transport in a coastal embayment during a winter storm. Journal of Coastal Research, 2001, special Issue pp. 414 – 427.

28. Minister for the Environment, Minister for Fisheries of Australia:《Marine Parks Amendent (Jervis Bay) Regulation 2002》.

29. Wang X. H. , Paull D. Can Landsat imagery provide hiresolution mapping of sea surfale temperature in a small embayment after a convectict cooling. Ocean Remote Sensing and Application, 2003, pp. 426 – 433.

30. Wang X. H. , X Wang. A numerical Study of water circulation in a thermally stratified embayment. Journal of Ocean Universily of Oingdao, 2003 (2), pp. 24 – 33.

31. Department for Environment and Heritage of Australia. Mavine Parks and Recreational Fishing, 2006 (9).

第三编

海洋灾害预测·预
防·评估·补偿

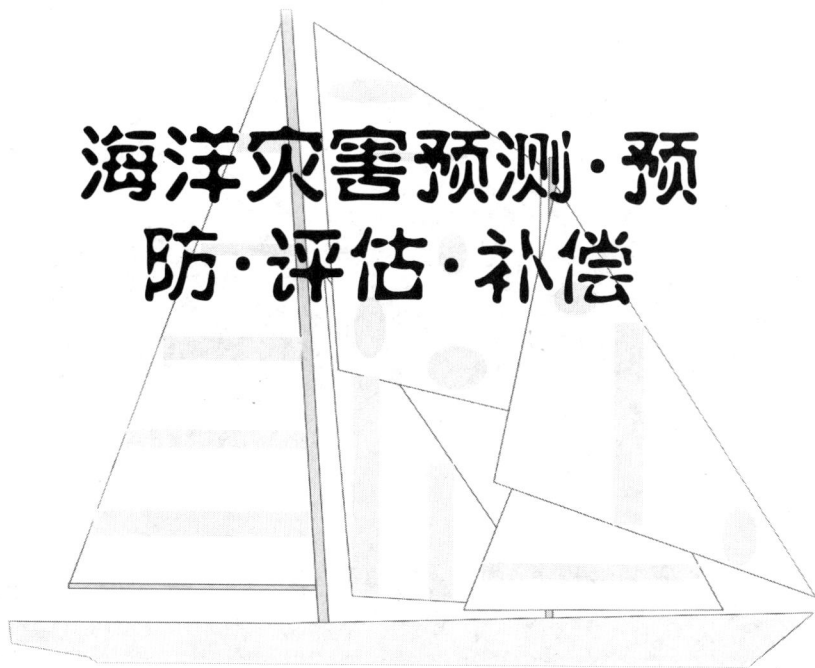

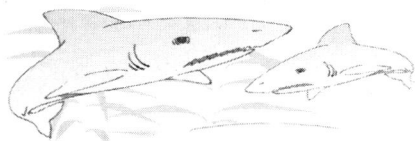

第九章 海洋灾害预测与评估

海洋灾害预测和评估在经济发展中具有极其重要的作用，是海洋经济发展体系的一个必要环节。海洋灾害预测能积极地应对海洋灾害发生，促使人们积极地采取措施。海洋灾害预测包括短期预报、中期预报、长期预报和超长期预报。人们在以往海洋灾害各种数据的基础上，建立了海洋灾害预测模型，以便更准确及时地预测海洋灾害，对经济发展和社会发展具有重要的意义。在海洋灾害发生后，运用合理的海洋灾害评估方法及海洋灾害评估理论，积极地进行经济损失评估，并在此基础上建立评估模型。海洋灾害损失评估模型主要有溢油经济损失评估模型、风暴潮损失评估模型和人员伤亡价值评估模型。

第一节 海洋灾害的预测

一、海洋灾害预测的分类

（一）短期预测

海洋灾害短期预测是指短期内对海浪、海流、水位及温盐结构相互作用的统一数值，热带气旋与边界层数值及海冰数值预测产品和重点海区灾害性海况高分辨率数值（强风暴潮、巨浪、海流、温盐结构异常）的预测。短期预测主要包括：

1. 灾害性海况预测中的数据同化预测。运用数值模拟数据同化技术和实时数据预处理系统进行客观分析。

2. 海洋环境与灾害卫星遥感实时监视监测应用系统预测。该预测主要依靠气象卫星实时数据进行海洋监视监测。

3. 重点海域污染灾害预测。油港、海洋油气开发突发性溢油预警系统，重点海域有机污染预测，赤潮灾害发生规律危害预测，养殖区富营养化预测。

（二）中期预测

中期预测是指对重点海域与海湾等近海区域的温、盐、流场变化趋势年、季预测和重点海域最大波浪潮高年、季预测以及对海洋灾害规律的研究和季、年预测。中期预测主要包括：

1. 重点海域有机污染预测；
2. 重点海域海洋环境变异对生物资源影响预测；
3. 赤潮灾害及发生规律及危害预测；
4. 重点港湾、河口、航道骤淤机制研究及预测；
5. 重点海域，海岸滑坡、塌方、倒石锥灾害预测；
6. 重点海岸蚀退堆积及发展方向、分布范围预测；
7. 沿海地下水资源监测、预测及系统控制系统；
8. 近海区域海浪、海冰、海洋热带气旋研究及预测。

（三）长期预测

长期预测是指对不易频繁发生的一些海洋灾害规律的研究和评估，建立海洋灾害预测机制系统，以达到海洋灾害预测、预防的目的，对未来几年或十几年某海洋灾害的发生可能性进行预测。长期预测主要包括：

1. 不同区域（岸段）海面升降幅度，影响范围、预测系统；
2. 沿海新构造活动带分布、发展、活动强度、控制机制及预测系统；
3. 沿海重点地区地震预测与评估；
4. 重点海区海底底质不稳定性研究及工程地质分区；
5. 沿海沙地、沙丘、沙丘链的影响因素、运移规律、预测及防治；
6. 人类活动对海洋灾害性影响的预测。

（四）超长期预测

超长期预测是通过海洋学、历史海洋学、古海洋学的研究，建立我国沿海不同区域超长期古气候、古环境变化序列及高分辨率周期群谱、相应气候带时空分布范围、大气环流系统变迁模式，找出海洋灾害变化的规律性，做出在某超长时期如几十年或几百年内海洋灾害发生的预测。超长期预测包括：

1. 我国不同区域海平面升降的预测；
2. 从行星地球系统整体出发，海洋灾害系统形成机制预测。

二、海洋灾害预测模型

（一）风暴潮预测模型

风暴潮预测靠沿岸的验潮站进行，我国的验潮历史可追溯到1900年前后。据统计，1949年前全国只有14个验潮站，由于管理混乱，其中仅有部分高、低潮资料。中华人民共和国成立后，随着我国国防、航运、水产、海洋开发与海洋工程等事业的不断发展，沿海地区相继建成了许多验潮站。目前，沿海的验潮站大约有200多个，分别隶属于海洋局、水利部、交通部和海军。[①]

在多年的风暴潮预报工作中，国家海洋环境预报中心得到了水利部、交通部等单位的大力支持。1978年国家海洋局与邮电部、水利部、交通部等单位协商，从1979年开始先后有36个潮位站通过国家公众电信网，在风暴潮期间以代码电报形式向预报中心拍发实时潮位报，1986年发报站增加至52个，1990年增至64个，逐步形成了我国的风暴潮监测系统，现在海洋局所属的验潮站的实时资料传输还可通过局内专用通信网实施。验潮仪观测通常只限于近岸地区，同时站位的分布也不均匀，所以并不能测量整个近岸和内陆的高潮，必须进行风暴潮过后的现场调查，从20世纪70年代后期起，海洋局等单位就对几次强台风风暴潮进行了现场调查，获得了极其珍贵的资料。这些资料在预报技术的改进和沿海工程建设中发挥着重要作用。为了保证调查的质量，结合国内外现场调查的经验，制定现场调查规范极其重要。[②]

国家海洋环境预报中心自1970年起开展风暴潮预报和预报技术研究工作，并于当年发布试报，经过4年试报和预报技术准备，于1974年正式向全国发布风暴潮预报。预报警报服务的主要单位是：国家防汛总指挥部，沿海省、市、自治区人民政府及其防汛指挥部门，中国石油天然气总公司，中国石化总公司，海军以及受影响的潮（水）位站等。发布预报的方式从最初的明码、代码电报、电话，发展到今天的传真、代码电报与电话并用以及电台、电视台播放等多种手段。曾多次成功地发布了强风暴潮警报，大大地减轻了风暴潮造成的危害。另外，国家海洋局所

---

①②　王喜年、叶琳：《我国沿海风暴潮监测及其预报》，载《海洋预报》1993年第3期。

属的青岛、上海、广州海洋预报台，以及部分中心海洋站（如厦门、温州、广西北海等）、海洋站和水利部所属的沿海部分省、市水文总站、分站和水文站，海军舰队气象台等单位，也先后开展了风暴潮预报，形成了上下结合的预报网，发挥了很好的作用。①

防灾与减灾必须依靠科学技术，随着预报技术的进步，经过 20 多年的努力，逐步建立了一套行之有效的台风风暴潮预报模型。

1. 二维台风风暴潮模型。该模型是由王喜年、尹庆江等建立的，具有作业操作简便、预报产品丰富和便于应用等特点。

该模型曾对历史上 45 次显著台风风暴潮过程中 240 站次的最大风暴潮（Peak Surge）进行模拟（后报）检验，后报中尽量利用历史上可能得到的台风资料，力求科学准确地确定台风参数，减少参数确定的人为性，其检验的统计结果如下。

数学模型为：

$$Y = \alpha + \beta X \tag{1}$$

应用最小二乘法，确定一元线性回归方程的待定系数 α、β 值。通过线性回归分析的方法找出风暴潮观测值和计算值之间关系的经验公式。

由最小二乘法求得方程组：

$$\begin{cases} \sum_{i=1}^{n} (Y_i - \alpha - \beta X_i) X_i = 0 \\ \sum_{i=1}^{n} (Y_i - \alpha - \beta X_i) = 0 \end{cases} \tag{2}$$

解方程组得方程系数：

$$\beta = \frac{\sum_{i=1}^{n} X_i Y_i - \frac{1}{n} (\sum_{i=1}^{n} X_i)(\sum_{i=1}^{n} Y_i)}{\sum_{i=1}^{n} X_i^2 - \frac{1}{n} (\sum_{i=1}^{n} X_i)} \tag{3}$$

$$\alpha = \overline{Y_i} - \beta \overline{X_i} \tag{4}$$

式中，X_i 为实测自变量序列；Y_i 为实测因变量序列；$\overline{X_i}$ 为 X_i 的平均值；$\overline{Y_i}$ 为 Y_i 的平均值。

$$Y = 0.89X + 15.3 (cm) \tag{5}$$

$$TT = 1.08T - 1.48 (h) \tag{6}$$

（5）式中 Y 是最大风暴潮观测值，X 是计算值，相关系数为 0.946，方差为

---

① 王喜年、叶琳：《我国沿海风暴潮监测及其预报》，载《海洋预报》1993 年第 3 期。

2 719 厘米；（6）式中的 TT 是最大风暴潮实际发生时间，T 是计算最大风暴潮发生时间，相关系数为 0.198，方差 1 126 小时，已达到了国际先进水平。

在 1991～1995 年中，该模式已对登陆或影响我国沿海的 49 次台风（含强热带风暴和热带风暴），进行了 220 次的台风风暴潮模式跟踪预报，成为实时预报的主要手段，曾为多次成功的风暴潮预报提供了可靠依据，并实现了数值预报产品直接在中央电视台向全国播放，为防灾减灾做出了贡献。

模拟和预报结果表明：只要输入模式的台风参数（以 6 小时）为间隔的台风中心位置、台风中心气压、台风最大风速半径足够准确，模型即能给出令人满意的结果。

2. SLOSH 飓风风暴潮数值预报模型。该模型是美国国家海洋大气管理局（NOAA）、国家天气局（NWS）早在 1981 年就开始的一项关于飓风风暴潮数值预报的美国国家研究项目，截至 1992 年发表技术报告为止，经历了 10 多年的研制和改进。它是美国最新一代国家风暴潮预报模型，在防灾预报中发挥了重要作用。该风暴潮模型 "National Oceanic and Atmospheric Administration"（NOAA）发展的 "Sea，Lake and Overland Surges from Hurricanes"（SLOSH）在美国得到了广泛应用。为了简化计算，模型的一些参数如空气阻力系数被设定为常数。SLOSH 模型采用类似扇形的网格点进行计算，每个网格的范围并不固定，由接近中心点的 1 000 米至最外边的 7 000 米，使到中心点附近预报区有较高水平的分辨率。模型需要网格点上的水深或高度资料，也可包含更细小的地理特征如围墙、河堤、河流和沟渠等。运行 SLOSH 模型需要输入 13 个时段（从热带气旋最接近预报区之前 48 小时至之后 24 小时，每 6 小时为一时段）的热带气旋的数据，包括热带气旋的最低气压、最高风力半径、速度和路径。热带气旋着陆的地点十分重要，它决定了风暴潮影响的范围，若热带气旋预测途径不准确时，SLOSH 的结果可以有很大的误差。经过预先输入预测区附近的地理特征后，SLOSH 数值预报模型可用作预测因热带气旋产生的风暴潮。SLOSH 也可模拟风暴潮进入海峡、海湾、三角洲和沿岸河流流域的途径，并且计算风暴潮进入内陆时的高度。SLOSH 模型计算风暴潮时并不考虑雨量、河流流量、强风引起的海浪以及潮汐等因素。因为热带气旋登陆的预测时间可能有偏差，所以影响对当时的天文潮高度的估计，以及风暴潮与天文潮相加后的水位总高度的预测。SLOSH 模型也是二维模型。模型计算区域覆盖部分大陆架、内陆水体以及障碍物。除奥基乔比湖水域以外，所有计算域采用均匀伸展的极坐标网格。这种网格的优点是：岸边重点区域的网格可以很细（1 000 米左右），能很好地反映微地形对风暴潮的影响；离岸边较远的深水区网格较粗，节约内存和

机时，而不影响计算精度。

香港地区天文台的黄梓辉和关锦伦运用 SLOSH 飓风风暴潮数值预报模型，计算出了预测模型。香港地区面临南海，每年平均受到 6 个热带气旋影响，期间或会带来风暴潮造成人身伤亡，因此香港地区天文台其中一项重要工作是提供风暴潮数据给市民及海岸工程师等用户。早在 20 世纪 70 年代香港地区天文台已利用简单模型计算风暴潮并为工程部门及顾问公司提供有关资料。香港地区天文台于 1994 年引进 SLOSH 在业务上使用。香港地区天文台选定 10 个沿岸地点（包括香港地区 8 个验潮站、赤鱲角机场和澳门）计算风暴潮。由于 SLOSH 模型只计算风暴潮，而业务上需要最高水位才可评估低洼地区是否有水浸危险，以便考虑通知公众作防范或疏散，故此要预先计算各地点的天文潮并输入计算机储存。为了估计总水位高度，香港地区天文台编写了计算机程序把天文潮和 SLOSH 预测风暴潮两者的叠加自动化。

SLOSH 模型在一台 IBM SP 服务器上运行，为了方便业务运作，数据的输入从 13 个时段简化至 3 个（即热带气旋最接近本港时、24 小时之前以及 48 小时之前）。当香港地区天文台发出三号热带气旋警告信号时，预报员只需输入 3 个时段内热带气旋的经纬度、最低气压、最高风力半径等资料，计算机程序便可用插值法转化成 SLOSH 所需时段的数据，接着计算 10 个选定地点的风暴潮及最高水位，并以图表显示从热带气旋最接近本港时之前 18 小时至其后 12 小时每小时的计算结果。香港地区天文台发展的热带气旋信息处理系统于 2005 年进一步把运行 SLOSH 模型的程序简化，该系统根据预报员制备的《为船舶提供的热带气旋警告》自动转化为 SLOSH 所需资料。

香港地区天文台根据各验潮站过往资料定下警戒水位，来考虑是否在热带气旋警告内加入沿岸地区会受风暴潮影响的信息。2001 年 7 月 6 日台风"尤特"袭港期间，香港地区天文台利用 SLOSH 数值模型预测到将会出现风暴潮，于当日凌晨时分提醒市民低洼地方水浸的可能性，结果早上强烈偏西风加上天文大潮潮涨淹浸了香港地区西面流浮山及大澳一带地区。在实际运作时，预报员可用不同的热带气旋途径输入 SLOSH，以便评估可能出现的最坏情况。

验证 SLOSH 的准确度是以 1947 ~ 2004 年路径较接近香港地区的 63 个热带气旋共 192 套风暴潮数据来进行，以热带气旋的分析路径数据输入 SLOSH 模型得到的风暴潮高度，与香港地区天文台验潮站实况数据比较。SLOSH 预测风暴潮误差为：

$$误差 = SLOSH \ 模型预测值 - 实际风暴潮数值$$

代表预测误差的统计值包括平均误差（Mean Error）、平均误差的标准偏差（Standard Deviation of Mean Error）、平均绝对误差（Mean Absolute Error）、均方根误差（Root Mean Square Error）及误差范围（Range of Error）。验证结果显示，平均绝对误差是 0.33 米，而预测的均方根误差是 0.42 米。

数学模型为：

$$Y = \alpha + \beta X \tag{7}$$

应用最小二乘法，确定一元线性回归方程的待定系数 α、β 值。由最小二乘法求得方程组：

$$\begin{cases} \sum_{i=1}^{n} (Y_i - \alpha - \beta X_i) X_i = 0 \\ \sum_{i=1}^{n} (Y_i - \alpha - \beta X_i) = 0 \end{cases} \tag{8}$$

解方程组得方程系数：

$$\beta = \frac{\sum_{i=1}^{n} X_i Y_i - \frac{1}{n} (\sum_{i=1}^{n} X_i)(\sum_{i=1}^{n} Y_i)}{\sum_{i=1}^{n} X_i^2 - \frac{1}{n}(\sum_{i=1}^{n} X_i)} \tag{9}$$

$$\alpha = \overline{Y_i} - \beta \overline{X_i} \tag{10}$$

式中，X_i 为实测自变量序列；Y_i 为实测因变量序列；$\overline{X_i}$ 为 X_i 的平均值；$\overline{Y_i}$ 为 Y_i 的平均值。

以最小二乘法拟合预测和实际资料得出下列回归方程式：

$$y = 1.29x - 0.33 \tag{11}$$

式中 x 是实际风暴潮高度，y 是 SLOSH 模型预测值，两者相关系数为 0.82，显著水平高过 1%。

另外以最近 10 年（1995～2004 年）的数据验证 SLOSH 的准确度，平均绝对误差是 0.26 米，预测的均方根误差是 0.33 米。以最小二乘法拟合这 10 年预测和实际资料得出下列回归方程式：

$$y = 1.07x - 0.12 \tag{12}$$

其中，x 是实际风暴潮高度，y 是 SLOSH 模型预测值。两者相关系数为 0.68，显著水平高过 1%。

3. 风暴潮风速和波浪高度测算模型。王莉萍依据数学理论和测度论，通过一个由离散型随机变量和一个多维连续型随机变量构成的理论分布模型——Poisson-Mixed-Gumbel 多维复合极值分布模型，在 Poisson-Mixed-Gumbel 多维复合极值分布

模型的基础上建立了风暴潮风速和波浪高度测算模型。模型中的离散型随机变量，可以是不同海区每年台风、飓风、寒潮大风出现的各不相同的频次，也可以是由于海洋环境条件的随机性而构成的各年（或过阈）不同的最大荷载取样个数，而模型中的多维连续型随机变量是由于台风（飓风）影响或不同取样条件下所产生的灾害性海洋环境条件，即相应的特征值（如波高、风速、风暴增水等）的概率分布。

该模型采用的数据资料是台风过程或每年最大风速及其"伴随"的波高，i 年一遇波高同时出现的风速，即：风速的条件概率密度（以波高取 i 年一遇为条件）的众值。对于推求百年一遇的风速及"相应"波高的问题，将求解波高的条件概率密度（以风速取 i 年一遇为条件）的众值。

风暴潮风速和波浪高度测算是以 Poisson-Mixed-Gumbel 多维复合极值分布模型为基础进行的风暴潮风速和波浪高度测算模型的推导。

Poisson-Mixed-Gumbel 多维复合极值分布模型为：

$$F(x, y) = e^{-\lambda}(1 + \lambda \int_{-\infty}^{y} \int_{-\infty}^{x} e^{\lambda G_x(u)} g(u, v) du dv) \tag{13}$$

$$g(x, y) \frac{1}{a_x a_y} G(x, y) e^{-c} \left\{ 1 - \theta \frac{e^{2A_x(x-B_x)} + e^{2A_y(y-B_y)}}{d^2} + 2\theta \frac{e^{2c}}{d^3} + \theta^2 \frac{e^{2c}}{d^4} \right\}$$

其中，$(0 \leq \theta \leq 1)$；$c = A_x(x - B_x) + A_y(y - B_y)$；$d = e^{A_x(x-B_x)} + e^{A_y(y-B_y)}$。

记 $f_{y|x}(y \mid x)$ 为在条件 $X = x$ 下的条件概率密度函数，则：

$$f_{y|x}(y \mid x) = \frac{f(x, y)}{f_x(x)} \tag{14}$$

其中，$f(x, y)$ 为随机变量 X，Y 的联合概率密度函数；$f_x(x)$ 为 X 的概率密度函数，也即 $f(x, y)$ 关于 X 的边缘密度函数。

$$f(x, y) = \lambda e^{-\lambda[1-G_x(x)]} g(x, y) \tag{15}$$

$f_x(x)$ 由下式求得：

$$f_x(x) = \int_{-\infty}^{+\infty} f(x, y) dy = \int_{-\infty}^{+\infty} \lambda e^{-\lambda[1-G_x(x)]} g(x, y) dy = \lambda e^{-\lambda[1-G_x(x)]} g_x(x) \tag{16}$$

将（15）式和（16）式代入（14）式即得 Poisson-Mixed-Gumbel 复合极值分布模型条件概率密度。具体讲，此模型在条件风速为 i 年一遇：$X = x_i$ 下，波高 Y 的条件概率密度为：

$$f_{y|x}(y \mid x_i) = \frac{f(x_i, y)}{f_x(x_i)} = \frac{\lambda e^{-\lambda[1-G_x(x_i)]} g(x_i, y)}{\lambda e^{-\lambda[1-G_x(x_i)]} g_x(x_i)} = \frac{g(x_i, y)}{g_x(x_i)} \tag{17}$$

利用台风风浪极值资料，由 $f(x, y)$ 关于 X 的边缘分布 $F_x(x) = e^{-\lambda[1-G(x)]}$ 求

得 i 年一遇风速；根据（17）式 $f_{y|x}(y|x)$ 求得最大值所对应的波高。

当风速和波高独立时（$\rho = 0$），（17）式简化为：

$$f_{y|x}(y|x_i) = \frac{g(x_i, y)}{g_x(x_i)} = \frac{g_x(x_i)g_y(y)}{g_x(x_i)} = g_y(y) \tag{18}$$

该模型具有一定的优越性。若考虑台风发生的频次，选择台风过程中的极大值组合，则避免了为使样本满足独立同分布假设而要求的时间间隔的选择。该模型考虑了资料取样的随机性，同时使所选取样值不仅有理论根据，而且有明确的取值方法，而且克服了其他取样方法中主观性判断的缺陷，它不同于以往习用的任意性很大的经验方法。该模型的推广应用，对防洪工程、水库调度、气象灾害等的长期概率预测具有一定的实用价值。

（二）赤潮预测模型

对赤潮的观测和监测是开展赤潮预测预报的基础，只有做好观测和监测工作，才能有效地开展预测预报工作。

1. 营养状态指数式预测模型。张朝贤通过某一海域的营养状态提出了赤潮的营养状态指数式预测模型。目前研究认为，海区的有机污染、富营养化现象是赤潮发生的生物基础。因此，测量海区的富营养化程度有着重要的意义。根据营养状态指数式，当耗氧有机物

　　　［COD（mg/L）× 无机氮（μg/L）× 无机磷（μg/L）］÷ 4 500 ≥ 1 时，

则为富氧化。如 1986 年 6 月厦门西港区一次赤潮的观测中，该指数大多超过 1，最高的竟达 95。日本学者通过观测认为，当海水中无机氮含量超过 0.11mg/L，无机磷含量超 0.1015mg/L，化学耗氧量超过 1mg/L，加上其他合适的环境条件（气象、水温）同时存在时，就可能发生赤潮。如 1987 年 7～8 月在日本濑户内海发生的鞭毛藻赤潮中，上述三项指标均超过标准。由于赤潮的发生与富营养海水层上升有密切关系，当富营养海水层上升到海面时易引起赤潮。所以，通过测定富营养海水层的上升程度可预报赤潮的发生。如日本国立公害所的科学家对濑户内海的家岛附近的调查，证实夏季该海域在水深 15 米以下存在富含磷、氮等营养成分的水层，当该水层上升到水深 5～7 米处时易发生赤潮。

赤潮预测应分为三种：长期预测、中期预测和短期预测。根据监测结果发布长、中、短期预报。长期预测是在每年的冬季和春季发布，但准确性较差，发布此预报可较早地有所准备。中期预报是在春、夏季发布，此预报是通过对海区的水温、盐度、生物量和细胞增殖速度等监测数据综合分析，判断赤潮发生的可能性。

短期预报是在赤潮发生前的一种预报，一般是在夏季，通过监测分析赤潮生物细胞数和各种浮游生物的生物量，观察鱼、贝类的健康状况来判断赤潮发生的可能性和发生时间，赤潮注意报和警报都属于短期预报范畴。如赤潮生物 Chattonella 对鲕鱼养殖造成危害的生物细胞量是 $250 \sim 300$ 个/毫升，当其生物细胞量大于 10 个/毫升时就发布注意报，当生物细胞量大于 50 个/毫升时就发布危害警报。

2. 单种群赤潮生态数学模型[①]。段美元和王寿松建立了含时滞营养再生的单种群赤潮生态数学模型。在某些海洋、河流和湖泊中，一方面，单个赤潮藻种（如硅藻、夜光藻、甲藻等）在适宜的气温、气压下，它吸收海洋环境因子中的丰富营养而大量繁殖，并在适宜的海况条件下产生赤潮；另一方面，不同赤潮藻类吸收营养快慢程度不同。根据赤潮藻类以四种不同方式吸收营养元素并联系海洋赤潮的实际背景，提出单种赤潮藻类生态数学模型。

首先，四种营养上升函数的一般形式为：

$$\begin{cases} g_1(x) = \begin{cases} x/2x_m, & 0 \leq x < 2x_m \\ 1, & x \geq 2x_m \end{cases} \\ g_2(x) = x/(x + x_m) \\ g_3(x) = 1 - \exp(-x \ln 2/x_m) \\ g_4(x) = x^2/(x^2 + x_m^2) \end{cases} \tag{19}$$

式中，x 表示海水中为一般藻类所依赖为生的营养盐成分或作为捕食者藻类所依赖为生的被食者藻类密度。

它们具有以下共同性质：

（1） $g_i(0) = 0$，$0 < g_i(x) \leq 1 (x > 0)$，$\lim\limits_{x \to +\infty} g_i(x) = 1$；

（2） $g_i(x) \geq 0 (x \geq 0)$；

（3）存在半饱和参数 x_m，使得 $g_i(x_m) = 1/2$，$i = 1$，2，3，4。

由此，又可以得到下列性质：

性质 1 当 $0 < x < x_m$ 时，则有：$g_4(x) < g_1(x) < g_3(x) < g_2(x)$；当 $x > x_m$ 时，则有：$g_2(x) < g_3(x) < g_4(x) < g_1(x)$。

性质 2 若有两个半饱和参数值 $x''_m > x_m$，则对一切 $i = 1$，2，3，4 有 $g_i(x''_m) > g_i(x_m)$。

为了表述方便，引进下列符号标记：

---

① 段美元、王寿松：《含时滞营养再生的单种群赤潮生态数学模型》，载《数理医药学杂志》1999 年第 3 期。

　　$E = E(t)$ 表示随时间 t 变化的营养浓度；$S = S(t)$ 表示随时间 t 变化的赤潮藻类密度；E_0 为营养输入浓度；C_1、C_2 表示营养、赤潮藻类的冲损率；a 为赤潮藻类对营养的最大吸收率；r 为赤潮藻类的死亡率；r_1 为赤潮藻类死亡后的营养再生率（$0 \leqslant r_1 < r$）；ε 为赤潮藻类吸收营养的转换比率（$0 < \varepsilon < 1$）。

　　根据海洋环境中不同赤潮藻类吸收营养快慢程度不同，单种赤潮藻类死亡后经历细菌和微生物分解作用再转化为营养浓度，于是，提出如下赤潮藻类动力学模型：

$$\begin{cases} \dfrac{dE}{dt} = C_1(E_0 - E) - ag(E)S + \displaystyle\int_{-\infty}^{t} F(t - \ell)S(\ell)d\ell \\ \dfrac{dS}{dt} = S[a^{\varepsilon}g(E) - (r + C_2)] \end{cases} \tag{20}$$

　　滞后核函数 $F(u)$ 是一个定义于 $[0, +\infty)$ 上的非负有界函数，它描述了某种赤潮藻类浮游植物死亡后的营养再循环关系，$F(u)$ 满足下列条件：

$$F(u) \geqslant 0, \int_{0}^{+\infty} F(u)du = \int_{-\infty}^{t} F(t - \ell)d\ell = 1 \tag{21}$$

且常采用如下形式：

$$K_n(u) = \frac{a^{n+1}}{n!}u^n e^{-ax}, \quad a > 0 \quad n = 0, 1, 2\cdots \tag{22}$$

　　另外，模型具有初始条件：

$$E(t_0) = E^0 > 0, \ S(t_0) = S^0, \ \text{且有} \ S(\ell) = \Phi(\ell), \ \ell \in (-\infty, t_0] \tag{23}$$

　　Φ 是一个定义于 $(-\infty, t_0]$ 上的有界正连续函数，因此，模型满足解的存在惟一性条件，$g(E)$ 具有式（19）中形式之一即 $g_i(0) = 0$，$0 < g_i(x) \leqslant 1(x > 0)$，$\lim\limits_{x \to +\infty} g_i(x) = 1$，且满足 $g_i(x) \geqslant 0(x \geqslant 0)$ 的性质，并具有性质 1 和性质 2：当 $0 < x < x_m$ 时，则有：$g_4(x) < g_1(x) < g_3(x) < g_2(x)$；当 $x > x_m$ 时，则有：$g_2(x) < g_3(x) < g_4(x) < g_1(x)$；若有两个半饱和参数值 $x''_m > x_m$，则对一切 $i = 1, 2, 3, 4$ 有 $g_i(x''_m) > g_i(x_m)$。根据该模型的性质，通过对以往赤潮发生规律的研究，可以得出以下结果和结论：

　　结论 1　模型的一切解均是一致有界的。

　　结论 1 表明，赤潮藻类吸收营养快慢程度并不影响模型解的有界性。

　　结论 2　若满足下列条件：$a\varepsilon \leqslant r + C_2$，模型满足初始值 $E^0 > 0$，$S^0 > 0$ 的一切解 $(E(t), S(t))$，都有：$\lim\limits_{t \to +\infty}[E(t), S(t)] = (E_0, 0)$。

　　结论 2 表明，若赤潮藻类最大营养吸收转换比率小于等于其冲损率与死亡率之和，则赤潮藻类灭种，赤潮不会发生。

结论 3 当 $0 < E \leq E_m$ 时，若 $g_4(E_0) > (r + C_2)/\alpha^\varepsilon$；当 $E > E_m$ 时，若 $g_2(E_0) > (r + C_2)/\alpha^\varepsilon$；则对所有 $g(E) = g_i(E)$，而 $g_1(E)$ 要求 $0 < E_0 < 2E_m (i = 1, 2, 3, 4)$ 情形，模型存在惟一正平衡点 $B_i(E_i^*, S_i^*)$，且 $E_i^* = g_i^{-1}((r + C_2)/\alpha^\varepsilon)$，$S_i^* = (C_1 \varepsilon (E_0 - E_i^*))/(r + C_2 - r_1 \varepsilon) (i = 1, 2, 3, 4)$。

结论 4 若结论 3 成立，当 $r_1 = 0$ 或 $0 < r_1 < r$，且 $S(\tau) = S(t)$，$\tau \in (-\infty, t]$ 时，模型的正平衡点 $B_i(E_i^*, S_i^*)$ 在 $R^2 t = \{(E, S) | E > 0, S > 0\}$ 内是全局渐近稳定的。

结论 5 在时滞营养再生模型中，若取 $F(u) = K_0(u)$（弱时滞）或取 $F(u) = K_1(u)$（强时滞），则正平衡点 $B_i(E_i^*, S_i^*)$ 是局部渐近稳定的。

结论 3~5 表明，若海洋环境中存在丰富的营养浓度，则赤潮藻类必将永久存在，当其密度高于赤潮藻类数量临界值时就形成赤潮，否则即使有适宜的气温和海况条件也不会形成赤潮。

（三）热带气旋预测模型

全球热带气旋主要发生在西北太平洋（包括南海），平均每年有 28 个热带气旋生成，其中每年有 9 个热带气旋在中国登陆。热带气旋登陆时常常夹带狂风、暴雨、风暴潮，具有很大的破坏力。随着我国进入 WTO，远洋运输、海洋捕捞、南海石油开发、海上救捞中心等单位都需要热带气旋的气候预测，因此报准月、季、年度的热带气旋个数，特别是报准热带气旋登陆的地段、时段，对于防灾减灾有重大的意义。

1. 热带气旋的多项式曲线预报模型。谢定升研究了热带气旋的多项式曲线预报模型。许多研究表明，热带气旋与 ENSO（ENSO 指南方涛动指数和厄尔尼诺合称），SST（海表面温度）有关，但多为定性预报。下面介绍根据相关分析原理，建立客观定量的多项式曲线预报方程的方法及效果。

该模型使用国家气候中心下发的 1949~1999 年西太平洋 286 个格点的逐月海温场资料，西太平洋和南海历年生成的热带气旋年、月个数，以及登陆我国广东等地的热带气旋年、月个数。

计算某月 286 个格点的海温与热带气旋年、月个数的相关系数，挑选 6~12 个通过 95% 信度检验的格点，以每 3 个格点值相加作为一个组合因子，计算组合因子与预报对象的相关系数。下面以 3 月份海温为预报因子，9 月份太平洋热带气旋个数为预报对象，来说明其操作方法。

经计算，3 月份海温有 9 个格点（具体为 33，61，62，188，191，192，200，

201，210 号格点）与预报对象的相关系数通过 95% 信度检验（相关系数分别为：0.361，0.321，0.290，0.304，0.409，0.462，0.310，0.319，0.356）。以每 3 个格点作为一个组合因子，得到 3 个组合因子：X_A，X_B，X_C，它们与预报对象 Y 的相关系数分别是：$R_A = 0.419$，$R_B = 0.468$，$R_C = 0.405$。

显然，组合因子的相关系数比原来 3 个格点的相关系数值要大，因此，使用组合因子可使拟合和预报能力有所提高，而且较稳定。

设上述 3 个组合因子 X_A，X_B，X_C，其相关系数为 R_A，R_B，R_C。令 $E = R_A + R_B + R_C$ 则 $E = 1.292$。

权重回归系数为：$A = R_A/E = 0.3240$，$B = R_B/E = 0.3625$，$C = R_C/E = 0.3134$

权重回归方程为：$Y_1 = AX_A + BX_B + CX_C$

算得 Y_1 与预报对象 Y 的相关系数 $R_{Y1} = 0.616$。可见，相关系数 R_{Y1} 比用各个单因子和各个组合因子的相关系数都有了更大的提高。

非线性回归更能反映预报对象与因子的相关关系。多项式回归在统计中有特殊的地位。任何函数（或复杂问题）都可以用正交多项式进行分析和计算，并对任意形状的曲线进行模拟。下面介绍多项式曲线模拟热带气旋频数的气候规律及预报方法。

由海温格点资料代入可得到自变量 Y_1 和预报对象 Y 是按等时间取样的等间隔值，适用正交多项式。

令 $X = X_A$，则：

$$Y_t = \beta_0 + \beta_1 X_t + \beta_2 X_t^2 + \cdots + \beta_k X_t^k \tag{24}$$

式中，Y_t 为预报对象（即热带气旋频数）；X_t 为海温格点的综合预报因子。

(24) 式中的系数 β_0、β_1、β_2、$\cdots$、β_k 可由正规方程组求得。实际工作中，方程式（24）的多项式系数的求解和阶数 K 的选取等繁杂的计算问题，目前都已由计算机解决了。

将历史资料代入方程式（24），可得一阶预报方程：

$$Y = -45.63401 + 0.07646332X \tag{25}$$

(25) 式中 Y 与 X 的相关系数 $R = 0.616$。

对 1999 年 3 月 9 个海温格点资料：73，158，158，268，257，256，279，283，261，可算得 $X = 667.14$，代入方程式（25），1999 年 9 月太平洋热带气旋个数的预报值为 $Y = 5.37$（个）。

再将历史资料代入方程式（25），可得二阶预报方程：

$$Y = 93.42555 - 0.3441034X_1 + 0.00031786X_2 \tag{26}$$

（26）式中 Y 与 X 的相关系数 R = 0.628。将 X = 667.14 代入方程式（26），1999 年 9 月太平洋热带气旋个数的预报值为 Y = 5.33（个）。1999 年 9 月太平洋热带气旋的实际个数为 5 个。

将 2000 年 3 月 9 个海温格点资料，代入方程，可得 2000 年 9 月太平洋热带气旋个数的预报值：Y = 5.04（个），相应的实际个数为 5 个。

2. 热带气旋投影寻踪回归预测模型。20 世纪 70 年代以来，随着计算机技术的发展，国内外兴起了"直接从审视数据出发—通过计算机模拟—预报"这样一种探索性数据分析（EDA）新方法，而投影寻踪（PP）则是这种新思维方法的突出代表。由于它适用于多维、非线性、非正态问题的分析和处理，已被成功地用于多个领域。但在灾害学和气象中应用极少，该模型探索了 PP 用于气象灾害预测建模的基本思想及其算法。并将 PP 用于热带气旋登陆华南年频次预测结果与逐步回归预测结果进行比较。

投影寻踪是将应用数学、现代统计学和计算机科学融为一体，用于分析和处理高维、非正态、非线性数据的一种高新技术。其基本思想是：将多维非线性数据投影到某些投影方向上，并通过计算技术不断地寻找有意义的投影平面，使这些投影平面能反映原高维非线性数据的结构和特征，从而可以在低维空间上对数据进行分析，以达到研究和分析高维非线性数据的目的。将这种思想与传统的统计分析法相结合可以产生很多种新的分析方法。其中的投影寻踪回归（PPR）模型如下：

设 $y = f(\vec{x})$ 和 $\vec{x} = (x_1, x_2, \cdots, x_K)$ 分别是一维和 K 维随机变量。为了能真实反映高维非线性数据的特征，PPR 采用一系列岭函数（又称数值函数）$G_m(z)$ 的和去逼近回归函数：

$$f(\vec{x}) \sim \sum_{m=1}^{M} \beta_m G_m(z) = \sum_{m=1}^{M} \beta_m G_m(\vec{\alpha} \cdot \vec{x}) = \sum_{m=1}^{M} \beta_m G_m \left(\sum_{j=1}^{k} \alpha_{jm} x_j \right) \qquad (27)$$

式中，β_m，α_{jm} 是系数；$G_m(z)$ 是第 m 个岭函数；$z = \vec{\alpha} \cdot \vec{x}$ 为岭函数的自变量，它是 k 维随机变量在 $\vec{\alpha}$ 方向上的投影，$\vec{\alpha}$ 也是 k 维变量；M 是岭函数个数。在（27）式中，一方面可以用增加岭函数个数 M 的方法减少模型的误差；另一方面，岭函数 $G_m(z)$ 是用逐段线性函数在各投影方向上不断对数据平滑逼近得到的。因此，PPR 模型更能客观地反映数据本身的内在结构和特征，从而增强了模型的稳定性。

Friedman 和 Stuetzle 提出了 PPR 技术的多重平滑实现法。郑祖国等则成功地开发了 PPR、PPA R 和 PPM R 三种应用软件。多重平滑的 PPR 技术实现的核心是采用

分层分组迭代交替优化方法，最终确定（27）式中的参数：β_m，α_{jm}，岭函数 $G_m(z)$ 和岭函数的最优项数目 Mu。PPR 模型仍采用最小二乘法作为极小化判别准则：即选择上述 4 个参数的适当组合，使下式最小：

$$L_2 = E\left[y - \sum_{m=1}^{M_u} \beta_m G_m \left(\sum_{j=1}^{k} \alpha_{jm} x_j \right) \right]^2 = \min \tag{28}$$

其做法是：把全体参数分为几组，除去其中一组外，都给定一初值，然后对留下的一组参数寻优。求得结果后，把这一组参数的极值点做初值，另选一组参数在这一初值下寻优，多次反复直到最后选取的一组参数值，使（28）式不再减小为止。即将 $\alpha_{jm}(j=1,2,\cdots,k)$，$\beta_m$ 及 G_m 划入一组，$m=1,2,\cdots,M$，共有 M 组。先固定其中的 $M-1$ 组，而对这一组的 α_{jm}，β_m，和 G_m 优化求解。此时，又将其分为 3 个子组，分别固定其中两个子组，对第 3 个子组寻优，然后重复这一过程，直到收敛为止。

用已编辑好的 PPR 应用程序进行数值计算时，只有以下 4 个参数需要在运行时指定和调整。（1）光滑系数 $S \in (0,1)$，它决定了模型的灵敏度，S 愈小，模型愈灵敏；（2）样本容量 N；（3）岭函数最多个数和最优个数"M，Mu"。M 和 Mu 一般应满足 $Mu \leqslant M \leqslant 9$，它们决定了模型寻找数据内在结构的精细程度，其最终选择由计算结果拟合情况分析确定。

李祚泳等把 PPR 用于热带气旋登陆华南频次预测，表 9-1 列出了 1954~1983 年逐年热带气旋登陆华南年频次 y 及其两个预报因子数值。这两个预报因子是：

x_1：当年 1~2 月沙堤、柳州和长沙三站的平均最低温度；

x_2：4~5 月副热带高压脊线的平均位置。

表 9-1　　　　台风登陆华南年频次和预报因子及两种方法预测结果比较

项目／年份	x_1	x_2	y	y_{PP}	$|R_{PP}|$	y_{SR}	$|R_{SR}|$
1954	17.5	9.9	9	9.10	1.1%	8.05	10.6%
1955	15.5	7.5	5	4.78	-4.3%	5.17	3.7%
1956	18.5	10.2	10	9.82	-1.8%	8.85	11.5%
1957	18.0	8.6	7	6.80	-2.9%	7.43	6.1%
1958	17.5	8.7	8	8.19	2.3%	7.21	9.9%
1959	15.5	8.7	5	6.53	30.6%	6.03	20.7%
1960	18.0	9.8	10	9.87	-1.3%	8.27	17.3%
1961	18.5	10.5	10	10.15	1.5%	9.06	9.4%
1962	16.0	8.8	6	6.16	2.7%	6.40	6.65
1963	15.5	8.7	8	6.53	-18.4%	6.03	24.6%

项目 年份	x_1	x_2	y	y_{pp}	$\left| R_{pp} \right|$	y_{SR}	$\left| R_{SR} \right|$
1964	20.5	12.9	11	10.73	-2.5%	11.93	8.4%
1965	20.0	11.8	8	8.48	6.0%	10.86	35.7%
1966	15.0	6.9	4	3.48	-13.0%	4.47	11.8%
1967	17.5	8.6	8	10.97	-0.4%	7.14	10.8%
1968	14.0	7.5	5	4.67	-6.6%	4.31	13.9%
1969	14.5	6.7	2	2.24	12.0%	4.04	101.8%
1970	17.5	9.0	9	8.83	1.9%	7.42	17.69%
1971	20.0	12.7	11	11.26	2.3%	11.49	4.5%
1972	15.5	7.3	7	4.33	8.2%	5.04	26.1%
1973	18.0	12.3	10	9.87	-1.4%	10.04	0.4%
1974	17.5	10.2	9	8.93	-0.7%	8.26	8.2%
1975	17.5	11.6	9	9.22	2.4%	9.25	2.8%
1976	16.5	7.1	5	5.01	0.2%	5.49	9.8%
1977	15.0	7.3	4	3.83	-4.3%	4.75	18.8%
1978	14.5	9.8	7	7.25	3.6%	6.22	11.1%
1979	16.0	8.1	7	6.11	-12.8%	5.90	15.7%
1980	17.0	11.9	9	10.00	11.1%	9.17	1.9%
1981	16.5	9.5	7	7.98	13.9%	7.18	2.6%
1982	15.5	6.9	2	3.96	98.2%	4.76	138.2%
1983	15.5	7.4	4	4.59	14.8%	5.12	28.0%

资料来源：李祚泳、邓新民：《人工神经网络在台风预报中的应用初探》，载《自然灾害学报》1995年第4期。

表9-1中的 R_{pp} 和 R_{SR} 分别为 PPR 和多元逐步回归拟合与热带气旋年频次预测的相对误差。因只选用了两个与热带气旋有关的因子，故建立两个因子的投影寻踪回归 PPR（2）预测模型。若用表9-1中前25年（1954~1978年）样本建模，预留后5年（1979~1983年）样本做预测检验。将全部30年样本输入 PPR（2）的计算程序，固定学习样本 N = 25，反复调试 S、M、M_U 几个参数，若规定相对误差 $\left| R_{PP} \right| \leqslant 20\%$ 为合格，则当选择 S = 011，M = 9，M_U = 6 时，模型拟合效果最佳，其拟合率为96%，预报准确率为80%。表9-1列出了 PPR 模型的拟合和预测检验结果，还列出了用逐步回归（SR）对热带气旋登陆华南沿海前25年建模的拟合和后5年预测检验结果。SR 的显著性水平取5%时的逐步回归方程为：

$$y = -9118 + 015863x_1 + 017050x_2$$

其拟合率为80%，预报准确率为60%，可见 PPR 模型的拟合和预测结果均优于 SR 模型的拟合和预测效果。为了检验 PPR 模型的稳定性，再用 PPR 分别对前

（1954～1973），（1954～1974）……（1954～1977）年样本建模，预留后（1974～1983），（1975～1983）……（1978～1983）年样本作预测检验。

三、海洋灾害预测的意义

海洋灾害是全球性灾害，也是系统性灾害，在全部自然灾害中，海洋灾害系统占据70%。近年来，我国由于海洋灾害系统造成的直接经济损失达60亿元/年以上，1990年仅浙江省因台风灾害就损失41亿元以上。随着经济的发展，受害程度亦将日益加重，研究、预报海洋灾害，把灾害程度降低到最低限度，是一项必要的、十分紧迫的任务。不同形式的海洋灾害（海面上升、风暴潮、地震、海啸、台风、巨浪、海雾、海冰、厄尔尼诺、新椅造运动、海岸侵蚀、海底滑坡、海岸风沙、生物资源灾害以及由海洋灾害所衍生的陆地自然灾害），在超长期及中、短期形成过程中，不仅有时空上的连续、复杂的表现形式，又有成因上的内在联系。

近年来，国际上作为地球科学的各个领域都迎来了综合各方面的知识，依托高技术的实施，把作为行星的地球和包围着地球的宇宙环境作为一个总体，综合而整体地处理和阐明地球各种自然现象的名副其实的全球性地球科学新阶段。在预报方法方面，从简单的模拟实验、数学模拟、统计分析、灾害物理学方法论、高技术监测预报到比较完善的系统成因机制物理过程的分析，企图弄清支配自然的法则，不仅是探索真理的学术研究，而且是保护地球环境、谋求人类生存、减轻自然灾害、促进资源开发、为实施有效的对策提供科学见解。

1. 海洋灾害的预测能对一定时期内海洋灾害发生的可能性提出预警，提高人们对海洋灾害的应对能力。海洋灾害预测促使人们积极地进行灾害预防，采取一些措施和方法抵抗海洋灾害，从各方面做好应对风险的准备，减少甚至避免海洋灾害带来的危害。研究海洋灾害的发生规律并建立预测模型，预测未来的海洋灾害，积极动员人们抵御灾害，能够减少海洋灾害带来的财产和生命损失，提高人们面对危险抵御风险的能力。

2. 通过海洋预测，不断改进海洋监测技术，提高海洋预测的时效性、准确性和自动化程度，及时预测海洋灾害所造成的对资源和环境的危害，加强对环境容量的研究，以充分利用好海域的自净能力。通过对海岸带及近海资源现状和资源再生过程与环境演变规律研究，特定海域养殖容量和生产潜力、生物资源补充过程研究，开展海岸带脆弱性评价技术、海洋环境质量评价与污染防治技术、溢油动态数值预测技术、大规模养殖区有害赤潮发生机制及治理技术、近海海洋灾害预测模型

技术等方面的研究，更加有效地保护好近海资源。海洋灾害预测有利于实现近海资源开发的有序、有度、有偿管理和加大海洋开发活动的宏观调控力度，将海洋开发活动纳入科学规划中。加强海洋政策研究，通过制定投资政策、产业政策、税收政策等方面的优惠政策，调整海洋开发行为，协调好各海洋行业、沿海各地之间在海洋开发利用活动中的关系，保证海洋资源在各海洋行业内合理配置，使海洋空间和资源得以充分利用，最大限度地发挥出综合效益。将海洋开发行为由资源消耗大、环境污染重、科技含量低、经济效益差的产业引导到资源消耗少、环境污染轻、科技含量高、经济效益好的产业上来，促进海洋的可持续发展。

3. 加强海洋人为灾害的预测，有利于提高海洋环境综合整治能力。建立海洋资源开发与海洋环境保护同步规划、同步实施制度，加强对海洋环境监测、监视和监督管理，做好海洋环境污染预见报警报，有利于对沿岸城镇工业废水、生活污水、固体废弃物等陆源污染物的管理治理、控制污染物入海总量控制和达标排放双控制度，防止海洋环境退化，防止海上活动造成海洋环境退化。海洋灾害预测，能减轻污损事件对生态环境的影响。生物多样性是生物资源和生态系统丰富程度的标志，保护生物多样性就意味着保护现在和将来可以利用的生物资源和生态系统，就意味着既保护了当代人的直接利益，也保护了后代人的潜在利益。通过海洋预测，估计出现有的海洋生物资源量。积极地控制近海渔业资源的捕捞强度，加强伏季休渔管理制度，完善禁渔期、禁渔区的管理，建立起与资源总量相适应的捕捞强度控制制度。海洋灾害预测能改善生态环境，涵养生物资源，增加自然海域的资源量，维护海域的可持续利用，保护好生态环境和生物的多样性。

4. 沿海地带占有海洋和陆地两方面的优势，这里资源丰富，交通方便，环境优越，最有利于工农商业的发展，历来被各经济发达国家称之为黄金海岸。发展沿海经济亦被各发达国家列为战略重点。我国是一个海洋大国。沿海地区长期以来一直是我国经济发达地区。沿海 11 省市人口占全国总人口的 40%；工农业总产值占全国的 60%；全国 5.5% 的国民收入来自东部和南部沿海地区；全国 50 强城市沿海有 36 个，占 72%；我国五个经济特区和最早设立的 14 个开放城市也在沿海地区。我国推行沿海经济发展战略，全国经济形成了以东南沿海为龙头，由南向北推进、由东向西辐射的格局。摆在我们面前的是，沿海地区除了有其发展经济的优势外，还面临频繁遭受多种海洋灾害侵袭的严峻局面。进行海洋灾害预测有利于沿海经济的发展，有效的经济发展机制，必须有与之相适应的有效的海洋灾害预防机制相配套，使社会经济得以正常的发展。进行海洋灾害预测，建立一个有效的社会减灾机制，特别是减轻海洋自然灾害方面的防、抗、救的社会减灾体系，为沿海经济

持续、快速、健康的发展保驾护航。做好海洋防灾、减灾的工作，进行海洋灾害预测，增加防灾资金投入，落实减灾规划措施，做好保障工作，有利于促进沿海经济的持续、快速、健康的发展。

第二节　海洋灾害经济损失评估的理论和方法

一、海洋灾害经济损失的概念

海洋灾害是海洋危害人类的意外事件，海洋灾害给人类造成的危害多种多样，如财物的损失、环境破坏、人员伤亡、家庭痛苦等。所谓海洋灾害损失就是海洋危害的量化表示。海洋灾害对经济造成的危害的量化表示就是海洋灾害的经济损失，通常用货币单位计量。海洋灾害经济损失是海洋灾害危害的最一般、最直接的、通常也是最重要的表现形式。海洋灾害不论大小通常会造成经济损失，但只有大的海洋灾害才会给社会经济造成比较明显的危害。因此，海洋灾害经济损失包括一切经济价值的减少、费用支出的增加、经济收入的减少。财物和资源的毁灭是经济损失，因其本身具有经济价值且会影响系统的投入产出；环境的破坏含有经济损失，因为恢复环境需要费用支出；人员伤亡不可避免会造成经济损失，不仅人员伤亡救治、抚恤要发生费用支出，而且人能创造价值，其成长、培养也具有成本。[①]

二、海洋灾害经济损失评估理论

从灾害统计学的角度出发，海洋灾害造成的损失应当用量化的数据指标作为标志，并主要是以价值量即货币化指标为标志。这一特点决定了无论是灾害造成的直接损失还是间接损失，抑或是灾害风险损失与实际损失，都必然要依赖于科学的损失评估理论与方法，并按照规范的程序进行操作，才能得到可靠的数据指标。在灾害统计学中，海洋灾害损失评估是指在掌握丰富的历史与现实灾害数据资料基础上，运用统计计量分析方法对海洋灾害（包括单一灾害或并发、联发

---

① 黄燕娣：《国内事故经济损失评估理论与方法》，载《安全》2003 年第 1 期。

的多种灾害，下同）可能造成的、正在造成的或已经造成的人员伤害与财产或利益损失进行定量的评价与估算，以准确把握灾害损失现象的基本特征的一种灾害统计分析、评价方法。它包括海洋灾害损失预评估、跟踪评估与实评估三种。

1. 预评估海洋灾害损失的预评估是在海洋灾害发生前对其可能造成的损失进行预测性评估，包括海洋灾害可能造成的损害或损失大小、数量多寡及损害程度等，目的是在海洋灾害发生前尽量采用最经济、最有效的方法消除或减少灾害所带来的损失后果。

2. 跟踪评估是指在海洋灾害发生时对其所造成的损失进行快速评估，目的是为抗灾抢险与救灾决策以及尽可能采取缩小损失程度的应急措施提供依据。

3. 实评估是指海洋灾害发生后，对其造成的实际损害后果进行计量，目的是客观、真实地反映本次（或本期）海洋灾害损失的规律和程度，为进一步组织灾后救援工作与恢复重建工作并确定未来的减灾对策提供依据。

三种评估方法中，跟踪评估是基础，实评估是主体，预评估则是灾害评估科学化的表现，三者紧密结合。[①]

三、海洋灾害经济损失评估的基本内容

海洋灾害损失评估的目的，是确定灾害事故的实际损失或风险损失，其基本内容应包括如下几个方面：

1. 确定海洋灾害损失评估的具体对象与评估时段即一方面应当根据海洋灾害种类的划分，确定评估的具体对象、各种受灾体或可能受灾体；另一方面，确定是海洋灾害发生前的预评估还是灾时评估或实评估，即具体的评估时段。如对某地区的海啸灾害进行预评估或实评估，其具体对象应当包括人员、建筑物、公共设施等，就需要在评估前确定，因此，确定评估对象与评估时段便构成了灾害损失评估的第一步。

2. 对海洋灾害事故危害的区域等进行实地勘测即亲自到灾害发生地区或利用高技术手段对灾害发生地区进行勘测；包括勘查灾害事故的种类、起因、发生的时间、发生的地点、危害的区域范围、危害对象（包括人员伤害情况与财产损失情况等）以及与损失后果评估有关的其他情况。如果是预评估，上述内容亦是勘查的基本内容，只不过是它表现为一种可能损失后果。在灾害损失勘查中，评估者可

---

① 许飞琼：《灾害损失评估及其系统结构》，载《灾害学》1998 年第 3 期。

以采用抽样调查、重点调查、典型调查和普查等统计调查方式，对于大范围的自然灾害如赤潮、风暴潮等还可以应用卫星遥感技术进行勘查。

3. 对海洋灾害事故损失从不同角度进行评价，一是从受灾体的角度评价，如人员损害评价（包括生命丧失、健康受损、时间损失等）、物质损害评价（包括财产物资的毁灭、损坏或贬值等）、社会损害评价（包括经济建设发展受挫、环境受损、社会不安定等）等；二是从与损失事件的关系角度评价，如直接损失与间接损失的划分、评估与计量等；三是从损失承担者的角度评价，如国家或社会损失、企业或单位损失、个人或家庭损失的评估等；四是从损失的时间角度来评价，如灾前损失评估、灾时损失测估、灾后损失评估等。通过不同角度的评价，对灾害损失或可能损失就会有一个较为全面的了解。

4. 对海洋灾害事故损失进行核实对海洋灾害事故所造成的损失进行评估后，为了确保损失评估结果的真实、准确，还应当对其进行复核。对海洋灾害事故损失进行核实是海洋灾害损失评估的最后一道环节，也是十分重要的环节。

四、海洋灾害经济损失评估方法

一起海洋灾害发生后，会带来多方面的经济损失。一般海洋灾害的经济损失包括直接经济损失和间接经济损失两部分。海洋灾害经济损失可由直接经济损失与间接经济损失之和求出。其中，直接经济损失很容易直接统计出来，而间接经济损失比较隐蔽，不容易直接由财务账面上查到，下面介绍经济损失的计算方法。

（一）海因里希直间系数比值法

由于海洋灾害间接经济损失很难被直接统计出来，于是人们就尝试如何从灾害直接经济损失来计算出间接经济损失，进而估计灾害的总经济损失。即：

$$灾害总损失 = K \times 直接经济损失$$

式中，K 为直间系数比值（直接经济损失与间接经济损失的比值）。

海因里希最早进行了这方面的研究，他通过对 5 000 余起灾害经济损失的统计分析，得出直接经济损失与间接经济损失的比例为 1∶4 的结论。即伤亡灾害的总经济损失为直接经济损失的 5 倍。这一结论至今仍被国际劳联所采用，作为估算各国灾害经济损失的依据。继海因里希的研究之后，许多国家的学者探讨了这一问题。人们普遍认为，由于生产条件、经济状况和管理水平等方面的差异，灾害直接经济

损失与间接经济损失的比例，在较大的范围内变化。

由于国内外对灾害直接经济损失和间接经济损失划分不同，直接经济损失和间接经济损失的比例也不同。我国规定的直接经济损失项目中，包含了一些在国外属于间接经济损失的内容。一般来说，我国的灾害直接经济损失所占的比例应该比国外大。根据对少数企业灾害经济损失资料的统计，直接经济损失和间接经济损失的比例约为1:1。采用这种方法对灾害的总损失进行估算是简便而实用的，但需要研究不同类型灾害的具体灾害直间系数比值，这是安全经济领域重要的课题之一。

（二）美国西蒙兹计算法

西蒙兹把"由保险公司支付的金额"定为直接损失，把"不由保险公司补偿的金额"定为间接损失。以平均值法来计算事故总损失。即提出下述计算公式：

海洋灾害事故总损失 = 保险损失 + A×停工伤害次数 + B×住院伤害次数 + C
×急救医疗伤害次数 + D×无伤害海洋灾害事故次数

式中 A、B、C、D 为不同海洋灾害伤害程度事故的非保险费用平均金额。

（三）总损失计算法

将海洋灾害伤亡事故的经济损失分为直接经济损失和间接经济损失两部分，即因海洋灾害事故造成人身伤亡的善后处理支出费用和毁坏财产的价值，是直接经济损失；而导致产值减少、资源破坏等受事故影响而造成的其他经济损失的价值是间接经济损失。其计算方法是：

海洋灾害事故总损失 L = 海洋灾害事故经济损失
+ 海洋灾害事故非经济损失
= 海洋灾害事故直接经济损失 A
+ 海洋灾害事故间接经济损失 B
+ 海洋灾害事故直接非经济损失 C
+ 海洋灾害事故间接非经济损失 D

（四）生命损失人力资源计算法

海洋灾害经济损失计算的主要难点是对灾害的非价值因素的价值化问题，其中最重要的和有实际意义的是对人的生命损失价值的计算。灾害造成的物质破坏而带来的经济损失很容易计算出来，而弄清人员伤亡带来的经济损失却是件十分困难的

事。作为生理人，人的生命是无价的，因为人的生命只有一次，从伦理道德上我们都不能对人的生命定价，但是作为社会人和经济人，人的生命又是有价的，特别是从社会管理和评价灾害对社会和人类的影响的角度，人的生命是有价的。如保险业要对人的生命定价、以进行合理的赔偿；工业灾害造成的经济损失也要对人的生命与健康进行定价，以对灾害的严重性和影响进行合理评估。美国 1995 年工业灾害的人均生命损失代价是 75 万美元；日本工伤死亡 1 人的赔偿高达 7 000 万日元。在我国如何评价人的生命价值还没有公认的方法和理论，但目前国外采用的一些方法对我们有借鉴作用。如安全成本法、工作补偿法、人力资本法等。其中人力资本法的计算方法是：

$$生命价值 = 一生工作年数 × 劳动生产率$$
$$生命损失价值 = 生命损失年数 × 劳动生产率$$
$$平均生命损失价值 = 平均生命损失年数 × 劳动生产率$$

（五）　生命损失价值计算法

我国提出过一种生命价值的近似计算公式：$V_h = D_H P_{v+m}/(ND)$。式中，V_h 为人命价值，单位是万元；D_H 为人的一生平均工作日，可按 12 000 日即 40 年计算；P_{v+m} 为企业上年净产值（$V + M$），单位是万元；N 为企业上年平均职工人数；D 为企业上年法定工作日数，一般取 300 日。由上式可知人的生命价值指的是人的一生中所创造的经济价值，它不仅包括海洋灾害事故致人死后少创造的价值而且还包括了死者生前已创造的价值。在价值构成上，人的生命价值包括再生产劳动力所必需的生活资料价值和劳动者为社会所创造的价值（$V + M$），具体项目有工资、福利费、税收金、利润等。如果假设我国职工每个工作日人均净产值为 50 元，即 $P_{v+m}/(ND) = 50$ 元，则可算出我国职工平均的人命价值是 60 万元。

五、海洋灾害经济损失评估方法的特点和缺陷

1. 国内外海洋灾害经济损失评估方法的共同特点是：

（1）把海洋灾害损失划分为直接损失和间接损失，有的更细分为直接经济损失、直接非经济损失、间接经济损失、间接非经济损失。

（2）对海洋灾害损失的计算都采用"枚举法"。罗列出损失项目，统计、估算或折算各项目的损失额，求和得出灾害损失。

（3）将所谓"非经济损失"通过一定技术转换为"经济损失"计算灾害损失。

（4）通过直接损失确定间接损失。

2. 国内外海洋灾害经济损失评估方法存在的主要缺陷表现为：

（1）损失概念模糊，分类方法不科学，同类海洋灾害损失包含的项目差别很大。一是经济损失与非经济损失定义错误，事实上可用货币衡量的损失均为经济损失，不管是直接用货币衡量还是通过转换后用货币衡量；二是直接损失和间接损失分类标准不客观，主观随意性大。

（2）未考虑资金的时间价值，将不同时间的损失额直接相加，不仅理论上行不通，实际中也不能客观反映损失大小，计算出的损失额不具可比性。

（3）采用枚举法罗列损失项目难免漏项，有些相关性很强的损失项目又容易重复计算。

（4）由于间接损失项目多、发生期间长、错综复杂，直接计算每个海洋灾害的间接损失偏差较大，而采用直间比计算直接损失，没有足够大量的统计数据支持，"直间比"很难准确确定。

综上所述：海洋灾害不仅造成企业财产损失，而且往往伴随着人员伤亡、资源损失，大的灾害还会影响到安全生产和生产系统使用期限，给企业和国家造成巨大的经济损失。但是，由于目前对海洋灾害经济损失的概念认识模糊，采用的海洋灾害经济损失评估理论和方法不够科学，许多海洋灾害的经济损失统计数据远不能真实地反映灾害造成的经济损失，直接导致人们对海洋灾害的危害及对灾害损失的严重程度认识不足，扭曲了人们对安全和效益的关系，影响了国家和企业的安全生产决策。因此，迫切需要完善符合时代发展的海洋灾害经济损失的概念，制定科学、实用的海洋灾害经济损失评估方法。

六、海洋灾害经济损失评估的系统结构

海洋灾害损失评估是一个较为复杂而又系统的过程，每一步骤都有其特定的内容，每一步骤都需要认真、仔细。从系统论的角度出发，海洋灾害损失评估也是一个系统，它由灾害损失评估数据库系统、灾害损失评估指标系统、海洋灾害损失评估模型系统等三大主体及灾害损失评估结论构成（见图9-1）。

```
                           ┌─────────────────┐
                           │  海洋灾害评估系统  │
                           └────────┬────────┘
              ┌─────────────────────┴─────────────────────┐
      ┌───────────────┐                           ┌───────────────┐
      │  海洋自然灾害评估  │                           │  海洋人为灾害评估  │
      └───────┬───────┘                           └───────┬───────┘
        ┌─────┴─────┐                               ┌─────┴─────┐
  ┌──────────┐ ┌──────────┐                 ┌──────────┐ ┌──────────┐
  │ 直接损失评估 │ │ 间接损失评估 │                 │ 直接损失评估 │ │ 间接损失评估 │
  └──────────┘ └──────────┘                 └──────────┘ └──────────┘
```

┌──────────────────┐ ┌──────────────────┐ ┌──────────────────┐
│ 海洋灾害灾前损失评估 │ │ 海洋灾害灾时损失评估 │ │ 海洋灾害灾后损失评估 │
│   （预评估）   │ │   （跟踪评估）   │ │   （实评估）   │
└──────────────────┘ └──────────────────┘ └──────────────────┘

┌──────────────────┐   ┌────────────────────┐
│ 海洋灾损评估数据库 │   │ 海洋灾害损失评估指标体系 │
└──────────────────┘   └────────────────────┘

┌──────────────────────────────┐   ┌──────────────────┬──────────────────┐
│   │   │ 海洋灾害直接损失   │ 海洋灾害间接损失   │
│   │   │   评估指标   │   评估指标   │
└──────────────────────────────┘   └──────────────────┴──────────────────┘

| 环境条件数据库 | 海洋灾害损失历史数据库 | 承灾体数据库 | 社会经济发展数据库 | 人身损失指标 | 财物损失指标 | 其他损失指标 | 间接经济损失指标 | 间接非经济损失指标 | 其他间接损失指标 |

┌──────────────────────────────┐
│ 海洋灾害损失评估模型建立与分析 │
└──────────────────────────────┘

┌──────────┐
│ 损失结论 │
└──────────┘

┌──────────┐   ┌──────────┐   ┌──────────┐
│ 灾前损失结论 │   │ 灾时损失结论 │   │ 灾后损失结论 │
└──────────┘   └──────────┘   └──────────┘

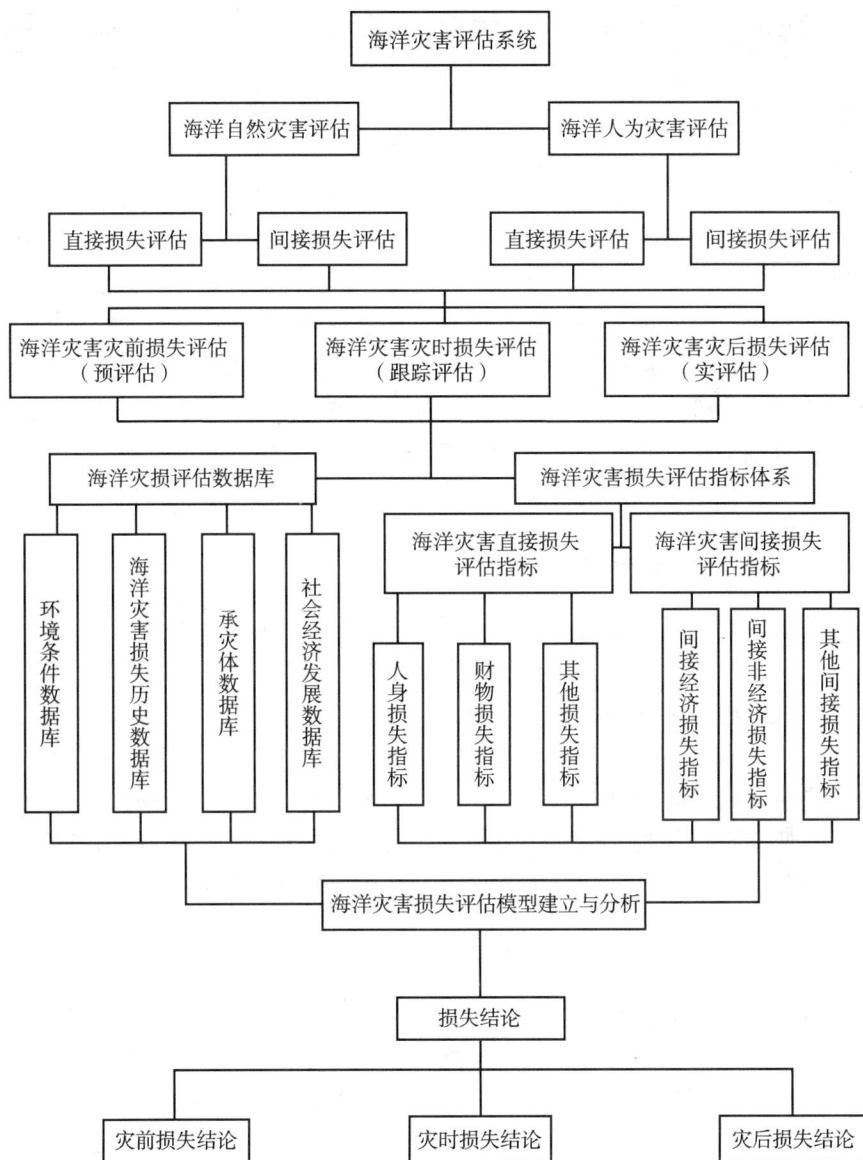

图9-1 海洋灾害评估系统

（一）海洋灾害损失数据库

系统海洋灾害损失数据库是指与海洋灾害损失评估有关的各种数据信息的搜

集、存储及运算。它包括以下四个子系统：一是环境条件数据库系统，包括地理位置、气象信息、灾种信息、灾因信息等方面的数据资料；二是海洋灾害损失历史数据库系统，包括以往年度乃至历史上的同类海洋灾害损失的历史资料，其价值在于为评估现阶段的灾害损失服务，并可以短距离的时间外推损失评估；三是承灾体数据库系统，包括人口数据库资料、物质财富数据库资料等，如人口总量与结构、建筑物、机器设备、市政工程、交通运输工具等等；四是社会经济发展数据库系统，包括土地面积、资源状况、国民生产总值、国民经济发展速度、人均国民生产总值、工业布局等。数据库系统的建立主要包括信息源、预处理与存储、应用支持等方面，首先应当通过各种统计方法收集现有的或历史的数据资料；其次是对收集的数据资料进行可靠性检验和标准化编码并存储，以便能及时获得有关数据并使数据能够快速、准确地得到更新、更正等；最后是通过全部或部分数据的显示即以图形、表格或屏幕动态模拟等形式输出数据，以满足要求。

（二）海洋灾害损失评估指标系统

该子系统主要包括直接损失评估指标子系统和间接损失评估指标子系统，前者包括人员伤害、财产物资损失、其他损失等三个二级指标；后者可以分为海洋灾害间接经济损失、海洋灾害间接非经济损失及其他间接损失三个二级指标。二级指标还可以进一步细分，如人员伤害就可以进一步分为死亡、重伤、轻伤等指标，每一个指标均有着特定的含义；再如财产物资损失可以分为固定资产损失、流动资产损失等大类，固定资产损失又可以进一步分为房屋建筑物损失、机器设备损失、交通运输工具损失、其他固定资产损失等，并且还可以细分。

（三）海洋灾害损失评估模型系统

在已掌握的海洋灾害损失数据资料及其指标的基础上，运用一定的统计方法如相关分析方法、聚类分析方法、灾变预测方法、时序分析方法、谱分析方法等建立海洋灾害损失评估模型库。海洋灾害损失评估模型系统包括灾前海洋灾害评估模型系统、灾时海洋灾害损失评估模型系统与灾后海洋灾害损失评估模型系统三个子系统。

最后，海洋灾害的灾害损失评估模型，选择有关描述损失的表示方式如损失分值、损失等级、等损失线图、损失区划图等对灾害可能造成的损失、正在造成的损失和已经造成的损失进行直观定量的评价，并得出结论。

第三节　海洋灾害损失评估模型

一、溢油损失评估模型

（一）溢油经济损失价值评估模型[①]

李亚楠等提出了海洋灾害经济损失评估模型，该评估模型是由一系列密切相关的子模块及数据库构成的。以溢油灾害为例，它是根据自然资源损害的恢复费用，以及在恢复时期公众所损失的某些经济价值，再加上清洁处理等费用来计算总的经济损失的。该模型是在地理信息系统（GLS）支持下运行的。GLS 为物理归宿、生物影响及恢复子模块提供了环境及生物空间的网格信息。

该模型由生物影响、补偿值和恢复值三个子模块组成。

1. 生物影响子模块。生物影响子模块计算的生物损失包括短期损失及长期损失两部分。

（1）短期损失。是由物种或物种组群如鱼、贝类等来估算的，该模块利用实验室急性毒理实验数据（LC_{50}指生物体死亡 50% 的浓度）来计算鱼、贝类等受到溶解浓度影响而造成的死亡数量，LC_{50}的值要经过温度及暴露时间进行修订，同时假设累计百分比（死亡百分比）与溶解浓度间存在着正比关系。即：

$$p_0 = \frac{1}{\sqrt{2\pi}} \int_\infty^{Y_0} \exp\left(-\frac{1}{2}u^2\right) d_u \tag{29}$$

式中，p_0 为在环境浓度 C_0 下的死亡部分；Y_0 为浓度 C_0 的正常平均偏差，$Y_0 = \frac{1}{\sigma} x_0 - \frac{u}{\sigma}$，$x_0 = \lg(C_0) - \lg(LC_{50})$；$\sigma$ 为死亡标准偏差；$u = x - \frac{1}{\sigma}$；x 是浓度，概率单位中表示的浓度为 $Y_0 + 5$。

这样，根据已知的 $\lg(LC_{50})$ 和斜率 $\frac{1}{\sigma}$，就可以计算在给定浓度 C_0 下的 p_0。在

[①] 李亚楠、张燕、马成东：《我国海洋灾害经济损失评估模型研究》，载《海洋环境科学》2000 年第3 期。

对油类及多环芳香烃的毒性实验观察中，得出斜率 $\frac{1}{\sigma}$ 的值在 1.0~1.2 之间，其中值为 1.2。因此假设斜率 $\frac{1}{\sigma}$ 为 1.2，则 $\sigma = 0.83$。

把该值与时空及栖息地类型结合起来，即可计算出短期内生物死亡总数。

（2）长期损失。为了简化计算程序，该模块假设溢油影响只延伸到种群所考虑的生命跨度（t_λ），假设在溢油 $t_\lambda = 1$ 年后，其生物损失量为零。因而溢油造成的潜在的长期损失只包括在溢油期由于卵及未成年生物被杀死而造成的渔场补充量的损失，和在溢油期被杀死的成年生物的未来产量的损失。该模块利用水平稳定的渔场模型及种群年龄结构来估算溢油造成的长期损失量。

2. 补偿值子模块。补偿值子模块用来计算资源损害总值中的补偿值部分。该模型所计算的补偿值是指在自然恢复或为恢复重建基本条件时期，公众所遭受的经济损失值。它包括以下损失：由于禁渔或种群损失造成的渔业捕捞损失、由于溢油而造成的水产养殖业的经济损失、由于海滨关闭造成旅游观光的经济损失。

（1）渔业捕捞损失评估。生物影响子模块输出了渔场或区域受损害各物种的捕捞损失量 $Y_{eli}{}'$，为了计算出溢油所造成的渔业捕捞损失值，首先应收集受损地区或渔场各物种的船上交货价 P_i 的数据。这些资料可以从渔业部门的年度及月份报表中获得。由于各年间的交货价格是因资源状况、捕捞条件、捕捞设施及市场供求关系的变化而变化的，为了使年际变化最小化，采用最近 5 年的一个平均值（平均交货价格）p_{ei} 来调节。在计算平均值前，要先确定价格的基准年（一般以最后年为准），其他年份价格要用价格指数来调整，该渔场或区域第 i 种渔业捕捞损失值：$V_{li} = Y_{eli}{}' \cdot p_{ei}$，其总的渔业捕捞损失值：$V_t = \sum V_{li}$。

（2）养殖业经济损失评估。养殖业经济损失（V_c）评估方法与渔业捕捞损失的评估方法类似。它是用水产品的平均交易价格乘上当年及未来年份的减产量，再减去收获费用而得出的。

（3）滨海旅游业经济损失评估。由于资料等的限制，该模型只对由于政府关闭所造成的旅游观光损失进行计算，而事实上关闭或旅游观光仍在进行的损失不包括在内。它的损失值也只包括传统的海滨娱乐如游泳、太阳浴及海滨漫步等活动，而不包括野营等特殊活动。

该补偿值的计算需要使用者明确地输入海滨关闭的时间 t（天数），受影响区域的岸线长度及受影响的海滨类型（如公园、浴场等）。同时要提供各地区、各旅游点的旅游统计数据。这些数据包括沙质海滨的线性长度 L（米）、各月总的旅游

净利益值（总收入减去费用），该值是用多年平均值 B_{emi} 代替的，然后计算出海滨景点各月每天的净利益值 B_{edi}。把该值乘上关闭天数及关闭海滨的长度，便得出海滨各旅游景点的经济损失补偿值：$V_{ti} = B_{edi} \cdot L \cdot t$，一个区域总的旅游损失补偿值：$V_t = \sum V_{ti}$。

3. 恢复子模块。如果生物影响子模块确定了溢油已造成了对自然资源的损害，那么恢复子模块就要对受损害资源的恢复方案及恢复费用进行评估。该模块所涉及的恢复包括栖息地恢复、储量恢复及容纳量的恢复。该模块要选择出最适当的恢复方案，并计算总的恢复费用。

（1）栖息地的恢复。该模块将对各种类型栖息地的恢复方案及恢复费用进行评估。对于开放水域栖息地的恢复有两种方法是可行的：一是清除（挖掘并处理污染底质）；二是隔离（现场覆盖）。因此，该模块将对其捞出污染底质并重填干净物质或覆盖底质的费用进行评估；湿地、大海藻床、软体动物礁和珊瑚礁的恢复要经过清除受污染的底质及植物，充填干净等量物及植物的移植来完成因而要对其清除、充填、移植等费用进行计算；对于海岸线及沙滩来说，该模块将对岸线的清洗及沙滩的处理费用进行评估。

（2）储量恢复。恢复子模块也对生物的再补充进行评估。该模块认为只有在栖息地完全恢复以后，鱼、贝类等的再放养才是可行的，且用放养幼年生物来代替受损成年生物的方法是不能减少补偿值的。因此，该模块认为生物的再补充只能发生在栖息地完全恢复以后，且只有通过控制繁殖程序，放养与受损生物同年龄的方法才是可行的，因此要对放养生物的费用进行计算。

（3）容纳量恢复。环境对化学物质的容量是与其毒性相关的，毒性越大，容纳量越小。容纳量的恢复是通过对现存的高污染的底质进行处理来实现的，因为化学物质的最终归宿是底质。每当量毒性物质的恢复费用为：

$$E_q MT = \left(\frac{C_{eq}}{M_m} \right) \left(\frac{1}{\sum\limits_i \frac{f_i}{LC_{50i}}} \right) \tag{30}$$

式中，M_m 为每立方米底质中清除的所有化学物质的总质量；C_{eq} 为每单位体积底质清除费用，包括挖掘、处理及覆盖底质的费用；f_i 为化学物质，在底质总质量中所代表的部分；LC_{50i} 为化学物质对于鱼类的标准的 LC_{50}。

4. 模型总结。海洋灾害所造成的总的经济损失值：$V_s = V_c + C_r - B_r + C_c$。$V_c$ 为补偿值，$V_c = V_1 + V_{ac} + V_t$。V_1 为渔业捕捞补偿值，V_{ac} 为水产养殖业补偿值，V_t 为旅游业补偿值；C_r 为恢复费用，$C_r = C_{hr} + C_{sr} + C_{ar}$。$C_{hr}$ 为栖息地恢复费用，C_{sr} 为

贮量恢复费用，C_{ar} 为容纳量恢复费用，B_r 为采取恢复措施后获得的效益，C_c 为灾害处理费用。

（二）三维溢油区域评估预测模型[①]

研究并建立海上溢油动态预测模式，对溢油行为进行预测，评估出溢油灾害影响的海域范围，预测出遭受溢油灾害而发生损失的海域，对海上溢油应急行动的决策和海岸油污染防范具有重要意义。王日东等综合考虑了三维流场、剪流、湍流、风导输移和波浪破碎对海上溢油行为的影响，建立了三维溢油区域评估预测模型。

1. 预测方法的选择。海上溢油的行为和归宿受多种环境因素支配，包括漂移、扩展、蒸发、乳化和降解的复杂过程。海上溢油环境行为的预测方法大体可分为两类：一类是基于对流—扩散方程的数值模式；另一类是基于随机理论的"粒子"模式。第一类模式关于油膜在运动中始终连续性假定，与海上油膜行为不符，因而不能模拟油膜的破碎现象。此外，平流扩散方程的数值计算格式无法避免数值扩散，破坏了源点附近高浓度梯度区的质量守恒，因而最高浓度计算值总是偏低很多。第二类模式是种随机预测模式，采用"油粒子"随机走动模拟溢油扩散行为。这类模式不仅避免了上述数值方法本身带来的数值扩散问题，同时还可以正确重现海上油膜的破碎分离现象。由于"油粒子"概念可以更确切地表述溢油对各种海洋动力因素的响应过程而被广泛接受，因而基于"油粒子"概念的随机模式成为当今流行的溢油模式。该溢油行为的预测模型在此采用了三维溢油预测系统。

2. 预测模型的建立。

（1）三维潮流模式。由于溢油在海水中垂向分布的不均匀性，模拟溢油动态必须使用三维流场。首先，采用二维环流模型计算本海区的深度平均的二维潮流场；其次，通过经验公式近似地给出水平流速的垂直分布，由此构造出三维流场：

$$U(z) = \bar{U} + \frac{U^*}{k} + \frac{2.30}{k} U^* \lg \frac{z}{d} \qquad (31)$$

式中，计算点 Z 为到底面的距离；d 为水深；k 为卡门常数（k = 0.4）；U^* 为剪切速度；U 为深度平均流速。潮流流速的垂向分量忽略。

（2）溢油漂移轨迹模式。粒子模型方法将运动过程分成两个主要的部分，即平流过程和扩散过程。根据拉格朗日观点，单个粒子在 t 时间内的空间位移可以表

[①] 王日东、周势俊、张存智：《三维溢油预测模型在大连湾的应用》，载《辽宁城乡环境科技》2004 年第 4 期。

述为：

$$\Delta\gamma = U_i\Delta t + W_i\Delta t + \gamma_i \tag{32}$$

式中，向量 γ_i 代表第 i 个粒子的位置；向量 U_i 代表在该时间步长的开始时的质点位置处的平流速度；向量 W_i 代表垂直沉降速度；随机变量 γ_i 称为随机走动距离。

平流所引起的每个油粒子的位移可表述为：

$$\Delta x = u \times \Delta t \tag{33}$$

$$\Delta y = v \times \Delta t \tag{34}$$

式中，u 为 x 方向的水平速度；v 为 y 方向的水平速度；Δt 为时间步长。流速值通过上述流场提供。

风导输移是引起平流输移的另一重要因素。风对油膜输移的作用可表述为：

$$U_w = f \cdot W \tag{35}$$

式中，w 为风速向量；f 为风因子矩阵。在本模型中，风导速度取为风速的3%，右偏角取15°。通过（31）~（34）式算出单个粒子在某一瞬间的空间位置，再进一步算出粒子云团"质心"的位置，粒子云团质心的运动路径便是溢油云团整体的漂移轨迹。

（3）溢油扩散模式。溢油在海面上扩散主要受湍流的控制，本模式采用随机走动法模拟油粒子的湍流扩散过程。对于三维空间，随机走动的距离写成如下形式：

$$\Delta a = R \cdot \sqrt{6k_a\Delta t} \tag{36}$$

式中，Δa 为 a 方向上的湍动扩散距离（a 代表 x、y 或 Z 坐标）；R 为 [-1, 1] 之间的均匀分布随机数；k_a 为方向上的湍流扩散系数；Δt 为时间步长。

（4）溢油的垂直扩散模式。波浪破碎产生的湍流扰动使溢油从表面进入水体内部，反复不断的波浪破碎过程可使油滴扩散到水体深处，该行为可表述为：

$$\Delta Z = \xi\sqrt{6K(z)\Delta t} \tag{37}$$

式中，K(z) 为垂向扩散系数；ξ 为 [-1，1] 之间的均匀分布随机数。公式（37）的形式与式（36）相同。其中的垂向扩散系数主要是波浪（特别是破碎浪）的贡献，波浪产生的湍流使油与海水掺混，形成水包油油微滴侵入水体。

依据式（36）、式（37）可跟踪预测各油粒子的扩散，油粒子充斥空间的包面即溢油云团的扩散范围，在水平方向表现为溢油扩散面积。依据油粒子的密度分布，可进一步算出海水中油含量的浓度。

3. 三维溢油预测模型的应用。为了展示三维溢油预测模型在海域的应用，对

一种假想溢油的情况进行了数值模拟。假设在近岸突然发生溢油事故，应用本模型来预测其漂移过程，本预测不考虑围油栏等人为干扰因素，仅预测溢油在海域的自然漂移行为。

（1）预测条件。a. 潮流场；b. 风资料；c. 溢油地点；d. 溢油量；e. 时间。

（2）预测结果。可以得出溢油在该海区的漂流方向及影响范围，预测出遭受损失的海域范围。

二、风暴潮损失评估模型

（一）线性回归法

由于影响风暴潮灾害的因子很多，目前尚未建立起考虑了各个影响因子的评估模型。许启望等采用直接经济损失为主要综合因子进行间接分析，以求得一种初级近似的经验关系式。他们采用 1980~1995 年间有关风暴潮灾害直接经济损失、死亡人数、淹没田地和冲毁房屋等数据资料，用一元线性法建立了风暴潮损失评估数学模型。

数学模型为：

$$Y = \alpha + \beta X \tag{38}$$

式中，X 为风暴潮系数；Y 为风暴潮直接经济损失。

应用最小二乘法，确定一元线性回归方程的待定系数 α、β 值。通过线性回归分析的方法找出风暴潮强度与直接经济损失之间关系的经验公式。

由最小二乘法求的方程组：

$$\begin{cases} \sum_{i=1}^{n} (Y_i - \alpha - \beta X_i) X_i = 0 \\ \sum_{i=1}^{n} (Y_i - \alpha - \beta X_i) = 0 \end{cases} \tag{39}$$

接方程组得方程系数：

$$\beta = \frac{\sum_{i=1}^{n} X_i Y_i - \frac{1}{n}(\sum_{i=1}^{n} X_i)(\sum_{i=1}^{n} Y_i)}{\sum_{i=1}^{n} X_i^2 - \frac{1}{n}(\sum_{i=1}^{n} X_i)} \tag{40}$$

$$\alpha = \overline{Y_i} - \beta \overline{X_i} \tag{41}$$

式中，X_i 为实测自变量序列；Y_i 为实测因变量序列；$\overline{X_i}$ 为 X_i 的平均值；$\overline{Y_i}$ 为

Y_i 的平均值。

风暴潮强度与直接经济损失评估模型的回归方程为：

$$Y = 0.1897 + 0.7938X \tag{42}$$

求得的直线回归方程（42），在一定程度上反映了风暴潮强度 X 与经济损失 Y 的内在规律。但该方程的回归效果还需用方程分析方法加以检验。表 9 – 2 中的 F 为回归方程与残差均方之比，记为：

$$F = \frac{U(n-2)}{Q} = \frac{r^2}{1-r^2}(n-2) \tag{43}$$

F 值是用来检验回归效果显著性的一个统计量，遵从自由度（1，n – 2）的 F 分布。在显著性水平 a 下，可由 F 表查得 F_a 值。若 $F > F_a$，则表示回归相关显著；若 $F < F_a$，则不显著，说明 Y 除了受 X 影响外，尚有其他不可忽视的随即因素。回归方差分析如表 9 – 2。

表 9 – 2　　　　　　　海洋灾害经济损失直接回归方差分析

变差来源	平方和	自由度	均　　方	F
回归剩余	$U = bl_{xy} = 22.6$ $Q = l_{yy} - U = 191.9$	$Fu = 1$ $fQ = 28 - 2$	$U/l = 22.6$ $S^2 = Q/(n-2) = 7.38$	3.02
总计	$l_{yy} = 214.5$			

查 F 表，自由度为（1，28），$F_{0.10} = 2.89$，$F > F_{0.10}$，可见回归效果显著。

（二）多元线性回归模型

谭树东根据最近一些年的风暴潮灾害，采用多元线性回归模型中参数的最小二乘法，建立了数学模型方程为：

$$Y = a + bX + cX^2 \tag{44}$$

根据散点图点的分布，选用一元二次抛物线作为趋势线。由多项式回归法处理，如变量 Y 与 X 的关系设为 p 次多项式，在 X_i 处 Y_i 值的随机误差 ξ_i（= 1，2，…，n）服从正态分布 $N(0, \delta^2)$，则就可得到多项式回归方程模型：

$$Y_i = \beta_0 + \beta_1 X_{i1} + \beta_2 X_{i2} + \cdots + \beta_p X_{ip} + \xi_i \tag{45}$$

式中，Y_i，X_{i1}，X_{i2}，…，X_{ip} 为第 i 次实测数据。令 $X_{i1} = X_i$，$X_{i2} = X_i^2$，…，$X_{ip} = X_i^p$，则式（44）回归模型就化为一般的多元性回归模型：

$$
\begin{cases}
Y_1 = \beta_0 + \beta_1 X_{11} + \beta_2 X_{12} + \cdots + \beta_p X_{1p} + \xi_1 \\
Y_2 = \beta_0 + \beta_1 X_{21} + \beta_2 X_{22} + \cdots + \beta_p X_{2p} + \xi_2 \\
\cdots\cdots \\
Y_n = \beta_0 + \beta_1 X_{n1} + \beta_2 X_{n2} + \cdots + \beta_p X_{np} + \xi_n
\end{cases}
\tag{46}
$$

由此方程可求得回归方程系数。

风暴潮强度与直接经济损失评估模型的抛物线方程为：

$$
Y = 0.629 + 0.5038X + 0.0409X^2
\tag{47}
$$

回归方程曲线拟合方差分析如表 9 - 3 所示。

表 9 - 3　　　　　　　　　海洋灾害经济损失曲线方程方差分析

变差来源	平方和	自由度	均方	F
回归剩余	$U = b_1 l_{1y} + b_2 l_{2y} = 22.726382$ $Q = l_{yy} - U = 214.5 - 22.726382$	$K = 2$ $28 - k - 1 = 25$	$U/k = 11.363191$ $S^2 = Q/25 = 0.909$	$U/kS^2 = 12.5$
总计	$l_{yy} = 214.5$	$28 - 1 = 27$		

进行显著性检验：计算偏回归平方和 $p_1 = 0.38$，$p_2 = 0.125$；经显著性检验：$F_1 = 4.18$，$F_2 = 3.06$。都在显著性水平 $a = 0.50$ 显著。

该模型作为初级近似研究模型，给出了风暴潮强度 X 和灾害直接经济损失 Y 两个变量之间的近似关系。只要知道了风暴潮所发生的强度，就可以粗略估计其受灾程度，得出近似的海洋风暴潮灾害损失。

三、人员伤亡价值评估模型

（一）海啸灾害人员伤亡数目评估模型

危福泉等依据海洋灾害发生的剧烈程度和人员伤亡数量建立了人员伤亡数目评估模型，海洋灾害造成的伤亡人数是海洋灾害评估的一项主要指标。该系统人员伤亡计算是以社区或村的范围为基本单位进行统计的：

$$
N_{dead} = N_P \left(D_1 \cdot \frac{\sum_j P_{j1} \cdot S_j}{S} + D_2 \cdot \frac{\sum_j P_{j2} \cdot S_j}{S} + D_3 \frac{\sum_j P_{j3} \cdot S_j}{S} \right)
\tag{48}
$$

式中，N_P 是社区或村范围的总人口；S_j 是每栋建筑的面积；S 是社区或村范

围的建筑总面积；p_{j1}、P_{j2}、P_{j3}是建筑中等破坏、严重破坏和毁坏的比率，通过建筑破坏状态得出人员死亡率 D_1、D_2、D_3。人员死亡数量与海洋灾害的破坏程度密切相关。为便于评估，系统依据海啸的破坏程度，将死亡率定义为 1/100 000（D_1）、1/1 000（D_2）与 1/60（D_3，夜间加倍）。

1. 死亡人数计算：

$$d_n(I) = A_1 d_1 \rho + A_2 d_2 \rho + A_3 d_3 \rho + A_4 d_4 \rho + A_5 d_5 \rho \tag{49}$$

式中，$d_n(I)$ 为灾害区内海洋灾害烈度为 I 时的死亡人数；A_1，$\cdots$，A_5 为建筑物破坏状态为 D_1，$\cdots$，D_5 的总面积；d_1，$\cdots$，d_5 为建筑物破坏状态为 D_1，$\cdots$，D_5 时，建筑物内部人口的死亡率；ρ 为单位面积人数（灾害区内总人口/房屋总面积）。

2. 重伤人数计算：

$$h_n(I) = A_1 d_1 \rho + A_2 d_2 \rho + A_3 d_3 \rho + A_4 d_4 \rho + A_5 d_5 \rho \tag{50}$$

式中，$h_n(I)$ 为灾害区内海洋灾害烈度为 I 时的重伤人数；A_1，$\cdots$，A_5 为建筑物破坏状态为 D_1，$\cdots$，D_5 的总面积；d_1，$\cdots$，d_5 为建筑物破坏状态为 D_1，$\cdots$，D_5 时，建筑物内部人口重伤率；ρ 为单位面积人数。

3. 无家可归人数计算：

$$l_n(I) = \frac{1}{a}\left(A_3 + A_2 + \frac{7}{10}A_1\right) - d_n(I) \tag{51}$$

式中，$l_n(I)$ 为灾害区内海洋灾害烈度为 I 时的无家可归人数；$\frac{1}{a}$ 为灾害区内人均居住面积（m^2）；A_3，$\cdots$，A_1 为分别为发生 D_3、D_2、D_1 级破坏的居住房屋面积（平方米）；$d_n(I)$ 为灾害区内海洋灾害烈度为 I 时的死亡人数。

（二）人力资源评估模型[①]

海洋灾害造成的人员伤亡的价值损失是"无灾时"相应人员可能创造的价值（即"无灾时"这部分人员的人力资源价值）与"有灾时"这部分人员可能创造的价值（即"有灾时"这部分人员的人力资源价值）之差。此外，灾害造成人员伤亡后，社会必须为此付出一定的处理费用。因此，灾害造成的人员伤亡的价值损失，其计算为：

人员伤亡价值损失 ="无灾时"人力资源价值 –"有灾时"人力资源价值

$$+ 人员伤亡处理费用 \tag{52}$$

---

① 于庆东：《灾害造成人员伤亡价值损失的评估》，载《防灾减灾工程学报》2004 年第 2 期。

灾害造成的人员伤亡可以分两种情况：一是人员死亡；二是人员伤残。在灾害造成人员死亡时，"有灾时"死亡人员的人力资源价值等于零；在灾害造成人员伤残时，"有灾时"伤残人员的人力资源价值会减少，这时可以按"无灾时"的人力资源价值乘以一个按伤残严重程度确定的折扣系数，作为"有灾时"伤亡人员的人力资源价值。所以，按（52）式评估灾害造成人员伤亡价值损失的关键在于确定"无灾时"人力资源价值、折扣系数和人员伤亡处理费用。于庆东对该模型进行了详尽的研究，人力资源评估模型如下：

1. "无灾时"人力资源价值的评估。人力资源的本质是人的知识和能力，人力资源的价值即为人的知识和能力的价值。人力资源的价值可以分为社会价值和企业价值。人力资源的社会价值是指作为人力资源载体的劳动者在其寿命期内为社会劳动所创造的价值即剩余价值，这与从企业的角度计量人力资源的价值有所不同。一般认为，从企业的角度，人力资源的价值包括了补偿价值（或交换价值）和剩余价值两部分，前者体现为支付给人力资源载体即劳动者的工资报酬（包括工资、津贴、奖金、福利费等），后者是指作为人力资源载体的劳动者的剩余劳动所创造的价值。显然，根据前述评估原则，"无灾时"人力资源的价值应是指在没有灾害发生时作为人力资源载体的劳动者为社会劳动所创造的价值（剩余价值）。

"无灾时"人力资源价值的计量，可以根据灾害造成人员伤亡的具体情况，分别采用个体价值计量法和群体价值计量法。

（1）个体价值计量法。当灾害造成伤亡人员的数量较少时，可以采用个体价值法计量"无灾时"人力资源价值。此时，"无灾时"人力资源价值，即为这些伤亡人员在没有因灾伤亡的情况下，为社会劳动所创造的价值。这时，可根据伤亡人员的类型分别计算每类人员的人力资源价值，然后汇总计算伤亡人员的人力资源总价值。

根据前述分析，"无灾时"某类伤亡人员人力资源的单位价值可按（53）式计算：

$$V_i = \sum_{t=1}^{T_i} \frac{M_{it}}{(1+r)^2} \tag{53}$$

式中，V_i 为"无灾时"第 i 类人力资源的单位价值；M_{it} 为第 t 年第 i 类人力资源的单位剩余价；T_i 值为第 i 类人力资源从受灾至其丧失工作能力（或离退休）时的平均工作年限；R 为社会贴现率。

利用（53）式评估人力资源价值的关键是对 M_{it} 进行预测。当 T_i 较少时，M_{it} 的预测较易进行。但当 T_i 较大时，M_{it} 的预测将是非常困难的。为简化分析，可对

M_{it} 的变化做出不同的假设，进而得到不同的评估模型。

假设 1：假设 M_{it} 等于常数，即 $M_{it} = M_{i0}$（M_{i0} 为灾害发生前一年单位第 i 类人力资源创造的剩余价值）。此时有：

$$V_i = \sum_{t=1}^{T_i} \frac{M_{i0}}{(1+r)^t} = M_{i0} \sum_{t=1}^{T_i} \frac{1}{(1+r)^t} = M_{i0} \frac{(1+r)^{T_i} - 1}{r(1+r)^T} \tag{54}$$

假设 2：假设 M_{it} 以固定比率 g 增长（$g < r$），即 $M_{it} = M_{i0}(1+g)^t$。此时有：

$$V_i = \sum_{t=1}^{T_i} \frac{M_{i0}(1+g)^t}{(1+r)^t} = M_{i0} \sum_{t=1}^{T_i} \frac{(1+g)^t}{(1+r)^t} = M_{i0} \frac{(1+g)\left[1 - \left(\frac{1+g}{1+r}\right)^{T_i}\right]}{r-g} \tag{55}$$

事实上，（54）式是（55）式在 $g = 0$ 时的一个特例，即在（55）式中，令 $g = 0$ 即可得到（54）式。当 Ti 较大时，（55）式可以近似为：

$$V_{i0} = M_{i0} \frac{(1+g)}{(r-g)} \tag{56}$$

在利用（54）式、（55）式或（56）式计算出"无灾时"第 i 类人力资源的单位价值后，即可按（57）式计算"无灾时"伤亡人员的人力资源总价值：

$$V_0 = \sum_i V_i Q_i \tag{57}$$

式中，V_0 为"无灾时"伤亡人员的人力资源价值之和；Q_i 第 i 类伤亡人员的数量。

（2）群体价值计量法。当灾害造成组织内某一群体人员伤亡时，可以采用群体价值法计量"无灾时"该伤亡群体的人力资源价值。计算公式仍为前述（52）～（56）式。但应注意，在利用（52）～（56）式时，式中 V_i 为第 i 群体人力资源价值；M_{it} 为第 i 群体第 t 年创造的剩余价值；M_{i0} 为灾害发生前一年第 i 群体人力资源创造的剩余价值；Ti 为第 i 群体计算期限。这时，"无灾时"伤亡人员的人力资源总价值为：

$$V_0 = \sum_i V_i \tag{58}$$

2. "有灾时"人力资源价值的计量。"有灾时"，如果海洋灾害造成某人员死亡，则该死亡人员的人力资源价值等于零；如果灾害造成某人员伤残，则该伤残人员的人力资源价值会在一定程度上减少，这时可以按"无灾时"该人员的人力资源价值乘以一个按伤残程度确定的伤残价值折扣系数计算，见（59）式：

$$\begin{matrix} \text{"有灾时"某伤残} \\ \text{人员的人力资源价值} \end{matrix} = \begin{matrix} \text{"无灾时"该伤残} \\ \text{人员的人力资源价值} \end{matrix} \times \begin{matrix} \text{该伤残人员的伤残} \\ \text{价值折扣系数} \end{matrix} \tag{59}$$

伤残人员的伤残价值折扣系数按伤残程度确定，其值在区间［0，1］内。伤残程度越高，伤残价值折扣系数越小；伤残程度越低，伤残价值折扣系数越大。一般对完全丧失劳动能力的伤残人员，伤残价值折扣系数可取0；对轻微伤残人员，伤残价值折扣系数可取1；对劳动能力丧失近半的伤残人员，伤残价值折扣系数可取0.5，以此类推。当采用个体价值计量法时，对每类伤亡人员应分别利用（59）式计算"有灾时"该类伤亡人员的人力资源价值，然后按每类伤亡人员的数量汇总计算得到"有灾时"所有伤亡人员的人力资源价值。当采用群体价值计量法时，可直接利用（59）式计算"有灾时"该群体伤亡人员的人力资源价值。此时（59）式中的伤残价值折扣系数为该群体的伤残价值折扣系数，可按该群体内每类人员的伤残价值折扣系数和该类人员的数量加权计算，计算公式见（60）式：

$$C = \sum_j \frac{Q_j}{Q} C_j \qquad (60)$$

式中，C 为群体伤残价值折扣系数；C_j 群体中第 j 类人员伤残价值折扣系数；Q_j 为群体中第 j 类人员的数量；Q 为群体中的人员总数。

3. 人员伤亡处理费用的估算。人员伤亡处理费用是指在灾害造成人员伤亡后，社会为伤亡人员付出的代价。在估算人员伤亡处理费用时应注意的是，社会支付给伤亡人员的抚恤金、生活补助、困难补助等属于社会成员之间的转移支付，不应计为人员伤亡处理费用。只有需要社会付出代价的部分，如死亡人员的安葬费用，伤残人员的救治费用、护理费用等才能计为人员伤亡处理费用。同时也应注意，对这些费用的估计也应考虑到资金时间价值的因素，需要按资金时间价值原理将各可能发生的人员伤亡的处理费用按社会贴现率贴现为灾害发生时刻的现值。

当"无灾时"人力资源价值、"有灾时"人力资源价值和人员伤亡处理费用按上述方法估算出来后，即可利用（52）式估算灾害造成的人员伤亡价值损失。值得注意的是，本文主要探讨的是灾害造成的人员伤亡中可以用货币计量的损失。对于难以用货币计量的损失，如人员伤亡对其家庭成员的心理、生理等的影响和较大规模人员伤亡对社会稳定的影响等，必须采用非货币计量的方法进行计量，或者给予定性分析说明。

参考文献

1. 危福泉：《地震灾害预测和应急模拟系统的设计与应用》，载《地理研究》2005 年第 5 期。

2. 于庆东：《灾害造成人员伤亡价值损失的评估》，载《防灾减灾工程学报》

2004 年第 4 期。

　　3. 王日东、周势俊、张存智：《三维溢油预测模型在大连湾的应用》，载《辽宁城乡环境科技》2004 年第 4 期。

　　4. 谢定升、纪忠萍、曾琮：《气候灾害预测模型的应用》，载《自然灾害学报》2003 年第 4 期。

　　5. 王莉萍：《多维复合极值分布理论及其工程应用》，中国海洋大学博士论文。

　　6. 谢定升、梁凤仪：《热带气旋的短期气候预报检验》，载《灾害学》2002 年第 2 期。

　　7. 张朝贤：《赤潮的危害和预测预报》，载《海岸工程》2000 年第 6 期。

　　8. 黄燕娣：《国内事故经济损失评估理论与方法》，载《安全》2003 年第 1 期。

　　9. 谢定升、张晓晖、梁凤仪：《热带气旋的年月频数预测》，载《海洋预报》2000 年第 4 期。

　　10. 李亚楠、张燕、马成东：《我国海洋灾害经济损失评估模型研究》，载《海洋环境科学》2000 年第 3 期。

　　11. 段美元、王寿松：《含时滞营养再生的单种群赤潮生态数学模型》，载《数理医药学杂志》1999 年第 3 期。

　　12. 何晓群：《现代统计分析方法与应用》，中国人民大学出版社 1998 年版。

　　13. 华伯泉：《经济预测的统计方法》，中国统计出版社 1998 年版。

　　14. 吕厚远、李培英：《海洋灾害系统研究及预测预报》，载《海洋与海岸带开发》1998 年第 4 期。

　　15. 许飞琼：《灾害损失评估及其系统结构》，载《灾害学》1998 年第 3 期。

　　16. 王喜年：《风暴潮及其预报与防御对策》，载《海洋预报》1998 年第 3 期。

　　17. 许启望、谭树东：《风暴潮灾害经济损失评估方法研究》，载《海洋通讯》1998 年第 1 期。

　　18. 李祚泳、邓新民、桑华民：《台风登陆华南年频次的投影寻踪回归预测模型》，载《热带气象学报》1998 年第 2 期。

　　19. 许飞琼：《灾害统计学》，湖南出版社 1997 年版。

　　20. 王寿松等：《大鹏湾夜光藻赤潮的营养动力学模型》，载《热带海洋》1997 年第 16 期。

　　21. 于庆东、沈荣芳：《灾害经济损失评估理论与方法探讨》，载《灾害学》1996 年第 11 期。

　　22. 于庆东、沈荣芳：《试论突发性自然灾害灾害损失评估的特点与原则》，载

《自然灾害学报》1995 年第 3 期。

23. 国家海洋局：《中国海洋统计年鉴》，中国统计出版社 1995 年版。

24. 刘大秀、郑祖国、葛毅雄：《投影寻踪回归在试验设计分析中的应用研究》，载《数理统计与管理》1995 年第 14 期。

25. 王寿松：《大鹏湾夜光藻赤潮生态数学模型定性分析》，载《中国工业与应用数学学会第三次大会文集》1994 年。

26. 王喜年、叶琳：《我国沿海风暴潮监测及其预报》，载《海洋预报》1993 年第 3 期。

27. 郭洪寿、叶琳、王喜年：《1992 年特大风暴潮灾及其监测预报》，载《中国减灾》1993 年第 1 期。

28. 邹淑美等：《赤潮的主要特征参数和化学环境》，载《黄渤海海洋》1992 年第 10 期。

29. 吕厚远：《海洋灾害系统研究及预测预报》，载《灾害学》1991 年第 6 期。

30. 王喜年、尹庆江、张保明：《中国海台风风暴潮模式的研究与应用》，载《水科学进展》1991 年第 1 期。

31. 史鄂侯：《大海的警告》，知识出版社 1990 年版。

32. 林群真：《预报赤潮的自动观测系统》，载《海洋信息》1987 年第 6 期。

33. Tam K. H. , 1996：Tropical cyclone and storm surge risk assessment. Seminar on Meteorological and Hydrological Hazard Assessment, New Delhi, India.

34. FRENCH D P, REEDM, JAYKO K. et al. Assessment the CERCLA type a natural resource damage assessment model for coastal and marine environments, Narragansett USA：Applied Science Associates Inc, 1992.

35. Jelesnianski, C. P. , J. Chen, and W. A. Shaffer, 1992：SLOSH：Sea, Lake, and Overland Surges from Hurricanes. NOAA Technical Report NWS 48.

第十章 海洋灾害预防供求分析

第一节 渔民收入来源

一、丰富的海洋资源

在我们人类生存的地球上，地球表面的总面积约5.1亿平方千米，其中海洋的面积为3.6亿平方千米，占地球表面总面积的71%。海洋中有丰富的自然资源。海洋资源开发利用晚于陆地，是具有战略意义的新兴开发领域，具有巨大的开发潜力。在未来的岁月中，人类的生存和发展将越来越多地依赖海洋，重返海洋不是幻想，而是一项可以实现的战略目标，并且世界上所拥有的丰富的海洋生物资源也是其他资源所无法比拟的。

据生物学家统计，海洋中约有20万种生物，其中已知鱼类约1.9万种，甲壳类约2万种。许多海洋生物具有开发利用价值，为人类提供了丰富食物和其他资源。关于海洋生物资源的数量，特别是其中鱼类资源的数量，是人们十分关心的问题，生物学家曾做过许多研究。有些专家用全球海洋净初级生产力（浮游植物年产量）作为估算世界海洋渔业资源数量的基础，其结果为：世界海洋浮游植物产量5 000亿吨，折合成鱼类年生产量约6亿吨。假如以50%的资源量为可捕量，则世界海洋中鱼类可捕量约3亿吨。

从目前开发状况看，开发海洋生物资源的主要产业是海洋渔业，另外还有少量海洋药用生物资源开发。1989年世界海洋渔业产量约8 575万吨；1990年世界渔业总产量估计（正式统计数字尚未见报道）为1亿吨，比1989年产量有所增加，其中，世界各大洋的渔业产量分别为：太平洋0.54亿吨，大西洋0.24亿

吨，印度洋0.6亿吨。

在接近2万种鱼类中，目前比较重要的捕捞对象800多种，其中年产量超过100万吨的共8~10种，年产量10~100万吨的品种60~62种，年产量1万~10万吨的品种约280种，年产量0.1万~1万吨的品种约300种。世界上所有的沿海国家，以及一部分非沿海国家都在开发利用海洋生物资源。但是，由于各种不同的原因，各国海洋渔业的发展水平差别很大。长期以来，日本和原苏联是渔业产量超过1 000万吨的渔业大国；中国的渔业发展比较快，现已成为第一渔业大国；美国、加拿大和欧洲的一些国家，以及韩国和东南亚的某些国家，渔业也比较发达。

世界大洋生物资源的开发潜力是很大的，如前述各国专家所估计的，世界海洋渔业资源的总可捕量在2亿~3亿吨之间，目前的实际捕捞量不足1亿吨。另外，药用和其他生物资源也有很大开发潜力。近年来，日本、俄罗斯等国正在探索大洋深水区的生物资源开发问题，资源调查与开发新的捕捞技术同时进行。据报道，过去被认为是海洋中的荒漠的大洋深水区，蕴藏着大量的中层鱼类资源，其中仅灯笼鱼的生物量就有9亿吨，每年可捕量可达5亿吨。大洋中的头足类资源也十分丰富，联合国粮农组织估计其资源量在1亿吨以上，日本科学家估计为2亿~7.5亿吨；南大洋磷虾资源年可捕量可达0.5~1亿吨；另外，水深200~2 000米的区域也有许多其他经济鱼类，如长尾鳕科鱼类，深海鳕科鱼类，平头鱼科鱼类，以及金眼鲷、鲽鱼等，可捕量约3 000万吨。所有这些都为人类带来巨大的经济价值，我们需要也应该去探索海洋，去挖掘仍然没有充分利用到的资源同时开发新的能源。

中国是世界上人口最多的国家，在开发利用陆地资源的同时，必须重视开发利用海洋资源，我们拥有18 000千米的大陆海岸线，200多万平方千米的大陆架和6 500多个岛屿，管辖的海域面积近300万平方千米，人均海洋国土面积0.0027平方千米，相当于世界人均海洋国土面积的1/10；海陆面积比值为0.31∶1，在世界沿海国家中列第108位。在中国辽阔的海域中，蕴藏着极为丰富的海洋资源。海洋生物资源种类多，数量大，海域栖息的鱼类，总计达2 000种左右，海鱼1 500多种，淡水鱼500多种，大体为世界海洋鱼类种数的1/8。其中经济鱼类300余种，常见而产量较高的达70~80种，有大黄鱼、小黄鱼、带鱼，鱼类个数北方少于南方，而高产品种南方又少于北方。中国近海渔场的面积约150万平方千米，占世界浅海渔场1/4左右，居世界首位，我国有着其他国家所无法比拟的自然优势。

从1990年起我国水产品总产量一直居世界首位。2005年全国各地区的捕捞产量如表10-1所示：

表 10 - 1 　　　　　　　　　沿海各地区海洋捕捞产量（分海域）　　　　　　　单位：吨

地 区	海洋捕捞产量合计	按 捕 捞 海 域 分				
		1. 渤海	2. 黄海	3. 东海	4. 南海	其他海域
全国总计	14 532 984	1 233 328	3 204 389	4 870 790	3 767 253	1 457 224
天津	38 038	22 625	3 192	—	—	12 221
河北	310 753	259 839	47 113	—	—	3 801
辽宁	1 520 371	548 091	664 050	43 438	2 950	261 842
上海	149 567	—	—	34 469	—	115 098
江苏	582 813	—	413 040	149 418	—	20 355
浙江	3 142 573	265	183 771	2 722 870	4 596	231 071
福建	2 221 438	—	—	1 792 419	221 760	207 259
山东	2 680 834	402 508	1 893 223	128 176	20 618	236 309
广东	1 720 459	—	—	—	1 594 244	126 215
广西	843 286	—	—	—	843 286	—
海南	1 079 799	—	—	—	1 079 799	—
中水总公司	243 053	—	—	—	—	243 053

这些数据表明我国沿海各地区的海产品的捕捞量之大，对于渔民的意义是不容置疑的。在传统产业中，海洋捕捞对渔民收入的增加起着极其重要的作用，它一直是渔民收入重要来源。最近几年随着我国综合能力的不断提高，我国渔业产业内部结构进行了成功的战略性调整，由天然捕捞逐渐向人工养殖为主，养殖业发展取得了重大突破。捕捞与养殖的比重由 1978 年的 71：29 上升到 2002 年的 36.3：63.7，这一时期水产品增加的绝对量中有 60% 以上来自养殖业，成为世界主要渔业国家中惟一养殖产量超过捕捞产量的国家。因此，海水养殖也成为我国渔业的一个重要组成部分，成为渔民收入的重要来源之一。2005 年渔业收入为 23 191 534 万元，为农村经济总收入的 1.3%，比上年增加 7.7%，海洋对于渔民的生活是不可缺少的，是其提高各方面生活质量的保障。

海洋资源是我们伟大祖国不可估量的丰富能源，为我们的繁荣昌盛打下了稳定的基础，是我们沿海居民巨大潜力收入的来源，它们是我国渔民的生存基础和生活保障，并且随着陆地资源的逐渐消耗，海洋将会成为人类发展的主要依靠，对我国的经济发展起着举足轻重的作用。因此，研究海洋是我们 21 世纪以及将来的主要任务，只有我们深刻了解了海洋，掌握了海洋的"生理结构"，了解了海洋的"脾气"，才能使她为我们的生活服务，利用她的长处促进我们的发展，研究先进的方法规避其短处，转其弊为利，充分而合理地利用她的一切能源，为我们广大的渔民谋福利。

同时我国海洋产业在国际上也有着举足轻重的地位。我国的海盐产量一直位居世界第一，海洋渔业产量目前也跃居世界第一，造船量稳居世界第三，传统海洋产业发展稳步推进，同时，海洋油气、滨海旅游、海洋医药等海洋新兴产业在迅速崛起。2004 年我国滨海旅游收入 3 369 亿元，比 2003 年增长 34.2%，即是有力证明，这些都诠释了海洋对于我国渔民的重要作用。此外，中国海洋区域经济在 2004 年持续快速发展，长江三角洲经济区、环渤海经济区的主要海洋产业总产值均已超过 4 000 亿元。据国家海洋局数据，2002～2004 年，主要海洋产业总产值由 2002 年的 9 050 亿元增至 2004 年的 12 841 亿元，增加值也由 2002 年的 4 042 亿元增至 2004 年的 5 286 亿元，平均增长速度为 16.9%，不仅高于"九五"期间海洋经济的增长速度，还高于同期国民经济的增长速度，其绝对数量在世界海洋国家中处于中上水平。从以上数据中我们可以明显看出海洋对于我国渔民收入的影响，对于增加政府财政收入的作用，同时对全世界的海洋产量也起着举足轻重的作用。

二、海洋灾害对渔民收入的影响

海洋带给渔民的经济收入是无可估量的，但事事都是正反两方面的。虽然说 21 世纪是海洋的世纪，尤其是随着世界人口的急剧增加，陆地资源的逐渐短缺和生态环境的不断恶化，人们越来越多的把目光转向海洋。海洋正以其富饶的资源、广袤的空间，给人类生存和发展带来新的希望，为全球经济和社会的可持续发展做出重要贡献，但是同时由于海洋自然环境异常或激烈变化，并且超过人们适应能力而因此发生人员伤亡及财产损失，我们通常称这就是海洋灾害。它主要包括风暴潮、地震、海啸、海冰、海雾、赤潮、海平面上升、海岸侵蚀等灾害。另一种情况则是，人类活动影响海洋自然条件改变所引发的灾害，称为人为海洋自然灾害，如由于沿海区域地表水干涸和地下水超采所造成的海水入侵以及海洋污染所导致的灾害等。由于我国海洋岸线漫长，濒临的太平洋又是产生海洋灾害最严重、最频繁的大洋，再加之我国约有 70% 以上的大城市，一半以上的人口和近 60% 的国民经济都集中在最易遭受海洋灾害袭击的东部经济带和沿海地区，因此，海洋灾害在我国自然灾害总损失中占有很大比例。

其中风暴潮是对我国威胁最大的海洋灾害。历史上由于风暴潮造成的生命财产损失触目惊心。据史料记载，清康熙三十五年（1696 年）上海大海潮"淹死者共十万余人"，这是我国历史上死亡人数最多的一次风暴潮灾害。1922 年 8 月 2 日汕

头地区的特大风暴潮灾害，造成 7 万余人丧生，是 20 世纪我国死亡人数最多的一次风暴潮灾害。据统计，仅从汉代至 1946 年间，我国沿海就发生特大潮灾 576 次。

1949～1998 年的 59 年间，我国共发生最大增水 1 米以上的风暴潮 270 次，最大增水 2 米以上的严重风暴潮 48 次，最大增水 3 米以上的特大风暴潮 15 次，其中造成显著灾害损失的共计 112 次。1992 年 9 216 强热带风暴引发的风暴潮是 1949 年以来影响我国范围最广的一次风暴潮灾害，潮灾先后波及福建以北至辽宁 8 省市，受灾人口达 2 000 多万，死亡、失踪 280 人，直接经济损失 92.6 亿元；1997 年的 9711 特大风暴潮，使浙江以北沿海 6 个省市遭灾，该风暴潮的全部经济损失达 270 亿元；1989～1998 年的 10 年中，风暴潮灾害造成的直接经济损失累计高达 1 200 多亿元，死亡人数总计达到 2 690 人。

（赤潮是近 20 年来在我国沿岸海域逐渐呈上升趋势的海洋灾害，它是一种人为的海洋灾害，是由于人类生活对于海洋环境的污染造成的。1960 年以后，由于沿海地区工农业生产的迅速发展，人口的急剧增加，大量废水和生活污水直接或通过江河径流排放入海，近岸海域有机污染日益严重，海水富营养化，赤潮频繁发生，给我国的经济发展带来严重的影响，使得渔民的收入急剧下降，极大地破坏了渔民的生活水平，给其各方面都带来了负面影响。）

根据海洋局公报，2006 年为我国海洋灾害的重灾年，风暴潮、海浪、海冰、赤潮和海啸等灾害性海洋过程共发生 179 次，造成直接经济损失 218.45 亿元，死亡（含失踪）492 人（见表 10-2）。

风暴潮灾害（含近岸台风浪）造成的直接经济损失为 217.11 亿元，死亡（含失踪）327 人，为 2006 年的主要海洋灾害；海浪灾害造成的直接经济损失为 1.34 亿元，死亡（含失踪）165 人；海啸事件未造成经济损失和人员伤亡。

表 10-2　　　　　　　2006 年主要灾害性海洋过程损失统计

灾　种	发生次数	死亡、失踪人数（人）	直接经济损失（亿元）
风暴潮（含近岸台风浪）	28	327	217.11
海　浪	55	165	1.34
海　冰	1	无	—
赤　潮	93	无	—
海　啸	2	无	无
合　计	179	492	218.45

自 1989 年以来，历年海洋灾害造成的死亡（含失踪）人数统计见图 10-1。

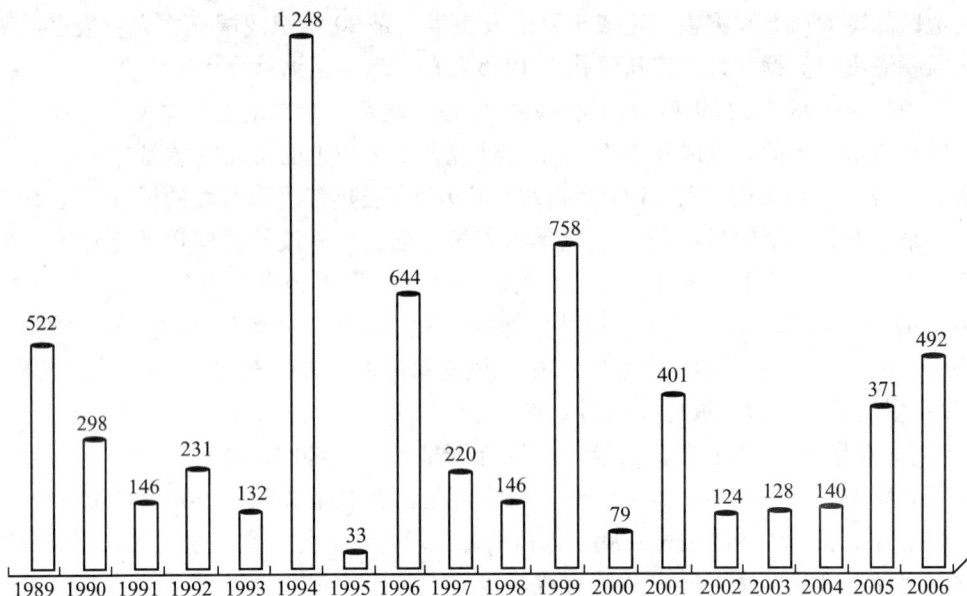

图 10-1   1989~2006 年海洋灾害死亡（含失踪）人数

从上述数据中我们可以看到，海洋灾害造成的渔民伤亡是巨大的，导致了许多家庭的破碎。相对于农民而言，渔民大多单纯从事捕捞业，收入也主要依靠捕捞。渔民家庭其他成员很少在除捕捞之外的行业就业，尤其是渔村妇女，多数以单纯从事家务劳动为主，经济结构非常单一，其主要收入来源就是捕鱼或是水产收入，而这些直接受海洋的影响，随着海洋状况的变化而变化，使渔民生活处于一种不稳定的状态之下，尤其随着近几年海洋灾害的不断增加，更使得渔民的收入逐年下降，对渔民生活的各方面都带来了不利影响，比如身体状况、孩子教育等。

以我国最大的舟山渔场为例，舟山渔民的收入，在 1990 年之前，曾经是略高于城镇居民的，从 1990 年以后的十几年，渔民收入与城镇居民相比急剧下降，渔民与居民之间的收入之比，从 1990 年的 1.04:1，降至 2003 年 0.41:1。也就是说，13 年之前，渔民的收入还略高于居民，13 年后就要有两个半的渔民收入才抵上一个城镇居民的收入。而渔民与本市农民的收入相比，在 1990 年之前，舟山渔民的收入历来高于农民约 1/3 左右，如 1990 年渔、农民两者之比为 1:0.6，1995 年为 1:0.66；2000 年为 1:0.88；到 2003 年渔民收入为 5 064 元，农民收入为 4 997 元，两者之比为 1:0.99。考虑到渔民海上作业的劳动强度、辛苦程度和体力消耗补充需求，渔民的实际生活水平已降到当地农民以下，成为舟山全市最低收入的一个阶

层。这其中当然也包括物价上涨、国家政策等其他一些因素，但是海洋灾害是最重要的因素之一，包括自然海洋灾害和人为海洋灾害，都造成了海洋资源的减少。舟山作为我国最大的渔场，渔民的实际收入从1994年以后的近10年一直处于徘徊状态，如果把物价因素考虑进去，是在下降。从绝对数看，1994～2003年，渔民收入从4 782元增加到5 064元，9年时间只增加了282元，年平均微增0.63%；城镇居民收入从5 517元增加到12 213元，9年内翻了一番多，年平均增长9.23%；农民收入从3 059元增加到4 997元，年平均增长5.60%。根据国家统计局历年发布的《公报》公布的居民消费价格指数进行换算，以1994年为100，2003年则为129，也就是说，2003年的129元才能买到1994年100元的消费品，或者说，2003年的100元的实际价值只相当于1994年的77.52元。按此计算，舟山渔民的实际收入2003年比1994年下降17.9%，而且这9年时间一直是徘徊在这个水平上。

据农业部渔业局政策法规处处长栗倩云介绍，由于我国渔民组织化程度低，经济条件又有限，防范和抵御风险的能力十分脆弱，许多捕捞船只都是父子同船，出现危险后，家里只剩妇女，加上政府和渔业管理部门在渔业灾害后的救济中的能力和作用也十分有限，一旦遭灾，渔民家庭往往是家破人亡，负债累累，很难自行恢复生产，因灾返贫的现象时有发生，因此，预防海洋灾害刻不容缓！

环境污染即人为的海洋灾害也同样会造成渔民收入水平的下降。渤海是我国惟一的内海，由辽东湾、渤海湾、莱州湾、渤海中央区和渤海海峡五部分组成，面积约7.7万平方千米，平均水深18米。该海域有众多河流注入，是多种鱼、虾、蟹、贝的产卵、索饵、洄游及生活场所和鲁冀辽津三省一市沿岸人民赖以生存的"风水宝地"。然而随着环渤海地区工农业的发展，水域环境污染造成的赤潮灾害使渤海渔业经济形势越来越严峻，造成了捕捞渔民渔获量越来越少，渔业收入下降。渤海湾沿岸的渔民捕捞作业时间一年缩短了2～4个月；有的渔船由于捕鱼太少甚至捕不到鱼，连消耗的柴油钱都赚不回来，长年待港停业。由于资源减少，近海捕捞渔民收入明显下降，据调查统计，20世纪80、90年代，渤海近海作业的渔船，日均毛收入可达1 000元左右，而近两年每条渔船不足300元。另外，由于油料等物价上涨，生产成本上升，捕捞效益明显降低，大部分小型渔船处于保本和亏损经营的局面。

珠江三角洲也面临着严峻的情况。广东是海洋大省，海域面积41.93万平方千米，大约是广东省陆地面积的2.4倍，海岸线长达3 368.1千米，发展海洋经济具有很大的优势。但从20世纪90年代中期开始，受海洋灾害等各种因素的影响，广东沿海渔区经济出现明显滑坡，沿海渔民返贫现象突出。全省沿海66.17万纯捕捞

渔业人口中，贫困渔民（年均纯收入不到 2 000 元）有 9.52 万人，占纯捕捞渔业人口的 14%；特困渔民（年均纯收入不到 1 500 元）7.26 万人，占贫困渔民总数的 76%；处于当地低保线以下的特困渔民 2.74 万人，占贫困渔民总数的 28%。总体上看，广东省沿海平均 100 位海洋捕捞渔业人口中大约就有 12 位贫困渔民，其中特困渔民 9 户，粤东、粤西地区贫困、特困捕捞渔民比例更高。捕捞渔民已成为继水库移民、石灰岩地区移民之后第三大贫困群体。1996 年 7 号台风对博贺港渔民造成重大损失，很多渔船被毁，渔民只好到处借钱修造渔船，大部分资金都是民间借贷或赊欠造船主的。新港渔委会主任陈合告诉记者，该村 97 艘渔船，有 70 多艘负债，最多的负债 200 万~300 万元。

据了解，我国现有渔业人口 2 074 万人，全国有 187 万海洋捕捞作业渔民，每年死亡或是失踪约 3 000 人，伤残近 9 000 人。每年因自然灾害和意外事故造成的渔业直接经济损失高达 160 亿元。

海洋灾害对于渔民收入的影响是多方面的，从而对生活的各个方面都产生了深远影响，使得渔民的生活质量下降。未来的世界将是海洋的世界，对于海洋我们还有很多的未知，海洋的力量远远超过人类所能及的控制范围之内，但是我们仍要尽最大的努力预防海洋灾害，也更加有必要研究海洋灾害与渔民收入的相互关系，转其海洋灾害的弊为利，更好地为渔民服务，为我国的 21 世纪的繁荣昌盛做出其应有的贡献。

三、渔民对于预防海洋灾害的需求

渔业高度依赖自然资源，是典型的资源约束型行业，渔业生产场所和生产对象都具有不可替代性。对渔业资源的依赖性使渔业生产无法回避渔业资源变动带来的影响，这种影响有时来自渔业资源自身的客观变动，有时来自人为因素产生的不利影响，如水域污染、生态破坏及过度捕捞等，而这些所产生的赤潮等海洋灾害对于渔业资源更是严重，这在生产物质基础的层面上构成对渔民的外在风险。而且渔业对水域（滩涂）的依赖性，一方面由于水域的多功能性和有限性使渔民被动地与航运、水利、排污、采沙等社会部门进行水域利用的竞争，并承受其他社会部门利用水域产生的渔业损害；另一方面，水上生产使渔民必须承受恶劣天气等带来的渔业安全事故风险。此外，水上渔业生产具有艰苦性，在社会中被认为是低层的职业，那些自身竞争力较强的个体或者不愿意流入渔业，或者流向渔业外部，久而久之在整体上降低了渔民群体的社会竞争力。

　　海洋灾害对于渔民带来的损失是惨重的，直接影响到了渔民的收入水平，从而影响到渔民的消费水平。近几年渔民生活最基本需求——食品，一般地说，吃饱肚子还不成问题，但除了主粮以外，其他食品、副食品包括肉类、食用油、自己生产的鱼虾等都吃得少、吃得差了，尤其是烟、酒的消费，渔民从事海上特殊行业，绝大多数捕捞渔民都有烟酒嗜好，历来消费水平较高，但近几年却明显地降下来。其原因是实际收入没有增加，而其他开支如子女教育、医疗费用等项必不可少的开支明显增加，他们只有通过对食品支出的压缩，来缓解其他方面的更迫切需求。但是食物支出是必须的，况且渔民的体力劳动太强，只有有了好的身体，渔民才能经受得住各方面的挑战。如果长期以减少食物支出来获得生存，长此以往将使我国渔民身体受损，这又反过来使得捕捞产量下降，对我国的经济发展产生阻碍。

　　另一方面，如果海洋灾害尤其是赤潮等灾害得不到有力控制，渔民捕捞将会持续下降，收入损失也将更加严重。由于渔民收入来源较为单一，这样将不得不减少教育、医疗等方面的支出，使渔民的下一代教育水平得不到提高。而21世纪的海洋将是知识的海洋世界，渔民要想在海洋中获得生存必须要有丰富的知识，熟练的现代化操作技能。如果渔民不能让自己以及自己的孩子获得良好的教育，将无法获得这些知识，也就无法很好的适应这个时代。现在渔民大多数见识少、守旧，缺乏创新精神，这些都影响到了渔民对付大自然的能力水平，也限制了自身发展，无法提高渔业水平，整个渔业也无法得到广阔的进步。又由于收入的单一，除了渔业之外，渔民很少有其他方面的收入。在我国，渔民是介于农民和城镇居民之间的一个特殊群体。从不同社会群体的特征比较来看，渔民的经济状况、生产生活、发展机会、自身能力和综合社会地位等与农民相似，但和农民以及城镇居民相比处于弱势，加上群体数量相对较少，使渔民容易在社会结构中被边缘化，成为社会弱势群体。

　　所谓弱势群体又称社会脆弱群体、社会弱者群体，它一般指那些由于经济贫困、社会地位较低、获取社会资源的机会较少、在社会竞争中处于不利地位及抵御风险上能力缺乏的群体等，他们的发展意愿、权益要求在由其他社会群体主导的社会意识和管理决策等不同层面上被排斥，需要借助外部力量支持的群体。它主要是一个用来分析现代社会经济利益和社会权力分配不公平、社会结构不协调、不合理的概念，在社会学、政治学、社会政策研究等领域中，它是一个核心概念。社会学关于社会问题的研究、社会学的分支学科社会工作和社会福利的发展和普及，可以说是推动弱势群体概念成为社会科学主流话语之一的重要因素。2002年3月，朱镕基总理在九届全国人大5次会议上所作的《政府工作报告》使用了"弱势群体"

这个词，从而使得弱势群体成为一个非常流行的概念，引起了国内外的广泛关注。从上面所述的特征中我们可以看出，渔民目前在社会竞争中处于不利地位，他们的经济状况、生产生活、发展机会、自身能力和综合社会地位均处于弱势，靠自身能力很难抵御海洋灾害，他们有很强的发展意愿，也强烈要求政府对于他们目前所处的环境给予帮助，目前来看，渔民处于弱势群体的边缘，如果不再对于海洋灾害进行预防，那么渔民将最终成为弱势群体，因此他们对于预防海洋灾害是极其需要的。

目前，我国弱势群体在整体上具有以下 5 个重要特征：（1）弱势群体的主体是社会性弱势群体。学术界一般把弱势群体分为两类：生理性弱势群体和社会性弱势群体。前者沦为弱势群体，有着明显的生理原因，如年龄、疾病等；后者则基本上是社会原因造成的，如下岗、失业、受排斥等，从我国弱势群体的整体情况看，主体是社会性弱势群体，主要是由于社会原因导致其陷入弱势地位的，因此，应当侧重从社会支持的角度考虑问题，我国渔民由于海洋灾害而使其收入下降，影响到生活各方面也属于社会原因造成的，因此渔民属于社会性弱势群体，需要全国上下的共同努力去改善这一状况。（2）现有弱势群体中的很多人是在原体制下做出贡献的人。（3）目前弱势群体是在社会分化加剧的情况下出现的，很多人有较强的相对剥夺感。改革开放 20 多年来，我国人民的整体生活水平是提高了，但是地区之间、群体之间和个人之间很不均衡，我国已经由改革开放前的平均主义盛行的社会转变为一个收入分配差距较大的社会，基于经济分化的社会分化也越来越大，一些人的相对社会地位下降了，引发了比较严重的相对剥夺感，必须引起高度重视。（4）目前的全球化进程有可能对国内弱势群体造成更加不利的影响，并且有可能使弱势群体的规模继续扩大。在全球化进程中，那些接近资本、接近权力或者受过良好教育的强势群体有可能得到更多的利益，而普通的劳动者不仅获利机会少，而且可能降低福利，成为全球化成本的承担者。在我们关注国内弱势群体问题时，必须充分考虑到全球化这一背景。（5）目前我们对于弱势群体的支持还很有限，难以有效地改变其弱势地位。党和政府一直重视保护弱势群体的基本权益，但是，由于我国毕竟是一个发展中国家，经济发展的水平不高，发展经济的压力还很大，导致实际工作中对于弱势群体的保护和支持还不是很有力，相关制度建设滞后，保障措施跟不上。

对于我国渔民，他们曾经为我国的经济发展，繁荣昌盛做出了巨大的贡献，但是由于我国改革开放的进行，其他许多行业都有了飞跃的进步，收入远远超过了渔民的收入水平；渔民的生产生活艰苦，缺乏生活安全保障；目前的海洋灾害更加加

剧了渔民生存环境的恶劣，使其收入大为下降；全球化使得渔民的获利也减少，由于我国处于发展阶段，各方面设施不如发达国家，因此产品质量水平相比发达国家相对不足，我国的产品在国际市场缺乏竞争力，这些外部特征的表现有力地说明了我国渔民处于相对弱势群体。

对于支持弱势群体而言，我们看其构成成分，弱势群体的具体构成大体上包括儿童、老年人、残疾人、精神病患者、失业者、贫困者、下岗职工、灾难中的求助者、农民工、非正规就业者以及在劳动关系中处于弱势地位的人。当然，这里只是简单地列举，各个群体之间实际上存在交叉，我们有必要确定优先支持的若干原则：（1）对于不能解决温饱问题的人群应当给予优先支持；（2）对于不能享受任何社会保障的人群应当给予优先支持；（3）对于失去劳动能力以及虽有劳动能力，但因缺乏就业机会而长期无法就业或在劳动力市场中处于明显弱势的人群应当给予优先支持；（3）对于经济改革和社会转型成本的主要承担者应当给予优先支持。明确了优先支持对象，才能有效地开展社会支持工作。根据我国社会经济发展的实际情况，也只能逐步地创造消灭弱势群体的条件。

另外，从需求的简单分类看，有衣食需求、住房需求、教育需求、医疗需求、就业需求、安全需求、社会交往需求、社会参与需求，等等；从需求的性质看，有生存需求、发展需求和享受需求之分。根据我们的研究，保护和支持弱势群体，应当优先保障其基本生活需求，特别是其基本的衣、食、住需求。在此需求得到保障的前提下，应当注意保障其就业需求、医疗需求，然后逐步保障其他需求，促进弱势群体的全面发展，最终改变其弱势地位。

渔民无论以渔业参与社会竞争，还是脱离渔业参与社会竞争，其竞争力都很弱。在渔民以渔业参与的社会竞争中，由于水域具有多功能性，渔业以外的其他水域功能如承载污染，水利工程建设，采砂生产，水域围垦等都损害，排斥水域的渔业功能，使渔民被动的参与竞争。在这种竞争中，渔民的竞争力相当脆弱，特别是渔民依靠其自身力量的竞争力更弱。渔民以渔业水域为生存依托，缺乏其他生存的保障，一旦在这种竞争中渔民利用水域的权利被剥夺，就像面临一无所有的境地。渔民脱离渔业参与社会竞争更多的是个体行为，但就整体而言，渔民脱离其最擅长的渔业生产而到其他社会部门中参与竞争的能力相当脆弱。在适应外部社会环境上，渔民比农民更弱，因此渔民需要知识，需要接受更高的教育，需要知识结构的调整来适应21世纪的海洋世界，更好地应对海洋灾害，以自己的实际经验再加上科学知识来探索研究海洋灾害，寻找办法预防、规避海洋灾害，使海洋损失减少，提高渔民收入，进一步从整体上提高整个渔民的科学文化素质，提高渔民的竞争

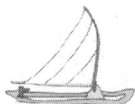

力，使渔民的生活变得更加美好。

历史的经验证明：抓住机遇、改革创新，发挥优势、与时俱进，提高整体科学文化素质是促进海洋渔业经济发展的主要原因和动力；反之，如果停滞不前必将成为"弱势群体"。在现在21世纪发展的和谐社会中，谁都不想落后，都想走在时代的前列，步入小康社会，享受21世纪带来的现代化，因此渔民迫切需求如何防治海洋灾害，从而增加收入，提高知识水平，再利用知识加经验探索海洋，而最终目的就是提高生活质量，改善生活的各个方面，享受21世纪的先进技术，创建我们的和谐社会。

第二节　国家与海洋灾害

一、海洋对于国家的贡献

海洋创造的丰富自然资源、优越的气候环境和便捷的国际通道，为世界也为我国沿海地区的发展提供了得天独厚的条件，使我国沿海地区成为我国社会经济发达的区域。我国沿海省（区、市）总面积125万平方千米，占全国陆地总面积的13%，承载人口近5亿，占全国人口的40%，国民生产总值（GDP）占全国的50%，这是中国"东部经济带"的最主要部分。其中，沿海岸宽约60千米的海岸带，是全国人口最集中，经济最发达的区域。海岸带总面积仅28.1万平方千米，国内生产总值却占全国沿海省（区、市）的50%以上，全国的30%以上。而经济实力的分布又绝大部分集中在环渤海、长江三角洲、珠江三角洲等区域，其工农业总产值占全国海岸带地区的80%。今后，沿海地区在国家社会经济中的这种主导地位仍不会改变。

据中国海洋公报报告，近20年来，我国海洋产业呈现出一派生机勃勃，蒸蒸日上的景象。全国主要海洋产业的总产值，1985年仅为180亿元，1990年为444亿元，1998年为3 269.9亿元。2000年达到4 133亿元。从1990年到2000年翻了3番多，平均每年递增20%以上，这不但大大高于全国和沿海经济的发展速度，也高于海岸带经济的发展速度。是现今和今后相当长时期内全国经济发展最重要的增长点。据国家海洋局公报，2005年主要海洋产业总产值16 987亿元，增加值7 202亿元，按可比价格计算，比上年增长12.2%，相当于同期国内生产总值的4.0%。

海洋三次产业结构为 17:31:52。海洋第一产业增加值 1 206 亿元，第二产业增加值 2 232 亿元，第三产业增加值 3 764 亿元。

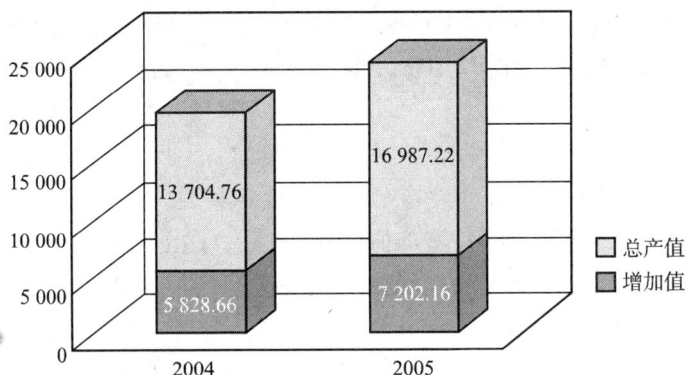

图 10-2 2004 年和 2005 年主要海洋产业总产值和增加值

　　海洋资源不仅给渔业带来丰富的资源，而且带动了相关产业。2005 年各主要海洋产业保持稳定增长态势，滨海旅游业、海洋渔业、海洋交通运输业作为海洋支柱产业，占主要海洋产业的比重近 3/4，其中滨海旅游业位居各主要海洋产业之首。新兴海洋产业发展迅速，海洋电力业、海水综合利用业等新兴海洋产业在海洋经济中的地位逐步提高。

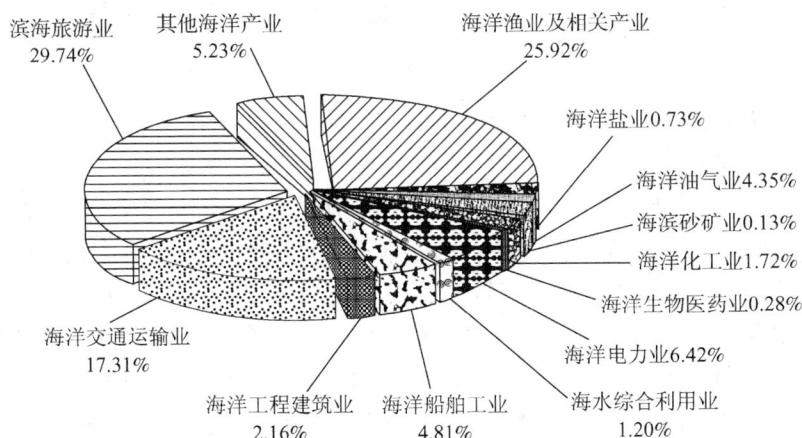

图 10-3 2005 年全国主要海洋产业总产值构成

具体情况如下：

（1）滨海旅游业。2005 年我国滨海旅游业继续保持强劲的增长态势，沿海地区积极开发突出海洋生态和海洋文化特色的国内旅游市场，提升滨海旅游业的整体服务水平，全年滨海旅游收入 5 052 亿元，占全国主要海洋产业总产值 29.7%；增加值 2 031 亿元，比上年增长 32.4%。全年滨海国内旅游收入 3 887 亿元，比上年增加 1 391 亿元。

（2）海洋渔业。2005 年沿海地区积极发展远洋渔业、大力加强海洋水产品加工业，促进了海洋渔业及相关产业稳定发展，全年实现总产值 4 402 亿元，占全国主要海洋产业总产值的 25.9%；增加值 2 011 亿元，比上年增长 20.0%。山东省海洋渔业及相关产业产值占全国海洋渔业及相关产业产值的 26.5%，继续位居全国首位。

（3）海洋交通运输业。海洋交通运输业继续保持良好的发展态势，沿海港口吞吐能力不断增强。2005 年营运收入达 2 940 亿元，占全国主要海洋产业总产值的 12.6%，增加值 1 145 亿元，比上年增长 5.0%，完成港口吞吐量 49 亿吨。全年港口新扩建泊位 129 个，新增吞吐能力 2 亿吨。截至 2005 年底，上海港吞吐量达到 4 亿吨，跃居世界第一大港。

（4）海洋电力业。2005 年我国海洋电力业生产逐步形成规模，呈现良好的发展态势，全年总产值首次突破 1 000 亿元，达到 1 090 亿元，占全国主要海洋产业总产值的 6.4%，增加值 606 亿元，比上年增长 6.7%。海洋电力生产以广东省和浙江省规模最大，两省合计超过全国海洋电力业产值的 90%。

（5）海洋船舶工业。海洋船舶工业造船完工量继续保持世界第三位，2005 年海洋造船完工量首次突破 1 000 万综合吨，海洋船舶工业总产值 817 亿元，增加值 176 亿元，比上年增长 11.8%。上海市海洋船舶工业产值占全国海洋船舶工业产值的 26.9%，继续位居全国首位。

（6）海洋油气业。海洋油气业继续保持快速发展。2005 年，海洋原油产量突破 3 000 万吨，比上年增长 11.5%；海洋天然气产量达 627 721 万立方米，比上年增长 2.3%。海洋油气业总产值 739 亿元，增加值 467 亿元，比上年增长 17.9%。广东省海洋油气业产值占全国海洋油气业产值的 48.7%，继续高居全国第一。

（7）海洋工程建筑业。2005 年海洋工程建筑业总产值 367 亿元，比上年增加 68 亿元；增加值 103 亿元，比上年增长 17.2%。浙江省海洋工程建筑业产值占全国海洋工程建筑业产值的 41.6%，居全国首位。

（8）海洋化工业。2005 年海洋化工产业总产值 293 亿元，占全国主要海洋产

业总产值的 1.7%；增加值 79 亿元，比上年降低 19.8%。天津市海洋化工业产值占全国海洋化工业产值的 38.9%，居全国首位。

（9）海水综合利用业。海水综合利用业具有良好的发展前景，2005 年海水综合利用业总产值 204 亿元，比上年增加约 28 亿元，增加值 113 亿元。广东省海水综合利用业产值占全国海水综合利用业产值的 61.2%，居全国首位。

（10）海洋盐业。随着纯碱和烧碱制造业的迅猛发展，国内盐业市场需求量逐年增加，海盐产量稳步增长，我国海盐产量已连续多年居世界第一。2005 年海洋盐业总产值 124 亿元，增加值 52 亿元，比上年增长 22.7%。山东省海洋盐业产值占全国海洋盐业产值的 66.9%，居全国首位。

（11）海洋生物医药业。随着海洋生物制药技术的日益提高，海洋生物医药产业化进程逐渐加快。2005 年海洋生物医药业总产值 48 亿元，增加值 17 亿元，比上年增长 15.6%。江苏省海洋生物医药业产值占全国海洋生物医药业产值的 37.4%，居全国首位。

（12）海滨砂矿业。国家近年来对海砂的开采实行严格管理和控制，海滨砂矿业总产值占全国主要海洋产业总产值的比重逐渐降低。2005 年我国海滨砂矿业总产值 22 亿元，增加值 8 亿元，比上年减少 6.1%。浙江省海滨砂矿业产值占全国海滨砂矿业产值的 67.0%，居全国首位。

从上面可以看出沿海是我国主要发达地带，是我国税收的主要来源，为我国的繁荣昌盛做出了不可泯灭的贡献。随着陆地资源的逐渐匮乏，海洋资源优势更加明朗，沿海的经济可以得到快速的发展与进步，从而为我国提供越加广阔的发展契机。所谓一业兴带动百业兴，如果沿海渔业兴盛，那么不仅会给当地渔民带来丰富的收入，还将会带动港务、渔船服务、造船以及与之有关的金融、法律、咨询、陆运、包装等相关产业的发展，从而为我国的第三产业的繁荣带来促进，加快第三产业的发展，增加劳动力的需求量，缓解部分就业问题，为国家解决困难。另外，渔船靠港停泊，需要卸鱼、洗船、保养维修、加油加水备食、洗网补网，船员要上岸休息娱乐等，港口为提供这一系列服务，衍生出不少行业，解决相当数量的劳动力就业问题。这也为当地创造可观的收入，地方财政税收增加，增加对地方的投资，提高居民的生活水平。

同时如果我国的渔业繁荣，相当多的银行、律师事务所、商务咨询公司以及旅店、陆路运输公司等可以为渔业服务；而且渔业繁荣，也将带动造船这一相当大的产业，为当地吸引投资，发展现代化的造船业，让跨国公司投资建厂造船，一方面为我国解决资金短缺问题，可以学习它们的先进技术；另一方面也可以解决我们的

富余劳动力，并提高了他们的技术水平，加上船厂上缴的税收，其对地方经济的发展也是不言而喻的。

二、海洋灾害与国家

在沿海、海岸带和海洋经济迅猛发展的同时，海洋灾害的经济损失也在以大体相同或略高的速度增加，据统计，近 10 年中，中国海洋经济损失累积为 1 294.2 亿元（当年价）按可比价格（用 1990 年不变价）计算是 1980 年的 3.5 倍。海洋灾害死亡和失踪人数累计为 3 919 人，是 1980 年的 2.6 倍，海洋灾害经济损失和因灾死亡人数分别约占同期全国自然灾害的 3.8% 和 5.7%，其相应的增长速度分别是全国自然灾害的 1.8 倍和 2.6 倍！海洋灾害经济损失和因灾死亡人数的增长速度也远高于中国其他任何种类灾害的增长速度，因此，中国海洋灾害是近年来经济损失和人员死亡及数量增长最快的自然灾害，1999 年公布的《国际减灾十年科技委员会最终报告》称：“严重自然灾害所造成的经济损失在 20 世纪 90 年代有了明显上升趋势，比 80 年代增加了 3 倍。”中国海洋灾害经济损失的增长速度高于上述速度 16%。这种情况在国际减灾效果评价上属于较差的一类。[①]

海洋经济的发展与我国严重的海洋自然灾害形成尖锐的矛盾，尤其是近几年来海洋灾害经济损失的急速上升，不得不引起我们的关注。海洋灾害的直接影响就是渔民收入的下降，使渔民生活质量不高，与城乡居民生活水平逐渐扩大，沦为弱势群体。在我们建设和谐社会这个阶段，我们首先要面对的就是公平与效率也就是公平与不公这个问题。当初在我国社会生产力不发达的阶段，邓小平同志提出“要让一部分人先富起来，然后先富带动后富，逐步实现共同富裕”，这是效率优先，兼顾公平的原则。让一部分人先富起来，侧重于效率优先，而实现共同富裕则是社会主义公平原则的要求。前者是手段，后者是目标，二者缺一不可。建国以来，共同富裕一直是我们追求的目标，但苦于找不到合适的手段。小平同志的让一部分人先富起来的论断，解决的正是这个手段问题。正如小平同志所指出的，“鼓励一部分地区、一部分人先富裕起来，也正是为了带动越来越多的人富裕起来，达到共同富裕的目的。总的说来，除了个别例外，全国人民的生活，都有了不同程度的改善。”实践证明这个论断是正确的。改革开放以来，由于实行了让一部分人先富起来的政策，不仅激发了个人的积极性，促进了国民经济的发展，而且随着富裕起来

---

① 国家海洋局：《2000 年中国海洋年鉴》，国家海洋局 2001 年版。

的地区越来越多，也为共同致富奠定了经济基础，人民的整体生活水平都有所提高，这是毋庸置疑的。

经过全国上下的共同努力，效率问题相对得到解决，人民整体生活水平提高，于是公平逐渐成为国家待以解决的重点。随着一部分地区和一部分人先富起来，共同富裕成为人民的首要话题。我们实行改革开放的政策，目的是为了尽快发展生产力，提高人民群众的生活水平，使社会全体成员都过上富裕的日子。因此，是否存在两极分化，是否公平分配社会财富，是衡量我们是不是坚持社会主义，改革开放政策是成功还是失败的根本尺度。目前，我国渔民所面对的就是其收入越来越低，相对城镇居民的生活水平下降，成为两极分化的受损者当中的一部分，这势必影响到我们和谐社会的建设，是我们当前社会主义所不允许的，我们必须采取措施改善这种状况。

海洋灾害不仅会造成渔民收入的减少，而且对于与渔业有关的各行业都会带来不同程度的不利影响，影响到国家的财政收入，从而使投入到国家建设的必要投资随之下降，对人民生活水平的提高产生阻滞，我们的宏伟目标也将延误。专家从各方面分析认为，"海洋灾害上升趋势不会自然减下去"，那这样继续下去不仅会使我们现在的经济受损，而且随着人为的海洋灾害的不断加重，会殃及我们的子孙后代，带来长久之痛，对我国的长远发展极其不利，也与我们现在所提倡的可持续发展格格不入，因此国家对于海洋灾害的预防也是迫切的，正在也将会持续不断地投入到预防海洋灾害的研究之中，寻找、探索海洋灾害的规律，从实践中发现、总结规律，然后再将规律应用于实践，从而收到较好的经济效益和社会效益，创建我们的和谐社会，为人类造福！

三、我国政府目前对于海洋灾害采取的措施以及所应做出的努力

海洋灾害对于我国的影响趋势日益严重，我们必须采取有力的行动来防守它。我国党和政府历来十分重视海洋减灾工作，已经做出了相当的努力采取了一定措施来应对海洋灾害，把海洋减灾当做大事来抓，尤其从 20 世纪 60 年代开始，国家海洋局成立并组建了海洋灾害监测、预报、警报系统，使海洋灾害的人员伤亡已大大降低。80 年代中期以来，国家海洋局通过"一个网络三个系统（海洋监测监视网络、海洋管理系统、海洋资料服务系统和海洋环境预报服务系统）"的建设，以及与沿海省（区、市）共建海洋环境预报台的工作，已经初步形成了一个从中央到

地方，从近海到远洋，多部门联合的海洋灾害预报预警系统，并且把海洋环境和灾害的预报警报纳入法制化管理。海洋环境及灾害监测网是由海洋站网、海洋资料浮标网、海洋断面监测、船舶和平台辅助观测、沿岸雷达站、航空遥感飞机、海洋卫星、气象卫星等多种遥感系统组成的，目前，该网已基本实现立体监视监测，从设站布局、数量到观测项目种类和质量等各个方面都在尽量与国际接轨，以使其真正成为全球海洋观测系统和海洋灾害监测网的重要组成部分。海洋资料收集及实时传输交换能力已大大加强，基本能满足当前海洋减灾工作的需要。海洋灾害预报警报业务，包括各种海洋实时资料情报的预处理、统计加工、填图绘图、实况诊断分析，综合运用动力学、海洋学和统计学的各种现代预报方法制作海洋灾害预报和警报；海洋灾害预报预警体系由全国、海区、中心海洋站（或海洋站）等3级预报警报机构组成；国家海洋预报中心是海洋灾害数值模式的全国计算中心，向全国提供诊断分析资料和各种指导产品，同时还全面开展近中海、大洋以及南极区域的海洋预报和灾害警报的发布业务。1997年以来，国家与沿海省（区、市）采取共建方式建立了本地区的海洋预报台，发布海洋灾害预报和警报，为海洋经济发展和海上生产活动提供服务。1989年以来，每年一次的海洋灾害预测会商已经制度化，在提高年度预测的准确性、沟通与海洋预报主要用户的联系等方面取得很好效果。

另外，通过"七五"、"八五"期间的海洋数值预报研究科技攻关，已经使海洋环境及灾害的分析、预报警报产品的数值化、客观化、定量化水平得到很大提高，达到或接近国际先进水平。近期进行的厄尔尼诺现象及其灾害影响研究，取得了可喜的进展。1986年以来，先后在中央电视台、中央人民广播电台，而后在沿海多数城市电视台、广播电台播发海洋预报和灾害警报，为沿海各地部署抗灾救灾起到了重要作用。加强海洋和海岸带的综合管理，从根本上说也是减轻海洋灾害的重要举措。新修订的海洋环境保护法更加适应新时期的国际海洋立法，特别是我国批准加入《联合国海洋法公约》，能有效地强化我国的海洋综合管理。国家海洋局和沿海省（区、市）人民政府制定并实施海洋功能区划、建立各类海洋和海岸自然保护区、实行海域使用许可证制度，以及加强海洋执法监察等，就是要求在合理开发利用海洋的同时保护好海洋的环境与生态，其中保护海岸带红树林、珊瑚礁，以及当前正在加紧进行的对海上采砂的管理等，都是海洋和海岸带防灾减灾的重要措施。30多年来，我国海洋防灾减灾体系在减轻沿海和海上灾害方面发挥了巨大作用，特别是在减轻人员伤亡方面取得成绩。70年代以后，在多次大风暴潮期间，当地政府根据风暴潮预报和警报，组织人员撤离，中等强度以下风暴潮灾害中已经较少或没有人员死亡，在11次特大风暴潮灾害中，每次风暴潮的平均死亡人数大

为减少。[①]

但是，我国的海洋减灾工作还存在一些问题，其主要表现是：海洋及海岸灾害的经济损失增长过快，超过了沿海经济的发展速度；海洋及海岸灾害的人员伤亡并没有降到最低限度；近海及海岸带的不少地区的灾害风险度和灾害脆弱性还正在增加，海洋灾害经济损失的增长势头没有得到有效遏制。为使海洋减灾工作能够更快地适应沿海社会经济的发展以及海洋和海岸带开发利用的需要，进一步加强海洋减灾系统和灾害管理工作，国家海洋局正在进行以下主要工作：

一是制定国家海洋减灾规划。海洋减灾是一项系统工程，需要海洋、水利、气象、交通、农业、林业、邮电通信及宣传媒体等部门的通力协作，需要海洋开发各部门和沿海一切可能受海洋灾害影响的社会各界积极配合。目前，在国家计委、中国国际减灾十年委员会的领导下，国家海洋局正与各有关海洋减灾部门联合制订《中国海洋减灾规划》，以便在海洋减灾领域贯彻落实 1998 年国务院批准的国家减灾规划。

二是加大海洋减灾工作的投入。采取各种手段，加大对海岸和海洋防灾工程建设、海洋灾害应急系统建设的投入，并争取纳入国家和地区社会经济和海洋开发利用规划和计划。

三是提高科技减灾水平。除上述已经提到的灾害监测、预报警报、应急系统方面的科技问题外，已经启动了国家计划项目，应用高技术手段改造更新中国海洋环境监测网。建成后的监测网要成为多功能的系统，将重点提高海洋环境、海洋灾害的监测力度，大大增加海洋数据的获取量，以进一步改善海洋环境和生态保护工作，提高灾害性海洋环境的预报警报水平。

在我国黄海、东海和南海海域均观测到海洋内波，而海洋内波对海洋结构物的安全性具有颠覆性的作用。2005 年在西北太平洋有 23 个台风生成，其中 8 个登陆我国，海棠、麦莎、泰利、卡努、达维和龙王均在 12 级以上。强台风过境往往造成十分恶劣的海况条件，给海洋结构物造成破坏。研究海洋内波、台风的生成机理及其预报方法有助于科学地认识海洋工程环境的特殊性，特别对我国南海海域深海油气资源开发具有特别重要的指导意义。海洋工程是一个多学科交叉的研究领域，国家应当重视该领域的基础研究，也应当重视解决重大工程的共性关键技术问题。专家指出，科学技术必须转化为生产力，包括软件和硬件两方面。现在国内海洋工程工业部门基本上使用国外的商业化软件，我们需要制定有关政策鼓励我国自主开

①　国家海洋局：《2004 年中国海洋年鉴》，国家海洋局 2004 年版。

发的海上油田使用国内自主研发的工程应用软件。另外我们必须十分重视全球气候变化对海洋动力要素的影响，对海洋动力环境设计标准进行重新审视和研究对海洋工程设计与安全运行非常有价值，我们需重点研究波浪和水流组合和波浪与风暴潮组合的工程设计标准。我国历史上遭受入侵都来自海上，我国的海疆一半有争议，钓鱼岛、南沙都有争议，现在南沙已经打了 1 000 多口井，没有一口是我们自己的，海洋安全的形势很严峻，要向海洋强国推进我们的差距太大。①

海水资源的综合利用也将给沿海地区经济发展带来一片新天地。我国近海生态环境的恶化只能靠提高科技水平和管理水平来逐步解决，而管理水平的提高又常需建立在科学的基础上。保卫国家海防安全和促进国家统一大业更需大力发展海洋科技，要建设强大海军就必须拥有自主的创新的科学技术。

此外，还要在加强海洋灾害区划和灾害评估等方面的科技研究和攻关。总之，无论是作为国际减轻自然灾害系统的一部分，还是作为全球联合海洋服务系统（IGOSS）的一部分，我国的海洋减灾系统都有待于加强国际和国家间的合作与联系。

由于我国处于社会主义初级阶段，仍然属于发展中国家，技术还很落后，法律也不健全，我们应当学习发达国家的经验。以日本为例，日本也属于海洋灾害频发的国家，拥有丰富的经验，它们有着完善的防灾法律制度，我们可以借鉴来完善我们的法律制度。按照法律的内容和性质，可以将日本的灾害对策相关法律按基本法类、灾害预防和防灾规划相关法类、灾害紧急对应相关法类、灾后重建和复兴法类、灾害管理组织法类等分成五大类型。其中在灾害基本法方面，主要颁布了灾害对策基本法、大规模地震对策特别措施法、原子能灾害对策特别措施法、石油基地等灾害防止法、海洋污染及海上灾害防止的相关法律、建筑标准法等。日本根据防灾救灾的不同阶段特征，制定了与灾害预防、灾害紧急对应、灾后重建等各自相关的法律法规。一旦当灾害发生时，有准确的方式去执行，不至于慌了手脚。

日本在防灾基础研究方面一直投入大量的财政预算。防灾研究开发主要加强灾害发生机理及灾害预防的基础科学研究，一方面对灾害发生机理进行调查研究，并建立了一套完整的各种灾害的基础资料和数据库；另一方面，投入了大量的财力进行防灾技术的开发和研究，比如，灾害预报的研究、灾害情报传输技术的开发、灾害管理技术的开发研究等。尤其重视高科技在防灾救灾方面的应用研究。日本现在已经建立起一套完整的防灾救灾科学技术研究体系，除了国家防灾科学技术研究所

---

① 国家海洋局：《2003 年中国海洋年鉴》，国家海洋局 2003 年版。

负责对各种灾害机理等研究外，主要大学等都设立了与防灾有关的学科和专业，学校在培养防灾专业人才的同时，也加强防灾救灾相关技术开发研究。除了基础和综合性防灾科学研究外，日本政府还投入大量的人力物力进行以下防灾尖端技术的研究开发。

其一，异常自然现象的发生机理。对大规模地震、火山爆发、异常的暴雨、异常枯水等自然现象的发生机理研究及预测技术的开发研究。包括地球温暖化的相关研究、成层圈的变动研究、热带林变动的相关研究、海底地震综合观测系统的开发、地震综合尖端技术研究、地震发生机理的研究、降雨灾害防止的相关研究、火山爆发的预防及防灾相关研究等大型研究项目的开发研究。

其二，灾害发生时的立即应对系统（防灾 IT、救急系统等）。灾害或事故发生时，使灾害最小化的迅速应对急救系统的开发研究。包括灾害应急指挥系统的开发建设、三维 GIS 的地理情报解析系统的开发研究等。

其三，都市圈的巨大灾害的减灾对策。在过密集的大都市圈发生异常自然灾害时，减灾技术、迅速修复复兴对策以及自助公助的支援系统的开发研究。包括大地震火灾时街区火灾蔓延性状的相关研究、住宅火灾综合监视系统的开发研究等。

其四，中枢机能以及文化财产的防护系统。社会和经济活动枢纽的防灾性的提高、文化财产、科学技术研究基地等资产的防护系统的开发研究。

其五，超高度防灾支援系统。有关宇宙和上空的高精度观测、通信技术、移动机械、高机动性输送机械、防灾救命机器人等新一代防灾支援系统的开发。包括针对灾害的人造卫星利用技术的相关研究、利用卫星雷达的灾害、地球环境变动的观测研究。

其六，高度化道路交通系统（ITS）。灾害发生以及灾后重建时，效率化的人流和物流的支援系统；交通事故消减的支援系统的开发，包括灾害时道路交通受灾状况评价系统开发研究。

其七，陆海空交通安全对策。对应于陆海空的交通需求、特性的变化和交通量增加的安全对策。

其八，社会基础设施老化对策。因社会基础设施老化而发生事故灾害的防止，努力建成一个防灾性能强的现代化社会体系结构。主要包括社区建设及其防灾性能的评价方法及对策技术的开发研究、社会变化与城市发展及城市规划关系研究等。

其九，对于有害危险物、犯罪对应等安全对策。加强危险物的管理对策、减少犯罪等安全对策，如何建立一个安全的社会体系等相关研究。主要包括漏油事故的防止、大型油回收装置的开发研究、爆炸防止的相关研究、危险物的判定试验法的

相关研究、危险物灾害等情报支援系统的开发研究、核电站安全的相关研究等①。

　　当然这些我们不能照单全搬，我们应当根据自己国家的国情选择适合自己国家的防灾体系。对于海洋灾害，我们需要了解海洋灾害的发生机理，了解其本质才能应对它的发生。政府需要对这方面的法律进行完善，国家对与海洋灾害的防治法律没有完整的体系，在灾害发生时，地方政府以及渔民的防治措施都是随机的，这就使得防治发生延误造成某些不必要的损失；我国还要加强技术领域的研究，这样才能在海洋灾害预防中处于更加有利的地位，而不是需要根据外国的技术牵制我们的发展。另外我们需要对沿海居民进行各种防灾教育、防灾训练；开发综合性的防灾情报系统，使民众不仅事先知道自己所在地区可能会发生什么样的灾害，而且，知道在灾害发生前和灾害发生时，应该如何对应，才能确保自己受害最小。

　　我们相信，只要在我国海洋减灾工作中充分发挥社会主义制度的优越性，把依靠科学技术作为海洋减灾的根本途径，采取相应的减灾对策，组织和发展国家与沿海省、市、区联合的、国际国内相联系的海洋减灾体系，最大限度地减少灾害的人员伤亡和经济损失，以求社会的安定和进步，是完全可能的。我们有信心通过努力在海洋减灾方面达到国家减灾规划规定目标和要求，为沿海的经济和社会发展做出贡献，我们要为保障人民群众生命财产安全，构建社会主义和谐社会而努力奋斗。

四、海洋灾害与消费者

　　海洋灾害的影响是多方面的，由于鱼类等海洋资源中含有丰富的营养，而且随着居民生活水平的不断提高，对于生活质量的要求也日益加强，因此消费者对于鱼类的需求逐渐增长。当海洋灾害发生时，鱼类等海洋资源受到损失，会使鱼类等海洋生物的供应减少，从而使生产者的供给价格上升，这就会使消费者在收入不变的情况下导致需求的减少。

　　在经济学中，消费者剩余和生产者剩余是非常重要的两个概念，所谓消费者剩余就是度量消费者在市场上购买了一种商品后他在总体上得到改善的程度。由于不同的消费者对某些商品的消费估计不同，所以他们愿意为这些商品支付的最高金额也会不同。消费者剩余就是消费者愿意为某一商品支付的数量与消费者在购买该商品时实际支付的数量之间的差额。例如，假设有一位学生愿意为一张摇滚音乐会的门票支付 13 美元，但市场价格是 12 美元，他只需支付 12 美元，他省下的那 1 美

---

　　① 金磊：《日本政府防灾行政管理及都市综合减灾规划》，载《海淀走读大学学报》2005 年第 1 期。

元就是他的消费者剩余。当我们将购买某种商品的所有消费者的消费者剩余都加起来时，我们就得到了总体的消费者剩余的数字。

生产者剩余是生产者的所得大于其边际成本的部分。因为生产者按照最后一个商品的边际成本定所有商品的价格，在这最后一个商品以前的商品的边际成本都低于最后一个商品，此低于部分就是生产者的额外收入，如图 10 - 4 所示。

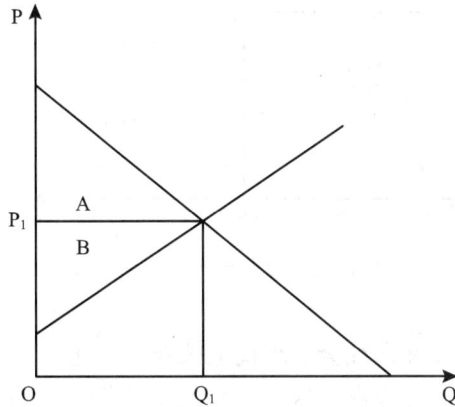

图 10 - 4　消费者剩余与生产者剩余

在图中当达到市场均衡时，消费者将在（P_1，Q_1）处消费，这时消费者剩余为图中 A 的面积，也就是消费者剩余全部被消费者所享有，得到最大的满足，消费者剩余最大化，即买者在购买过程中从市场上得到了全部的收益；生产者剩余是卖方在出售过程中得到的收益，为图中 B 的面积。生产者剩余与消费者剩余之和就是社会总的福利水平，即 A + B。

在海洋灾害发生时，渔民的供给减少，供给曲线左移到 S′，如图 10 - 5 所示。

这时在（P_2，Q_2）处达到均衡，由图 10 - 5 中可以看出，由于供给的减少，价格上升，在此价格上消费数量下降，从 Q_1 到 Q_2，有一部分消费者由于高的价格而不再进行消费，这部分人群是属于对价格敏感度较高的消费者，也就是收入较少的人。当海产品价格上升时，价格敏感者放弃此商品转而寻求其他代替品，比如淡水鱼产品，营养没有海产品高。这时消费者剩余变化 -（a + b），生产者剩余变化 a - c，总的福利水平为 - b - c。由此可以看出海洋灾害带来了人民生活水平的总体下降，社会福利受损，而受损的绝大多数又是收入较低的居民，因为收入有限而不得不放弃本身对于身体素质提高有效的商品，这使得收入的不平等凸显出来，影响

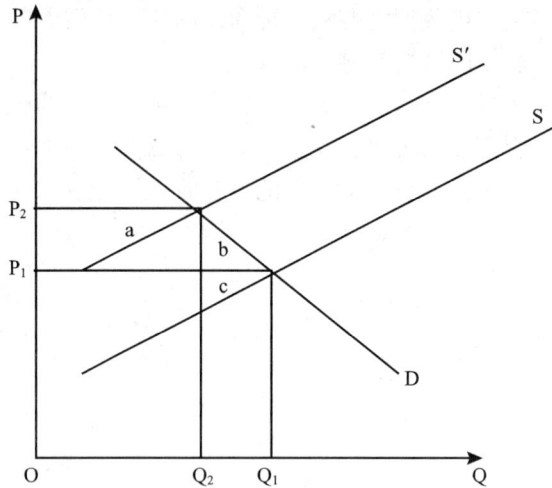

图 10 –5　供给曲线移动的影响

我国的现代化进程，建设和谐社会的步伐也减慢，因此预防海洋灾害刻不容缓。

　　对于渔民来说，预防海洋灾害这一产品的生产供给是对他们生活的基本保障，让他们感到安全生活的基础，因为只有这一产品能够顺利供给的情况下，他们的收入才能实现，才能维持自己的生存需要，进一步提高生活的其他方面水平，例如休闲、娱乐等。美国著名的社会心理学家马斯洛把人的各种需要分成五个层次，依次序上升分别为生理需要、安全需要、社交需要、尊重需要、自我实现的需要。

　　在人的需求的五个层次中，生理和安全需求是低层次的需要，是人的本能的对生命延续的需求。在低层次需求没有得到一定程度的满足之前，对大多数一般人来说，很难产生高层次需求。这种低层次需求，对不同的人、不同的时代背景，有不同的内容和含义，对其需求满足的程度要求也有所不同。在同一个时代，大部分人对低层次（生理和安全）的需求构成了社会平均的低层次需求水平，个人与社会平均的低层次需求水平之间的差距过大，其满足程度过分的低于社会平均水平，会使人产生强烈的对低层次的需求。

　　当人的低层次需求得不到一定程度的满足时，他的生命的延续就缺乏最基本的保障，这很可能促使他千方百计地去寻求满足的途径，尤其是对青年而言，青春的血液不可能让他们安分守己地等待贫困与死亡，当社会不能给他们提供满足的途径，在看不到任何希望和前景的情况下，会使他们产生不安分的想法，更有甚者影响到国家的安定团结。

　　当一个社会生活在低层次需求的人数较多时，这个社会就会动荡不安；当生活在绝对贫困线以下的人数占人口的多数时，大规模的武装斗争就会必然发生。对大面积的生活在贫困线上的人们，理性的社会应当帮助他们解决基本的生理、安全需要，尽可能地使他们的低层次需要得到满足，培养高层次需要，这是一个社会稳定发展的基本条件，也是社会进步发展、是文明和谐社会的标志和象征。对于渔民来说，现在最主要的就是提供预防海洋灾害这一产品，使渔民的基本生活安全问题得到保障，只有这一问题解决，渔民收入才能提高，他们就会追求更高的生活质量，我国的整体素质进而上升，各方面问题也会得到很好的解决。

　　我们现在所建设的是 21 世纪的和谐社会，和谐社会的关键是公正的调整利益分配关系，让全国人民都享受到公平的待遇。而现在由于预防海洋灾害的不完整，使得我国渔民收入水平逐渐下降，影响到他们对生活的最低层次的需求满足程度，成为弱势群体中的一部分，这是对我国严峻的挑战，我们必须加快对预防海洋灾害这一产品的生产供给，改善这一状况。

　　另外海洋灾害会对相关产业带来不利影响，造成海洋第二产业、第三产业的损失，国家的财政收入也会大幅度下降，带来循环的不利影响，阻碍经济发展，因此预防海洋灾害刻不容缓！

第三节　预防海洋灾害的需求和供给综合分析

　　通过以上分析，我们可以看到渔民、其他居民以及政府对于预防海洋灾害都有需求，同时也只有他们对预防海洋灾害才有供给，所以我们可以将预防海洋灾害看成是一种产品。

　　既然是产品，我们就需要分清两种类型：第一类是私人物品。私人物品就是我消费你就不能消费，具有排他性；而且同种产品，供给者可以根据消费者的不同喜好设计出不同的样式吸引消费者，因此供给者之间存在不同程度的竞争性。第二类是公共物品。打个比喻，就像清洁空气、清洁水，没有它每个人都受损，这就叫公共物品。所谓公共产品就是所有成员集体享用的集体消费品。社会全体成员可以同时享用该产品，而每个人对该产品的消费都不会减少其他社会成员对该产品的消费。无论个人是否愿意购买它们，它们带来的好处不可分割地散布到整个社区里，这就是非排他性，即产品一旦被提供出来，就不可能排除任何人对它的不付代价的消费；另外它还具有非竞争性，一旦公共产品被提供出来，增加一个人的消费不会

减少其他任何消费者的受益，也不会增加社会成本，其新增消费者使用该产品的边际成本为零。公共产品按其性质（特征），可以分为纯公共产品和准公共产品（混合物品），准公共产品还可据倾向程度进一步划分为共同资源和俱乐部物品；根据其内容可分为公共设施和公共服务；学术上一般都是从性质进行分类探讨的。那么从上面分析中我们已经看出预防海洋灾害不是某一个人或是公司就可以做好的，需要全国人民的努力，但也需要某人或公司的科技研究去探索它、生产它，而后在市场中根据实际情况优胜劣汰，即具有竞争性；一旦某人成功购买了此项物品后，都不可防止对其他人带来的好处，这是它的非排他性。因此可以说，预防海洋灾害这种产品是既具有公共产品的性质又有私人物品的特征，是一种混合物品，但是从目前来看预防海洋灾害还主要需要国家政策的积极实施，财政的大力支持。当前为渔民提供基本而有保障的预防海洋灾害政策手段，是我国渔业乃至整个国民经济进入新阶段的客观要求，改革和完善预防海洋灾害这一产品供给制度是新阶段支持渔农业的重要手段。因此，为渔民提供基本而有保障的预防海洋灾害的政策手段既有现实性又有迫切性。以下我们从经济学的角度分析探讨我国预防海洋灾害的供求问题。

一、预防海洋灾害的需求及曲线

需求指消费者在一定时期内在各种可能的价格水平下愿意而且能够购买的该种商品的数量。按照经济学的观点，对某种纯粹的私人产品的市场需求，可以通过加总某一时间内市场上所有单个消费者在各种价格水平上对该种私人产品的需求量而得出，即需求量是价格的函数。在同一价格下，人们可以消费不同的数量，所以总需求要通过相加不同的数量来得到。

如图 10-6 所示，假设社会中只有 A 与 B 两个消费者。A 与 B 两消费者需求分别为 D_a 和 D_b，在 P 的价格下，A 的需求量为 Q_a，B 的需求量为 Q_b，由于此物品为私人物品，所以总的社会需求量为 $Q_a + Q_b = Q$，由此得出点（P，Q），同理可以得出 A 与 B 的无数需求总量，于是总的社会需求为曲线 D。

对于公共产品而言，每个消费者的消费数量是相同的，因而需要相加每个人愿意支付的价格，来得出群体的支付意愿。

如图 10-7 所示，同样假设社会中只有 A 与 B 两个消费者。A，B 两个消费者的需求曲线 D_a 与 D_b，在同一需求量 Q 时，A 愿意支付的价格是 P_a，B 愿意接受的价格是 P_b，则社会愿意支付的总价格为 $P_a + P_b = P$，从而得到（Q，P）点，用相同的方法我们可以得到无数的均衡点，社会总的需求曲线 D 我们就可以求得。

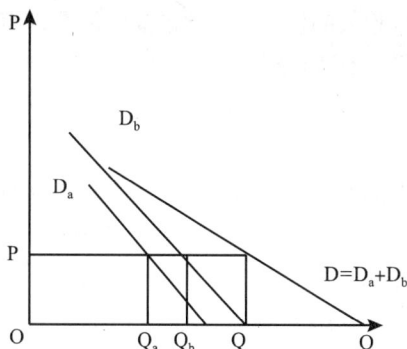

图 10 - 6 私人物品的需求曲线

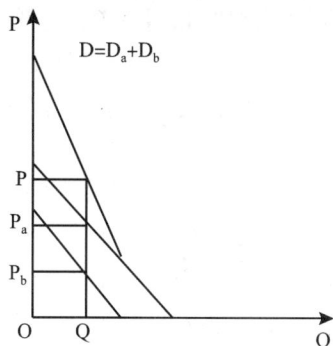

图 10 - 7 公共物品的需求曲线

　　预防海洋灾害这一产品既具有公共产品的特征，又具有私人产品的特征。由上所述，对混合产品中私人产品部分，在既定价格水平下，对各个消费者需求的数量进行相加，即可得到社会需求；对混合产品中公共产品部分，在既定产出水平下，对各个消费者需求愿意支付的价格相加，即可得到社会需求。对混合产品总需求，通过将各个消费者对混合产品中私人产品部分需求的价格和对混合产品中公共产品部分需求的价格进行相加，便可得出对混合产品的总需求曲线。

　　需求曲线倾向度的大小反应了价格与数量之间的关系，涉及到需求弹性。弹性概念在经济学中用得很广泛，它是指在一个经济函数中，因变量对自变量变化的反应程度。更具体一点说，弹性是自变量变化 1% 引起因变量变化百分之几。弹性等于因变量变化百分比除以引起这一数量变化的自变量的变化百分比。需求弹性则是说明在一个需求函数中，因变量对自变量变化的反应程度。在需求函数中，需求量是因变量，影响需求量的诸因素是自变量（包括产品价格、消费者收入、相关产品的价格和广告费等）。所以需求弹性是指需求量对影响这一数量的某一因素变化的反应程度，或者说，影响需求量的某一因素变化 1%，会引起需求量变化百分之几。它包括价格弹性（产品价格变化 1% 会引起产品需求量变化的百分比），收入弹性（消费者收入变化 1% 会引起需求量变化的百分比），等等。

　　预防海洋灾害一个重要的作用就是可以增加渔民收入，为国家财政创收，因此预防海洋灾害的收入弹性是我们研究的重点。

　　需求的收入弹性 $E_I = [\Delta G / G] / [\Delta I / I]$，在这里，G 代表产品的需求量；I 代表收入水平。按照其公式可以看出其值可以分以下几种情况：

　　（1）需求的收入弹性 E_I 大于 0 的，收入水平上升，需求也将增加，这属于正常品；

（2）收入弹性 E_I 小于0，是低档品。随着收入的提高，这些商品的消费反而减少；

（3）E_I 小于等于1 的商品则称为必需品，例如盐、水等为生活所必需的，无论价格如何变化，对其消费是不可缺少的。必需品的需求增长百分比小于收入增长的百分比；

（4）E_I 大于1 的商品称为高档品，这类商品需求增长的百分比将大于收入增长的百分比，随着收入的提高，居民用于此类产品的消费会有更大的增长。最近几年家庭轿车的普及正说明了这种情况，此类商品可以提高居民的生活质量。

当人们实际收入提高时，就会对公共产品与私人产品（非低档品）的需求增加。预防海洋灾害这一产品所具有的特殊性质（既具有私人物品又有公共物品的特征），决定了随着国家经济的不断发展，无论是从公共物品还是私人物品的角度来看，居民对于预防海洋灾害的需求都越来越强烈。公共产品属性的需求收入弹性大于市场私人产品，其中最主要的原因就是现代社会的公共产品不属生活必需品，而越是非必需品，它的收入弹性就越大，当个人收入超过一定的水平时，公共产品就变得越来越重要，人们就需要越来越多的政府服务，诸如预防海洋灾害、医疗保健、文化体育、交通运输等公共产品，它们会随着国民经济的增长，越来越多的"侵蚀"消费结构中的私人产品的相对份额。这就是说，随着收入的增长，人们的需求结构变化逐渐从由低到高、由单一到多样、由注重物质到注重精神，不仅对市场供应私人产品提出了新的要求，也对政府提供公共产品在质量、数量、品种上提出了新的要求。人们需求结构的变化对以满足居民个人需求和社会共同需求为价值取向的社会经济发展，具有重要的导向意义。另一方面，当财政收入较低时，财政支出中用于国家政治职能、维持国家正常秩序的基本需要的比例就高，用于经济社会管理职能方面的支出比例就低。随着收入的提高，用于国家政府基本需要的支出比例会下降，而用于经济社会管理职能方面的支出比例将会增加。从中我们可以得出当产品需求的收入弹性越大时，也即是对于具有公共物品性质的产品而言，随着国民收入的增长，经济社会用于消费此项公共产品的开支部分增长得更快。公共产品需求的收入弹性大于1，导致政府财政开支占国民收入的份额不断扩大，客观上也反映了"国家活动的范围不断扩大"。历史上德国经济学家阿道夫·瓦格纳首先阐述了这一规律，因此这一规律被后人称为"瓦格纳法则"，如图10 - 8 所示。

政府用于财政的支出是从其财政收入中所得的，政府财政收入最主要的途径就是税收，包括个人所得税、企业所得税等，税收的影响因素就是居民的收入水平。从瓦格纳法则中我们可以看出对于需求弹性大的产品，需求越高，说明收入水平上升，所交的所得税也相应增加，从而政府的财政收入扩大，这又反过来促使国家扩

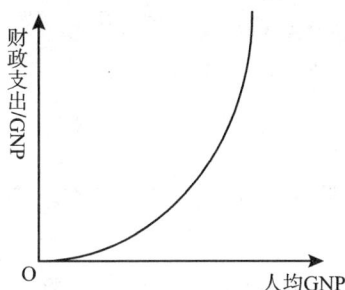

图 10 – 8　瓦格纳法则

大财政支出，提高对国家建设的投入。因此，我们可以得出对于需求弹性较大的公共物品，例如预防灾害、教育、医疗福利等此类产品的需求越大，说明国家财政收入越高；同理，国家财政收入越多，对于此类产品的财政支出就会增加，因此而改善了居民的生活质量，更加促进了消费者对于公共物品的需求。

在国家各方面建设迅速发展的过程中，全国居民总体收入在逐年累加，国家财政收入每年也在以较高速度增加，因此渔民、消费者、国家对于预防海洋灾害这一混合物品的需求也越来越大，因为它可以从各方面对我国建设带来有利的促进作用，使全体居民受益。

要达到预防海洋灾害的最优供求平衡，就必须充分考虑消费者对此产品的需求，要弄清楚渔民对它的需求特点、支付能力和需求状况。离开了对预防海洋灾害这一产品需求的考察，则无法确定此产品的供求均衡点，无视渔民需求，既浪费了国家财政，又满足不了渔民生产生活对公共产品的需求，甚至破坏环境，损害渔民利益，影响国家长治久安和经济快速、持续发展。所以，我们有必要研究预防海洋灾害的需求问题。

预防海洋灾害这一产品需求的本质是具有支付能力的需要。一个地区、一个社会需要什么公共产品，需要多少公共产品，是受该地区生产力和经济发展的水平决定的。从渔民的需要出发，既要考虑当地生产力水平和经济发展的水平，还要考虑渔民的实际承受力。当前大部分的相关研究一般都是强调我国对于预防海洋灾害的需求是巨大的，从我们上面分析中我们也可以看出这一点，需求曲线是富有弹性的，尤其对于一种公共物品来说，在一定消费水平下，当然是越多越好。

国家对预防海洋灾害的需求也是越来越大的：一是当前海洋灾害的频繁发生严重影响了我国的财政收入水平，对于国民经济建设造成了阻滞；二是海洋灾害使渔民收入下降，生活水平不稳定，影响到国家的长治久安；三是我国渔业战略性经济结构调整，对预防海洋灾害的供给的数量和质量提出了新需求。渔业高科技的推广

和渔业产业化的繁荣所带来的经营方式的重大转变，都必然对其提出更高的要求；四是加入 WTO 使渔民对预防海洋灾害有了新的需求。我国预防海洋灾害的供给水平与国外发达国家之间差距甚大，渔业支持方式的改变要求较大幅度地增加对于预防海洋灾害研究等各方面的供给。

目前，很多对于公共产品的研究提到建立"需求表达机制"。在我国对于需求表达机制的建立不是很完善，在预防海洋灾害这一产品中，渔民在现有的决策机制下没有完全的需求表达机会、权利和能力。因此，对于预防海洋灾害的真正需求还不是很完全的了解，同时对渔民知识培训和意识树立也没有足够重视起来。

二、预防海洋灾害的供给及曲线

供给指生产者在一定时期内在各种可能的价格下愿意而且能够提供出售的该种商品量。预防海洋灾害这种产品即具有私人物品的性质又具有公共产品这一性质，使它的供给一部分可以通过私人或是公司的探究研发给全国以贡献，另外也需要国家财政的有力支持。但是目前从我国国情来看，私人对于预防海洋灾害的供给还是很少，而且存在很大的不现实性，因此我们政府财政的支持需要占绝大部分。

与此相关我们必须了解供给弹性，它是指供给量变动和引起这个变动的价格量变动之比。用以衡量供给量变动对价格变动的反应程度，这就是"供给的价格弹性"。影响商品供给弹性大小的因素在短期内主要取决于某种商品生产规模变动的难易程度、生产周期的长短，以及是否具有经济效益。其计算公式为：

$$Es = (\Delta Q/Q) \div (\Delta P/P) = (P/Q) \times (\Delta Q/\Delta P)$$

式中，Es 为供给弹性；Q 为供给量；ΔQ 为供给变动量；P 为价格；ΔP 为价格变动量。由于供给量与价格呈同方向变动，供给弹性取正值。

商品不同，其供给弹性的大小也各不相同：

（1）供给完全无弹性，无论价格如何变动，供给量不发生变动，此时，供给弹性等于 0；

（2）供给缺乏弹性，即供给量变动的幅度小于价格变动的幅度，此时，供给弹性大于 0 小于 1；

（3）单位供给弹性，即供给量变动的幅度与价格变动的幅度相同，此时供给弹性等于 1；

（4）供给富有弹性，即供给量变动的幅度大于价格变动的幅度，此时，供给弹性大于 1；

（5）供给弹性充分，即在价格既定的情况下，供给量无限，此时供给弹性趋于无穷大。

那么对于预防海洋灾害这种产品，由于它既具有私人物品的性质又具有公共物品的性质，这就决定了它的供给曲线的不同状况。

对于私人物品性质而言，因为具有利己心里，当价格偏低时是不会有人愿意生产此类产品的，在我国目前渔民的经济状况下，私人供给量很少，几乎没有，因此私人供给曲线富有弹性，即曲线斜率较小，如图 10 - 9 所示。

这就表示供给随价格变动的幅度较大，它体现出供给法则，价格与供给量成正比，且私人或是公司会因为此物品的价格变动而使供给量发生较为频繁的变动。

对于它的公共属性而言，作为一种纯公共产品，它是由国家财政支付的，其供给弹性为 0，无论价格如何变化，其供给量不变，如图 10 - 10 所示。

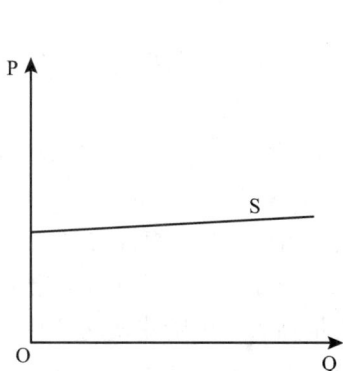

图 10 - 9　预防海洋灾害的私人供给　　　　图 10 - 10　纯公共物品的供给

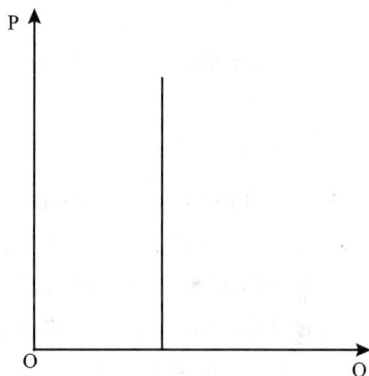

纯粹公共产品的社会供给曲线是与政府部门的个别供给曲线重复一致的，因为现实中公共产品的供给往往是由公共部门一家提供的。它同样体现供给法则，即供给量与供给价格呈正向变动。不过，对私人产品来说，其供给厂商一般是由无数多个竞争性厂商组成，其市场供给曲线（总供给曲线）是由个别供给曲线横向（水平）相加得来，这一点是与纯粹公共产品不同，它是由公共部门一家提供的，但它们在供给法则上是一致的，即供应量与供应价格呈正向变动，原因是由产品本身的特性决定的。

目前来看，由于我国财政有限以及财政的偏好等诸多方面原因，我国对于预防海洋灾害这一产品的供给存在严重的供给不足，对于预防海洋灾害产品的供给不能

完全适应渔民的实际需求，存在着量少、质低以及地区性、结构性失衡等方面的问题，对需求的动态适应性不强，供给过剩和部分短缺现象并存，阻碍了渔民各方面生活水平的提高。由于产品本身的特性使得这一产品从私人物品和公共物品两方面决定了供给弹性偏低，也即斜率较高，但较之纯公共物品供给斜率小，如图10－11和图10－12所示。

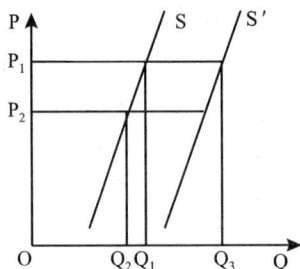

图10－11　预防海洋灾害的供给　　　　图10－12　供给曲线的变动

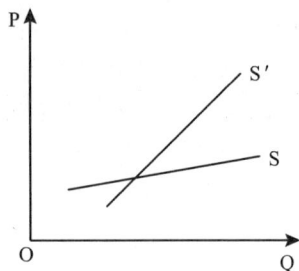

虽然从图10－11中我们看出价格较大变化 $P_1 - P_2$，只引起供给量较小幅度的改变 $Q_1 - Q_2$，看似很好，而实际上对于预防海洋灾害这一产品的国家供给是远远小于实际需求的，其原因是多方面的，比如财政支出对于预防海洋灾害这一产品的投入不足，渔民没有很好的表达自己的需求，国家对于这一产品的了解不够等等，因此我们需要从各方面改变这一状况，使得供给量加大，供给曲线从 S 移动到 S′，这样在同一价格 P_1 水平下，供给从 Q_1 到 Q_3，增多 $Q_3 - Q_1$，从而消费者剩余增加。此外我们还可以鼓励私人提高对于预防海洋灾害这一产品的供给，使供给曲线的斜率变大，供给弹性得以下降，这样可以在此产品价格变动时，不至于使供给量发生大的变化，让渔民生活处于比较稳定的状态，收入也不会大起大落。

三、预防海洋灾害的需求与供给的均衡

研究经济学的逻辑起点就是资源稀缺问题，如何配置这些稀缺资源，实现资源的最优配置是经济学研究的重要方面。解决资源配置的效率问题包括三个方面即生产什么、如何生产、为谁生产；评价社会经济活动的三条基本原则是效率——帕累托最优；公平——我们建设和谐社会所无法回避的；稳定——对我国经济体系的正常运行至关重要。

从本书的论述中，我们可以看出预防海洋灾害是我们目前想要生产的产品，是为渔民以及广大人民所生产的，需要科技人员的共同努力同时也要渔民的丰富经验，对于它的生产是我们迫切需要的，但如何生产以及在哪一点上生产才能达到最优状态呢？

经济学的效率——帕累托最优状态指资源配置达到了这样一种境地，无论做任何改变都不可能使一部分受益而没有其他人受损。在图 10 – 13 的曲线上达到帕累托最优，任何在线外或是线内的点都不是最优的，线外或是线内的点移动都至少会让一人受损，因此不是最优状态。

那么我们如何生产产品使其达到最优呢？实现最优必须具备如下条件：

（1）产品总的净社会收益非负，这是保证能够实现帕累托改善的基本条件；

（2）社会总收益和社会总成本的差异最大化，即净社会收益最大化。

社会总收益，（Total Social Revenue，TSR）是指人们从消费一定量的产品中所得到的总的满足程度。

我们首先需要了解边际收益的概念，它是指每增加一个单位产品可以增加的收益，总收益是先递增后递减的，因为 $TSR = P \times Q$，在生产产品过程中，随着可变要素投入量的增加，可变要素投入量与固定要素投入量之间的比例在发生变化。在可变要素投入量增加的最初阶段，相对于固定要素来说，可变要素投入过少，因此，随着可变要素投入量的增加，其边际产量递增；当可变要素与固定要素的配合比例恰当时，边际产量达到最大；如果此时再继续增加可变要素投入量，由于其他要素的数量是固定的，可变要素就相对过多，于是边际产量就必然递减。因此产量 Q 是先以递增的速率增加后以递减的速率减少的，边际收益也是先递增后递减的，边际收益是社会总收益的切线斜率，从而社会总收益曲线为凸。如图 10 – 14 所示。

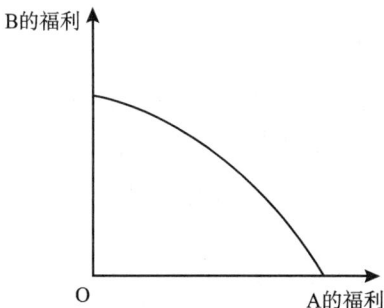

图 10 – 13　帕累托最优状态

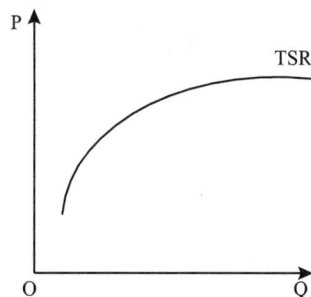

图 10 – 14　TSR 曲线

社会总成本（Total Social Cost，TSC）则是生产一定量的产品所需消耗的全部资源的价值。社会总成本的斜率是边际成本，边际成本是指增加每一单位产量所需投入的要素数量，随着要素的不断投入，使得每一单位产品所占用的单位成本不断变化，由于边际产量的递减规律，因此边际成本曲线是凹的。从而社会总成本先以递减的速率增加，后以递增的速率增加。图 10 – 15 所示。

当社会总收益曲线与社会总成本曲线相差最大时，净收益最大化，从而达到最优的社会供给量，如下图 10 – 16 所示：在 Q^* 处达到净收益最大化。

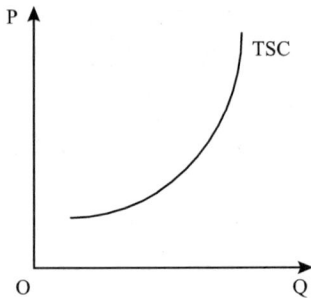

图 10 – 15　TSC 曲线　　　　图 10 – 16　净收益最大化（1）

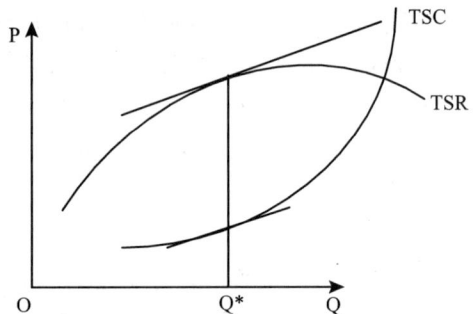

从图 10 – 16 中我们可以看到，实现总的社会净收益最大化条件是 TSR 的切线斜率等于 TSC 的切线斜率。即 MSR = MSC。那么为什么在边际收益等于边际成本时，社会净收益达到最大呢？如图 10 – 17 所示，如果 MSR > MSC，即在 Q_1 点，此时每多生产一单位产品，会增加收益；如若 MSR < MSC，在 Q_2 点，这时的产量会让生产者受损，得不偿失，因此 Q^* 点是最优供给量，在 MSR = MSC 时达到利益最大化，即帕累托最优。

预防海洋灾害是我们迎接 21 世纪，为了在 21 世纪中立足于世界顶峰，成为发达国家所不可缺少的产品之一。我们已经分析了如何达到帕累托最优状态所必须具备的条件，那么我们如何决定这一项产品的供给数量与价格达到帕累托最优呢？我们知道任何产品的均衡产量、价格都是由其供给曲线与需求曲线的交点决定的。从研究当中，我们可以知道私人物品的供给平衡应如图 10 – 18 所示。

纯公共产品增加一个消费者对供给者带来的边际成本为零；但增加一个单位产量带来的边际成本并不为零。即对公共产品而言，消费的边际成本与生产的边际成本并不一致。如图 10 – 19 和图 10 – 20 所示。

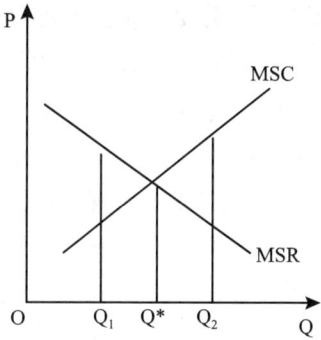

图 10－17 净收益最大化（2）

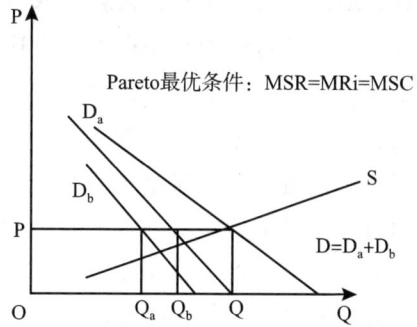

图 10－18 私人物品的最优供给模型

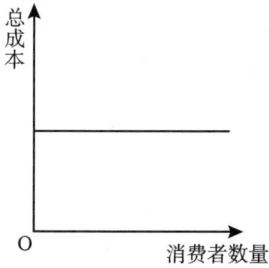

图 10－19 消费者的边际成本

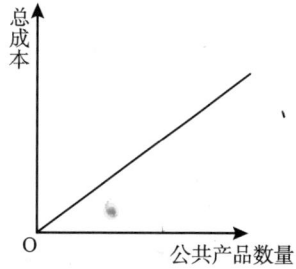

图 10－20 公共产品的边际成本

因此，纯公共产品的有效供给应当如图 10－21 和图 10－22 所示。

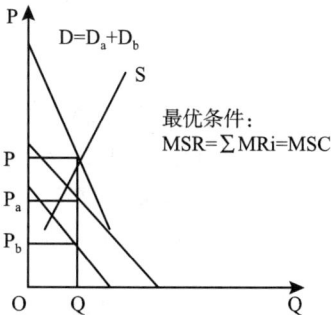

图 10－21 纯公共产品的最优供给

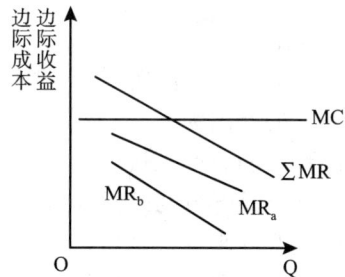

图 10－22 社会边际收益与边际成本

我们可以看出对于私人物品而言，社会资源配置最优化的条件是：配置在产品

上的社会边际收益等于其社会边际成本即 MSB = MSC，而一定数量的公共产品的社会边际收益是所有消费者获得的个人边际收益之和，为 $MSB = \sum MB = MSC$。预防海洋灾害这一产品中的私人物品部分，在既定价格水平下，对各个消费者需求的数量进行相加，即可得到社会需求；对混合产品中公共产品部分，在既定产出水平下，对各个消费者需求愿意支付的价格相加，即可得到社会需求；对混合产品总需求，通过将各个消费者对混合产品中私人产品部分需求的价格和对混合产品中公共产品部分需求的价格进行相加，便可得出对混合产品的总需求曲线。如果边际成本曲线给定，则其与混合产品总需求曲线的交点即为均衡点。如图 10 – 23 所示。

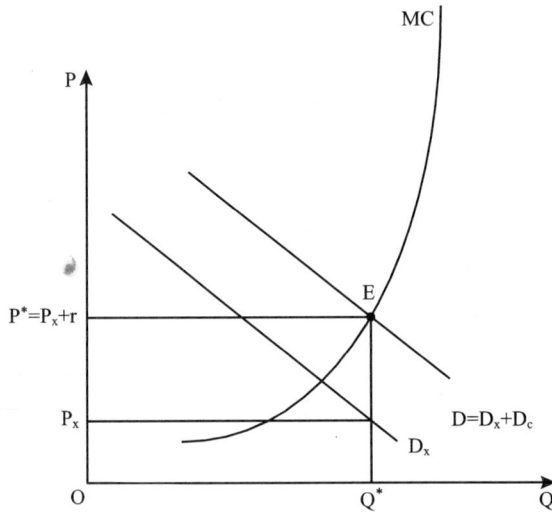

图 10 – 23　混合产品的供给平衡

这样，对于该产品既定的边际成本曲线 MC，可以得到均衡的价格和产量点 E。这时，最佳的产出为 Q^*，总价格 P^* 由其私人产品部分的市场价格 P_x 和消费者对公共产品部分的意愿支付价格 r 构成。其中，P_x 可以通过市场机制收费，r 是由于产品的公共产品部分与外部经济性而得到的社会评价，是由社会支付的，要通过征税，由公共开支来支付给生产这个产品的部门。

我们从纯公共产品的供给模型可以引申出纯公共产品的有效供给机制必须具备以下条件：第一，公共产品不能由市场统一定价，而是由所有消费者分担所发生的成本。第二，每个社会成员愿意准确披露自己可以从公共产品的消费中获得的边际收益，不存在隐瞒或低估其边际收益而逃避自己应负担的成本的动机。第三，每个

社会成员清楚地了解其他人员的嗜好及其收入，从而清楚地知道任何一种公共产品带来的边际收益，不存在隐瞒个人边际收益的可能。但这种有效供给机制不可避免地存在问题，社会的成员有成千上万，对他人的嗜好和收入不了解，低报边际收益的同时，不会减少获得的效益。于是免费搭车者是一种理性选择，单纯靠私人供给是无效率的，需要依靠政府的财政支持才能满足消费者的需要。

对于预防海洋灾害这样一种混合产品，我们如何对它进行供给呢？

混合产品可以分为三大类型：边际生产成本和边际拥挤成本都为零的产品、边际生产成本为零边际拥挤成本不为零的产品、具有利益外溢性特征的产品。

（1）边际生产成本和边际拥挤成本都为零的产品。比如一个不拥挤的桥梁，由于边际成本为零，按照效率准则，价格也应为零。但桥的固定成本无法弥补。而收费又会造成社会福利的净损失。为避免这种福利损失，这类产品应由政府免费提供，用统一征税的办法筹集资金，以弥补造桥的直接固定成本。

（2）边际生产成本为零，边际拥挤成本不为零的产品。比如一座拥挤的桥梁。当拥挤现象产生时，生产者的边际生产成本仍然为零，但由消费者承担的拥挤成本却增加了。如果仍然免费供应就会出现过度消费，于是为避免过度消费，当供给量短期内无法增加时，就会带来社会福利的净损失。但是，拥挤成本是由消费者而不是生产企业来承担的，所以不应由生产企业来收费，而应由公共部门来提供这类产品，按照边际拥挤成本收费。

我们知道预防海洋灾害这一物品其边际生产成本并不为零，因此不属于以上两类产品中的任何一类。

（3）具有利益外溢性特征的产品。有些产品所提供的利益，一部分由其所有者享有，是可分的，具有私人产品的性质；另一部分可由所有者以外的人享有，是不能分的，又具有公共产品的性质，这种现象就被称为利益的外溢性现象。预防海洋灾害这一产品的直接受益者首先是渔民，它可以直接增加渔民的收入水平，摆脱弱势群体这一现状，提高渔民的生活水平，弱化收入不平等现象，减轻国家的压力，这一部分利益是可分的，它可以根据所有者消费的数量而收费。但是同时，由于预防海洋灾害的供给，使得鱼类产品数量增加，鱼类价格下降，增加了居民的消费数量，提高了居民的身体素质水平，使得国家整体健康水平提高，全社会都受益，这一部分是不能分的，因此预防海洋灾害是具有利益外溢性的混合产品。

教育也是一种利益外溢性的产品，受到良好教育的公民使全社会都受益，这种利益是不可分的，但受到教育的公民也直接受益，这部分利益又是可分的。几乎每个国家的政府都参与对教育的直接投资，但一般只提供基本的义务教育。其原因在

于，公民达到基本的文化程度，对整个社会意义更为重大，而教育程度越高，越是
更多地体现为直接受到教育的公民受益。所以我国对于实行九年义务教育而对高等
教育进行相当的收费。

在市场机制下，利益的外溢会带来效率损失。如图 10-24 所示，dd 线是消费
者的边际效用曲线（需求曲线），DD 为社会边际效用收益曲线，它们之间的垂直
距离表示该产品的边际外部收益，供给曲线（边际成本线）为 SS。该产品符合效
率准则的产出水平是 DD 线和 SS 线的交点 E_0 所决定的 Q_0。但在市场机制下，人们
通常按照自己的利益决定购买量，该产品的产出水平只能达到 dd 线和 SS 线的交点
E_1 所决定的 Q_1，人们按照本人获得的利益所决定的购买量是低于社会最佳购买量
的，这样就造成了效率损失。

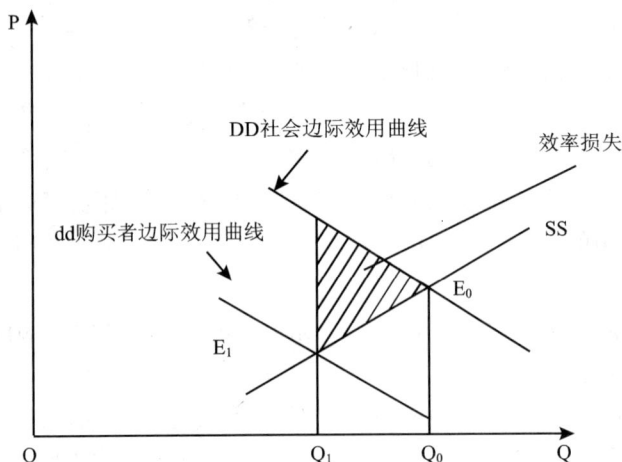

图 10-24　利益外溢的效率损失

为了改善这一状况，我们可以增大对此类产品的供给，如图 10-25 所示，使
得供给曲线从 SS 到 SS′，以较低的价格 P_0，鼓励人们增加消费，即在（Q_0，P_0）
处消费，达到有效率的供给。但在同时，由于某些公民可受到直接的利益，也应向
他们收取一定的费用，否则如果完全免费供应，其结果必然是过度消费，同样带来
效率的损失。

对于预防海洋灾害、教育这种具有利益外溢性的混合产品增大供给，可以进行
政府提供和市场提供两种。前者是由政府财政预算提供，消费者免费使用；后者是
设卡收费，由使用该公共产品的消费者负担成本费用。那么该类公共产品是采取政

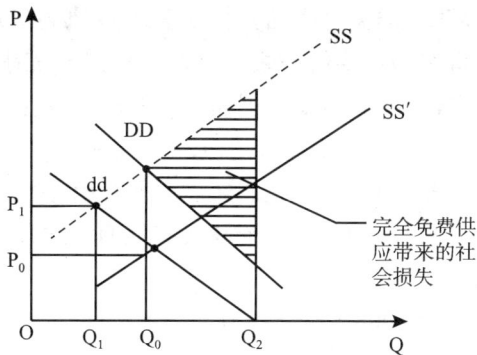

图 10 - 25　改善后的利益外溢产品

府提供还是市场提供，要对税收成本、税收效率损失与收费成本、收费效率损失进行比较后，择优而定。目前，对于具有此类利益外溢性的混合产品，其提供方式可采取政府补助与收费相结合的方式，通过此种方式，政府可以直接提供准公共产品或对私人部门进行补贴，增加供给量，使供给曲线下移，以较低的价格鼓励人们增加消费量，从而达到有效率的消费量 Q_0。

由此可以看出对于预防海洋灾害这一产品，我们需要政府的财政支持以及私人部门的共同努力，这样才能使效率得以实现。如果单纯靠政府的免费提供，会带来诸如使用效率的降低，居民福利的损失，造成浪费；而如果仅依靠私人部门提供，由于这一产品的特殊性质，竞争性的市场不可能使得预防海洋灾害这一产品的供给达到公民的需求量。因此若想实现最佳的资源配置，其费用支付既不能只由私人来承担，也不宜由政府全部包下来，其供应方式亦一般采用混合方式，即市场供应加政府预算供应相结合的方式。至于谁为主的问题，则应视产品性质而灵活决定。一般来说，准私人产品以市场供应为主，政府参与为辅（补贴、收费，解决外部性）；准公共产品以政府预算供应为主，私人参与为辅（适当收费，解决拥挤性）。目前对于预防海洋灾害这一产品由于在我国属于新的产业，因此私人供给存在很大的障碍，所以我们目前应以政府预算供应为主。

在我国，渔民对公共产品偏好的显示是非全面的，渔民是非理性的，尚不完全具备运用公共产品最优供给模型的假设前提。既然我国渔民缺乏公共产品最优供给模型所要求的显示偏好及理性经济人的假设前提，在进行供应决策时，就只能退而求其次，选择一种符合我国渔民文化特征的公共产品供给模式，即在我国现有条件的约束下，兼顾效率与公平的公共产品次优供给模式。借助公共产品最优供给模型，建立民主表达机制，供应符合当地生活环境的预防海洋灾害的产品；由中央政

府供给全国性必需的预防海洋灾害产品并按照公平性原则对地方性产品给予资助；预防海洋灾害将是21世纪的重要任务之一，产品供给与需求结构的调整应当成为我国公共政策的重要内容，我们需要根据需求结构动态变化，对供给结构调整，供给结构升级及实现最优组合；通过人口的流动改变和促进公共产品供给的相对均衡，由于同时具有私人产品的性质，我们还需要通过引导投资更灵活地调整公共产品供给的空间布局和结构，调动私人供给与政府资助相结合，从而提高公共产品供给的宏观效率水平。

在21世纪我国经济发展的重要阶段中，以主要经济发达的河口和海岸带地区以及主要海域的经济发展为背景，建立一个数字化的区域经济发展模拟系统。与防灾、抗灾和减灾决策支持系统一样，将环境工程、水利工程、土木工程与网络技术、计算机技术、遥感技术、地理信息系统、全球定位系统相结合，建立模型，通过多媒体技术，形象化地针对经济发展规划，预测由于发展经济带来的海域环境水污染的恶化、海洋自然灾害（台风、巨浪、风暴潮、地震、冰害、地质灾害）频发的情况。人类活动特别是大规模工程建设所引起的海洋环境的变迁和海岸演变，以及它们之间的相互作用，用数字手段统一地加以处理，建立智能化的决策支持系统，以促进国民经济持续、健康地发展，将会是决策部门进行宏观决策和具体规划时的一个十分有效的手段。

相信在全国人民的共同努力下，随着预防海洋灾害的不断完善，我们的沿海经济会有更大，更快，更广阔的发展！人们的生活水平更上一层，公平问题会得到很好的解决，和谐社会的建设将变得更加清晰、完整！

参考文献

1. 杨志勇：《公共经济学》，清华大学出版社2005年版。

2. 陈树文、王大纲：《公共经济学》，大连理工大学出版社2003年版。

3. 高鸿业：《西方经济学》，中国人民大学出版社1999年版。

4. 《我国海洋灾害工作的情况和存在的主要问题》，载《中国减灾》2000年第11期。

5. 高惠瑛：《我国自然灾害损失补偿机制研究》，载《自然灾害学报》2004年第8期。

6. 俞锡棠：《舟山渔民近十年收入状况分析及增收前景探讨》，载《舟山渔业》2004年第7期。

7. 2005～2006年《中国海洋公报》。

8. 《2005 年中国农业年鉴》。

9. 金磊：《日本政府防灾行政管理及都市综合减灾规划》，载《海淀走读大学学报》2005 年第 1 期。

10. 《关注渔民弱势群体，构建和谐》，http：//dhyzchina. gov. cn/article. asp? news_id = 5585。

11. 《海洋经济发展与海洋环境保护问题》，http：//www. lunw. com/thesis/ 129/17327_1. html。

12. 《中国可持续发展信息网：海洋产业概况》，http：//www. agri. gov. cn/ sjzl/。

13. 匡远配:《中国农村公共产品供求理论综述》，载中国论文下载中心。

14. Joon-Suk Kang. Analysis on the development trends of capture fisheries in North-East Asia and the policy and the policy and management implications for regional co-operation. Ocean and Coastal Management 49 (2006), pp. 42 – 67.

15. K. C. Tran. Public perception of development issues：Public awareness can contribute to sustainable development of a small island. Ocean and Coastal Management 49 (2006) 367 – 383.

16. 《2000～2004 年中国海洋年鉴》。

第十一章　海洋灾害损失补偿

　　海洋灾害损失补偿是在海洋灾害损失评估的基础上，研究海洋灾害损失的补偿机制和补偿标准问题。海洋灾害损失补偿对社会经济发展有重要的意义，是发展海洋经济的必要环节之一。对海洋灾害损失进行合理的补偿能够减缓海洋灾害的负面影响，保障人们的生活安定，社会再生产得以持续的进行。根据海洋灾害损失补偿的组织形式，海洋灾害损失补偿可以分为保险补偿、政府补偿、社会补偿和自我补偿。

第一节　海洋灾害损失补偿概述

一、海洋灾害损失补偿简介

（一）海洋灾害损失补偿的相关概念

　　1. 损失与损害。海洋灾害会造成一定的损失。理解基本概念损失与损害的界定和两者的关系，是海洋灾害损失补偿的范围研究，尤其是研究海洋灾害保险补偿的先决条件。

　　损失与损害是密切相关的两个概念。民法意义上的损害是指"某种事实导致人的身体或财产或者其他法律权益受到利益的侵害。"损害的发生是损害赔偿的基本要件，无损害即无赔偿，这一点与保险制度是相通的。但是因为保险制度的设计是保险人针对承保的保险事故所造成的特定损害予以补偿，因此民法上的损害与保险法上的损害不完全相同。具体表现在以下几点：[①]

---

　　① 司玉琢：《新编商海法》，人民教育出版社 1991 年版。

（1）保险法中损失补偿原则所指的补偿是针对被保险人的特定损害而言的。由此可见，损害与损失是两个不同的概念，损害包括损失。

从词源来看，损害是指"在法律上被认为是可控诉的情况下，一个人所遭受的损害和伤害，损害的形式可以包括对人身的损害。"

从损害的性质来看，财产损害能用金钱来加以计算，因而又被称为财产损失；而非财产损害不能用金钱、财产来衡量，受害人根本没有什么受到损失或未受到损失可言。由于非财产损害指的是被害人精神或肉体上的损害，没有客观的衡量标准，同样的事故发生在不同被害人身上，即使产生相同的财产损害，其在非财产上的精神损害，由于存在主观因素，结果也可能不同，因此，一般仅有明文规定时，被害人才被赋予请求赔偿的民法权利；可见，保险更是无法对此种损害承保。

（2）根据所损害的财产状态，民法上财产损害又可分为实际损害和可得利益损害。民法损害赔偿的范围包括了被害人的实际损害和可得利益损害；甚至依据通常情况或依据已定的计划或者其他特别情况可以获得的预期利益，也被视为可得利益损害，加害人须加以赔偿。但保险对于此种所失利益，仅有少数险种特别承保，大部分的险种只承保实际损害部分。

（3）保险人在什么范围内承保什么损害，几乎都由保险法或契约条款个别明确地规定；而民法对损害赔偿范围，只笼统地规定"损害赔偿，除法律另有规定或契约另有约定外，应以填补债权人所受损害及所失利益为限"。因此，保险法上的损害为"个别损害"，而民法上的损害为"总括损害"。这一区分的意义在于："'个别损害'既然何种损害及其赔偿范围皆以特定，就不会像'总括损害'一样，可能产生后继性损害是否亦应由赔偿义务人负责之问题。"

（4）被保险人在海洋灾害事故发生时所遭受的损失，并非皆应由保险人承担，而是唯有该事故属于保险事故，且该损失因被保险人已投保之保险利益受到影响而产生者，方属保险损失。

2. 补偿、补助与赔偿。在这一部分将具体阐述与海洋灾害损失补偿相关的基本概念补偿、补助与赔偿的界定及它们之间的相互关系。这是研究海洋灾害损失补偿问题中补偿途径、补偿原则和补偿标准、额度的基础。

在我国，补偿与赔偿是两个完全不同的概念。一般而言，所谓"补偿"是指"抵消损失、消耗"、"补足缺欠、差额"。对于给予补偿者来说，它强调对于损失的填补、帮助，具有某种施舍、赐予的含义，与作为责任和义务的赔偿是有一定区别的。

补偿与赔偿之间的这种差别也得到了国际仲裁机构的确认，补偿性质是对合法的征收行为予以补偿，而不是违约赔偿或违法的损害赔偿。除此之外，补偿与赔偿的范围也有所不同，其中赔偿既包括实际损失又包括所失利润；补偿即实际损失，其中并不包括所失利润。

通过以上对补偿与赔偿的对比理解，可见：

（1）对于海洋灾害保险人而言，使用"补偿"一词更为合适。"保险人的首要义务和责任，就是在发生保险事故后，及时向被保险人支付保险补偿。"

（2）广义上这里海洋灾害补偿研究中的补偿包括补助、补贴的意义。从而政府补偿、社会捐助也是海洋灾害补偿要研究的途径。

（二）海洋灾害损失补偿的原则

什么是损失补偿？英国学者约翰·T·斯蒂尔认为："可以把损失补偿视为一种机制，通过这种机制，在被保险人遭到损失后，保险人对其进行补偿，以使其恢复到损失前所处的经济状况。"

从这个定义出发，我们认为海洋灾害损失补偿原则主要有两层含义：一是投保人或被保险人只有遭受约定的海洋灾害保险事故造成的损失，才能得到补偿。在保险期间内，即使发生了海洋灾害保险事故，但如果投保人或被保险人没有遭受损失，就无权要求保险人补偿。二是对海洋灾害补偿的量必须等于损失的量，即保险人的补偿恰好能使保险标的恢复到海洋灾害保险事故发生之前的状况。在此需要特别指出的是，通过保险的补偿使保险标的恢复到保险事故发生之前的状况，而不是恢复保险标的的原有价值。

根据上面我们对海洋灾害损失补偿这一论题里"补偿"内涵的界定：补助、捐助也是补偿的一部分，所以海洋灾害损失补偿不仅仅只有保险补偿一种方式和途径。那么对于现有的补偿方式我们应该掌握的总体原则是什么，一般讲有以下三种情况：①

（1）完全补偿原则。该原则从"所有权神圣不可侵犯"的观念出发，认为损失补偿的目的在于实现平等，面对海洋灾害对财产权的侵害，自然应当给予完全的补偿，才符合公平正义的要求。对其蒙受的海洋灾害损失，则应给予完全补偿，使其能以该补偿重新恢复到与海洋灾害发生前同样的财产状况，这样才符合宪法保障财产权的宗旨。

---

① 张文斌：《论海上保险法中的损失补偿原则》，武汉大学硕士论文，2004 年。

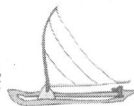

（2）不完全补偿原则。该原则从强调所有权的社会义务性观念出发，认为财产权因负有社会义务而不具有绝对性，可以基于公共利益的需要，而依法加以限制。一方面依法准许财产权的剥夺，应给予合理的补偿，否则财产权的保障将成为一纸空文。但是在所有权社会化的今天，个人应受社会的制约，有忍受相当牺牲的义务。为此，为了调和权利剥夺和社会义务，根据该原则的主张，海洋灾害损失补偿应仅限于被制约、被损害的财产的价值，至于难以量化的精神上的损失、生活权的损失等个人主观价值的损失，应当视为社会制约所导致的一般牺牲，个人有忍受的义务不应予以补偿，至于可以量化的财产上的损失、迁移损失、生产损失以及各种必要费用等具有客观价值而能举证的具体损失，则应给予适当的补偿。

（3）相当补偿原则。该原则认为，由于特别牺牲的标准是相对的、活动的，因此对于补偿应根据情况而决定采用完全补偿原则或不完全补偿原则。根据该原则主张，海洋灾害损失补偿以能弥补实际海洋灾害损失为原则。

本书研究海洋灾害损失补偿的途径除了保险补偿外还有政府补偿、社会补偿和自我补偿三种。后面这三种途径往往需要根据损失的特点、补偿的效果、补偿能力和补偿制度也包括对已有损失保险补偿的考虑下综合确定。所以我们认为对于海洋灾害损失补偿的原则应采用相当补偿原则，根据情况机动的调整，由此也要求我们以下设计的海洋灾害补偿制度、补偿机制方面要有灵活性和机动性，海洋灾害损失补偿机制应该是开放的机制。

（三）海洋灾害损失补偿的途径

根据不同的划分依据，海洋灾害损失补偿途径有不同的划分：根据海洋灾害损失经济补偿的资金来源划分，可以划分为来自外部的经济补偿和来自自我的经济补偿，前者如政府补偿、社会捐献等，后者如家庭储蓄、自愿保险、借贷补偿等；根据海洋灾害损失经济补偿的组织形式，可以划分为政府补偿、保险补偿、自我补偿、互助补偿等，其中：政府补偿由政府有关职能部门组织实施，保险补偿由各种商业保险公司组织实施，互助补偿由各种互助性组织或合作组织负责实施，自我补偿则由受灾体自己组织实施；根据海洋灾害损失补偿的实际效果，可以分为足额补偿和不足额补偿，前者是指通过经济补偿能够完全弥补海洋灾害造成的损失，使受损的对象恢复正常，后者则是指虽然在海洋灾害发生后对受灾的对象给予了经济补偿，但这种补偿未能完全使受灾体得以恢复。本书主要把海洋灾害损失补偿的组织

形式作为划分依据，来研究海洋灾害损失补偿的途径。①

1. 海洋灾害损失的保险补偿。保险是对各种自然灾害或意外事故造成的损失，通过订立合同、实现经济补偿。海洋灾害损失保险属于海洋灾害发生后的赔偿措施，是借助社会力量分担国家财政计划以外的风险损失补偿的重要辅助部分，是将经济原则用于遭受海洋灾害的地区，使受益者投入，受益者得偿。

海洋灾害保险经济补偿是面向全社会各行业、各阶层，投保人缴纳小额保险费，遭受海洋灾害损失即可迅速获得补偿款，使其尽快恢复生产、生活，减少间接损失。

开展海洋灾害损失的保险补偿有极大优越性，可集中全社会力量对海洋灾害损失进行补偿，其补偿实力比政府强大得多；可适应海洋灾害发生的不平衡性，具有自我调节能力；可将海洋灾害的风险在全国范围内分散。因此，发达国家对海洋灾害损失的补偿，均以保险补偿为主。

海洋灾害的补偿是按照成交、等价交换的原则，开展财产、人身保险的，所以，保险的赔偿程度，取决于投保者向保险部门投保金额的高低。保险补偿已成为海洋灾害损失补偿的发展趋势。

2. 海洋灾害损失的政府补偿。自然灾害损失的补偿，是政府的职责与义务，在任何社会或时代，政府补偿都是必要的，亦是应该的。建国以来，各级政府一直承担着主要的灾害补偿责任。每年都要将救灾支出，作为一项固定的财政支出项目纳入预算，无偿用于对受灾地区和灾民的救济补偿。海洋灾害作为自然灾害的一种，政府补偿也成为海洋灾害损失补偿的一种必要的途径。

海洋灾害损失的政府补偿优势：一是当海洋灾害发生时，能及时进行补偿，如紧急赈济、医疗救助，可以应急；二是国家能统一调度救灾物资，即刻运送灾区，具有时效性；三是相对灵活性，可以实行款物结合，可提供货币，亦可发放实物。

海洋灾害损失的政府补偿劣势在于政府补偿能力的有限性，突出表现在国家财力的有限性。由于种种原因，我国各种海洋灾害发生更加频繁。因国家财力的有限性，决定了政府很难满足日趋增长的海洋灾害损失补偿要求，如今发达国家遭受重大灾害，政府也不可能全部承担灾害损失的补偿，所以，海洋灾害损失的政府补偿需要结合其他补偿途径共同进行。

3. 海洋灾害损失的社会补偿。社会补偿主要指社会捐助，是海洋灾害损失补偿的又一种经济来源和方式。社会捐助是指当海洋灾害发生时，社会各界出于人道

---

① 郭嘉仁：《水旱灾害损失补偿的途径》，载《成都水利》2000 年第 3 期。

主义，体谅国家困难，怜恤灾民困难，自愿对遭受海洋灾害的地区或受灾群众给予无偿的款物，有别于政府补偿和保险补偿。

社会捐助首先是由政府号召和组织的，这经常是在遭遇大范围极严重的特大灾害的情况下采用的，如1998年长江流域、黑龙江等省遭受特大洪灾，政府接受全国及海外捐助款物40亿元，几乎相当于政府全年的救灾拨款。其次是民间团体发起的，如慈善机构、红十字会、残疾人组织等。还有企业、集团、公司、家族、个人自发进行捐助的。社会捐助在一般灾害情况下是较少的，捐助亦是有限的，而且具有很大的不确定性。社会捐助的这些特点决定了社会捐助是海洋灾害损失补偿的一种补充、辅助途径，与保险补偿、政府补偿结合发挥作用。

4. 海洋灾害损失的自我补偿。自我补偿是指各受灾体自己在平时积蓄一定的财物，在海洋灾害造成损失时用作补偿。在政府财力有限和保险补偿不发达的条件下，自我补偿往往是受灾体恢复的主要方式。在实践中，受灾体自己为自己的海洋灾害损失提供补偿。一般而言，受灾体并不是特意为自己准备海洋灾害损失补偿资金，而是在平时注意积蓄以预防海洋灾害事故的发生而已，这种积蓄并非一定像保险基金或政府的救灾基金等一样，只能用于海洋灾害损失补偿，而是根据需要灵活运用。

海洋灾害损失自我补偿的存在，表明政府的补偿有限，保险公司的保险又并非是无所不保，而是留下了一些海洋灾害事故损失的缺口需要受灾者自己来承担，从而需要有自我补偿。从宏观意义出发，保险补偿虽然也应当属于自我补偿的范畴，但此处的自我补偿，显然是指受灾体在海洋灾害事故发生后由自己直接支付补偿费用的补偿方式。自己用自己的资金来补偿海洋灾害损失，将使受灾者更加注重损失补偿的直接效果并更加合理地使用补偿资金；而对来自外部的补偿因为存在着补偿资金获取的相互竞争，受灾体会将注意力首先集中在补偿资金获取的竞争上。因此，自我补偿的效率比较高。

综上所述，我们可以得出关于海洋灾害损失补偿途径的如下基本结论：自我补偿的效率高于来自外部的补偿，社会化补偿的效率会高于非社会化补偿，市场化补偿的效率会高于非市场化补偿。然而，由于效率高的补偿方式亦存在着保障不足或不能全面补偿海洋灾害损失的缺陷，从而效率次之的海洋灾害补偿方式亦成为必要的补偿方式，因此，对海洋灾害损失补偿整体效率的追求，应主要体现在海洋灾害损失补偿体系结构的合理组合上。目前，关于海洋灾害损失的外部经济补偿，主要是保险补偿、社会补偿和社会捐助三种。今后三种途径要相辅相成、优势互补，共同完善海洋灾害损失外部经济补偿制度。可以看出，对于海洋灾害损失补偿，政府

补偿是不可少的，社会补偿是有限的。今后要大力发展保险事业，进行保险补偿，增强人们对海洋灾害的保险意识，积极投保，既增大保险部门的经济实力，也增强海洋灾害损失的补偿能力。

二、国外海洋灾害损失补偿机制及补偿模式

（一）国外海洋灾害损失补偿机制

海洋灾害损失补偿机制是对海洋灾害损失补偿整体上的宏观把握。补偿机制决定补偿模式，补偿模式是补偿机制的体现。海洋灾害损失补偿机制可以分为下面几种类型：

（1）政府主导型海洋灾害补偿机制。政府主导型海洋灾害补偿机制是指以政府为主体，以财政资金和必要的行政手段为主要的工具，对全社会海洋灾害风险进行管理，以及进行海洋灾害损失的分摊和补偿的海洋灾害管理机制。

（2）市场风险转移和分摊机制。市场风险转移和分摊机制是指以企业和私人为主体，以市场为依托，以风险利益为纽带，以保险作为主要手段建立风险损失基金，所形成的风险分散和补偿机制。

（3）政府机制和市场机制相结合的混合机制。由于政府机制和市场机制各有优缺点，正因如此，许多人认为更现实地是将两种机制进行有效的结合，以充分发挥两种机制的优点，同时弥补和克服各自的不足。

海洋灾害损失的政府补偿与保险补偿存在风险补偿性的差异，使两者在风险保障体系中存在一定的供给冲突性。海洋灾害政府补偿的免费补偿性往往使海洋灾害保险的参与率不足，而海洋灾害保险参与率不足反过来又促使保险公司提高保险费率，这样就更加凸显了海洋灾害救济的无偿性和海洋灾害保险的有偿性之间的差距，从而使这种供给冲突性有加剧的趋势。

国外海洋灾害损失补偿机制大多是政府机制和市场机制相结合的混合机制。国外专家在海洋灾害保险政策、体制、保险费率厘定与数据库管理等方面都进行了广泛的研究；探索海洋灾害损失补偿途径中政府补偿与保险补偿的有机融合机制，即在利用政府补偿与保险补偿互补性的同时减少或控制二者的冲突性。美国、法国等国家近年来这种混合机制的运用都取得了较好的效果。

海洋灾害损失补偿机制的三种类型，分别对应着海洋灾害损失补偿的四种具体实践模式。

（二）国外海洋灾害损失补偿模式

国外海洋灾害损失补偿模式是国家、政府、商业保险公司、其他机构等统统参与到海洋灾害损失补偿中，并最终以保险补偿这种市场化途径表现出来，是一种巨灾保险模式。国外海洋灾害保险模式有以下几种：英国的海洋灾害损失保险补偿是典型的商业性巨灾保险模式，这种模式是一种市场行为，政府不参与承担风险，主要由私营保险公司经营，是一种市场化模式。法国的渔业保险是典型的西欧模式，保险公司来承办渔业保险，政府不直接参与保险的经营（无论是一切险还是特定灾害保险），但给渔业保险以税收等政策优惠。日本采用的是依靠政府导入分保制度为基础的海洋灾害保险制度。日本保险采取自愿的方式，以附加险的形式投保。加拿大政府在渔业保险中发挥了巨大的作用，并为发展农作物保险事业提供了大量的资金支持，由联邦政府和省政府两极分别承担。根据各主要国家的资料总结出四种国外海洋灾害保险模式的特点和方式，如表 11-1 所示。

表 11-1 国外四种海洋灾害损失补偿模式总结

	商业性海洋灾害保险模式	政府支持下的合作社经营模式	政府导入商业保险公司经营型保险模式	政府主办政府组织经营型保险模式
代表案例	英国洪水保险	法国农业保险、德国洪水保险	美国洪水保险、日本地震保险、美国农业保险	加拿大农业保险
承保主体	商业保险公司	民营保险公司合作社	商业保险公司	政府部门
参加方式	自愿	自愿	自愿与强制相结合	原则上自愿
资金来源	保险费、投资所得及再保险的赔付	保费为主、政府给予一定的补贴	保费为主、国家给予一定的补贴	保费、国家补贴
巨灾风险列入保单哪一项	标准家庭保险及小企业财产保单的承保范围内	住宅等的附加险	主险或火灾险等的附加险	主险或附加险
承保方式	商业保险公司直接经营	合作社、保险公司经营	商业保险公司经营	地方保险公司经营
政府职责	与私人保险业保持建设性伙伴关系，如修建一系列灾害防御设施	根据灾害级别参与，或给予直接援助或发放补助性低息贷款等	承担规定范围内的再保险、管理保险基金、制定政策等	主办、组织经营灾害保险
保险公司职能	承担风险、销售洪水保险、个案核保、保险服务	经营巨灾风险	出售保险、一定额度内理赔	经营部分灾害保险

	商业性海洋灾害保险模式	政府支持下的合作社经营模式	政府导入商业保险公司经营型保险模式	政府主办政府组织经营型保险模式
再保险承担者	保险公司	国家、保险公司、再保险公司	政府、商业再保险公司	国家、再保险公司
组织结构	业主在市场上自愿选择保险公司投保，保险公司再进行再保险分保、政府保持建设性伙伴关系	中央保险公司，下设地区或省、市、县等多级保险公司，若干多家保险合作社	国家成立专门巨灾保险部门，制定强制保险范围计划，并引导商业保险公司开展保险业务	国家建立专门保险部门，组织领导地方分公司及商业保险公司经营灾害保险

资料来源：姚国成：《英国渔业概况及其对广东渔业可持续发展的启示》，载《中国渔业经济》2004 年第 2 期。

通过表 11 - 1 对四种国外海洋灾害保险模式的总结可以看出，在承保主体方面，政府主办政府组织经营型模式为政府部门来进行操作，而其他几种都是由商业保险公司或是保险合作社来经营。

参加方式上，政府主办政府组织经营型海洋灾害保险模式原则上是自愿性，但实际上保费补贴、价格补贴和信贷政策等均与是否参加海洋灾害保险挂钩，因此带有一定的强制性意味。这与政府导入商业保险公司经营型海洋灾害保险模式的强制保险范围是相似的。其他模式均是自愿参加保险的。

在资金来源方面，所有海洋灾害保险模式均有保险费作为一种主要的来源，只是商业保险公司没有来源于国家政府的补贴，而其他几种多少均有此来源。

由于海洋灾害保险的特殊性，政府无论在任何一种海洋灾害保险模式中，都要发挥一定的作用，但商业性海洋灾害保险模式中，国家政府不直接参与到海洋灾害保险之中，而只是与私人保险也保持建设性的伙伴关系，如修建一系列的防御设施等。在其他几种保险模式中，政府都在海洋灾害保险中有一定的参与，包括给予一定的补助、承担一定范围的再保险和制定一些政策等。其中，政府主办政府组织经营型模式中政府的作用为最大，一手组织主办海洋灾害保险，在其中发挥了主要的作用。

商业保险公司在商业性海洋灾害保险模式中发挥着主要的作用，它们承担全部的海洋灾害风险，并对保险进行销售和服务，并且很好地进行个案核保。而在政府主办政府组织经营型保险模式中，只有在政府的调控和规定下，它们才可经营部分的海洋灾害保险。其他两种海洋灾害保险模式中，商业保险公司都发挥着出售和一定额度内的理赔等经营作用。

在组织结构方面，商业性海洋灾害保险模式没有国家成立的专门海洋灾害保险总公司或部门，业主是在市场上自由选择商业保险公司来投保的，然后直接保险公司再向再保险公司进行分保，完全依靠市场的作用。政府主办政府组织经营型海洋灾害保险模式中，各地方保险公司和部门以及商业保险公司，是在国家的专门部门的统一领导下来进行运作的。而其余两种模式中政府成立的专门巨灾保险部门是进行政策的制定和引导。

在国外，海洋灾害损失补偿机制的三种类型，由海洋灾害损失补偿的四种实践模式具体体现：即商业性海洋灾害保险模式，政府主办政府组织经营型海洋灾害保险模式，政府支持下的合作社经营型模式和政府导入商业保险公司经营型保险模式。各种模式下的海洋灾害保险投保率高低不一，即使是同一种模式下的不同国家和不同保险，投保率也不尽一致。这与该国的政治、经济、保险等各方面条件以及其巨灾保险的发展历史等各种因素都不无联系。但也可看出，如果制定出了适合本国国情的补偿机制和海洋灾害保险模式，加之良好的运作，居民的投保意愿就会增强，海洋灾害保险的渗透率也会随之提高。

通过对以上国外四种海洋灾害保险模式特点和方式的研究，可以看出国外的海洋灾害损失补偿模式是各种海洋灾害损失补偿的主体通过责任分担机制的有机结合，而且各主体的作用最终都是通过保险补偿形式表现出来的，即都利用了保险补偿市场化运营机制的优势。这对于完善我国的海洋灾害损失补偿模式有一定启示意义。

三、我国海洋灾害损失补偿的现状与问题

（一）我国海洋灾害损失补偿途径的现状与问题

目前我国海洋灾害损失补偿主要倚重政府补偿，表现为海洋灾害事故发生后的政府救济、政府补助等。保险补偿作为一种市场化的补偿方式并没有处于主导地位。通过本书对海洋灾害补偿途径的介绍，我们知道政府补偿具有财力有限性，保险补偿确可集中全社会力量对海洋灾害损失进行补偿，其补偿实力比政府强大得多，可将海洋灾害损失的风险在全国范围内分散。针对海洋灾害突发性、巨灾性的特点，保险补偿应该也必然成为海洋灾害损失补偿的主导途径。那么造成我国保险补偿缺位，过重依靠政府补偿的海洋灾害损失补偿途径的原因是什么呢？我们认为主要是我国保险业，尤其是海洋灾害保险、巨灾保险业的问题。对此，展开以下分析：

1. 我国保险业的发展现状

第一，我国保费收入总体数量增长但结构失衡。

表 11 - 2   **中国 GDP 与保费收入**

类别 \ 年份	2001	2002	2003	2004	2005
总保费（百万美元）	2 109.35	3 053.1	3 880.4	4 318.1	4 927.3
非寿险保费（百万美元）	688	778.3	869.4	1 089.9	1 229
寿险保费（百万美元）	1 421.7	2 274.6	3 011	3 228.2	3 244.3
GDP 增长率（%）	7.5	8.3	9.5	9.5	9.9
世界保险增长率（%）	2.8	9.7	5.5	2.3	—
我国保费增长率（%）	32.2	44.7	27.1	11.3	13.95

资料来源：国家统计局 2005 年统计整理。

如表 11 - 2、图 11 - 1 所示，2005 年，中国国内生产总值（GDP）持续高速增长。中国国内生产总值（GDP）已连续三年保持 10% 左右的增长，这为保险业发展提供了宏观的经济条件。可以看出，中国保险业发展快于 GDP 的增长。2005 年在中国经济稳定增长的宏观经济条件下，保险市场逐步调整，保持了相对较为稳定的发展速度。2004 年和 2005 年保费收入增长速度与 2001 年、2002 年、2003 年相比，速度比较慢，这意味着中国政府进行了宏观调控，使中国保险业既保持在上升通道中稳步前进，又避免了因为过热造成的通货膨胀和随之带来的经济剧烈波动。因此，2005 年是中国保险业真正的发展起点。同时寿险保费增加突出表明我国居民保险意识不断增强，随着经济的不断发展参保意识越来越被我国人民所接受。通过比较寿险保费和总保费两项可以看出寿险保费占的比重很大，说明我国人民投保结构不是很合理。近年来，各种灾害的连续增加，如疫病非典、印度洋海啸和巴基斯坦地震，应该进一步使人们越来越意识到灾害保险的重要性，采取多样化保险，使保险意识日趋成熟。

由上面的数据资料我们可以看出，保费收入和国内生产总值有着密切的正相关关系，一国的保费收入、保险业的发达程度均与其经济发展成正比关系。目前，我国经济总量（按国内生产总值计算）已经占据世界第六位，保费增长率也居世界前列，但保险深度和密度还很低，保险费收入只占世界市场的 0.78%。这表明，我国的保险业有着巨大的发展空间。因而作为灾害频繁、危害巨大的一个国度，我国海洋灾害保险在合理的引导和扶持下，必会随着国内经济和保险业的发展，迅速地发展起来。

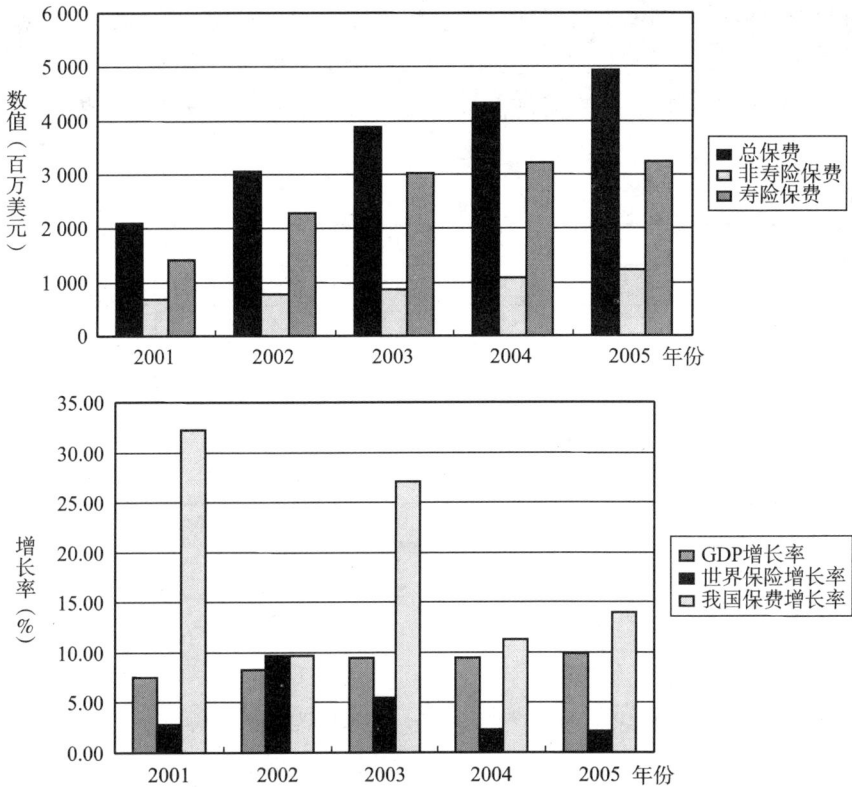

图 11-1　我国 GDP 与保费收入

第二，农民收入增加但并未带来农业保险消费的增长。近几年中国城乡居民的收入不断地提高，2004 年城镇居民人均可支配收入 9 422 元人民币，比上年实际增长 7.7%；农民人均纯收入达到 2 936 元人民币，实际增长 6.8%。人均可支配收入的稳定提高为居民购买保险提供了物质支持，增加了居民年度保险的消费。但是，2004 年农民人均纯收入的迅速增加并没有带动农业保险的增长。中国保监会统计显示，2004 年中国农业保险业务共实现保费收入 3.77 亿元人民币，同比减少 8 800 万元人民币，下跌 18.86%，农险保费收入仅占产险业务保费收入的 0.35%，可见我国保费随着经济的发展有很大提高，但是与收入的增加幅度相比，还远远不够。由此可以看出，我国的保险业需要大力发展。

第三，我国保险险种覆盖面窄且种类较少。

从图 11-2 与图 11-3 我国和韩国的财产损失险种对比可见，我国与财产损失

相关的保险险种覆盖面窄，种类比较少。海洋灾害损失补偿的险种在我国所占比例较小，体现不明显。说明我国海洋灾害损失补偿中的保险补偿发展程度较低，速度慢于我国保险业的发展，需要增加相关险种产品的创新，加快发展速度。

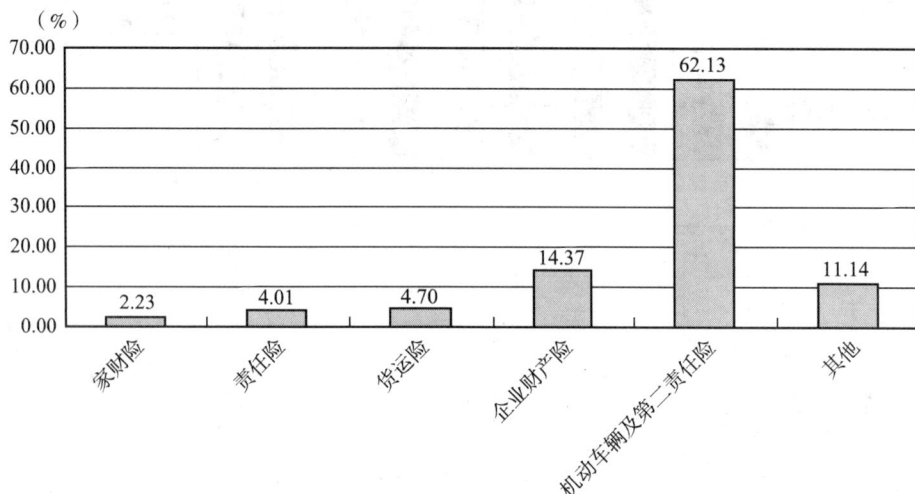

（%）

家财险	责任险	货运险	企业财产险	机动车辆及第三责任险	其他
2.23	4.01	4.70	14.37	62.13	11.14

图 11 - 2　我国财产损失险种种类结构现状（2005）

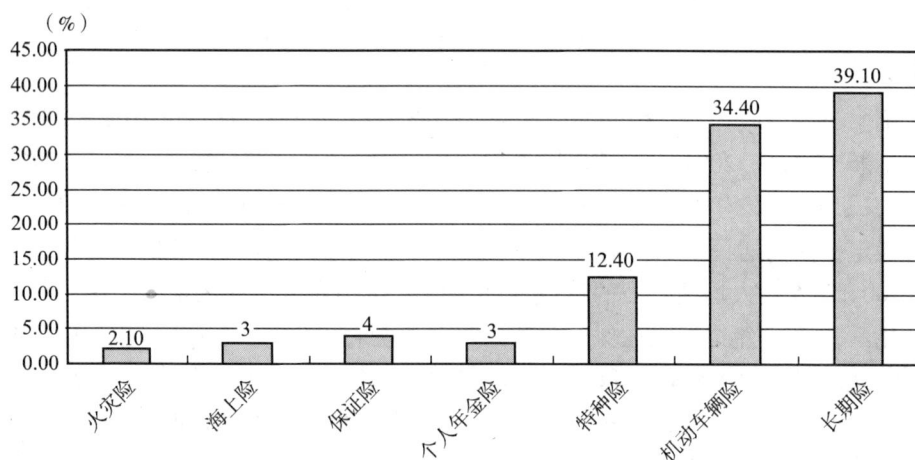

（%）

火灾险	海上险	保证险	个人年金险	特种险	机动车辆险	长期险
2.10	3	4	3	12.40	34.40	39.10

图 11 - 3　韩国财产损失保险种类结构现状（2005）

资源来源：朴成范：《中韩保险业竞争力分析及韩国企业在华发展对策》，对外经济贸易硕士论文，2006 年。

第四，我国保险公司已初步具备开展巨灾保险的供给能力。

从表11－3的数据可以看出，我国的几家大型保险公司已经具备了一定的巨灾保险的供给能力，这为开展我国海洋灾害损失的保险补偿奠定了基础。

表11－3　　　　　　　几家大保险公司2003年供给能力情况　　　　　单位：百万元

	实收资本	公积金	供给能力＝4×（实收资本＋公积金）
中国人民保险公司	15 500	683	64 732
中国太平洋保险股份有限公司	4 300	3 658.4	31 833.6
中国平安保险股份有限公司	4 933	3 130	32 252

数据来源：《中国保险年鉴（2003）》。

2. 现阶段海洋灾害损失补偿途径存在的问题。由以上对我国保险业发展现状的介绍，总体上可以看出我国保险业正处在起步发展中，与海洋灾害损失保险补偿有关的灾害保险补偿发展更是处于初级阶段。当前，我国的海洋灾害损失补偿途径中的保险补偿发展远远不够，海洋灾害损失补偿主要依靠政府补偿，补偿力度有限，不能适应市场化的要求。海洋灾害损失的保险补偿问题具体主要反映在投保难，保险公司根本不受理。导致这个问题的原因，一般有以下几种：

（1）海洋灾害损失的保险补偿产品不具有竞争性。风险大，没有相当盈利性的险种和业务，保险公司不可能受理。关于养殖业保险中的水产养殖保险，主要险种有池塘养鱼保险、鳗鱼养殖保险、池塘养虾保险、网箱养鱼保险、海水养虾流失保险等。从繁荣时期的100多种，到目前的10多种，偌大的渔业保险市场，只有10多种保险险种，这种状况与美国100多个险种相比真是天壤之别。险种少，当然远远无法满足渔民的需求。[1]

（2）海洋灾害损失保险补偿的市场主体发育不健全。我国保险市场人才极其缺乏，特别像精算师这样的重量级人物，全国不足100人，整个农业保险的从业人员不到1万人，从事渔业保险的从业人员必然更加不足，这样一来，必然导致技术、信息、数据严重短缺。同时，中介机构的缺乏也限制了海洋灾害损失补偿相关保险的开展。

（3）海洋灾害保险补偿与政府补偿缺乏有机的合作机制。海洋灾害保险具有的高风险性，在总体上如果没有政府支持一般是亏损的。早在1983年，中国人民保险公司就与农业部联合发文在国内率先开展了渔业船舶保险业务，但十几年来，

---

[1]　《当前中国渔业发展现状、存在的问题和发展对策》，载中国食品商务网。

渔船保险一直停滞不前。有资料显示，从1984～1994年10年间，全国各保险公司共收取1.14亿元渔船保险费，结果赔付了1.14亿元。渔船保险赔付率过高，保险公司亏损严重，导致商业保险公司逐步退出渔船保险市场。目前，全国参加商业保险的海洋机动渔船仅数千艘，辽宁丹东、大连，山东荣成，浙江台州、温州，广西北海等重点渔区的商业保险公司已基本退出渔业保险市场。

以与海洋灾害损失保险补偿关系密切的农业保险为例，在我国从事农业保险的两家公司中，人保公司免征营业税，从1980～2001年开展农业保险以来，保费总收入70亿元，总赔付额62亿元，平均赔付率为88%，还有大致20%的经营费用，总共赔进6亿元。新疆兵团公司基本上按政策性保险运行，但从1986年7月挂牌至2002年7月的17年里，农险平均赔付率达81.59%，在经营费用控制在20%的情况下，总共亏损780.8万元。由于政府的缺位，依靠保险公司自身的积累从事农业保险几乎不可能。这一问题也可以通过图11-4总结表示。

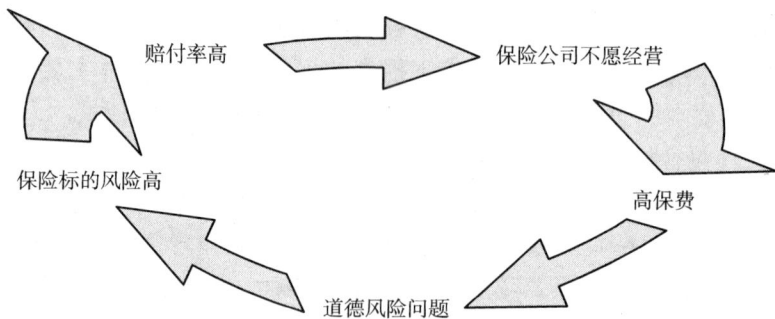

图11-4 海洋灾害保险经营恶性循环

因此，保险公司目前对农业保险或停办一些险种，或不愿承保，或提高保险费率，缩小保险范围，是情理之中的事。由此，目前海洋灾害损失补偿途径主要限于政府的无偿拨款与救济。由于我国财力有限，损失补偿只能是低层次、难以全面顾及的。海洋灾害损失补偿机制应是一个多层次的、多重保障的体系。除了政府基本防灾，应大力发展保险补偿。将政策保险、商业巨灾保险作为海洋灾害损失补偿的必要的重要补充。当然，政策保险、商业巨灾保险都非无偿的，只是前者不以营利为目的，保险费由投保人和国家共同负担，但保障程度较低；后者是投保人根据自己的经济实力自愿投保，保费负担较重，但保障程度相对较高。因此，商业巨灾保险是较高层次的巨灾损失保障，随着经济的发展、财富的集中，其市场需求将会变

得越来越大。

（二）我国海洋灾害损失补偿标准的现状与问题

1. 海洋灾害损失补偿救助标准低。由于海洋灾害保险补偿标准是市场化标准，赔付率的高低是根据风险由合同事先确定的。因此，这里对补偿标准低的讨论主要是针对政府补偿和救济来说的。

首先，我国的贫困线标准和救助财政支出比例是相当低的。国际上贫困线标准是人均日收入 1 美元或消费 1 美元，低于这一标准的，就属于贫困。我国目前的贫困线标准为年收入 637 元，平均日收入不及 0.22 美元，远低于国际标准。以国际通行标准来衡量，我国政府的救济补偿任务、反贫困任务将更加艰巨。

表 11 - 4 反映的是我国 20 世纪 90 年代国家财政支出与灾害损失情况的统计。从表中的数据不难看出，我国的国家财政支出中用于抚恤救济福利支出占财政支出比例，以及国家救灾支出占灾害损失比重都非常低（都低于 2%），这一方面反映出我国较为困难的财政资源对逐年扩大的灾害损失"力不从心"；另一方面也可以看出我国的灾害损失补偿的社会缺口非常巨大。国家在有限财力的情况下所能解决的仅仅是"临时性"和"紧急性"的特殊救助，救助标准比较低，受灾单位承担了主要损失。

表 11 - 4　　　　　　　　　　财政支出与灾害损失情况统计

项目 年份	国家财政支出（亿元）	抚恤救济福利支出（%）	救灾支出（%）	直接灾害损失（%）	抚恤救济福利占财政支出的比例（%）	国家救灾支出占损失比重（%）
1990	3 083.59	55.04	13.33	616	1.78	2.16
1991	3 386.62	67.32	22.51	1 215	1.99	1.85
1992	3 742.2	66.45	15.89	854	1.78	1.86
1993	4 642.3	75.27	15.4	993	1.62	1.55
1994	5 792.62	95.14	19.42	1 876	1.64	1.04
1995	6 823.72	115.46	27.27	1 863	1.69	1.46
1996	7 937.55	128.03	39.06	2 882	1.61	1.36
1997	9 233.56	142.14	34.51	1 975	1.54	1.75
1998	10 798.18	171.26	52.32	3 007	1.59	1.74
1999	13 187.67	179.88	34.05	1 962	1.36	1.74
2000	15 886.5	213.03	28.73	2 031	1.34	1.41

资料来源：《中国统计年鉴》各期。

其次，我国的社会救助标准偏低。1992 年，用于城镇困难户的定期定量救助经费是 8 740 万元，救助对象人均月救济金额为 38 元，仅为当年城镇居民人均生活费收入的 25%。1999 年 1 ~ 10 月，全国共支出最低生活保障金 15 亿元。就救助对象和保障资金而言，都比建立这项制度前的 1992 年增加了 10 多倍。尽管如此，相对实际生活需要而言，社会救助的资金仍然偏低。表 11 - 5 是近几年北京市贫困线与最低生活保障政策标准对比。

表 11 - 5　　　　　　　　北京市贫困线与最低生活标准对比

项目 年份	相对贫困线 1	绝对贫困线 2	政策标准 3	2 - 1	2/1	3 - 1	3/1
2000	320	312	320	- 8	0.98	0	1
2001	336	331	325	- 5	0.99	- 12	0.96
2002	325	缺	330	——	——	10	1.03
2003	393	373	330	- 20	0.95	- 63	0.84
2004	380	缺	330	——	——	- 50	0.87

资料来源：民政部救灾救济司。

由表 11 - 5 可以看出，补偿标准与贫困线的差额越来越大，城镇居民的救助尚且如此，可见对于广大农村、广大渔民来讲政府救济标准将更低，缺口将更大。

2. 海洋灾害救助标准存在一刀切现象。在针对海洋灾害的社会救助工作中，标准问题是一个十分重要的问题，必须认真地加以研究。标准太低，达不到保障最低生活水准的目的，也与保障生存权、维护人权的宗旨不相符；标准太高，又与海洋灾害的社会救助目标适得其反，违背了社会救助的价值取向。制定一个全国通行的海洋灾害社会救助标准不仅毫无意义，也不可能。目前我国各地的经济发展水平不平衡已是一个不争的事实。因此，海洋灾害的社会救助标准可通过立法由中央政府授权地方政府根据各地区的实际情况制定一个适应于本地区的标准线，上报中央批准后施行。还有一点需要说明的是各地方政府制定的海洋灾害社会救助标准线不是一成不变的，考虑到各地区经济发展的情况以及人民生活逐年提高和物价波动的因素，各地区制定的标准应该每年进行调整。

（三）我国海洋灾害损失补偿资金运营的现状与问题

1. 海洋灾害损失补偿资金不足。

（1）从海洋灾害保险补偿资金状况来看，以福建省渔业保险为例，近几年福建省的渔业保险赔付率状况如表 11 - 6 所示。

表 11 - 6 　　　　　　　　　　　福建省渔业保险赔付率状况

项目 年份	渔业保险 保费（%）	渔业灾害 赔款（%）	综合农业 保险（%）	赔付率（%）	综合农业保险 赔付率（%）
2000	949	876	1 217.8	86.81	106.81
2001	1 521	1 043	1 347.2	68.57	88.57
2002	1 085	501	1 718	86.18	66.18
2003	977	577	1 772	59.06	79.06
2004	1 140	586	1 814.0	51.4	71.40

资料来源：由中国人民保险公司福建省分公司提供。

从表 11 - 6 可以看出，商业自主经营的渔业保险保费收入和赔付率逐年下降，而且远低于同期的农业保险收入和赔付率，同时险种和保费也大规模缩小。我国的海洋灾害损失保险补偿资金规模在日益缩小，保险补偿资金不足。

（2）从社会补偿和救助来看，①灾害救济资金缺口增大。根据统计，1998 ~ 2000 年需要补偿的灾害产值损失平均每年为 1 681.59 亿元，通过自然灾害救济平均每年补偿 37.31 亿元，相当于需要补偿的产值损失的 2.22%；通过农业保险平均每年补偿 4.5 亿元，相当于需要补偿的产值损失的 0.27%。两者合计，1998 ~ 2000 年我国灾害损失平均补偿水平为 2.49%。如表 11 - 7 所示。虽然灾害救济费是每年增加的，但是救灾储备却是递减的，缺口是逐步增大的。②社会保障资金缺口也在逐年扩大。据统计，缺口金额已由 1998 年的 100 多亿元扩大到 2006 年的 400 亿元。但特殊困难期在 2001 ~ 2006 年间，每年的缺口额度分别为：596 亿元、879 亿元、990 亿元、949 亿元、759 亿元和 375 亿元，总计为 4 522 亿元。以北京市近几年社会保障资金缺口分析为例（见表 11 - 8），政府救济资金、政府保障资金有多种用途，包括失业补助、养老补助等，这其中只能有一部分用于与海洋灾害相关的损失补偿和救济。从而，海洋灾害损失补偿的政府救济资金缺口将更大。

2. 海洋灾害损失补偿资金保值增值困难很大。海洋灾害损失补偿资金的安全和保值、增值问题关系到海洋灾害损失补偿能否良好运行。整个社会补偿资金和政府补偿资金基本上是由地方甚至是县、市社会机构分散管理。这样就出现了要么资金太少无法投资；要么有一定的资金积累，但资金的运作、投向与获利又常常受到地方政府的干预和地方利益的驱动，挪用、贪污、投资收不回的事件时有发生。资金的统筹层次低，既不利于集中调剂资金，在更大范围内分散风险，也不利于集中

表 11 - 7 　　　　　　　　我国近几年自然灾害救济费　　　　　　单位：亿元

项目＼年份	1999	2000	2001	2002
自然灾害救济费总计	13.07	23.48	35.56	38.20
1. 生活救济费	7.80	17.06	26.91	27.48
2. 灾民抢救转移安置费	0.38	1.85	3.35	3.36
3. 扶持灾民生产经费	1.19	2.30	4.54	3.69
4. 救灾储备	3.69	2.27	0.76	0.97

资料来源：三农数据网。

表 11 - 8 　　　　　　　　北京市近几年社会保障资金缺口分析

年份	年领取低保人数1（万人）	年领取低保额2（亿元）	年人均补助额3=2/1（元）	年应保未保人口4（万人）	资金缺口5=3×4（亿元）	基金缺口率=5/（2+5）（%）
1999	4.3	0.46	1 069.77	34.4	3.7	88.9
2000	6.5	0.82	1 261.54	31.2	3.9	82.6
2001	7.8	1.11	1 423.08	27.3	3.9	77.8
2002	12.0	1.98	1 650.00	31.5	5.2	72.4
2003	16.1	3.38	2 099.38	11.6	2.4	41.5
2004	16.1	4.38	2 720.50	14.5	3.9	47.1

资料来源：根据《北京市统计年鉴（2000～2005）》相关数据计算得到。

投资，从资本投资市场获取社会平均利润，使资金达到增值的效果。同时，利率下调也使现有的结余资金出现贬值。近几年，国家债券的综合利率为12%左右，与物价上涨指数相比多数年份要低，实际上造成补偿资金的贬值，另外存入银行的部分资金也因零售物价指数高于银行存款利率而造成贬值。自1996年起银行利率连续7次下调，进一步加剧了补偿资金的贬值。

3. 海洋灾害损失补偿资金监管缺乏规范。海洋灾害损失补偿资金监管缺乏规范表现在：一是机构重叠、人员臃肿、管理成本高。管理费用一般按资金收入的2%提取，但我国实际超过了3%，是国际上一些国家的5～6倍。二是挥霍浪费、挪用挤占资金的问题相当严重。据审计机关报告，1996年全国发现被挤占、挪用的社会保险资金近60亿元。此外，在资金的收缴与发放过程中，还存在着人情交易现象。

基于我国海洋灾害损失补偿资金运营存在的上述诸多问题，在以下章节对海洋灾害损失补偿机制的研究中，将从补偿资金的筹集、运营、监管方面作进一步的探讨，结合我国国情，借鉴国际经验，探索出一条具有中国特色的海洋灾害补偿资金

筹集、营运、监管的道路。

四、海洋灾害损失补偿的必要性

（一）海洋灾害的影响

1949~2000 年间，我国沿海发生的特大、严重风暴潮灾害，共有 60 次，潮灾的严重岸段为渤海湾至莱州湾沿岸、江苏小洋口到浙江台州及温州地区、福建的沙煌至闽江口、广东的汕头到雷州半岛东岸、海南岛东北部沿海，其中有 5 次特大灾难性潮灾。1956 年第 12 号台风 8 月 1 日 24 时在浙江象山登陆，仅象山就死亡 3 400 人，冲毁房屋 7 万多间，淹没良田 11 万亩，全省伤亡 2 万多人；1980 年第 8 号台风在广东徐闻登陆，湛江和海南死亡 414 人，伤 645 人，沉船 3 133 艘；1999 年 8 月 31 日第 9216 号强热带风暴在福建长乐县登陆后，一路北上，受其影响，我国东部沿海近万千米的海岸线普遍出现高潮位，其中 11 个站位超过历史最高潮位，这次风暴潮共毁坏海堤、海挡、海闸 12 256 处，冲坏公路、桥梁 1 508 处，淹没农田 2 971 万亩，倒塌房屋 9.9 万间、损坏 36 万间，沉损船只 5 258 艘，淹没盐田 227.9 万亩，死亡 193 人，失踪 87 人，直接经济损失达 92 亿多元，这是我国北自辽宁、南至福建 6 省 2 市建国以来范围最广、损失最严重的一次特大风暴潮；1994 年 8 月 21 日的 9417 号台风在浙江登陆，给浙江省带来的经济损失是有史以来最严重的，全省有 10 个地市、48 个县区、735 个乡镇、1 150 万人口受灾，死亡 1 216 人，直接经济损失 124.4 亿元，而其中温州市的损失为最大；1997 年 8 月的 9711 号台风风暴潮，造成了建国以来经济损失最大的风暴潮灾害。在 9711 号台风风暴潮期间，据不完全统计，沿海有 18 个海洋站的高潮位超过当地警戒水位。其中，有 9 个站潮位记录超过历史极限。9711 号台风风暴潮共袭击了浙江、福建、上海、江苏、河北等 6 个沿海省、市。受此次台风风暴潮和台风浪的共同影响，我国沿海直接经济损失约 270 亿元，死亡 214 人，失踪 115 人。浙江省沿海遭受了 1949 年以来最严重的海洋灾害，直接经济损失约 193 亿元。

海洋灾害导致收入的减少，海洋灾害的社会负面效应的大小将因灾害损失破坏的范围和程度不同而不同。一般说来，海洋灾害的社会效应将包括经济效应和社会效应两方面。经济效应是指因为灾害的发生和损失的出现，影响人们的生活、投资与消费行为。一般容易导致社会贫困人口增加、社会福利的减少，还会影响到技术进步和经济增长率的提高等，这种影响既有短期的，也有长期的。海洋灾害的政治

效应是指因为巨大灾害的出现，引起民心躁动、社会秩序混乱，全社会容易陷入危机和瘫痪状态，严重时将危及政治的稳定和政权的巩固。海洋灾害的经济效应往往与政治效应具有较为密切的关系，并相互影响。灾害带来经济损失和灾民贫困，以下从贫困的角度具体分析海洋灾害的经济和政治影响：①

首先，贫困容易形成区域经济的低水平恶性循环。贫困居民通常只拥有极其有限的资源，有限的资源在满足其自身最低层次的生存需要后，将无多余的资源可用于再投入和扩大再生产，生产活动只能是在原始落后的劳动工具基础上简单粗放地进行。这必然导致贫困人口陷入低收入、低积累、低投入、低产出的低水平恶性经济循环，同时使得社会资源被浪费，使用效率低下，结果只能是整个区域社会的生产可能性曲线的内移、国民产出的减少、社会整体福利水平的降低。

其次，贫困的存在对劳动力的再生产带来不良影响，降低劳动生产率。从贫困对劳动力供给的影响来看，由于缺乏资源，绝对贫困人口往往无力供养孩子，这直接影响劳动力的再生产和持续供给，而劳动力的持续供给是经济发展所必不可少的。绝对贫困意味着低收入、营养不良和教育的匮乏，这必然带来低素质的"人力资源"和低效率的生产劳动。一国经济的增长除离不开储蓄、投资等的积累外，更取决于"人力资源"质量的提升。美国经济学家法布里坎特、丹尼森和舒尔茨等的研究表明，美国国民收入的增长率之所以会高过国民资源投入的增长率，其中的一个重要因素是劳动者素质的提高，其贡献达60%以上。低素质的劳动力资源必然带来较低的劳动生产率，这将会直接或间接地影响经济增长。另外，经济的起飞必须有相当的资本积累，这仅仅依靠富裕阶层少数人口收入水平的提升是不够的。要提高全社会储蓄积累水平，加速经济的腾飞，就必须减少贫困，提高全社会的收入水平。因而，经济的持续、稳定、健康发展要求消灭贫困。

再次，贫困会威胁社会稳定，影响经济活动的正常进行，进而不利于社会福利的改善。社会稳定是经济发展的前提条件，只有当社会秩序良好、社会环境安定时，经济活动才可能正常开展。每个社会成员都有权享受健康、长寿和体面的生活，然而，贫困却剥夺了部分居民的这些基本权利。贫困不仅使他们得不到最低生活保障，还剥夺了他们作为人应有的尊严。若社会成员无法获得其最低生存需要的物品，他们很可能会铤而走险，不再遵守经济社会运行规则，这样，社会秩序就会失去控制，整个社会经济就会陷入混乱而难以发展。一旦经济的正常运转遇到阻

---

① 宋剑明：《论我国社会救助制度》，湘潭大学硕士论文，2003 年。

碍，生产活动也就无法继续，整体社会居民的福利必然受到威胁。

（二）海洋灾害损失补偿的社会和经济意义

1. 海洋灾害损失补偿对受偿者生活和生产的意义。海洋灾害损失补偿对于接受补偿者的生产生活有着直接的保障和支持作用。具体表现在：一是可以使受偿者在保险期获得安全感。海洋灾害损失补偿的实行，可以使受偿者在遭灾受损时，能够及时获得经济补偿以尽快恢复生产经营。因而可以免除后顾之忧而全力于生产经营活动。二是由于海洋灾害损失补偿的经济补偿功能，可以有助于提高受偿者的偿债能力和信贷地位，从而稳定资金来源渠道，保证生产经营者的持续稳定发展。如果生产经营者一旦遭到较大风险损失，失去了偿债还贷的能力，则会使其失去信誉而滞塞资金来源渠道。三是对于受偿者的生活具有较大的安定作用。海洋灾害风险事件的发生造成的损失如果由于无保险等其他补偿途径而由生产经营者自己承担，会使受损失者的生活来源减少和生活水平降低，甚至导致其无法生存。海洋灾害损失补偿则可以通过风险的转嫁和分散，通过风险损失补偿，保障受损失者的基本生活条件。

2. 海洋灾害损失补偿对再生产的作用。海洋灾害损失补偿对于再生产的作用，体现在生产、分配、交换和消费的各个环节。

就生产环节来看，一旦海洋灾害风险发生，往往会对生产基础设施和生产条件造成严重的破坏，在没有得到及时补救和恢复的情况下，生产就有可能发生萎缩或中断。而海洋灾害损失补偿则可以通过经济补偿形式使生产在较短的时间内得以恢复。可见，海洋灾害损失补偿具有保证生产过程的连续性、稳定性，维护生产资源的重要功效。

从分配过程来看，海洋灾害损失补偿有利于分配公平性的实现，通过海洋灾害的政府补偿，这种转移支付在一定程度上有利于消除灾害带来的两极分化和社会收入不平等状况。

从交换过程来看，海洋灾害损失补偿有保证市场秩序、促进流通协调和稳定物价的作用。在农业保险条件下，一旦发生海洋灾害风险损失，则可以通过损失补偿特有的风险经济损失补偿职能的实施，使再生产能尽快得以恢复，保证和促进渔业等产品供求协调、市场平稳、物价稳定。

海洋灾害损失补偿对于消费的作用，在宏观上表现为保证整个社会对渔业等产品的正常消费。在没有损失补偿的情况下，一旦生产遭遇较大的海洋灾害侵袭，就可能因生产受损萎缩或中断而导致市场缺乏渔业等产品的供应，会造成以此产品为

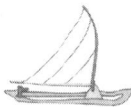

主要原材料的生产部门的消费不足和社会成员的消费困难，从而导致市场混乱，影响社会成员的消费水平，给再生产带来较为不利的社会环境。

通过以上两节的分析可以看出有效实现海洋灾害损失补偿是十分必要的，我们要致力于完善海洋灾害损失补偿的机制，扩宽海洋灾害损失补偿的途径，合理制定损失补偿的标准以实现有效的补偿。

第二节　海洋灾害损失补偿机制的完善

一、海洋灾害保险补偿机制的市场化完善

（一）海洋灾害保险补偿市场运行机制的完善

1. 完善市场机制。在新的海洋灾害损失补偿保险市场目标模式中，应当让市场发挥基础的调节作用，市场价格和竞争机制调控海洋灾害损失补偿保险市场的运行过程。保险市场主体根据市场价格信号自主地决定进入还是退出，保险产品的价格由市场的供求关系确定。市场化的灾害补偿体系不但具有良好的效率优势和灾害风险管理的激励功能，还能够大大地减轻政府的财政负担，同时，由于市场化的风险分担模式各种工具的创新，对风险损失的分散范围与承受能力将极大地拓展，显现出强大的生命力。我国应积极发展各类海洋灾害保险业务。保险是市场化风险损失分摊的最主要手段，欧美发达国家对保险业的发展极为重视，在灾害损失补偿中作用显著，而反观我国，由于保险业发展的严重滞后，保险资本短缺，保险的市场机制不健全，导致保险难以有效承担灾害风险损失补偿的职责。我国的海洋灾害风险的防范需要渔业保险、洪水保险、地震保险、地质灾害保险和火灾保险等保险市场的拓展。

2. 健全法律机制。市场经济是法制经济，完善的海洋灾害损失补偿保险市场需要一套完整的法律法规体系保证其正常运转。我国现在的保险法律法规不能适应市场经济条件下海洋灾害损失补偿保险目标模式的需要，应尽快调整。首先，关于强制保险的法律规定与市场经济的要求不相符，而且规定不够灵活。其次，优先在国内分保和赋予监管部门限制或禁止保险公司向境外公司办理保险分出业务或接受境外保险分入业务的权力等的规定，不符合我国即将面临的市场经济规律。优先国

内分保可以通过其他机制解决，不宜通过法律制解决。最后，与法律相配套的法规、政府规章等应尽快出台，将有法可依落到实处。我国于 1995 年 6 月 30 日颁布了《中华人民共和国保险法》，这标志着中国第一部完整独立的《保险法》问世。但这部法律主要是规范商业性保险公司的经营行为，对农业保险、渔业保险这种自然灾害性保险却未做出明确规定。海洋灾害保险是有别于一般商业保险的政策性保险。因此，我国的海洋灾害保险法应对保险的性质、目的、职能、作用、经营模式、经营原则、保险组织的资本构成、对责任准备金的提取、资金的运用、经营范围、保险费率的厘定、保险条款的核定、保险责任、理赔办法及国家对农险的监督管理和补贴等重要环节做出规定，从而能够稳定海洋灾害保险政策，保护渔民和保险公司的合法权益，提高灾害保险的信任度。

3. 规范政府行为。政府应积极支持和引导海洋灾害损失补偿保险市场体系的建立和完善，依法监管，为保险市场主体创造公平、公正和公开竞争的市场环境。

（二）海洋灾害保险补偿市场主客体的完善

1. 海洋灾害保险补偿主体经营模式的完善。在我国计划经济体制向市场经济体制的转轨时期，我国应创建政府主导下的商业保险公司经营的模式。政府主导下的商业保险公司经营的模式，就是在我国政府统一制定的政策性经营的总体框架下，由保险公司自愿申请经营农业保险、渔业保险等灾害性保险和再保险，关系如图 11 - 5 所示。

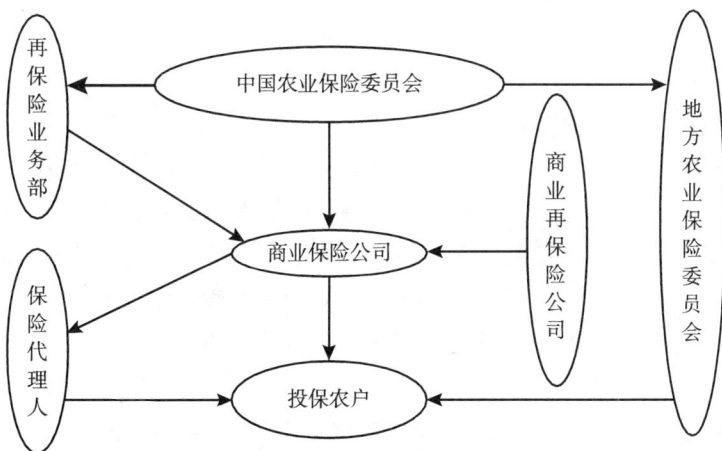

图 11 - 5 海洋灾害保险补偿主体经营模式

设计如下:①

（1）在中国保险监督管理委员会内部单独设立"中国农业保险委员会"，该委员会是隶属于中国保险监督管理委员会的事业性机构，不直接经营渔业保险等农业保险业务，其经费由财政拨款。农业保险委员主要负责全国渔业保险等农业保险制度的设计和改进；对政策性农业保险业务进行统一规划，研究制定具体政策；设计种植业和养殖业的具体险种；为我国建立、完善灾害损失统计中心和资料库，并开展灾害保险决策咨询服务；接受和审查有意参与政策性农业保险业务经营的商业保险公司，并根据各商业公司每年经营农业保险的业务量向保险公司提供经营补贴；向各经营农业保险的商业性公司提供农业再保险。

（2）允许商业性保险公司（主要是财产保险公司）自愿申请经营由政府提供补贴的政策性农业保险项目，政府补贴可分为保险费补贴和经营管理费补贴，具体补贴比例数额根据政府的财力状况和不同险种而有差异。获准经营政策性农业保险业务的商业性保险公司自主经营，自负盈亏，中国农业保险委员会对商业保险公司经营的规定的农业保险业务，除补贴外不承担其他责任。

（3）经营政策性农业保险的商业保险公司主要经营中国农业保险委员会设计的基本险种，采用规定的费率规章，也可以自行开发自愿投保的农业保险险种，但必须经中国农业保险委员会审查和批准后，才可以出售。根据农业保险委员会的总体思路，将实行试点先行、逐步铺开，先捕捞、后养殖，按照"广覆盖、多受益"的原则，由中央和地方财政对政策性渔业保险予以财政补贴，免征渔业互助保险所有税费，逐步建立起"政府引导、渔民互助、财政补贴、协会运作"的政策性渔业保险制度。在财政补贴，目前酝酿中的计划是中央财政承担30%，地方政府财政配套补贴20%。

这种渔业互助保险是以政府扶持、渔民投保为主的一种险种。近年来，虽然政府逐年加大对这一事业的扶持力度，但是随着渔船、渔民投保的逐渐增多，必然要求政府继续加大扶持力度。同时随着大的经济环境发展的背景下，伤亡赔付率也在逐年增加，这势必要求政府在制定相关政策时继续向投保者以更大程度的倾斜。在市财政支农资金不断提高的背景下，县财政应加大力度对农业保险实施政策扶持，给投保者予以补贴。比如在参保人员和补助比例不变的情况下，市、县财政在原有的基础上再增加投入80万元，将最高赔付标准由原来的10万元/人提高到15万元/人，以满足经济发展的需要。2004年，"渔民人身意外伤害、渔船财产"保费

---

① 史建民、孟绍智：《我国农业保险现状、问题及对策研究》，载《农业经济问题》2003年第9期。

补贴试点有望先期在全国沿海 5 个省开展试点，由于广东、山东、浙江等地船东互保方面基础好、经验丰富，计划在这三地全面铺开，在福建和辽宁开展重点县试点；同年将逐步启动"水产养殖"保险保费补贴试点。预计到 2011 年，基本建立起渔民广泛参与与财政补贴相结合的渔业风险防范与救助机制，充分发挥互助保险在渔业防灾减灾中的作用，促进渔业和渔区经济发展，为社会主义新农村建设作出贡献。①

此外，商业保险公司可直接向农户提供农业保险，也可通过其代理人进行展业、核保、理赔，向农户、渔民提供保险。

（4）这种制度下的渔业保险项目要实行法定保险与自愿保险相结合。根据政府对渔业和渔民发展的经济和社会目标，对关系国计民生和社会发展有重要意义的，并且经营规模达到一定规模的主要渔业产品生产经营实行法定强制保险，其他一些商品率高、价值大的产品的生产经营实行自愿保险。对有渔业生产借贷的农业保险标的，即使属于自愿保险项目也应依法强制投保。政府对法定保险项目的投保直接给予保费补贴，对自愿保险的项目投保农户可根据中央和地方政府的财政状况可给予适当补贴或暂时不给予补贴。

（5）中国农业保险委员会对商业保险公司所经营的政策性农业保险项目还应该给予财政和金融方面的支持和优惠政策。政策性保险公司是国家通过立法强制实施的，不带有盈利性，是我国现阶段渔业保险发展的客观需要。开展政策性渔业保险公司较其他政策性农业保险公司有着先天的优势，一是筹资方面，渔民收入普遍不低，大多数渔民都有缴纳保费的能力；二是参保意识，由于渔业共保组织发展较早，渔民大多具有较高的保险意识，有利于政策性渔业保险的普及与开展；三是公司运转方面，中国渔船船东互保协会作为一个成立较早的渔业保险组织，有着丰富的渔业与保险精算方面的人才，以及成熟的资源管理系统和遍及全国的核保、理赔体系，为政策性保险公司提供了运转的平台。同时，浙江省已率先开展了政策性渔业保险试点工作，为建立全国范围内的政策性渔业保险保障体系做出了积极的尝试。在建立政策性渔业保险的同时，还应鼓励商业性渔业保险的发展。鉴于渔业保险经营的风险较大，政府应给予鼓励与支持。一方面可以给予从事渔业保险的商业保险公司以税收方面的优惠，比如对其收缴的保费的一定百分比免缴营业税，以此激发商业保险公司从事渔业保险的积极性；另一方面还应该鼓励越来越多的渔民参与商业渔业保险，因为只有不断扩大商业渔业保险的覆盖面，才能真正降低保险公

---

① 《2005 年中国海洋经济统计公报》。

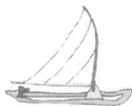

司的经营风险。

这种支持和优惠可以通过减少公司的营业税和所得税或低息贷款的间接方式，也可以通过对其经营农业保险的亏损给予直接补贴的方式进行。但是对保险公司所经营的法定保险项目应免除其一切税负，自愿保险项目也应该免除大部分税负，以利于其健康经营。

（6）中国农业保险委员会要为经营农业保险的商业保险公司提供农业保险再保险，其他国内外商业性保险、再保险公司也可以向其提供再保险，以便使一地的风险能在更大的空间上和更长的时间内分散，减少经营农业保险的商业保险公司的风险责任，提高其承保的能力。根据亚洲一些渔业先进国家和沿海兄弟省市的经验及广东的实践，政策性渔业保险选择"渔民互助保险组织 + 商业保险公司 + 多层次再保体系"的模式较为合适。这种模式就是由广东渔业互助保险组织经营原保险，再与中国渔业互保协会以及一些商业保险公司分保，由再保公司再保险。再保险可以采取自愿方式，必要时也可以采取一定范围的法定分保方式。①

2. 海洋灾害损失补偿保险补偿产品的完善。发展海洋灾害损失的保险补偿已是必然选择，但海洋灾害风险带来的较大损失又会严重影响到保险公司的财务稳定甚至其生死存亡。所以我国的保险公司必须非常重视巨灾保险经营风险的防范与化解。再保险就是其应当采取的重要手段之一。再保险也称分保，是对保险人所承担的风险责任的保险，也即保险人要求另一个保险人的保险，保险人通过签订再保险合同，支付规定的分保费，将其承保的风险和责任的一部分转嫁给另一家或多家保险或再保险公司，以分散责任，保证其业务经营的稳定性。分保接受人按照再保险合同的规定，对保险人在原保单下的赔付承担补偿责任。

再保险是我国整个保险体系中非常重要的一个环节，对于分散保险公司的经营风险，扩大保险公司的承保能力，保证保险公司经营的稳定性等，都发挥着非常重要的作用。再保险产品是我国在保险市场的客体，目前我国再保险市场的产品比较单一和陈旧，绝大部分的分保费是以比例再保险的形式进行交易的。在新的市场环境下，这种单一的产品已经不能适应市场需要，应该加以创新。

（1）改法定分保为第一溢额分保。法定分保一直以成数分保的形式简单处理，不符合分出公司的需要，反对意见颇多。因为法定分保的大部分业务是将保险公司根本就不必分出的业务强行拿走，如机动车保险、家庭财产保险、个人房屋保险等小保额的险种以及其他险种的小额业务等。法定分保接受人拿到大额业务的20%

---

① 姚国成：《英国渔业概况及其对广东渔业可持续发展的启示》，载《中国渔业经济》2004 年第 2 期。

后，又不能完全承担下来，仍然需要转分保来解决风险分散问题，人为地增加了业务的周转次数和成本。

可考虑将法定分保改为第一溢额分保形式，其限额为法定分保接受人的净自留额。这样，法定分保成为分出公司的实际需要，在增加分出公司承保能力的同时，又不损害分出公司的利益，会比现在的成数分保形式受欢迎，执行过程中的阻力也会小得多。

（2）以溢额分保为主要分保形式。溢额分保既可以有效解决分出公司的承保能力，又能根据需要分散风险。分出公司不仅可以通过分保手续费摊回业务成本，还可以通过纯益手续费参与利润分配。分出公司和接受公司按比例承担风险责任，真正实现共命运，对分保接受人也很公平。由于溢额分保方式具有多种优点，一直是国际分保市场采用最多的分保方式。溢额再保险必将成为我国再保险市场的主力产品。

（3）运用财务再保险。90年代初以来，财务再保险在发达的再保险市场得到实际应用。其核心思想是：分出公司自留很小的业务量，付出大量的分保费，如果赔款很少，则几乎可以全部返还保费；如果赔款很大，则支付的分保费也很多。从长期来看，财务再保险中的分保赔款最终全部由分出公司以分保费支付；若没有赔款发生，则保费全部返还分出公司。分保接受人实际上是在大额赔款发生时提供融资服务，并不最终占有承保利润或承担承保亏损，但可以充分利用现金流量。运用这种分保方式的前提是：再保险双方具有长期的、良好的合作关系，相互充分信任，分保接受人具备优良的信誉和充足的财务实力，可以在再保险市场上长期稳定地存续下来。这种分保方式对再保险双方来说是非常公平的，国内保险公司可考虑借鉴。

（4）发展非比例再保险。比例再保险的接受人与分出人的承保条件相同，与共保形式非常相似，具有第一层次保险的特点。非比例再保险则不然，其费率根据分出公司分保赔款发生的概率确定，具有真正意义的第二层次保险的鲜明特点。非比例再保险又称超额损失再保险。它是一种以赔款为基础，计算自赔限额和分保责任限额的再保险。在这一再保险业务方式中，保险费率不按原费率计算，而是按协议费率计算。由于分出人的保险费、保险赔款与保险金额之间没有固定的比例，故称之为非比例再保险。非比例再保险又有锁定损失超赔再保险、巨灾事故超赔再保险和累积超赔再保险三种方式。超额赔款再保险最大的优点是分出保费量较小，有利于节约分保费支出。随着现金流量越来越被人们所重视，超额赔款再保险的应用越来越多，特别是在对付像海洋灾害这样的巨灾风险安排方面，超额赔款再保险大有用武之地。

（三）海洋灾害保险补偿资金运营的市场化

海洋灾害损失补偿资金要实现市场化运营，以提高资金的收益率及实现资金的稳定性，其保险补偿资金的市场化运营要分三步走：

1. 第一步，保险资金资本化运营的准备阶段。针对目前金融市场秩序状况及补充性保险资金尚未定性的局面，准备工作应从以下环节入手：

继续整顿保险市场。中国人民银行依法要全面清理整顿保险机构和保险中介机构，进一步规范保险条款，整顿保险业务行为，整顿保险业财务纪律，清理保险资产以及清理保险机构高级管理人员任职资格审查情况，中国人民银行在对商业性保险基金的整顿过程中，不但要对基金运营进行整顿稽核，还要对商业保险机构的市场进入与退出进行严格的监管，并在不断积累经验的基础上，进一步提高监管水平。

这期间，人民银行作为保险市场的监督部门，还要继续完善保险市场的风险监测及监控方法以避免系统风险和非系统风险。

2. 第二步，保险资金间接进入资本市场。经国务院批准，保险资金可通过证券投资基金间接进入股市。根据国务院批准实施的方案，保险公司将在控制风险的基础上，在二级市场买卖已上市的证券和在一级市场上配售新发行的证券投资基金，经中国证监会批准新发行的基金，将按一定比例向保险公司配售，并根据保险公司的投资需求增发新基金。保险资金通过证券投资基金入市，不仅可以促进保险资金的良性循环，而且可以发挥资金规模上的优势，取得规模经济效益。另外，以基金形式参与资本市场投资，符合国家金融发展政策和资本市场的发展趋势，减少资金运营成本，降低储金业务风险。人民银行对于保险基金的监管范围，不仅停留在对运营的管理，同时应扩展到对市场准入及退出的监管，不应仅停留在保险市场，还应该延伸到证券市场，这就要求人民银行各监管局的通盘合作。

3. 第三步，保险资金直接进入资本市场。当保险市场已得到规范化管理，管理非银行金融机构的相关法律如《证券法》和《信托法》等出台之后。可根据法规条款的内容规定适时选择证券公司参股或自设独立的证券投资机构，以解决直接进入资本市场问题。相应地，人民银行的监管将依据《保险法》及其他相关法律法规，人民银行监管规程及相关条例，将对保险资金的运营，对其所属证券机构市场准入与退出通盘监管。人民银行非银行司、稽核监督局等监管部门要与保险公司一道对商业保险基金直接进入资本市场进行更为严格的监管。只有这样才能保证在金融市场有序的同时保险市场也有序。

效益的过程链（如图 11-6 所示）。科技、法律与意识培养等是此模式得以顺利实行的基础。

再次，加强减灾系统工程建设。在严重的自然灾害面前，世界各国人民，均进行了不屈不挠的斗争，开展了一系列的灾害研究，兴建了防治工程，有效地减轻了自然灾害损失。例如，1970 年孟加拉风暴潮死亡 30 万～50 万人，损失惨重；1985年则因建立了大风警报系统，同样规模的风暴潮只死亡 1 万人。1975 年我国地震工作者成功地预报了海城地震，仅死亡 1 328 人。长江沿岸历史上发生过多次大滑坡，造成大量人员伤亡；1985 年 6 月 12 日新滩发生特大滑坡，1 300 万平方米土石从 800 米高处滑入长江，但由于预报准确，有关人员及时撤离，结果无一人死亡。事实说明，只要深入研究灾害的发生机制和发展趋势，采用合适的预防措施，自然灾害的损失是可以减轻的。

减灾系统工程，主要由灾害勘查监测系统、灾害信息系统、基础理论研究与灾害预报系统、灾害防治系统、灾害救援系统等部分组成，以测、报、防、抗、救、援等六大环节为主线的减灾系统工程，与各灾种减灾主管部门密切结合，就可构成我国纵横交错减灾系统工程，如图 11-7 所示。

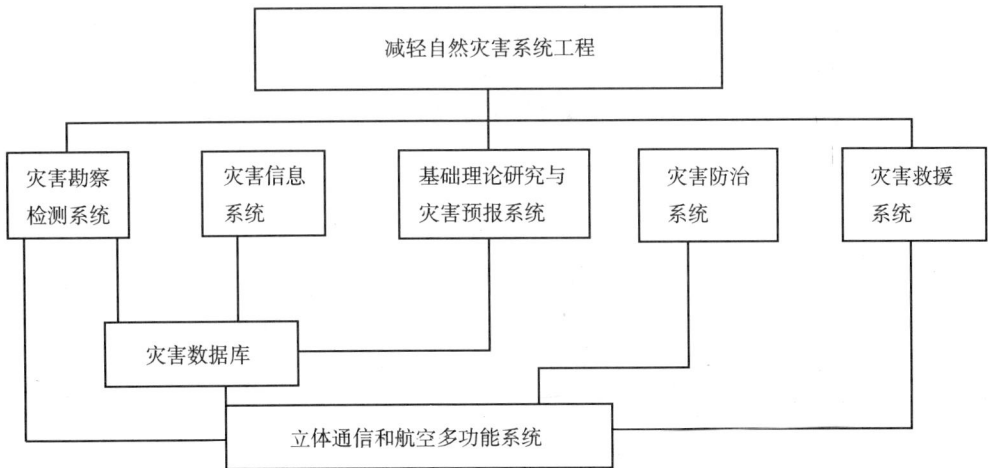

图 11-7 减灾系统工程

资料来源：马宗晋等，1990 年。

2. 强化国家海洋灾害损失补偿的法规和政策建设，推动海洋灾害损失补偿管理的法制化。

首先，完善和强化我国海洋灾害损失补偿的减灾法律法规建设。减灾立法与规章制度，规定了人们在减灾活动中应当怎么做，并用一定的强制手段约束人们这样去做。因此，它是规范人们的行为，使之符合减灾系统追求总体效果优化之需要的最重要措施之一。就减灾管理而言，在法律的指导下，结合其他的约束手段，如制定规章制度、行为规范或针对不同情形的法律实施细则，培养人们的减灾意识与自决策能力等，达到更好的限制或引导人们与减灾有关的行为的目的。

要充分发挥法律在灾害管理中的重要作用，须先完善减灾的法律体系。在此方面，我国与某些国家都较为重视。在全国人大颁布的《中华人民共和国海洋环境保护法》和由国务院、国家海洋局颁布的一系列海洋环境保护方面的条例、规定、标准、制度中，都含有减轻海洋灾害方面的内容，但占的分量并不重。今后，需要把减灾观念作为海洋管理的基本着眼点之一，并制定专门的海洋减灾法规。除了有关各类自然灾害的减灾法规外，还需制定一些综合性较强的基本减灾法规。如日本有《灾害救助法》、《灾害对策基本法》等；美国有《灾害救济法》等；土耳其制定了《自然灾害法》与《自然灾害救援法》等。我国也亟待制定综合性、基础性的《减灾基本法》与《自然灾害救援法》等。《减灾基本法》应规定中国各类减灾的性质、方针政策、基本原则、主要方式、目标、计划、实施与管理、组织机构、经济来源与使用、减灾单元间的关系、不同阶段的特殊对策及各级政府、组织、团体、个人在减灾过程中的责任、权利、义务，对违法者的刑惩、对有功者的奖励等。

其次，完善和强化我国海洋灾害损失补偿的社会救助法规建设。法制上，我国实行灾害损失的政府补偿这种社会救助制度几十年来，所依据的都是国务院有关社会保障方面的规章、规定或办法以及各省、市、自治区制定的有关地方性法规和政策。迄今为止，中央政府还没有颁布一部全面规范的政府补偿这种社会救助的条例，全国人大及其常委会更是没有颁行有关这方面的专门法律。社会救助的立法还是处于研究阶段，没有提到相应的立法高度，没有引起立法机关的足够重视。实践中所依据的有关社会救助的规范性文件又散见于各个行政规章及行政政策中，缺乏系统的指导作用。同时，作为一门科学，对社会保障（包括社会救助）的研究还处于起步阶段，没有引起学术界的应有重视。因此，我国的法学界、社会学界应结合我国目前推行社会救助制度的实际情况，对社会救助作深入、系统地研究，尤其是社会救助的政府补偿方面。为立法机关制定有关政府补偿救助的法律提供理论上的支持。同时，立法机关也应组织专门力量对我国政府补偿救助工作进行立法调研，待条件成熟时，尽可能地颁布一部《社会救助法》的法律，以规范全国的社会救助工作，真正做到有法可依。

再次，还要健全执法机构，真正做到有法必依，执法必严，违法必究。

3. 完善国家海洋灾害损失补偿管理的制度，推动海洋灾害损失补偿管理的科学化和规范化。

（1）完善海洋灾害损失补偿的救灾、抗灾管理工作。海洋灾害的救灾、抗灾管理是严重灾害发生后的抢险行动和紧急救助措施，属于海洋灾害发生过程中的灾害救助补偿行为。各类重大海洋灾害的救助都是极为复杂的、社会性的、准军事化的紧急行动，在我国通常表现为由党政军民组成的抢险救灾大军的协同战斗。因此，尤需强化海洋灾害的救灾管理。从灾情的判断和灾民安置，救灾队伍的选配和调动，救灾物资的选用和调运，灾区交通和公安的保障，人财物的抢救和转移，到医药救护、伤员康复与防疫工作，从生活秩序到社会秩序的恢复，从救灾技术装备到实施工程措施，都需要中央和地方党政果断的集中领导、组织与指挥。救灾活动实质上是一项庞大的社会行动工程，实施科学化、有序化的救灾管理，才能用最少的投入和最小的伤亡，去取得最大的效果。实施海洋灾害救助管理，应努力做好以下几方面的工作：

①拟订用以衡量海洋灾害救灾活动情况与救灾成效的灾后救助指标体系，并做好相应的统计工作。该指标体系包括：救灾能力指标（含区域承灾能力、区域自救能力、外界援助能力）；救灾行为指标（含生命线工程保护与抢救、交通枢纽保护与抢救、生命财产保护与抢救、维护社会治安、防御次生灾害与衍生灾害的指标）；救灾成效指标（含人员伤亡减少数、财产损失减少数、经济损失降低额、救灾绝对效益指标、救灾相对效益指标、救灾边际效益指标等）。

②通过争取国际援助和中央政府投资，建立中国省级以下灾区紧急救援通信示范系统（包括配备会议电视终端装备、移动式卫星通信站、卫星站到灾区各处的一套移动无线电台、装载通信设备和人员的车辆等设施），以使我国的救灾管理更加及时和高效。这套示范系统一旦建立，就能在重大海洋灾害发生时，将该系统直接布向灾区，通过电视、图像、文字和语音等方式直接沟通领导者与灾区的联系，以利于领导者迅速做出减灾决策，果断地组织指挥救灾抢险行动。

③根据各地区自然条件与社会经济条件的差异，按照各类灾害造成的人员伤亡和直接经济损失两项标准划定的灾度等级，选择不同的海洋灾害救灾管理方式，实行中央、省市和地区三个层次分级组织指挥救灾、分级投入灾害救助经费的海洋灾害救灾管理操作原则。对此，马宗晋等人进行过概略研究，提出了灾害等级划分标准、抗灾救灾组织指挥与各层次分级负担灾害救助费用比例的具体建议方案（见表11-9）。

表 11 - 9 　　　　　　　　灾害等级综合参考指标与分层级救灾管理

灾害等级	特大灾害 （Ⅰ级灾害）	重大灾害 （Ⅱ级灾害）	严重灾害 （Ⅲ级灾害）	较重灾害 （Ⅳ级灾害）	较轻灾害 （Ⅴ级灾害）
死亡（人）	>10 000	10 000 ~ 1 001	1 001 ~ 101	100 ~ 11	10 ~ 1
重伤（人）	>20 000	20 000 ~ 2 001	2 000 ~ 201	200 ~ 21	20 ~ 1
绝对直接经济损失（亿元） （1990 年价格）	>100	100 ~ 10	10 ~ 1	1 ~ 0.1	0.1 ~ 0.01
相对直接经济损失	前一年国家财政总额 5% 以上或一省至数省财政 20% 以上	前一年国家财政总额 5% ~ 0.5% 或省财政 10%	前一年省财政总额 10% ~ 5%	前一年省财政总额 5% ~ 1% 或一至数个地区财政 20% 以上	前一年省财政总额 1% ~ 0.1% 或地区财政 20% ~ 2%
组织指挥	中央进行全国动员并组织抗救	中央配合省市进行动员和组织抗救	省市直接组织指挥抗灾救灾	省市配合地区组织抗灾救灾	地区组织抗灾救灾
抗灾救灾费用比例	每一次灾害应救助补偿金额为上一年省市财政总额的 2% 以下时，中央负责 50%；超过 2% 不足 4% 的部分，中央负责 80%；超过 4% 的部分，中央负责 90%。省市与地方之间的负担比例，由省市规定。				

资料来源：根据马宗晋等研究，1993。

（2）完善海洋灾害损失补偿管理的援助和恢复重建工作。经过初步抢险救灾行动之后，还需进一步对灾区进行灾后援助和恢复重建工作，包括：通过海洋灾害损失保险补偿；争取非灾区人民社会捐助救济，建立社会互助的海洋灾害救援基金；实施海洋灾害政府补偿、援建、邻区援建与国际援建行动等措施，力求减少衍生灾害，促进社会生活与经济建设的复兴。实践证明，海洋灾害的灾后恢复重建管理特别要着力抓好下述重要环节：

①抓好海洋灾害损失的灾后评估，拟订灾后补偿—恢复—援建指标，加速制定并组织实施灾区恢复重建战略和灾后援建计划。

拟订的灾后补偿指标，应包括救灾捐助与救济指标、社会保险部门理赔指标，以及其他渠道补偿海洋灾害损失的指标；灾后恢复指标应包括灾区生产与经济恢复、灾区生命线工程恢复、灾区重建家园、灾区社会心理创伤恢复等诸项指标；灾后援建指标则应包括政府援建、国际援建、邻区援建、社会互助等指标。在灾后恢复重建管理全过程中，要按上述指标逐步搞好相应的统计工作。制定并实施灾区恢复重建战略和援建计划时，亦应力求协调政府、国际、邻区、社会互助、灾区自身的行动，使之凝聚、整合为强大的灾后恢复重建合力。

②把灾后恢复重建工作立足于自力更生、艰苦创业、科教减灾、开发式重建、开发式减灾的基点之上。实践证明，我国灾后恢复重建管理必须注重引导灾区走科教减灾、开发式重建、开发式减灾之路。其中，包括采用现代科技手段去实施各种减灾工程建设措施（含建筑物抗灾设防）和非工程措施，对灾民和援建人员深入进行减灾知识教育和恢复重建技术培训工作，借灾后恢复重建之机开发当地新产业，如建筑工业、建材工业、环保产业、减灾产业等。

③加强和完善海洋灾害损失补偿机构建设和体制管理。我国目前有关社会补偿的社会救助管理体制不畅，政出多门，缺乏完整的立法和规范的管理办法。由于各种原因，这方面工作出现了多头管理、分散管理的现象，以致工作效率不高。民政部门负责农村的社会补偿救助工作，劳动部门负责城市的社会补偿救助工作。各级工会特别是基层工会却承担了相当一部分社会补偿救助的事务性管理、服务工作。由于各部门看问题的角度不同，以及部门利益的驱动，在实际工作中经常发生决策和管理上的摩擦和矛盾，在一定程度上影响了社会补偿救助事业的健康发展。因此，改革社会补偿救助的管理体制问题就显得尤其必要。借鉴西方国家的一些成功做法，从行政角度来看，我国可以将有关的社会补偿救助的管理连同其他社会保障的事务交由专职社会保障的政府职能部门来管理，使之责、权、利相一致。在中央政府可由"劳动和社会保障部"来专司社会保障事务，使之名副其实。在地方可由各省、市、自治区劳动和社会保障厅（局）来行使。目前，在我国的有些省、市，已在街道及社区由地方政府出资设立了专司社会保障职能的"社保站"、"社保事务所"。这样做的目的，可以极大地提高社会补偿救助工作的效率，也有利于社会救助工作的健康发展。

目前在社会补偿救助方面的人力配置也难以适应新形势的要求。因此，在社会补偿救助管理体制的各个层次上，尤其是基层社区，再适当地增加必要的人力资源，专门负责社会补偿救助基金运作和管理，是十分必要的。上海市在这方面的经验是"管理中心下移"。也就是说，在市政府以下各层次中，把管理的重点放在更为直接与群众打交道的基层社区（主要是街道），整个救助工作网络的建立以街道社会救助事务所为依托。每个事务所配 2~3 人。市和区两级事业机构的任务主要是档案管理，少承担一些疑难个案的调查，所以人不在多而在精。

从长远考虑，现在也应该把专业化的问题提上议事日程，这就是发展专业社会工作和社会工作教育。要发展社会工作，就要发展专业社会工作教育，培养社会工作专业人才，按国际惯例建立社会工作职级制度，以满足社会补偿救助制度乃至整个社会福利和社会保障制度的需求。

财政上，政府应该保证灾害补偿投入的稳定增长，中央和地方政府救灾资金逐年增加，并建立较为规范的转移支付制度。长期以来我国的海洋灾害补偿投入较小，极大地限制了政府在海洋灾害补偿中职能的发挥。

第三节 海洋灾害损失经济补偿标准的计量

一、海洋灾害损失补偿标准的决定因素分析

前面介绍论述了几种不同的海洋灾害损失补偿途径，每种途径各有自身的特点，针对社会捐助和自我补偿的特点，确定海洋灾害损失补偿标准主要研究保险补偿和政府补偿这两种途径。其中，海洋灾害保险是一种有偿的风险保障，以保险人缴付保险费为前提，是市场风险和分摊机制的典范。政府补偿的灾害救济是一种单方面行为，其实质是政府对遭遇海洋灾害的人们进行的一种道义上的援助，具有无偿性。由此可见海洋灾害政府补偿和保险补偿两者的性质截然不同，海洋灾害补偿标准的确定要分别研究。

（一）海洋灾害损失保险补偿标准的决定因素

保险利益是保险合同当事人双方权利、义务所共同指向的对象，是保险合同的标的。海洋灾害损失的保险补偿中也是以保险利益为基础确定其补偿标准的。在实际操作中，保险公司可以通过影响风险发生的环境来预防和减少风险发生的频率或损失程度，在补偿量上有明确的规定，实际补偿水平取决于灾害的损失程度。

保险制度因其"分散危险和补偿损失"的职能而具有积极意义，并得以存续和发展，任何人均不应通过保险而获得无损失的利益或者超过损失的利益。确立以保险利益为基础的海洋灾害保险补偿标准的价值亦在于此，具体讲有以下三个方面的意义：

第一，防止投保人或被保险人利用保险进行赌博。保险和赌博在目的、效果、及社会评价（包括道德和法律等角度）方面均存有差异，但最根本的区别在于保险中有保险利益的存在。保险合同是一种射幸合同，如果允许投保人对无保险利益的保险标的投保，则投保人可以随意利用他人之财产进行赌博活动，并且有可能为

索取保险人的赔款故意制造保险事故。因此要求投保人必须具有保险利益，不许可随便以他人的财产或人身作为保险标的投保。

第二，保护保险标的物的安全，防止发生道德风险。道德风险是保险术语，是指投保方为获保险赔偿而故意促使保险事故发生或在保险事故发生时放任损失扩大。坚持保险利益原则，无损失则不赔偿，损失多少赔偿多少，有效地防止了为获得不当利益而发生道德风险。

第三，在补偿性保险中，限制保险赔偿的额度，以防不当得利的发生。在保险实务中，保险赔偿的最高额度以保险金额为限，而保险金额是以保险利益为基础的。保险法有一条基本原则即对损害进行补偿的原则（这里所指的损害是对保险利益的损害）。

（二）海洋灾害损失政府补偿标准的决定因素

海洋灾害损失补偿机制的另一种类型是政府补偿机制。它以政府为主体，以财政资金和必要的行政手段为主要的工具，对海洋灾害风险进行管理以及进行灾害损失的分摊和补偿的管理。

救济是一种单方面行为，其实质是政府对遭遇海洋灾害的人们进行的一种道义上的援助，海洋灾害救济是一种事后的补救措施，不能事前预防、减少风险的发生，也不能确定最终是否能得到补偿或补偿量的多少，实际补偿水平取决于海洋灾害的损失程度和政府的财政状况。海洋灾害损失政府补偿应逐步由生活救济为主向扶持灾民生产为主转变，即海洋灾害补偿制度要体现渔业生产和渔民收入的补偿性。

确立合理科学的海洋灾害政府补偿标准，首先，要利于海洋灾害损失政府补偿的制度化和法制化完善，使政府补偿有章可循，其次，有助于政府补偿资金的量化管理，及时发现补偿资金方面存在的问题，提高海洋灾害政府补偿的管理效率和资源利用效率；最后，合理科学的补偿标准的建立有助于实现海洋灾害补偿的公平性目标。

二、海洋灾害损失补偿标准的额度计量模型

通过上文的分析可以看出，海洋灾害损失补偿中无论是保险补偿还是政府补偿，补偿标准的确定都与灾害的损失程度有关，灾害损失程度的评估指标可以按图11-8所示来设计。

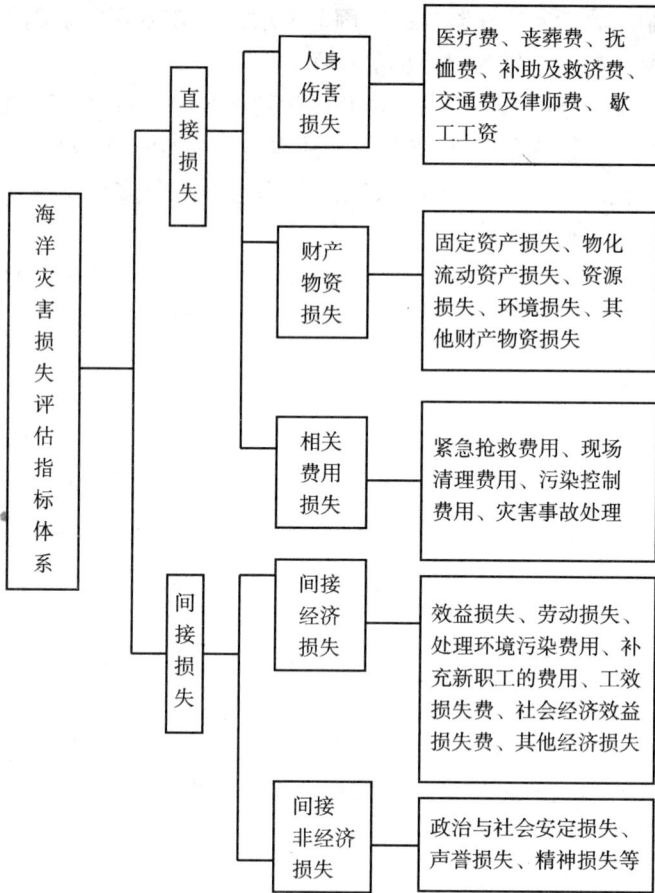

图 11 - 8　海洋灾害损失程度评估指标体系

在这一部分中，我们将从影响补偿标准的灾害损失因素出发介绍几个测量计算补偿额度的基本模型。

（一）渔业损失补偿额度计量模型

首先，在渔业的经营范围选择若干个代表该范围内平均渔业产量的测产地点，每一测点测量 1 平方米的产量。取若干个测量点的平均值作为该地渔业 1 平方米已受海洋灾害影响的渔业平均产量。

其次，以同样的方法，在未受海洋灾害影响的土地上选择与已受海洋灾害影响需补偿的同品种渔业产品，并测出其平均产量，作为计算遭受海洋灾害影响的渔业

损失的比例的对比产量。

最后，按下述公式计算已受海洋灾害影响的渔业产量的损失比例及补偿值：

$$Pi = [1 - (LiY - Ci)/(LY - Ci)] \times 100\% \times Si$$

式中，Pi 为第 i 个遭受海洋灾害的渔业损失补偿总金额，单位为元；

Li 为已遭受海洋灾害影响第 i 个渔业平均 1 平方米的产量，单位为千克/平方米；

L 为未遭受海洋灾害影响的同类渔业平均 1 平方米的产量，单位为千克/平方米；

Y 为在政府补偿中为现行政策规定 1 平方米渔业标准产值的补偿值；在保险补偿中为由保险合同中规定的补偿率计算出的 1 平方米渔业标准产值的补偿值。单位为元/平方米；

Si 为已受海洋灾害影响的第 i 个渔业面积总数，单位为平方米；

Ci 为除去海洋灾害影响渔业产量的其他因素影响的产值总和如：各种人为因素（喂养、品种、排灌、管理等）单位：元/平方米。Ci 的值可根据当地渔业生产的实际情况，通过现场调查、专家咨询获得。

（二）人力损失补偿计量模型

人力损失补偿标准由各种投入及平均利润构成，其实质是对基于成本途径的人力增值的补偿。单位人力损失补偿值可表示为：

$$T'_j = \sum_{i=1}^{j} \frac{F_i(1 + r_i)^{j-i+1}(1 + P_i)}{(1 - t_i)(1 - S_i)}$$

式中，T_j 为某地区第 j 年单位劳动价值，单位为（元/人）；

F_i 为第 i 年单位人力成本总投入，单位为（元/人）；

r_i 为第 i 年利率（%）；

P_i 为第 i 年平均人力资本增长利润率（%）；

t_i 为第 i 年税率（%）；

S_i 为第 i 年灾害使得单位人力资本损失率（%）。

由上面的公式可得，第 j 年的单位人力补偿价值可以用下面的计算式得出：

$$\Delta T_j = T_j - T_{j-1} = \frac{F_j(1 + r_j)(1 + P_j)}{(1 - t_j)(1 - s_j)} - M_j$$

其中，M_j 为第 j 年单位人力取得的利润。同理可得第 i 年到第 j 年期间的人力损失应补偿值：

$$\Delta T'_j = \frac{1}{j - i + 1} \sum_{i=i_0}^{j} \left[\frac{F_i(1 + r_i)^{j-i+1}(1 + P_i)}{(1 - t_i)(1 - s_i)} - M_i \right]$$

（三）几种主要间接损失的计量模型

1. 工效损失费。工效损失费指因灾害事故而使劳动者心理承受力受到影响，从而导致工作效率的降低而形成的损失。其计算公式为：

工效损失费 = 影响时间（日）× 工作效率（产值/日）× 影响系数

上式中，影响系数取值为 0 ~ 1 之间，它与涉及的劳动人数和影响程度呈正相关关系。

2. 补贴新职工的费用。补贴新职工的费用包括新职工的培训教育费、新职工不足造成的产品损失费及新职工操作不熟练而引起机械损耗费等。

3. 相关产业效益损失。效益损失指由于海洋灾害事故发生导致生产经营单位停产或营业中断等所损失的价值。效益损失是灾害间接损失的主体部分，其计算公式为：

效益损失 = $\sum Q_i P_i$

式中，Q_i 为灾害事故发生减少的生产或销售量；

P_i 为报告期市场销售价格；

i 为产品损失种类。

4. 处理环境污染的费用。处理环境污染的费用包括排污费、赔损费、保护费和治理费等。其中排污费是指海洋灾害事故导致环境污染而由环保机构根据排污数量与浓度确定征收的补偿性费用。赔损费是指因海洋灾害事故造成环境污染而支付给受害方的赔偿费用，它包括实物损失与人身损害两部分。前者一般根据损失的实物数量和该实物的市场价格来确定；后者可根据人力资本法，或根据实际发生的医疗费、营养费及精神补偿费等来计算。保护费是指灾害事故造成环境污染而必须采取防护措施所支付的费用。治理费是指为了消除或减轻环境污染所支付的费用。

5. 间接非经济损失。间接非经济损失通常由政治与社会安定损失、声誉损失、精神损失等非直接经济损失指标构成，它们均可以根据其实际损害后果及严重程度进行估算。

在海洋灾害损失经济补偿标准计量中，一般只对海洋灾害事故所造成的各种直接或间接经济损失进行评估后决定补偿标准，非经济损失因为难以从价值量的角度进行衡量，因而一般不纳入损失总额的计量中。虽然如此，非经济损失却可以作为

对海洋灾害事故损害后果进行分析的一个定性指标。

三、考虑财政能力因素条件下海洋灾害损失政府补偿标准的综合确定

从第一节海洋灾害政府补偿标准确定的影响因素分析中我们了解到，海洋灾害政府补偿额度不仅仅取决损失程度，还要考虑国家财政能力。以下是不同财政能力条件下的几种不同的海洋灾害政府补偿标准：

1. 理论上的最高标准。它是以修正经济外在性作为海洋灾害损失补偿标准确定的依据，即最适宜的海洋灾害损失补偿标准应等于最适宜资源配置下的单位资源的边际效益。借此，政府可及时地通过补偿手段将资金返流于海洋产业建设单位，变海洋产业的经济外在性为海洋产业内在的经济推动力。这里完全符合公正原则，是基于对海洋灾害损失的经济价值计算，包括：一是海洋灾害的直接损失。海洋灾害造成的直接损失主要有海洋灾害治理费用（C_1）、农业渔业损失（C_2）等。综合所有的直接损失之和得总的直接损失 $C = C_1 + C_2 + \cdots$。二是海洋灾害的间接损失。由于海洋灾害造成的影响包括生态系统破坏和人体健康损害及工农业生产下降等间接影响，因此，测量海洋灾害的间接损失时，应该包括这样以下几部分的损失：生产受限制的损失、海洋灾害造成的生态损失和人体健康损害。海洋灾害造成的间接损失主要有：人体健康损失（L_1）、景观生态美学损失（L_2）、影响工业及其他相关生产的损失（L_3）等，然后综合所有的损失之和。以此分类为基础的总的间接损失计量公式为 $L = L_1 + L_2 + L_3 + \cdots$。但依据这一原则设立的补偿标准会显得过高，若按此标准补偿是国家财力目前所无法承受的。

2. 理论上的最低标准。即在实践中应按照经济适应性原则和社会公平性原则来确定具体的补偿标准。所谓经济适应性原则是指补偿标准的确定要考虑国家或受益者的经济承受能力。所谓的社会公平性原则是指应使海洋灾害损失承受者获得合理的补偿。当前海洋灾害损失补偿中，最低的补偿标准，是对损失者的最低生活保障。以后随着国家补偿能力的提高，不断提高补偿标准。

3. 划分不同阶段的补偿标准。根据国外的补偿经验和目前的国情，海洋灾害损失的补偿只能采取部分补偿，即以保全和维持海洋产业存在为条件或限度，至少不低于生产成本增加额和机会成本的补偿，在此基础上，随着经济的发展和国力的增强，再逐步考虑部分量化的生态功能价值等其他间接损失的补偿。可以按这四个阶段渐进进行：第一阶段：全额补偿海洋灾害直接损失的补偿标准。第二阶段：维

持简单再生产的合理的最低标准。第三阶段：全额补偿主要间接成本。第四阶段：效益补偿标准，适用于海洋灾害在生态等方面的补偿。

四、海洋灾害损失经济补偿的组合方式

人类社会发展到今天，政府补偿、保险补偿、自我补偿、互助补偿这四种补偿方式，均可以说是经过历史检验了的补偿海洋灾害损失的必要方式，都具有不可或缺性。但彼此之间的效率高低差别，表明存在着优化组合的必要性，即根据海洋灾害损失补偿方式的效率高低来确定其在整个海洋灾害损失补偿体系中的地位，并发挥各种损失补偿方式的互补性，将会促使灾害损失补偿取得最佳的宏观效益或效率。

它们之间较为理想的组合方式为：保险补偿、自我补偿、政府补偿、互助补偿=6:2:1:1。

这种组合揭示的经济意义在于：

首先，保险补偿居海洋灾害损失补偿的支配地位。在这种海洋灾害损失经济补偿组合中，保险补偿是位居支配地位的补偿方式。保险补偿面向与保险公司签订了保险合同的全体保险客户，坚持的是等价交换的原则，采取的是不投不保、少投少保、多投多保的办法。对受灾体而言，能否获得保险补偿，完全取决于受灾体是否参加了保险、其受损标的是否纳入了保险标的范围、导致损失的事件是否属于保险责任范围，以及投保时确定的保险金额或赔偿限额的高低。需要指出的是，在实践中，保险公司需要以追求利润最大化为目标，从而必然将一些可能导致公司财务恶化的灾害事故列为不保的风险责任（即除外责任），这使得保险补偿具有了有限性。但保险公司作为一个经济实体，完全按照经济规律办事，且能够通过分保等经济手段来将海洋灾害事故损失风险在尽可能大的范围内乃至全球范围内分散，使保险补偿具有更强大的补偿实力和更高的宏观补偿效率，即保险公司在赚取利润的过程中能够通过高度社会化的保险手段来开展海洋灾害损失补偿，这是其他补偿方式所不具备的。因此，保险补偿确实是一种最具优势的方式。

其次，自我补偿、政府补偿、社会捐助均属必要的海洋灾害补偿方式。在这种海洋灾害损失经济补偿组合中，自我补偿、政府补偿与社会捐助补偿，均属于必要的补偿方式，但其所占地位会随着社会、经济的不断发展和保险业的普及化而下降到组合中的相应位置。因此，政府补偿应当适当下调，尤其是部分发展中国家，应当改变主要依靠政府补偿来解决海洋灾害损失补偿问题的传统，尽可能地代之以保险补偿。自我补偿则应当努力通过参加保险的行为，向保险补偿的方式转化，其保

留的职能是弥补保险补偿等的不足。社会捐助等则在未来社会保留其相应的位置即可。

再次，我国海洋灾害损失经济补偿组合的发展方向应是大力发展保险补偿的同时，适当缩小政府补偿、自我补偿和互助补偿的比重。可供采取的办法有：政府除承担对灾民的紧急救助等外，对公共设施可能因灾遭受的损失也应当尽量通过保险的方式向保险公司转嫁，以便通过保险补偿等途径来获得补偿；各种具体的受灾体均应尽可能地向保险公司转嫁可能遇到的灾害事故风险来换取保险补偿；上述两项的转换将会极大地促进保险业的发展和保险补偿在整个海洋灾害损失补偿体系中的地位上升。

应当强调的是：上述组合中各补偿方式的比例并非是绝对的，它代表的是各种补偿方式彼此之间的相对位置。综观世界，发达国家的保险业十分发达，而政府承担的责任有限，受灾体因为普遍参加了保险而较少通过直接自我补偿来解决自己的灾害损失补偿问题，从而事实上接近于上面提出的组合。而在发展中国家，由于保险业十分落后，灾害损失补偿的宏观体系往往还停留在传统的以政府补偿与直接的自我补偿为支柱的传统结构上，但是随着经济的市场化和保险业的快速发展，绝大多数发展中国家的海洋灾害损失补偿体系结构，必将朝着上述合理组合的方向稳步发展。

参考文献

1. 司玉琢：《新编海商法》，人民交通出版社 1991 年版。

2. 郭嘉仁：《水旱灾害损失补偿的途径》，载《成都水利》2000 年第 3 期。

3. 史建民、孟绍智：《我国农业保险现状、问题及对策研究》，载《农业经济问题》2003 年第 9 期。

4. 郭广新：《采煤塌陷地农作物损失补偿计算方法探悉》，载《煤炭科技》2004 年第 3 期。

5. 谢加智：《我国自然灾害损失补偿机制研究》，载《自然灾害学报》2004 年第 4 期。

6. 沈蕾：《浙江省农业自然灾害损失补偿机制研究》，载《浙江统计》2006 年第 1 期。

7. 江园园：《我国社会保障基金运营及监管问题研究》，郑州大学硕士论文，2000 年。

8. 崔文俊：《行政补偿制度研究》，中国政法大学硕士论文，2001 年。

9. 任浩：《征地制度中地价补偿标准的研究》，中国农业大学硕士论文，2003 年。

10. 宋剑明：《论我国社会救助制度》，湘潭大学硕士论文，2003 年。

11. 张文斌：《论海上保险法中的损失补偿原则》，武汉大学硕士学位论文，2004 年。

12. 蒋凤玲：《森林生态效益补偿标准理论与方法研究》，河北农业大学论文，2004 年。

13. 李逸波：《我国洪水保险模式研究》，中国农业大学硕士论文，2004 年。

14. 庄丹：《论保险利益补偿原则》，武汉大学硕士论文，2004 年。

15. 高建中：《森林生态产品价值补偿研究》，西北农林科技大学博士论文，2004 年。

16. 夏春光：《政府转移支付的居民收入再分配效应研究》，福建师范大学，2005 年。

17. 张忠明：《市场经济体制条件下完善我国农业保险体系的研究》，吉林农业大学，2005 年。

18. 朴成范：《中韩保险业竞争力分析及韩国企业在华发展对策》，对外经济贸易大学硕士论文，2006 年。

19. 赵领娣：《风暴潮灾害损失补偿与我国再保险市场的完善》，载《中国海洋大学学报》2004 年第 3 期。

20. 李三保：《我国再保险市场的目标模式》，载《中国保险》2002 年第 2 期。

21. 赵领娣：《中国灾害综合管理机制构建研究：以风暴潮灾害为例》，中国海洋大学博士论文，2003 年。

22. Dugie D，Rahi R. Financial market innovation and security design；an introduction. Joumal of Economic. 1999，65：865－871.

23. Mark J. Browne，Robert. Hoyt. The Demand for Flood Insurance，Empirical Evidence. Journal of Risk and Uncertainty，2000，20（3）：291－306

24. Linnerooth-Bayer and Amendole. Global change，natural disasters and lose-sharing. Geneva Papers. Risk and Insurance，2000，25（2）：203－219.

25. Colin Green and Edmund Penning-Rowsell，Flood Insurance and Government Relations. The Geneva Papers，2004，7（29）：518－539.

后　记

　　自然科学家对海洋灾害进行了大量的研究，在海洋灾害预测、预报、发生机理、预防措施等方面取得了丰硕成果。

　　然而我们不得不承认的是，虽然人类可以不断增加对海洋灾害的认识和了解，但海洋自然灾害却客观存在，更不可能被消灭。

　　随着海洋灾害的频繁发生和灾害损失的不断增加，人们日益认识到，诸多的海洋环境灾害原本缘于人类对自然的不友好和非善待。对自己生存家园的钟爱和忧患促成我们进行此书的写作。

　　本书在自然科学研究的基础上借助社会科学的研究思路和方法，试图对海洋灾害特别是海洋人为灾害进行经济学的思考和研究，以使海洋灾害损失随经济发展不断增加的趋势有所抑制，使与海洋息息相关的劳动者们随着海洋经济的日益发展而不断富裕，使我们的国家在海洋的 21 世纪跻身于世界海洋强国之列！

　　在此，谨对参考文献和引用文献的各位作者们表示深深的谢意。您的研究让我们受益匪浅，促成了本书的圆满完成。深深感谢中国海洋大学提供的良好研究平台，深深感谢海大经济学院领导、同仁提供的大力帮助，深深感谢澳大利亚新南威尔士大学提供的实地调研经费和机会！

　　参加本书编著工作的人员有：赵领娣、王小华、谢莉娟、张万鑫、于乐、张帆、王峤、李莉、马文才、韩勇、张燕、任林军、钱付鹏、王晓英、郑艳芳、周梅娟、鲁振霞。

于澳大利亚新南威尔士大学堪培拉校区

2007 年 4 月 20 日

责任编辑：吕　萍　于海汛

责任校对：徐领弟

版式设计：代小卫

技术编辑：邱　天

海洋灾害及海洋收入的经济学研究

赵领娣　王小华　等编著

经济科学出版社出版、发行　新华书店经销

社址：北京市海淀区阜成路甲 28 号　邮编：100036

总编室电话：88191217　发行部电话：88191540

网址：www. esp. com. cn

电子邮件：esp@ esp. com. cn

汉德鼎印刷厂印刷

永胜装订厂装订

787×1092　16 开　28.25 印张　510000 字

2007 年 8 月第一版　2007 年 8 月第一次印刷

印数：0001—4000 册

ISBN 978 - 7 - 5058 - 6440 - 5/F · 5701　定价：40.00 元